全国水利水电高职教研会
中国高职教研会水利行业协作委员会 规划推荐教材

高职高专土建类专业系列教材

水处理工程技术

主　编　李兴旺

副主编　张思梅

中国水利水电出版社
www.waterpub.com.cn

内 容 提 要

本书是高职高专给水排水专业统编教材，由给水处理与污水处理两部分内容整合编写而成，全书共分 11 章。主要内容包括水处理概述、水的处理方法、污泥的处理、水处理厂的规划与设计等。

本书以水处理的方法及应用为主线，注意理论与实际相结合，突出实用性；既考虑了给水与污水处理技术的系统性，又使二者有机地融为一体。

本书突出高等职业技术教育的特色，加大了实践运用力度，其基础内容具有系统性、全面性，具体内容具有针对性、实用性，满足专业特点的要求。

本书可作为高职高专院校给水排水工程专业的教学用书，亦可作为环境工程专业及其他相关专业的教学用书，还可供从事给水排水、环境保护方面的技术人员与相关人员参考。

图书在版编目（CIP）数据

水处理工程技术/李兴旺主编 . —北京：中国水利水电出版社，2007（2015.3 重印）
（高职高专土建类专业系列教材）
ISBN 978 - 7 - 5084 - 4393 - 5

Ⅰ. 水… Ⅱ. 李… Ⅲ. 水处理-市政工程-高等学校：技术学校-教材 Ⅳ. TU991.2

中国版本图书馆 CIP 数据核字（2007）第 020285 号

书　　名	高职高专土建类专业系列教材 全国水利水电高职教研会 中国高职教研会水利行业协作委员会　规划推荐教材 **水处理工程技术**
作　　者	主编　李兴旺　副主编　张思梅
出版发行	中国水利水电出版社 （北京市海淀区玉渊潭南路 1 号 D 座　100038） 网址：www. waterpub. com. cn E - mail：sales@waterpub. com. cn 电话：（010）68367658（发行部）
经　　售	北京科水图书销售中心（零售） 电话：（010）88383994、63202643、68545874 全国各地新华书店和相关出版物销售网点
排　　版	中国水利水电出版社微机排版中心
印　　刷	北京市北中印刷厂
规　　格	184mm×260mm　16 开本　19.75 印张　468 千字
版　　次	2007 年 3 月第 1 版　2015 年 3 月第 4 次印刷
印　　数	7501—10500 册
定　　价	39.00 元

　　本书是高职高专院校给水排水专业统编教材。它是根据教育部《关于加强高职高专人才培养工作意见》和《面向 21 世纪教育振兴行动计划》文件精神，以及全国水利水电高职教研会（中国高职教研会水利行业协作委员会）建筑工程、市政工程类专业组 2006 年 4 月长沙会议拟定的教材编写规划的基本要求而编写。

　　我国是一个水资源匮乏的国家，总量不足且时空分布不均。近 20 年来，随着我国经济持续高速的增长，水污染问题日益严重。尽管最近几年我国政府已加大了水处理的投资力度，研究出了许多水处理新工艺、新技术，提高了我国水处理的总体水平，缓解了一些水资源紧缺和水污染状况，但不可否认的是，水资源紧缺和水环境污染造成的水危机已严重制约了国民经济的发展，影响了人民生活水平的提高。

　　解决水资源短缺和水污染的一个重要途径在于水处理，水处理工程学科的发展已有 100 多年的历史。由于原水及污（废）水各自水质特征、使用目的与处理方法的差异，该领域过去几十年均以各自的特点建立了单独的学术体系，即给水处理与污水处理两个分支，并在不断发展与完善之中。

　　本书考虑水处理技术领域内的给水处理和污水处理在理论、方法等方面有许多共性，以处理水质为目标，以处理方法为主线，将长期使用的给水处理和污（废）水处理两个体系的主要内容进行了有机的整合，理论上以够用为度，加强了实践应用，体现了高职高专的教育特色。在保证基本概念和基本理论要求的同时，充分注意吸收国内外水处理工程的新理论、新技术、新设备和新经验，反映了现代水处理工程学科的发展趋势。

　　参加本书编写的有：安徽水利水电职业技术学院李兴旺（第 1、第 7 章），山西水利职业技术学院史晓红（第 2、第 3 章），黄河水利职业技术学院朱惠斌（第 4、第 5 章），安徽水利水电职业技术学院张思梅（第 6 章），黄河水利职业技术学院丁可轩（第 8、第 11 章），杨凌职业技术学院马建锋（第 9、第 10 章）。本书由李兴旺教授任主编，张思梅任副主编，并负责全书的统稿。

　　本书由合肥工业大学徐得潜教授主审，徐教授认真阅读了全部书稿，提出了大量宝贵意见。本书在编写过程中得到中国水利水电出版社韩月平编辑及编者所在单位的大力支持，在此一并表示感谢。

　　限于编者水平，不足之处在所难免，敬请读者给予批评指正。

编　者

2006 年 12 月

第1章 水处理概述

内容概述

本章主要介绍水的性质与水质标准、水的污染与自净以及水处理的基本方法。

学习目标

(1) 了解水的循环、各种水质及其特征，熟悉各类污水水质污染指标及水质标准。

(2) 理解河流污染与自净的机理、氧垂曲线方程的工程意义。

(3) 掌握水体的污染与水体自净、水处理的基本方法。

1.1 水 的 循 环

自然界中的水主要受太阳照射和地心引力的两种作用而不停地运动，通过降水、蒸发、径流、渗流等方式循环不止，构成水的自然循环（见图 1.1），形成各种不同的水源。

在自然循环中几乎每个环节都有杂质混入，使水质发生变化。降水（包括雨、雪、霰等）到达地面之后，除自然蒸发外，一部分流入江、河、湖、海、水库、池塘等处，成为地面水水源；另一部分渗入地层成为地下水水源。我国地面水水源，在南方较丰富，在北方则以地下水作为水源的居多。水是丰富的自然资源，也是人类环境的重要组成部分，地球上水的总量约有 $1.36 \times 10^9 \text{km}^3$，其中 97% 以上分布在海洋中。淡水湖和河流的水量仅约

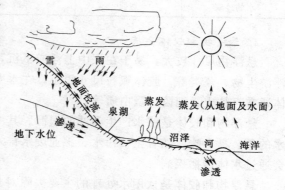

图 1.1　自然界中水的循环

$1.26 \times 10^5 \text{km}^3$，这些水除大量蒸发外，只有 $3.75 \times 10^4 \text{km}^3$ 左右可供生活及工农业生产使用。至于土壤和岩层中的地下水，估计约有 $8.4 \times 10^6 \text{km}^3$。

人类社会为了满足生活、生产等需要，要从各种天然水体中取用大量的水，经过净水处理后以供使用。而这些生活用水和工业用水被使用后，就成为生活污水和工业废水，它们被排出后，最终又流入天然水体。这样，水在人类社会中，也构成了一个循环体系，这个局部循环体系称为社会循环。社会循环中所形成的生活污水和各种工业废水是天然水体最大的污染来源。

虽然自然循环的水量只占地球上总水量的 0.031% 左右，而其中经过径流与渗流的约只有 0.003%，社会循环从中取用的水量又不过是径流和渗流水量的 2%～3%，也即为地球总水量的数百万分之一。然而，就是取用这在比例上似乎微不足道的水，却在社会循环中表现出人与自然在水量和水质方面都存在着巨大的矛盾。水体环境保护和水治理工程技

1

术的任务就是调查研究和控制解决这些矛盾，保证用水和废水的社会循环能够顺利地进行。

1.2 水 的 性 质

1.2.1 天然水中的杂质

水在自然循环中，无时不与外界接触，都不同程度地含有各种各样的杂质。这些杂质一般有两种来源：一是自然过程，即地层矿物质在水中的溶解、水中微生物的繁殖及死亡残骸、水流对地表及河床冲刷所带入的泥砂等；二是人为因素，即生活污水与工业废水的污染。这些杂质按其尺寸大小可分为悬浮物、胶体和溶解物 3 类，见表 1.1。

表 1.1 水中杂质分类

杂 质	溶解物 （低分子、离子）	胶 体	悬 浮 物		
颗粒尺寸	0.1nm　　　　1nm	10nm　　　100nm	1μm　　　10μm	100μm　　　1mm	
分辨工具	电子显微镜可见	超显微镜可见	显微镜可见	肉眼可见	
水的外观	透明	浑浊	浑浊		

1. 悬浮物和胶体杂质

悬浮物尺寸较大，易于在水中上浮或下沉，水中所存在的悬浮物通常有泥砂、草木、浮游生物、藻类等。胶体颗粒尺寸很小，在水中经长期静置也不会下沉，水中所存在的胶体通常有粘土、细菌、蛋白质等。

悬浮物和胶体是使水产生浑浊的根源。其中有机物，如腐殖质和藻类等，往往会造成水的色、臭、味。随着生活污水、工业废水排入水体，多种病菌、病毒及原生动物病原体会通过水体传播疾病。

悬浮物和胶体是饮用水处理的主要去除对象。粒径大于 0.1mm 的泥砂较易去除，通常在水中可自行下沉。而粒径较小的悬浮物和胶体杂质，需投加一定的混凝剂才能去除。

2. 溶解杂质

溶解杂质是指水中的低分子和离子。它们与水构成均相体系，外观透明。但有的溶解杂质可使水产生色、臭、味。溶解杂质主要是某些工业用水的主要去除对象。

一般说来，地表水较浑浊、细菌较多，但硬度较低；而地下水较清、细菌较少，特别是深层井水细菌更少，但硬度较高。

1.2.2 废水的成分和性质

1.2.2.1 废水的来源及分类

废水的成分取决于废水的来源，来自建筑卫生设备和来自工业企业生产设备的废水的成分显然是不同的。

废水包括生活污水和工业废水两大类。

生活污水，是居民在日常生活中所用过，并为生活废料所污染的水，其包括厨房洗涤、衣物洗涤、沐浴、洗脸等废水及冲洗便厕的污水等。这种水的成分与居民的生活状况及生活习惯有关。

工业废水，是在工矿企业生产过程中所形成和排放的水，其成分与生产的性质和工艺有关。工业废水一般分为生产污水和生产废水，生产污水是在生产过程中所形成，被有机或无机性的生产废料所污染，包括温度过高造成热污染的工业废水；生产废水也是在生产过程中形成，但未直接参与生产工艺，在生产中一般起辅助性的作用，未被污染物所污染或污染很轻，有的只是水温稍有上升。

城市污水，是排入城市排水系统的生活污水与工业废水的总称。

1.2.2.2 废水的水质指标

表示废水水质污染情况的重要指标有有毒物质、有机物质、悬浮物、pH 值、颜色、温度等；其中悬浮物、pH 值、颜色、温度等也是给水的重要水质指标。

1. 有毒和有用物质

生活污水一般不含有毒物质，但含有大量有机污染物和相当数量的氮（N）、磷（P）、钾（K）等肥料物质。

生产污水所含的某些污染物质往往对人体和生物有毒害作用。这种污染物质最为人们所关注。根据毒性发作的情况，此污染物可分为两类：一类是毒性作用快，易被人们所注意；另一类则是通过食物在人体内逐渐富集，在达到一定浓度后才显示出症状，不易被人们所发现，属于这一类的污染物质主要有非重金属类的氰化物（CN）、砷化物（As）和重金属类的汞（Hg）、镉（Cd）、铬（Cr）、铅（Pb）等国际上公认的六大毒性物质。但是，这些有毒物质往往都是有用的工业原料，应当加以回收利用。

2. 有机物

有机物进入水体后，将在微生物的作用下进行氧化分解，使水中的溶解氧（DO）逐渐减少。当水中有机物较多，氧化作用进行得过快，而水体不能及时从空气中吸收足够的氧来补充消耗的氧时，水中的氧就可能降得很低。如果水中的 DO 低于 $3\sim4mg/L$，就会影响鱼类的生活。DO 耗尽后，有机物甚至开始腐化，发出臭气，影响环境卫生。但是，有机物又是很多微生物（包括病原细菌）生长繁殖的良好食料。有毒有机物更将直接危害人体健康和动植物的生长。因此，废水中有机物的浓度也是一个重要的水质指标。

由于有机物的组成比较复杂，现有的分析技术是难以对其一一地进行定量测定。由于这种污染物的污染特征主要是消耗水中的 DO，所以在工程中一般采用氧当量形式表示水中耗氧有机物含量的指标，如：生化需氧量（BOD）、化学需氧量（COD）、总需氧量（TOD）、总有机碳（TOC）等。

（1）生化需氧量（BOD）。生化需氧量（BOD）表示在水温为 20℃ 的条件下，由于微生物（主要是细菌）的生活活动，将有机物氧化成无机物所消耗的溶解氧量。图 1.2 表示可生物降解有机物的降解及微生物合成体细胞的氧化合成过程示意图。

从图 1.2 可知，在有氧的条件下，可生物降解的有机物的降解分为两个阶段：

第一阶段是碳氧化阶段，即在异养菌的作用下，含碳有机物被氧化（或称碳化）为 CO_2、H_2O，含氮有机物被氧化（或称氮化）为 NH_3，所消耗的氧以 O_a 表示。与此同时，微生物合成体细胞。

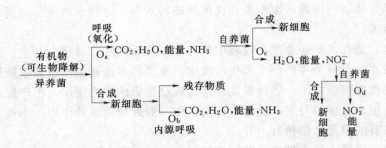

图 1.2 可生物降解有机物降解过程示意图

第二阶段是硝化阶段，即在自养菌（亚硝化菌）的作用下，NH_3 被氧化成 NO_2^- 和 H_2O，所消耗的氧量用 O_c 表示；再在自养菌（硝化菌）的作用下，NO_2^- 被氧化成 NO_3^-，所消耗的氧量用 O_d 表示。与此同时，微生物合成体细胞。

上述两个阶段，都释放出供微生物生命活动所需要的能量。合成的体细胞在生命活动中，进行着自身氧化的过程，产生 CO_2、H_2O 与 NH_3 并释放能量（又称内源呼吸），所消耗的氧量以 O_b 表示。

耗氧量 (O_a+O_b) 表示第一阶段生化需氧量（或称总碳氧化需氧量、总生化需氧量、完全生化需氧量），用 BOD_u 表示。耗氧量 (O_c+O_d) 表示第二阶段生化需氧量（或称氮氧化需氧量、硝化需氧量），用 NOD_u 或硝化 BOD 表示。

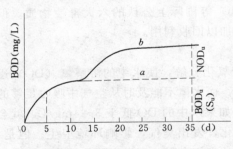

图 1.3 两阶段生化需氧量曲线

上述两阶段氧化过程，也可用曲线图表示（见图 1.3）：在直角坐标纸上，以横坐标表示时间（d），纵坐标表示生化需氧量 BOD（mg/L），曲线 a 表示第一阶段生化需氧量曲线，曲线 b 表示第二阶段生化需氧量。

由于有机物的生化过程延续时间很长，在 20℃ 水温下，完成两阶段约需 100d 以上。从图 1.3 可见，5d 的生化需氧量约占总生化需氧量 BOD_u 的 70%～80%；20d 后的生化反应过程速度趋于平缓，因此常用 20d 的生化需氧量 BOD_{20} 作为总生化需氧量 BOD_u。在工程实际中，20d 的测定时间太长，故用 5d 生化需氧量 BOD_5 作为可生物降解有机物的综合浓度指标。由于硝化菌的世代（繁殖周期）较长，一般在碳化阶段开始后的 5～7d，甚至 10d 才能繁殖一定数量的硝化菌，并开始氮氧化阶段。因此，硝化需氧量 NOD_u 对 BOD_5 不会产生影响。

图 1.4 所示为生活污水及部分工业废水的 BOD_5 值，以供参考。

（2）化学需氧量（COD）。以 BOD_5 作为有机污染物质的综合指标是适宜的，已为世界各国所通用。但它存在着一定的缺点：①测定时间较长，指导实践不够迅速；②如果污水中难以生物降解的有机物浓度较高，BOD_5 的测定结果误差较大；③某些工业废水如不含微生物生长所需的营养物质或含有抑制微生物生长的有毒有害物质，也会影响测定结果。因此，还使用另一项表示有机污水污染程度的指标——化学需氧量（COD）。

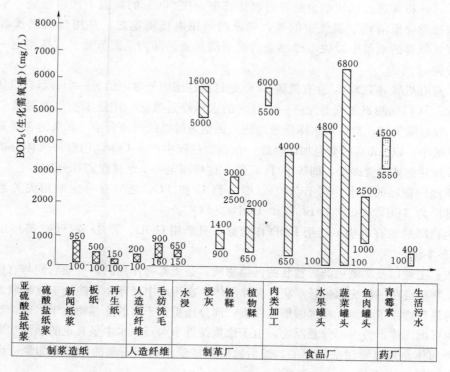

图 1.4 生活污水及不同工业企业的工业废水 BOD$_5$ 值

COD 的测定原理是用强氧化剂（我国法定用重铬酸钾），在酸性条件下，将有机物氧化成 CO_2 和 H_2O 所消耗的氧量，即称为化学需氧量，用 COD_{Cr} 表示，一般简写为 COD。因为重铬酸钾的氧化能力很强，可较完全地氧化水中的有机物，如对低直链化合物的氧化率可达 80%～90%。

此外，也可用另一种氧化剂——高锰酸钾，将有机物氧化。但在目前常用的测定条件下，测出的耗氧量数值较低，在我国一般称为耗氧量，以 OC 或 COD_{Mn} 表示。

COD 的优点是能较精确地表示污水中有机物的含量，测定时间短且不受废水水质的限制。缺点是不能像 BOD 那样反映出微生物氧化有机物、直接从卫生学角度说明被污染的程度；此外，污水中存在的还原性无机物（如硫化物）被氧化也耗氧，所以 COD 值也存在一定的误差。

上述分析可知，COD 的数值大于 BOD_{20}，两者的差值大致等于难生物降解的有机物量。差值越大，难生物降解的有机物含量越多，则越不宜采用生物处理法。一般将 BOD_5 与 COD 的比值 BOD_5/COD 称为可生化性指标，比值越大，越容易被生物处理。一般认为 BOD_5/COD 大于 0.3 的污水，才适宜采用生物处理。

（3）总需氧量（TOD）。有机物主要由碳（C）、氢（H）、氮（N）、硫（S）等元素组成。当有机物被完全氧化时，分别被氧化成 CO_2、H_2O、NO 和 SO_2，此时的需氧量称为总需氧量（TOD）。

TOD 的测定原理和过程是：向氧含量一定的氧气流（作为氧的载气）中注入一定数

量的水样，并将其送入以铂钢为触媒的燃烧管中，在 900℃ 的高温下加以燃烧，水样中的有机物因被燃烧而消耗了载气中的氧，剩余的氧用电极测定之，并用自动记录器进行记录，从载气原有的氧量中减去水样燃烧后剩余的氧量，即为总需氧量。这样测定一个水样只需几分钟。

（4）总有机碳（TOC）。总有机碳 TOC 是目前在国内外常用的另一个表示有机物浓度的综合指标。TOC 的测定原理是先将一定数量的水样经过酸化，用压缩空气吹脱其中的无机碳酸盐，以排除干扰，然后将水样定量地注入铂钢为触媒的燃烧管中，在氧的含量充分而且一定的气流中，以 900℃ 的高温加以燃烧，在燃烧过程中产生 CO_2，用红外气体分析仪记录 CO_2 的数量并折算成含碳量，即等于 TOC 值。这样测定一个水样仅需几分钟。

水质比较稳定的污水，其 BOD、COD、TOD 和 TOC 之间有一定的相关关系，数值大小的排序为 $TOD > COD_{Cr} > BOD_{20} > BOD_5 > TOC$。

难生物降解的有机物不能用 BOD 作指标，只能用 COD、TOD 或 TOC 等作指标。

3. 悬浮物

砂粒、土粒以及矿渣一类颗粒状的污染物质，是无毒害作用的，一般它们与有机性颗粒状的污染物质混在一起统称为悬浮物或悬浮固体。在污水中悬浮物可能处于三种状态：部分轻于水的悬浮物浮于水面，在水面形成浮渣；部分比重大于水的悬浮物沉于水底，这部分悬浮物称为可沉固体；另一部分悬浮物，由于比重接近于水乃在水中呈真正的悬浮状态。

悬浮固体是通过筛滤法测定的，滤后滤膜或滤纸上截留下来的物质即为悬浮固体，它包括部分的胶体物质。

可沉物质是指能够通过沉淀加以分离的固体物质。主要以有机物形成的可沉物质称为污泥；主要以无机物形成的可沉物质称为沉渣。

污泥的含水率很高，其比重接近于 1。可以认为污泥的体积与其中固体物质含量的百分率成反比，如含水率 p_1（%）的污泥体积为 V_1，则当含水率降到 p_2（%）时，其体积 V_2 可按式（1.1）求得

$$V_2 = \frac{100 - p_1}{100 - p_2} V_1 \tag{1.1}$$

由于悬浮固体在污水中易被人们看到，而且它还能够使水变得浑浊。因此，悬浮物是属于感官性的指标。

4. 溶解物

一般地说，水中溶解物越多，所含的盐类也越多。溶解物的测定对于某些处理方法的选择有一定的意义。如：采用离子交换法处理水质时，水中所含盐分特别多，将大大增加离子交换树脂的再生次数，有时甚至使离子交换法不适用。有些生产污水中还含有溶解气体，如 H_2S、CO_2 等。

5. 酸、碱

酸度和碱度也是污水的重要污染指标。它对保护环境、给水处理等也有很重要的实际意义。污水呈酸性或碱性，一般都用 pH 值表示。

生活污水一般呈中性或弱碱性，而工业废水则是多种多样的，其中不少是呈强酸或强碱性的。

酸、碱虽对人类健康不会造成严重的直接危害，但其达到一定的浓度，如当 pH 值超过 6～9 时，将对人、畜特别是对水生生物会造成危害。此外，酸性污水（pH＜6）对排水管道和污水处理设备有腐蚀作用。

6. 氮、磷

氮、磷等物质对人类不形成直接毒害作用。但是，它们是植物无机性营养物质，是导致湖泊、海湾、水库等缓流水体富营养化的主要物质，因此也受到人们的关注。

在这里应当着重指出的是，硝酸盐对人类健康的危害，硝酸盐本身是无毒的，在水中检出硝酸盐即说明有机物已经分解。但是，现在发现硝酸盐在人胃中可能还原为亚硝酸盐，亚硝酸盐与仲胺作用会形成亚硝胺，而亚硝胺是致癌、致变异、致畸胎的所谓"三致物质"。此外，饮用水中硝酸氮过高，还会在婴儿体内产生变性血色蛋白症，因此，国家规定饮用水中硝酸氮含量不得超过 10mg/L。

7. 颜色

色素虽然不一定有毒，但带有颜色的水容易令人生厌，因此也是一个重要的污染指标。遇到有色污水时，首先应查明来源与浓度，并考虑染料的回收；必要时，应考虑利用没有颜色的废水或天然水体加以稀释，或采用化学或生化的方法进行处理。

8. 温度

废水的水温，对废水的物理性质、化学性质、生物性质有直接的影响。所以水温是废水水质的重要指标之一。

根据废水的温度，可以确定在回用或处理之前是否需要冷却或加热。对于冷却塔，水温的测定也是很重要的。

9. 微生物

生活污水和某些生产废水中含有大量的微生物，其中可能有对人体健康有害的病原微生物。生活污水中可能含有引起肠道传染病的细菌与寄生虫卵；制革厂生产污水中可能含有炭疽菌。这类细菌极难杀灭，应加以适当的处置。

1.2.2.3 生活污水的性质

生活污水是浑浊、色深、具有恶臭的液体，一般不含毒物，所含固体物质约占总重量的 10%～20%；所含有机杂质大约在 60% 左右，而在其全部悬浮物中有机成分几乎占总量的 3/4 以上，这些有机杂质主要包括纤维素、油脂、肥皂、蛋白质等及其分解物质；所含无机杂质以泥砂、矿屑及溶解盐类居多。生活污水特别适于各种微生物的繁殖，含有大量的细菌（包括病原菌）和大量的寄生虫卵。另外，生活污水的肥效较高。表 1.2 所列是我国一些地区生活污水的水质情况。

表 1.2 国内若干地区生活污水水质的分析结果

项 目	北 京	西 安	上 海	武 汉
pH 值	7～9.2	7.3～7.9	7～7.5	7.1～7.6
悬浮物	100～600		300～350	60～330
氨氮	—	21.7～32.5	40～50	15～60
20℃ BOD_5	40～300		350～370	320～350
氯化物		80～100	140～145	—

1.2.2.4 生产污水的性质

生产污水的成分比较复杂，多半具有较大的危害性，主要与生产性质和生产工艺有关，而且不同生产污水的水质、水量皆相差很大。

棉纺厂生产的污水含悬浮物仅为 $200 \sim 300 mg/L$，而羊毛厂污水的悬浮物可达 $2000 mg/L$；制碱厂污水的 BOD_5 有时仅 $30 \sim 100 mg/L$，而合成橡胶厂污水的 BOD_5 可达 $20000 \sim 30000 mg/L$；金属加工厂的生产污水一般是酸性的，而制革厂所排出的则是碱性污水；有些生产污水含有重金属盐类（如汞、铜、铬等）、硫化氢、氰、砷、酚和放射性等有毒物质，如：氰化钠车间所排出的污水中含氰浓度达 $300 \sim 5000 mg/L$，乙醛生产污水中含汞 $10 \sim 20 mg/L$；有些生产污水，如生物制品厂、制革厂、洗毛厂和屠宰场等的污水，被大量细菌（含病原细菌）所污染，有些生产污水，如食品工业的污水，则含有大量的肥料物质。

一种生产污水，往往含有多种成分，我们常以其中含量较多或毒性较强的一种成分来命名这种污水。如：焦化厂所排生产污水中含酚、氰化物、硫化物或氨等，其中含酚量较多且危害性也大，所以这种污水常被称为含酚废水或含酚污水。表 1.3 所列是一些生产污水中含有的主要有害物质。

表 1.3　　　　　　　　　　　生产污水中的有害物质

有害物质	污水主要来源	有害物质	污水主要来源
游离氯	造纸厂、织物漂白	硫化物	织物硫化染色、煤气、皮革、粘胶纤维
氟化物	烟气和净化、玻璃制品	酸	化学工厂、矿山、钢铁、铜等金属酸洗
氰化物	有机玻璃、丙烯合成、电镀、制造煤气	碱	制碱厂、化学纤维工厂
氨	煤气的炼焦、化学工厂	油	纺织厂、石油炼厂、食品加工厂
汞	炸药制造、氯碱制造、医用仪表、农药制造	醛	青霉素药厂、合成树脂厂、合成纤维厂、合成橡胶厂
镉	有色金属冶炼	酚	化学工厂、煤气和焦化厂、染料厂、制药厂、合成树脂厂
亚硫酸盐	粘胶纤维、纸浆工厂	放射性物质	原子能工业、放射性同位素实验室、疗养院、医院

1.3　水　质　标　准

水质标准是用水对象（包括饮用和工业用水对象等）所要求的各项水质参数应达到的指标与极限。不同用水对象，要求的水质标准也不同。随着科学技术的进步和水源污染的日益严重，水质标准总在不断修改、补充之中。

我国现行的水质标准包括：生活饮用水水质标准、工业用水水质标准、水环境质量标准及污水排放标准等。

1.3.1 生活饮用水水质标准

饮用水水质与人类健康和生活使用直接相关，故世界各国对饮用水水质标准极为关注。随着科学技术的进步和水源污染的日益严重，同时随着水质检测技术及医药科学的不断发展，饮用水水质标准总在不断修改、补充之中。我国自 1956 年颁发《生活饮用水卫生标准（试行）》直至 1986 年实施 GB5749—85《生活饮用水卫生标准》（表 1.4）的期间内，进行了多次修订，水质指标项目不断增加。尽管现在实施的《生活饮用水卫生标准》增加了不少项目，但对于污染较严重的水源来说，由于目前传统的给水工艺的局限，在卫生安全上还是不能说有绝对保证，有些有毒有害物质尚未列入《生活饮用水卫生标准》。与世界上发达国家相比，我国《生活饮用水卫生标准》所规定的项目也少些。例如，农药、多环芳烃及有机氯化物的总量限制值等未列入。因此，若水源污染较严重而我国尚未列入《生活饮用水卫生标准》的水质项目可参考国外有关标准并经综合评价后作出定论。

表 1.4　　　　　　　　　　　　　**生活饮用水卫生标准**

（GB5749—85）（1986—10—01 实施）

生活饮用水水质，不应超过下表所规定的限量		
项　　目		标　　准
感官性状指标	色	色度不超过 15 度，并不得呈其他异色
	浑浊度	不超过 3 度，特殊情况下不超过 5 度
	臭和味	不得有异臭、异味
	肉眼可见物	不得含有
化学指标	pH 值	6.5～8.5
	总硬度（以 $CaCO_3$ 计）	450　　　　mg/L
	铁	0.3　　　　mg/L
	锰	0.1　　　　mg/L
	铜	1.0　　　　mg/L
	锌	1.0　　　　mg/L
	挥发酚类（以苯酚计）	0.002　　　mg/L
	阴离子合成洗涤剂	0.3　　　　mg/L
	硫酸锰	250　　　　mg/L
	氯化物	250　　　　mg/L
	溶解性总固体	1000　　　mg/L
毒理学指标	氟化物	1.0　　　　mg/L
	氰化物	0.05　　　mg/L
	砷	0.05　　　mg/L
	硒	0.01　　　mg/L
	汞	0.001　　　mg/L
	镉	0.01　　　mg/L
	铬（六价）	0.05　　　mg/L
	铅	0.05　　　mg/L
	银	0.05　　　mg/L
	硝酸盐（以氮计）	20　　　　mg/L
	氯仿	60　　　　ug/L
细菌学指标	细菌总数	100　　　　个/mL
	总大肠菌数	3　　　　个/L
	游离余氯	在与水接触 30min 后应不低于 0.3mg/L。集中式给水除出厂水应符合上述要求外，管网末梢水不应低于 0.05 mg/L

下面对《生活饮用水卫生标准》中的感官性状、化学、毒理学和细菌学等四类指标的意义分别作简要叙述。

1. 感官性状指标

感官性状有时又称物理性状，是指水中某些物质对人的视觉、味觉和嗅觉的刺激。清洁的水应无色、无异臭和异味。但当水中含有悬浮物、浮游生物和某些化学物质时，往往会产生各种颜色、异臭和异味。色、臭、味等指标虽不是危害人体健康的直接指标或未达到危害人体健康的程度，但它们给使用者厌恶感。另外，色、臭、味严重的，很可能是水中含有有毒物质的标志。浊度超过 10 度时便令人感到不快，而且，病原菌、病毒及其他有害物质，往往依附于形成浊度的悬浮物中。因此，降低水的浊度，不仅为了满足感官性状的要求，对限制水中病原菌、病毒及其他有害物质的含量，也具有积极的意义。

2. 化学指标

水中所存在的某些化学物质，一般情况下虽然对人体健康并不直接构成危害，但往往对生活使用带来种种不良影响，其中也包括感官性状方面的不良影响。例如，硬度过高的水，洗涤衣服时浪费肥皂，开水壶、热水管道容易结垢；含铁浓度超过一定限度会使水产生红褐色以至出现沉淀物，用水器具和洗涤的衣物也会染上颜色，并具有铁锈味，含铁过多的水还容易使铁细菌繁殖；锌含量超过 1mg/L 时，便有涩味；铜含量超过 1mg/L 时，可使用水器具和洗涤的衣物染上绿色，并具有涩味；氯化物过高时，水有咸味；阴离子合成洗涤剂超过 0.31mg/L，即有异味，并使水产生泡沫；pH 值过低将对管道产生腐蚀作用，过高会使水中析出溶解盐类，并降低氯消毒效果。此外，有的物质虽具有毒性，但当它们的含量尚未达到致毒浓度时，已对人体感官产生强烈刺激的，通常不是根据毒理学要求而是根据感官性状要求来制定它们的指标，这对保证人体健康是偏于安全的。例如，水中酚含量达到 9～15mg/L 时，具有明显毒性，鱼类不能生存；但饮用水中挥发酚含量超过 0.002mg/L 时，加氯消毒时所形成的氯酚便开始出现异臭，故挥发酚含量应按感官性状要求制定。因此，一般化学指标与感官性状指标是有联系的。

3. 毒理学指标

水中所存在的有些化学物质达到一定浓度时，就会对人体造成危害，这些就属于有毒化学物质。在不受污染的水体中，有毒物质含量极少（个别除外，如高氟水源），一般说对人体健康并无影响。威胁人体健康的主要是由废水带入的有毒物质。有些有毒物质含量过高时能引起急性中毒，但大多数有毒物质往往在人体内积蓄，引起慢性中毒。

各种有毒物质的毒性表现各不相同。例如，人体摄入过量氟能引起牙斑釉和氟骨病，但人体含氟量过少又会引起龋齿；砷化物过量会引起毛细血管、新陈代谢和神经系统病变；氰化物有剧毒，一次摄入 50～60mg 可致死，低剂量摄入会慢性中毒，引起甲状腺激素生成量减少；汞在人体内积蓄，主要对神经系统有毒害作用，对心脏、肾脏和肠胃亦有毒害；硒在人体内积蓄过量对人的肝、肾、骨髓和中枢神经有破坏作用，且有致癌可能；等等。

4. 细菌学指标

关于细菌学指标，最重要的是大肠菌群数和余氯量的规定。大肠菌群数是指 1L 水中所含大肠菌群的数目。大肠菌群包括大肠菌等几种大量存在于大肠中的细菌，所以也大量存在于粪便中，但在一般情况下是无害的，而水致传染病主要是由肠道细菌，如伤寒、痢疾、霍乱等病菌引起的。因此，如在水中检验出大肠菌群，即表明水被粪便所污染，也说明有被病原菌污染的可能。大肠菌群本身虽非致病菌，但数量大，生存条件与肠道病原菌比较接近。因此，当饮用水中大肠菌已不存在或为数极少时，其他病原菌也基本消灭。

至于病毒，目前尚无完善的技术可供例行检测。水中大肠菌群符合标准，尚不能作为病毒已经去除的依据。但是，水厂中的混凝、沉淀、过滤及消毒的一整套完善的处理措施，对去除和抑制病毒的活动肯定是有一定效果的。

余氯量是指用氯消毒时，加氯后经过一定接触时间，水中尚含的剩余游离性氯量。它保证了在供水过程中，可以继续维持消毒效果，抑制水中残存的病原微生物在管网中再度繁殖，并可作为水质受到再度污染的指示信号。不过，有些国家如美国、欧共体国家等并无此项规定，理由是氯对细菌有害，对人体也一定有害，不经煮沸而直接饮用自来水的，余氯量确需严格限制。

1.3.2　工业用水水质标准

工业用水种类繁多，水质要求也各不相同。即使是同一种工业，不同的生产工艺过程，对水质的要求也有差异。应当根据工艺的要求，对水质进行必要的处理，以保证工业生产的正常进行。大多数工业用水，不仅要去除水中悬浮杂质及胶体杂质，而且还需要不同程度地去除水中的溶解杂质。

食品、酿造及饮料工业的原料用水，其水质标准基本上与生活饮用水相同。

纺织、造纸工业用水，要求水质清澈，且对易于在产品上产生斑点从而影响印染质量或漂白度的物质含量，应加以严格的限制。如铁和锰对织物或纸张产生锈斑；水的硬度过高也会使织物或纸张产生钙斑。

在电子工业中，零件的清洗及药液的配制等，都需要纯水。特别是半导体器件及集成电路的生产，几乎每道工序均需"高纯水"进行清洗。高灵敏度的晶体管和微型电路所需的高纯水，总固体残渣应小于 $1mg/L$。

对于锅炉用水，凡能导致锅炉、给水系统及其他热力设备腐蚀、结垢或引起汽水共腾现象的各种杂质，都应大部分或全部去除。锅炉压力和构造不同，水质要求也不同，压力越高，水质要求也越高。如低压锅炉（压力低于 2450kPa），主要应限制给水中的钙镁离子含量、含氧量、pH 值。

此外，许多工业部门在生产过程中都需要大量冷却水，用以冷凝蒸气以及工艺流体或设备降温。冷却水首先要求水温低，同时对水质也有要求。如水中存在悬浮物、藻类或微生物等，会使管道、设备堵塞；在循环冷却系统中，还应控制在管道、设备中由于水质所引起的结垢、腐蚀和微生物繁殖。

总之，工业用水的水质优劣，与工业生产的发展和产品质量的提高关系极大。各种工业用水对水质的要求由有关工业部门加以制定。

1.3.3　我国水环境标准

随着水源污染的严重，水资源的保护立法工作也在不断的完善之中。我国有关部门与地方已制定了比较详细的水环境质量标准及污水排放标准。

1. 水环境质量标准

现已颁布的标准有：GB3838—88《地面水环境质量标准》、GB5084—92《农田灌溉水质标准》、GB11607—89《渔业水质标准》、GB12941—91《景观娱乐水质标准》。这些标准规定了各类水体中污染指标的最高允许含量，以便保证水环境的质量。上述标准见附录部分。

2. 废水排放标准

天然水体（包括地表水和地下水）是人类社会的重要资源。一般的说，生活污水和生产废水在排入水体之前，常需经过一定程度的处理，以减少或消除废水对水体的污染。为了保障天然水体的水质，不能任意向水体排放废水，应当制定废水排入水体的水质标准，严格控制排入水体的废水水质。

我国有关部门制定的各类污水排放标准，分为一般排放标准与行业排放标准。

一般排放标准有 GB8978—96《污水综合排放标准》、GB4284—84《农田污泥中污染物控制标准》等。

行业标准涉及到各类工业，如 GB3549—83《制革工业水污染物排放标准》、GB3553—83《电影洗片水污染物排放标准》、GBJ48—83《医院污水排放标准》等。

这些标准可见附录部分或有关手册。

1.4　水体的污染与自净

1.4.1　概述

水体的污染是当前普遍存在的环境问题，而水体自净是一种自然规律，是决定污水处理程度的重要因素。

水体的污染是指排入水体的污染物质在数量上超过了该物质在水体中的本底含量和水体的环境容量，从而导致水体中的水产生了物理和化学上的变化，破坏了水体中固有的生态系统，破坏了水体的功能及其在经济发展和人们生活中的作用。

造成水体污染的因素是多方面的，向水体排放未经妥善处理的城市污水和工业废水（最主要的因素）；施用的化肥、农药；城市地面的污染物，被雨水冲刷随地面径流进入水体；随大气扩散的有毒物质通过重力沉降或降水过程而进入水体等。

衡量水体被污染的程度，一般是采用生物及化学指标，即测定水体中的 BOD、COD 及其他一些单项指标的数值，与国家规定该水体这些指标最高容许数值比较，决定水体的污染程度。

根据排入水体的污水中污染物质性质不同，对水体的水质产生不同的影响。这种影响可分为物理的、化学的、生物的。包括引起水体在色、臭、味、浊度、酸碱度、温度、有机物、无机物含量的变化；汞、铬、镉等重金属和酚、氰化物等其他有毒物质的出现；水中溶解氧的大量减少等。水体的这些变化，造成的危害是很大的，主要有下列几方面：

（1）对人体健康的危害。分为两方面：一方面是污水使水体带来致病的细菌、病毒、寄生虫卵等，从而引起疾病的蔓延；另一方面是使水体中含有有毒物质，引起人体的中毒，其中危害最大的是汞、铬、镉、砷等重金属的污染。

（2）对渔业的危害。水中含有的有毒物质会使鱼类中毒死亡或累积于鱼体中，使这种鱼类不能食用。同时，大量有机物排入水体，急剧消耗水中溶解氧，也会使鱼类窒息而死。

（3）对农业的危害。用于灌溉的水体，当水中某些污染物超过一定浓度时，将影响农作物的生长。有些污染物又能长期积存于土壤中，使土地盐碱化。

但是，自然环境包括水环境对污染物质都具有一定的承受能力，即所谓的"环境容量"。水体的自净是指受污染的水体能够在其环境容量的范围以内，经过水体的物理、化学和生物的作用，使污染物浓度降低或转化，水体恢复到原有状态，或从最初的超过水质标准降低到等于水质标准的现象。

水体的自净过程很复杂，按其机理可分为：

（1）物理净化作用。其中包括稀释、混合、扩散、挥发、沉淀等过程。污水或污染物排入水体之后，可沉固体逐渐沉至水底形成底泥，悬浮胶体和溶解性污染物则因混合扩散稀释而逐渐降低其在水中的浓度。

（2）化学净化作用。污染物质通过氧化、还原、吸附、凝聚、中和等反应使其浓度降低。

（3）生物化学净化作用。物理净化作用与化学净化作用，只能使污染物的存在场所与存在形态发生变化，使水体中污染物的存在浓度下降，但污染物总量一般得不到减少。而水体的生物化学净化可使污染物的总量降低，使水体得到真正的净化。图1.5为水体生物净化过程示意图。

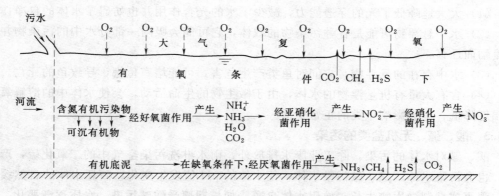

图1.5 水体中含氮有机物生物化学净化示意图

污染物质中的有机物质，由于水中微生物的代谢活动而被分解、氧化并转化为无害、稳定的无机物，从而使浓度降低。

水体的自净包含着比较广泛的内容，任何水体的自净作用都是上述3项过程的综合，它们同时同地产生，相互影响、交织在一起。但其中常常以生物自净过程为主，微生物在水体自净过程中是最活跃、最积极的因素。

但是，必须说明的是：水体的自净能力是有一定限度的，也是比较缓慢的。随着城市的发展，污水量的不断增加，污染日显严重，往往上游河流受的污染尚未净化，又再次受到下游城镇或工厂排出污水的污染，以致整段河流始终处于污染状态，造成对环境卫生的危害及影响水体的效用。因此，为防止污水对水体的污染，必须控制污水的排放。

1.4.2　水体的物理性污染

水体的物理性污染，是指水体在遭受污染后，水的颜色、浊度、温度、悬浮物等方面产生变化，这一类污染往往给人们以感官上的认识。

1. 颜色

污水特别是某些工业废水，如印染废水、洗煤废水等本身都具有其独特的颜色，排入水体后，往往使水体着色。水体着色，其危害本身可能并不大，但给人以水被污染的认识，让人在感官上产生不快的感觉。

2. 温度（热污染）

温度升高也是水体污染的一种形式，对水体造成的危害形式有：

（1）水温升高能加大水中有毒物质的毒性作用。当水中毒物浓度不变时，温度升高10℃，可使水生生物的存活时间减少一半。

（2）水温升高，对鱼类的影响较为显著。因为温度过高会扰乱鱼类正常的回游路线。另外，有些鱼类虽然能够在较高的温度下生存，但在繁殖时温度要低，因为鱼卵一般是不耐高温的。如鳟鱼可在24.4℃的水中生活，但其排卵时的温度应降至14.4℃。如果这条河流的水温经常保持在15℃以上，定将使这条河流中的鳟鱼灭绝。

3. 悬浮物的污染

悬浮物（包括无机的和有机的两部分）是水体的主要污染物质之一。水体被悬浮物污染后，造成的危害主要有：

（1）大大地降低了光的穿透能力，减少了水的光合作用并也妨碍了水体的自净作用。

（2）水中悬浮物可能是各种污染物的载体，它可能会吸附一部分水中的污染物并随水的流动而迁移。

（3）水中存在的悬浮物，它们对鱼类产生危害，可能堵塞鱼鳃，导致鱼的死亡。

（4）含有大量有机悬浮物的水体，由于微生物的生命活动，会使水体中的溶解氧含量大幅度降低，也会影响鱼类的正常生活。

1.4.3　酸、碱、无机盐类的污染

酸、碱对水体的污染，除工业废水排放外，雨水淋洗污染空气中的二氧化硫，产生酸雨，也会污染水体。酸、碱污染水体，使水体的 pH 值发生变化，破坏水体的自然缓冲作用，消灭或抑制微生物生长，妨碍水体自净。如长期遭受酸碱污染，水质逐渐恶化，周围土壤酸化，危害渔业生产。

酸性废水与碱性废水相互中和会产生各种盐类，它们与地表物质相互作用，也可能生成无机盐类。因此，酸、碱的污染必然会伴随着无机盐类的污染。酸、碱污染还会增加水中的无机盐类和水的硬度。

1.4.4　氮、磷等植物营养物对水体的污染——富营养化

富营养化是湖泊分类与演化的一种概念，是湖泊水体老化的一种自然现象。在自然界物质的正常循环过程中，湖泊将由贫营养湖发展为富营养湖，进一步又发展为沼泽地和干地，但这一历程需时很长。在自然条件下需时几万年或几十万年，但富营养化将大大地促进这一进程。

如果氮、磷等植物营养物质大量而连续地进入湖泊、水库以及海湾等缓流水体，将促进各种水生生物的活性，刺激它们的异常增殖（主要是藻类），这样就带来了一系列的严重后果：

（1）藻类占据的空间越来越大，使鱼类活动的空间越来越小；衰死的藻类将沉积塘底。

（2）藻类种类逐渐减少，并由以硅藻和绿藻为主转为以蓝藻为主，蓝藻不是鱼类的良好饵料，而且会增殖迅速，其中有些种属是有毒的。

（3）藻类过度生长，将造成水中溶解氧的急剧变化，能在一定时间内使水体处于严重缺氧状态，严重影响鱼类的生存。

湖泊水体的富营养化与水体中的氮、磷含量有密切关系。据瑞典46个湖泊的调查研究资料证实，如总磷不小于0.02mg/L或无机氮的含量不小于0.3mg/L时，就可以认为水体已处于富营养化的状态了。

1.4.5 重金属等有毒物质对水体的污染及其在水体中的迁移转化

水体受重金属污染后，产生的毒性主要表现有：

（1）水体中重金属离子浓度在0.01～10mg/L时，即可产生毒性效应。

（2）重金属不能被微生物降解，反而在微生物的作用下转化为有机化合物，使毒性猛增。

（3）水生生物从水体中摄取重金属并在体内大量积累，经过食物链进入人体，甚至通过遗传或母乳传给婴儿。

（4）重金属进入人体后，能与体内的蛋白质及酶等发生化学反应而使其失去活性，并可能在体内某些器官中积累，造成慢性中毒。

重金属与一般的耗氧有机物不同，在水体中不能被微生物降解，只能产生各种形态之间的相互转化以及分散与富集，这种过程称为重金属的迁移。重金属离子由于带正电，在水中容易被带负电的胶体颗粒所吸附，吸附重金属离子的胶体可随水流向下游迁移，但大多会很快地沉降下来。因此，重金属一般都富集在排水口下游一定范围内的底泥中。沉积在底泥中的重金属是一个长期的次生污染源，很难治理，它们逐渐向下游推移、扩大污染面，而且每到汛期，河流径流量加大，对河床的冲刷力加强，底泥中的重金属随底泥进入径流。

重金属在水体中的另一个特点是可以转化，如：无机汞在水体底泥中或在鱼体内，在微生物的作用下，能够转化为毒性更大的有机汞（甲基汞）；六价铬可以还原为三价铬，三价铬也可能转化为六价铬。

1.4.6 有机物的污染与自净

1.4.6.1 水体中有机物的分解与溶解氧（DO）平衡

有机物是不稳定的，随时随地都在向稳定的无机物质转化。从能量观点看，它们又是能量的主要储存方式，是生物体的主要能源。有机污染物排放水体，在水体这一生态系中，有机物沿着食物链从一个机体转移到另一个机体中去，结果是或者由于功能完成而消失，或者以物质的形态而储存在生物体内。

有机污染物进入水体，水中的能量增加，如果其他条件适宜，微生物将得到增殖，有机物得到降解，同时消耗了水中的溶解氧。与此同时，通过水面的复氧作用，水体从大气中又得到氧的补充。如果排入水体的有机物没有超过水体的环境容量，水体中的溶解氧会保持在允许的范围内，有机物在水体内进行好氧分解；如果排入水体的有机物过多，由于进行好氧分解消耗了水中大量的溶解氧，从大气中补充的氧气也不能满足要求，说明排入水体的有机污染物在数量上已超过了水体的自净能力，水体出现缺氧甚至无氧，在水体缺氧的条件下，由于厌氧微生物的作用，有机物被降解成 CH_4、CO_2、NH_3 及少量 H_2S 等有害有臭味的气体，使水质恶化。

溶解氧（DO）含量是使水体中生态系统保持自然平衡的主要因素之一。DO 完全消失或其含量低于某一限值时，就会影响到这一生态系统的平衡，甚至能导致其遭到完全破坏。如：当水体中 DO＜1.0mg/L 时，大多数鱼类便窒息而死。因此研究 DO 的变化规律具有重要的实际意义。

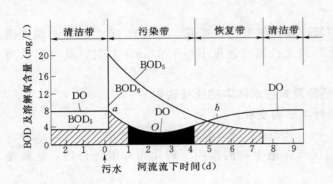

图 1.6　河流中 BOD_5 及 DO 的变化曲线

图 1.6 为接纳大量生活污水的河流，水中 BOD 和 DO 变化的模式图。

污水集中于 O 点排放，假定污水排放后立即与河水完全混合。在排放前，河水中的 DO 含量接近于饱和（8mg/L），BOD 值则处于正常状态（＜4.0mg/L），水温为 25℃。下面分析一下 BOD 及 DO 的变化情况：

1. BOD 的变化曲线

污水排放，在 O 点处的 BOD 值急剧上升，高达 20mg/L，随着河水下流，有机污染物在好氧微生物的作用下逐渐被降解，BOD 值逐渐降低，经过 7.5d 后又恢复到原来状态。

2. 溶解氧（DO）变化曲线

有机物排入河流后，经微生物降解而大量消耗水中的 DO，使河水亏氧；另外，空气中的氧通过河流水面不断地溶入水中，使 DO 逐步得到恢复。所以，耗氧与复氧是同时存在的。见图 1.6，因为污水排入后，DO 曲线呈悬索状下垂，故称为氧垂曲线。

污水排放后，河水中的 DO 因为用于有机物的降解而开始下降，并从流入的第 1 天开始，含量即低于地表水最低允许含量（4.0mg/L），在流下的 2.5d 处，降至最低点，以后开始回升，但在流下 4d 前，DO 含量都低于地面水的最低允许含量（图 1.6 中涂黑部分），从此后逐渐回升，在流下的 7.5d 后，才恢复到原来状态。

1.4.6.2　河流中有机物降解与溶解氧（DO）平衡的数学模式

1. 有机物的降解

美国学者斯蒂特-菲里普斯（Streeter-Phelps）早在 1925 年对耗氧过程动力学进行研究分析后得出：当河流受纳有机物后，水中有足够的 DO，并且水温不变，则有机物生化降解的耗氧量与该时期河水中存在的有机物含量成正比，即呈一级反应式

$$\begin{cases} \dfrac{\mathrm{d}L}{\mathrm{d}t} = -K_1 t \\ t = 0, \ L = L_0 \end{cases} \tag{1.2}$$

积分，得

$$L_t = L_0 10^{-k_1 t} \tag{1.3}$$

式中 L_0——有机物总量，即氧化全部有机物所需要的氧量，也即河水在允许亏氧量的
               条件下，可以氧化的最大有机物量；

         L_t——t 时刻残存于水中的有机污染物量；

         t——时间，d；

    k_1，K_1——耗氧速度常数，$k_1 = 0.434K_1$。

设 x_t 为经过 t 时后，已被氧化的有机物数量，即

$$x_t = L_0 - L_t$$

$$x_t = L_0 - L_0 10^{-k_1 t} = L_0(1 - 10^{-k_1 t}) \tag{1.4}$$

耗氧速度常数 k_1 或 K_1 因污水的性质不同而异，一般需经实验确定。生活污水的 k_1
见表 1.5。

表 1.5   生活污水的耗氧速度常数 k_1

水温（℃）	0	5	10	15	20	25	30
k_1 值	0.03999	0.0502	0.0632	0.0795	0.1	0.1260	0.1583

将 L_0 看作 100，按式（1.3）、式（1.4）可计算，求出逐日的 L_t 及 x_t 值（1~20d），
即可得表 1.6 所列的数据。

表 1.6   有机污染物在水体中的氧化速度（水温为 20℃）

日数	占有机物总量的百分比（%）			日数	占有机物总量的百分比（%）		
	剩余量	当日氧化量	累计氧化量		剩余量	当日氧化量	累计氧化量
0	100			11	7.9	2.1	92.1
1	79.4	20.6	20.6	12	6.3	1.6	93.7
2	63.0	16.4	37.0	13	5.0	1.3	95.0
3	50.0	13.0	50.0	14	4.0	1.0	96.0
4	39.8	10.2	60.2	15	3.2	0.8	96.8
5	31.6	8.2	68.4	16	2.5	0.7	97.5
6	25.0	6.6	75.0	17	2.0	0.5	98.0
7	20.0	5.0	80.0	18	1.6	0.4	98.4
8	15.8	4.2	84.2	19	1.3	0.3	98.7
9	12.5	3.3	87.5	20	1.0	0.1	99
10	10.0	2.5	90.0				

从表 1.6 所列数据可见，当 $k_1 = 0.1$ 时，有机物每天降解 20.6%（即 $1 - 10^{-0.1}$），每

延续一日就从剩余的有机物中再氧化掉 20.6%。有机物的氧化速度是固定的,但每天降解的绝对数量却是逐日减少的。从表 1.6 所列数据还可见,有两个时间具有重要意义,即 3d 和 5d,在第 3 天末,有机物氧化分解 50%,剩下的有机物也是 50%。可以认为 3d 是有机物在 20℃条件下分解的半衰期。按此规律,到第 6 天末,剩余的有机物只有 25%,到第 9 天末剩下 12.5%,依次类推,到第 20 天末还剩下 1%。而 5d 的生化需氧量(BOD_5)只相当于全部耗氧量的 68%。

温度对耗氧速度常数 k_1 值也有显著的影响,其一般的表达式为

$$k_1 = k_2 \theta^{(T_1-T_2)} \tag{1.5}$$

式中　k_1——温度为 T_1 条件下的耗氧速度常数;

k_2——温度为 T_2 条件下的耗氧速度常数;

θ——温度系数,一般为 1.047。

当实际水温不同于 20℃时,耗氧速度常数为

$$k_T = k_{20} \times 1.047^{(T-20)} \tag{1.6}$$

式中　k_T——温度为 T 条件下的耗氧速度常数;

k_{20}——温度为 20℃条件下的耗氧速度常数。

有机物的耗氧过程是一个非常复杂的生物化学现象,由于存在着多种多样的影响因素,可能出现许多偏离上述规律的情况。但是,上述基本理论分析在任何条件下都是成立的。

和所有的气体一样,氧能够溶解在水中,并具有一定的饱和度。同时,饱和度一般与水温呈反比、与压力呈正比(见附录1)。

在温度、压力一定的条件下,水中氧的饱和度(C)与实际含量(x)之间的差值(C-x),称为亏氧量,以 D 表示。氧溶解于水的速度,在其他条件一定时,主要取决于亏氧量(D),并与其呈正比关系,即

$$\frac{dD}{dt} = k_2 D \tag{1.7}$$

以 D_0 及 D_t 分别表示开始时和经过 t 时间后水中的亏氧量,则可通过式(1.7)推导得出

$$D_t = D_0 \cdot 10^{-k_2 t} \tag{1.8}$$

式中　k_2——溶氧(复氧)速度常数,与水温、水文等条件有关,其数值列于表 1.7 中。

表 1.7　　　　　　　　　　　　　　复 氧 速 率 常 数 k_2 值

河流水文条件	水 温 (℃)			
	10	15	20	25
缓流水体	—	0.11	0.15	—
流速小于 1m/s 水体	0.17	0.185	0.20	0.215
流速大于 1m/s 水体	0.425	0.460	0.50	0.540
急流水体	0.684	0.740	0.80	0.865

2. 氧垂曲线方程——菲里普斯方程

菲里普斯对被有机物污染的河流中溶解氧(DO)变化过程动力学进行了研究后得出结论,河水中亏氧量(D)的变化速率是耗氧速率与复氧速率之和。在与耗氧动力学分析

相同的前提条件下，亏氧方程属于一级反应，可用一维水质模型表示：

$$\begin{cases} \dfrac{dD}{dt} = k_1 L - k_2 D \\ t = 0, D = 0, L = L_0 \end{cases} \tag{1.9}$$

对式（1.9）进行积分得

$$D_t = \frac{k_1 L_0}{k_2 - k_1}(10^{-k_1 t} - 10^{-k_2 t}) + D_0 \cdot 10^{-k_2 t} \tag{1.10}$$

式中 D_t——t 时刻河流中的亏氧量。

式（1.10）称为河流中氧垂曲线方程式，即菲里普斯方程式。它具备的工程意义有：

（1）用于分析被有机物污染的河流中溶解氧（DO）的变化动态，推求河流的自净过程及其环境容量，进而可确定排入河流的有机物最大限量。

（2）推算确定最大缺氧点，即氧垂点的位置及到达时间，并依此制定河流水体的防护措施。氧垂曲线到达氧垂点的时间，可通过式（1.10）求得，即：使 $dD/dt=0$，得

$$t_c = \frac{\lg\left\{\dfrac{k_2}{k_1}\left[1 - \dfrac{D_0(k_2 - k_1)}{k_1 L_0}\right]\right\}}{k_2 - k_1} \tag{1.11}$$

式中 t_c——从排污点到氧垂点所需的时间，d。

式（1.10）与式（1.11）在使用时应注意以下几点：

1）公式只考虑了有机物生化耗氧和大气复氧两个因素，故仅适用于河流截面变化不大、藻类等水生植物和底泥影响可忽略的河段。

2）仅适用于河水与污水在排放点处完全混合的条件。

3）所使用的 k_1 和 k_2 值必须与水温相适应。

4）如沿河有几个排放点，则应根据具体情况合并成一个排放点计算或逐段计算。

如通过计算，在最缺氧点的溶解氧含量达不到地表水最低的溶解氧含量的要求，则应对污水进行适当的处理。

3. 氧垂曲线方程的应用

【例 1.1】 某城市人口 35 万人，排水量标准为 150L/（人·d），每人每日排放于污水中的 BOD_5 为 27g，换算成 BOD_u 为 40g。河水流量为 $3m^3/s$，河水夏季平均水温为 20℃，在污水排放口前，河水溶解氧含量为 6mg/L，BOD_5 为 2mg/L（BOD_u 为 2.9mg/L）。根据溶解氧含量求该河流的自净容量与城市污水应处理的程度。排放污水中的溶解氧含量最低，可忽略不计。

解

1. 先确定各项原始数值

排入河流的污水量为

$$q = 350000 \times 0.150 = 52500m^3/d$$

污水排放口前河水中的亏氧量为（20℃时的饱和溶解氧量为 9.17mg/L）

$$D_0 = C - x = 9.17 - 6.0 = 3.17mg/L$$

污水排入河流后的最高允许亏氧量为 9.17－4.0＝5.17mg/L。

2. 求污水与河水混合后的 BOD_u 及 L_0。

由表 1.5，k_1 为 0.1（水温为 20℃）；由表 1.7，因流速较小，取 $k_2 = 0.2$，混合系数 a 取 0.5。

最高允许亏氧量为 $D_t = 5.17 mg/L$，采用式（1.10），仍有两个未知数 t 与 L_0，因此可用式（1.11）进行试算：

（1）初步假设 $L_0 = 15 mg/L$，代入式（1.11）得

$$t_c = \frac{\lg\left\{\frac{0.2}{0.1}\left[1 - \frac{3.17 \times (0.2 - 0.1)}{0.1 \times 15}\right]\right\}}{0.2 - 0.1} = 1.98d$$

（2）将所得 $t_c = 1.98d$ 代入式（1.10）求 L_0 值：

$$5.17 = \frac{0.1 L_0}{0.2 - 0.1}(10^{-0.1 \times 1.98} - 10^{-0.2 \times 1.98}) + 3.17 \times 10^{-0.2 \times 1.98}$$

得
$$L_0 = 16.8 mg/L$$

试算所得出的 L_0 值与初步假设的 $L_0 = 15 mg/L$ 相差较多，故需进行第二次试算。

（3）将计算所得的 $L_0 = 16.8 mg/L$ 代入式（1.11），求出相对较为精确的 t_c 值：

$$t_c = \frac{\lg\left\{\frac{0.2}{0.1}\left[1 - \frac{3.17 \times (0.2 - 0.1)}{0.1 \times 16.8}\right]\right\}}{0.2 - 0.1} = 2.1d$$

（4）将所得 $t_c = 2.1d$ 代入式（1.10）进行第二次试算，求 L_0 值：

$$5.17 = \frac{0.1 L_0}{0.2 - 0.1}(10^{-0.1 \times 2.1} - 10^{-0.2 \times 2.1}) + 3.17 \times 10^{-0.2 \times 2.1}$$

得
$$L_0 = 16.5 mg/L$$

（5）第二次试算所得的 $L_0 = 16.5 mg/L$，第一次试算所得的 $L_0 = 16.8 mg/L$ 非常接近，故可定 $L_0 = 16.5 mg/L$。

（6）因河水本身含有 BOD_u 为 2.9mg/L，因此水体能够接纳的污水所含 $BOD_u = 16.5 - 2.9 = 13.6 mg/L$。

（7）为了保证氧垂点处的溶解氧的含量不得低于 4.0mg/L，河水每日可以接受的 BOD_u 总量，即水体的环境容量（自净容量）为

$$13.6 \times (3 \times 0.5 \times 86400 + 52500) = 2476560g = 2476.56kg$$

（8）每人每日允许排入水体的 BOD_u 量为 $\frac{2476560}{350000} = 7.08g$。

（9）因每人每日产生的 BOD_u 量为 40g，排入水体前应去除的 BOD_u 量为 $40 - 7.08 = 32.92g$。

故污水应达到的处理程度为

$$\frac{32.92}{40} \times 100\% = 82.3\%$$

故污水必须采用生物处理法，BOD_u 的处理程度为 82.3%。

1.5 水 处 理 的 基 本 方 法

水处理的根本任务是根据水质指标，通过适当的处理方法，达到符合生活饮用、工业

用水的目的或去污重复使用、达标排放的要求。水处理的基本方法可分为给水处理和污水处理两个部分。本节仅就水处理的基本方法作概括介绍，详细内容将在以后的章节中讲述。

1.5.1 给水处理的基本方法

给水处理的对象是天然水源水。处理方法应根据水源水质和用户对水质的要求确定，大体可分为以下四个方面：

1. "混凝—沉淀—过滤—消毒"的常规处理工艺流程

该工艺又称"澄清和消毒"工艺，是以地表水为水源的生活饮用水的常规处理工艺。我国以地表水为水源的水厂主要采用这种工艺流程。

澄清工艺一般包括混凝、沉淀和过滤，处理对象主要是水中悬浮物和胶体杂质，原水加药后，经过混凝作用使水中悬浮胶体形成大颗粒的絮凝体，而后经过沉淀进行重力分离。澄清池是将絮凝和沉淀融为一体的构筑物。过滤则是利用粒状滤料截流水中杂质的构筑物，用以进一步降低水的浑浊度。

通常，较为完善的常规处理工艺，不仅能有效地降低水的浊度，而且对某些有机物、细菌及病毒的去除也有一定的效果。

依据原水水质和用户对水质要求的差异，上述处理工艺中的构筑物可适当增加或减少。例如：处理高浊度原水时，往往要设置泥砂预沉池或沉砂池；原水浊度很低时，可省去沉淀而直接进行微絮凝接触过程。但生活饮用水的处理，过滤是必不可少的。大多数工业用水也往往采用澄清工艺作为预处理过程。对澄清要求不高的工业水可以省去过滤，而仅设混凝、沉淀即可。

消毒的作用是杀灭水中致病微生物，通常在过滤后进行。主要消毒的方法是在水中投加消毒剂以杀灭致病微生物。当前，我国大多采用的消毒剂有：液氯、漂白粉、二氧化氯、次氯酸等。最常用的是液氯消毒法。臭氧消毒在欧洲等一些国家已广泛使用，我国也采用这一消毒方法。其他消毒方法还有紫外线、超声波等。

上述处理方法是当前给水处理最基本的处理方法。

2. 水中溶解性物质的处理

水中溶解性物质的处理是在去除水中悬浮物质之后进行的。此类物质处理方法有除臭、除味；软化；除铁、除锰；除氟；除盐等。

除臭、除味是饮用水净化中所需的特殊处理方法。除臭、除味的方法取决于水中臭和味的来源。例如：因藻类繁殖而产生的臭和味，可采用微滤机或气浮法或投加硫酸铜去除藻类；对于水中有机物所引起的臭和味，可用活性炭吸附或氧化法去除；因溶解性盐类所产生的臭和味，可采用适当的除盐措施等。

当水的硬度（尤其是地下水）即钙、镁离子含量较高，需要处理时即为软化处理。水的软化处理方法主要有：离子交换法、药剂软化法等。

当溶解于地下水中的铁、锰含量超过生活饮用水卫生标准时，则需要除铁、除锰，常用的除铁、除锰方法有氧化法和接触氧化法。

当水中含氟量超过 1.0mg/L 时，需采用除氟措施。除氟方法基本上分成两类：一是投入硫酸铝、氯化铝或碱式氯化铝等使氟化物产生沉淀；二是利用活性氧化铝或磷酸三钙等进行吸附交换。目前使用较多的方法是活性氧化铝除氟。

当处理水中含有各种溶解盐类,包括阴、阳离子需要处理,制取纯水及高纯水的处理过程称为水的"除盐"。而海水及"苦咸水"的处理过程称为咸水"淡化",主要方法有蒸馏法、电渗析法、离子交换法、反渗透法等。

3. 水温的降低

在整个工业用水中,冷却用水约占 70%,所以循环系统可以节约大量用水。设置冷却构筑物、降低水温是循环系统的主要措施。

4. 预处理和深度处理

对于不受污染的天然地表水水源而言,饮用水的处理对象主要是水中悬浮物、胶体和致病微生物。对此,常规处理工艺,即"混凝—沉淀—过滤—消毒"是十分有效的。但对于污染水源而言,水中溶解性的有毒有害物质,特别是具有"三致"(即致癌、致畸、致突变)的有机物,采用常规处理工艺就难以解决。于是,便在常规处理基础上发展预处理和深度处理。一般预处理设在常规处理前,深度处理设在常规处理后。

预处理和深度处理的主要对象是水中含有的有机污染物,且多在饮用水处理或污水需回用时采用。预处理的主要方法有:粉末活性炭吸附法、高锰酸钾或臭氧氧化法、生物滤池及生物转盘等生物氧化法等。深度处理的主要方法有:粒状活性炭吸附法、臭氧—粒状活性炭联用法或生物活性炭法、光化学吸附法、反渗透法等。

污染水源的饮用水预处理和深度处理自 20 世纪 80 年代开始,受到各国的广泛重视,当前仍处于研究和发展阶段。

1.5.2 污水处理的基本方法

污水处理的基本方法,就是采用各种方法将污水中所含有的污染物质分离去除、回收利用,或将其转化为无害和稳定的物质,从而使污水得到净化。

1. 污水处理方法的分类

现代的污水处理技术,按其作用原理可分为物理处理法、化学处理法、生物处理法。

(1)物理处理法。就是利用物理作用分离污水中呈悬浮状态的污染物质。其主要方法有沉淀、筛滤、气浮、反渗透等。

(2)化学处理法。就是利用化学反应的作用,来分离、回收污水中的污染物,或使其转化为无害的物质。其主要方法有混凝、中和、电解、氧化还原、电渗析、离子交换等。化学处理法一般多用于生产污水的处理。

(3)生物化学法。就是利用微生物的代谢功能,使污水中呈溶解和胶体状态的有机污染物质被降解并转化为无害的物质,从而使污水得到净化。按微生物的作用原理分为好氧生物处理法和厌氧生物处理法,前者主要包括活性污泥法和生物膜法,广泛应用于处理生活污水、城市污水及有机性工业废水;后者多用于处理高浓度的有机废水和污水生物处理中产生的污泥。

2. 污水处理的流程

生活污水、城市污水及工业废水中的污染物质是多样的、复杂的,不能预期只用一种方法就能够把污水中的所有污染物质去除,常常需要通过集中不同方法的组合,才能去除不同性质的污染物质,以达到处理要求。

按处理程度，污水处理又可分：一级处理、二级处理和三级处理。

（1）一级处理。主要去除污水中呈悬浮状态的固体物质，物理处理法中的大部分方法只能完成一级处理的要求。经过一级处理的污水，BOD 一般只能去除 30％左右，仍然不宜排放，必须进行二级处理。所以，一般把一级处理又称为二级处理的预处理。

（2）二级处理。主要是大幅度地去除污水中呈胶体和溶解状态的有机污染物（即 BOD、COD 等物质），去除率可达 90％以上，处理后的 BOD_5 含量可能降到 $20 \sim 30mg/L$。一般地说，处理后的污水，有机污染物可达排放标准。

一级处理和二级处理法，是城市污水处理经常采用的，故又称常规处理法。

（3）三级处理。是在一级、二级处理后，进一步去除水中难降解的有机污染物、氮和磷等能导致水体富营养化的可溶性无机物等，主要处理方法有：生物脱氮除磷法、混凝沉淀法、砂滤法、活性炭吸附法、离子交换法、电渗析法等。经过三级处理，处理后的 BOD_5 含量能够从 $20 \sim 30mg/L$ 降到 $5mg/L$ 以下，同时能够去除大部分的氮（N）和磷（P）。

三级处理是深度处理的同义语，但二者又不完全相同。三级处理常设在常规处理之后，为了从污水中去除某些特定的污染物质，如 N、P 等，而增加的一项处理工艺；而深度处理则多以污水回收、再用为目的，是设在一级或二级处理后增加的处理工艺。污水经深度处理后可作为工业用水的重复利用、补给水源或生活用水等，其应用范围较为广泛。一般深度处理是指那些对处理水质要求较高而采用的处理工艺，如反渗透、活性炭吸附、电渗析等。

污泥是污水处理的副产品，也是必然产物，如不加以妥善处理，就会造成二次污染。污泥中含有大量的有机物，富有肥效，可以利用；可是其中含有各种细菌和寄生虫卵以及生产污水中带来的重金属离子等，因此，在使用前应当进行稳定和无害化处理。污泥处理的主要方法是减量处理（如浓缩、脱水等）、稳定处理（如厌氧消化、好氧消化等）、综合利用（如消化气利用、农业利用等）以及污泥的最终处置（如填地投海、干燥焚烧、生产建筑材料等）。

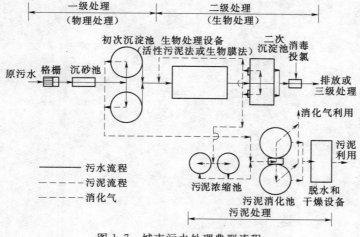

图 1.7 城市污水处理典型流程

对于某种污水,具体采用何种处理方法或由哪几种处理方法组成的处理系统,应根据污水的水质、水量,回收其中有用物质的可能性和经济性,排放标准的具体规定,并通过调查、研究和技术经济分析与比较后予以决定,必要时还应当进行一定的科学试验。

图 1.7 所示是城市污水处理的典型流程。城市污水一般是以 BOD 物质为其主要去除对象的,故处理系统的核心是生物处理设备。

思 考 题 与 习 题

1. 天然水中杂质尺寸大小一般可分为哪几类?简述各类杂质的主要来源、特点及一般去除方法。

2. 水质指标、水质参数和水质标准的涵义?

3.《生活饮用水卫生标准》包括哪几大指标?水质参数总计达多少项目?

4.《地面水环境质量标准》与《生活饮用水卫生标准》有何区别与联系?

5. 简要回答污水的来源及其分类。

6. 污水的水质指标按污染指标分哪几类?各类的主要特征是什么?

7. BOD、COD、TOC、TOD 的含义是什么?BOD_5、BOD_{20}、COD_{Cr} 的含义是什么?怎样反映污水的可生化性?

8. 污水排放标准的含义是什么?如何划分?

9. 什么叫水体的污染、水体的自净?简要回答水体自净的基本机理。

10. 简要回答水处理常有的处理方法。

11. 已知 20℃时,某废水的 BOD 浓度为 200mg/L,试计算:

(1) 经好氧分解 5d、10d、20d 后剩余的有机物量(即 L_t);

(2) BOD_3、BOD_{20} 分别是多少?

第2章 水的预处理

内容概述

本章主要介绍水的预处理构筑物格栅和调节池的功能、类型、构造及设计计算。

学习目标

(1) 了解格栅、调节池的功能及其类型。

(2) 理解调节池的构造及设计计算。

(3) 掌握格栅的构造及设计计算。

在某些天然水体及污水中，往往含有一些较粗大的悬浮物及杂质，为了减轻水处理负荷并保持处理构筑物的正常运行，首先要对这些悬浮物及杂质用最简单的方法加以去除。

对部分水质和水量变化较大的工业废水，设置调节构筑物是保证处理系统正常工作的必要措施。本章将要介绍的格栅、调节池，均属水处理的预处理设施，是污水处理工艺中必不可少的组成部分。

2.1 格 栅

格栅是后续处理构筑物或水泵机组的保护性处理设备，是由一组平行的金属栅条制成的框架，斜置（与水平夹角一般为45°～75°）或直立在水渠、泵站集水井的进口处或水处理厂的端部，以拦截较大的呈悬浮或漂浮状态的固体污染物，如木屑、碎皮、纤维、毛发、果皮、蔬菜、塑料制品等，以便减轻后续处理设施的处理负荷，并使之正常运行。被拦截的物质叫栅渣，栅渣的含水率约为70%～80%，容重约为750kg/m³。经过压榨，可将含水率降至40%以下，以便于运输和处置。

2.1.1 格栅类型

格栅按形状，可分为平面格栅和曲面格栅两种；按栅条净间隙，可分为粗格栅（50～100mm）、中格栅（10～40mm）、细格栅（3～10mm）3种，由于格栅是物理处理（又称预处理）的主要构筑物，对新设计的污水处理厂一般采用粗、中两道格栅，有的甚至采用粗、中、细3道格栅；按清渣方式，可分为人工清除格栅和机械清除格栅两种。下面分别介绍平面格栅和曲面格栅。

2.1.1.1 平面格栅

平面格栅由框架与栅条组成，基本形式如图2.1所示。图中A型为栅条布置在框架的外侧，适用于机械或人工清渣；B型为栅条布置在框架的内侧，在栅条的顶部设有起吊架，可将格栅吊起，进行人工清渣。

平面格栅的基本参数与尺寸包括宽度B、长度L、栅条间距e（指间隙净宽）、栅条至外框的距离b。其基本参数与尺寸见表2.1，可视污水处理厂（站）的具体条件选用。

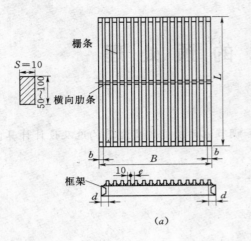

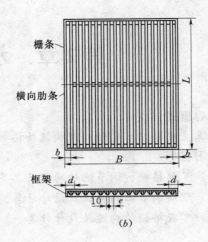

图 2.1 平面格栅（单位：mm）

(a) A 型平面格栅；(b) B 型平面格栅

平面格栅的框架采用型钢焊接。当格栅的长度 $L > 1000$mm 时，框架应增加横向肋条。栅条用 A_3 钢制作。机械清除栅渣时，栅条的直线度偏差不应超过长度的 1/1000，且不大于 2mm。

表 2.1　　　　平面格栅的基本参数及尺寸　　　　单位：mm

名　称	数　值
格栅宽度 B	600，800，1000，1200，1400，1600，1800，2000，2200，2400，2600，2800，3000，3200，3400，3600，3800，4000，用移动除渣机时，$B > 4000$
格栅长度 L	600，800，1000，1200，…，以 200 为一级增长，上限值决定于水深
栅条间距 e	10，15，20，25，30，40，50，60，80，100
栅条至外边框距离 b	b 值按下式计算：$b = \dfrac{B - 10n - (n-1)e}{2}$，$b \leqslant d$ 式中　B——格栅宽度；n——栅条根数；e——栅条间距；d——框架周边宽度

平面格栅型号表示方法，例如：　　　PGA$-B \times L - e$

式中　PGA——平面格栅 A 型；

　　　B——格栅宽度，mm；

　　　L——格栅长度，mm；

　　　e——栅条间距，mm。

平面格栅的安装方式如图 2.2 所示，其安装尺寸见表 2.2。

表 2.2　　　　A 型平面格栅安装尺寸　　　　单位：mm

池深（H）	800，1000，1200，1400，1600，1800，2000，2400，2800，3200，3600，4000，4400，4800，5200，5600，6000		
格栅倾斜角 α	60°，75°，90°		
清除高度 a	0	800，1000	1200，1600，2000，2400
运输装置	水槽	容器、传送带、运输车	汽车
开口尺寸 c	$\geqslant 1600$		

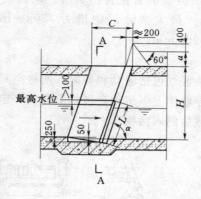
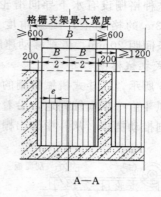

图 2.2　平面格栅安装方式

2.1.1.2　曲面格栅

曲面格栅可分为固定曲面格栅和旋转鼓筒式格栅两种，如图 2.3 所示。图 2.3（a）为固定曲面格栅，它利用渠道水流速度推动除渣桨板。图 2.3（b）为旋转鼓筒式格栅，污水从鼓筒内向鼓筒外流动，被清除的栅渣，由冲洗水管 2 冲入渣槽（带网眼）内排出。

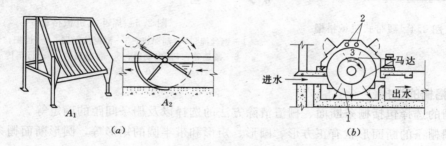

（a）　　　　　　　　　　　　　　　　（b）

图 2.3　曲面格栅

（a）固定曲面格栅，A_1 为格栅，A_2 为清渣桨板；（b）旋转鼓筒式格栅

1—鼓筒；2—冲洗水管；3—渣槽

2.1.2　栅渣的清除方法

栅渣清除是格栅工作的重要环节，分为人工清渣和机械清渣两种方法。

2.1.2.1　人工清渣

人工清渣，一般适用于小型污水处理厂（站）。为便于工人清渣，避免栅渣重新掉落水中，格栅安装角度应不大于 60°，一般以 30°～45°为宜。

2.1.2.2　机械清渣

用机械清除栅渣的格栅称机械格栅。机械格栅的倾斜角度较人工格栅的大，一般不小于 70°，特殊情况时也采用 90°。我国自行设计使用较多的为履带式和抓斗式格栅，传动系统有电力传动和液压传动两种，大多采用电力传动系统，齿耙用链条或钢丝绳拉动，移动速度一般为 2m/min 左右。

1．履带式机械格栅

图 2.4 为履带式机械格栅的一种。格栅链带作回转循环转动，齿耙伸入栅隙间并固定

在链条上。这种格栅设有水下导向滑轮，利用链条的自重自由下滑。该机械设备用于宽 2.0m、深 2.3m 的格栅上，倾斜角度为 70°。最大清除污物量为 750kg/h，传动功率 1.6kW。栅条间距 20mm，齿耙移动速度 3.69m/min。

2. 抓斗式机械格栅

如图 2.5 所示，抓斗式机械格栅的齿耙装置（包括驱动和导向）所占空间较小，用钢丝绳传动。抓斗由一根横轴固定，沿着槽钢导轨作上下运动。齿耙上升到一定高度与触点继电器相碰则推动挡板，从斗中卸出栅渣，然后倒入污物车。

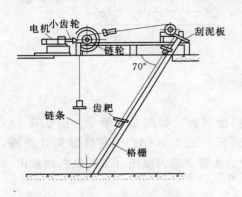

图 2.4 履带式机械格栅

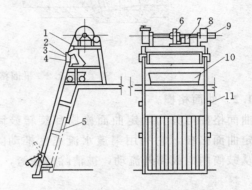

图 2.5 抓斗式机械格栅

1—钢丝绳；2—刮泥机；3—刮泥接触器；4—齿耙；5—格栅；
6—减速箱；7—电动机；8—卷扬机构；9—行车传动装置；
10—垃圾车；11—支座

2.1.3 格栅的选择

格栅的选择包括栅条断面、栅渣清除方法的选择以及栅条间距的确定等。

格栅栅条的断面形状有正方形、圆形、矩形和带半圆的矩形等，圆形断面栅条的水力条件好，水流阻力小，但刚度差，一般多采用矩形的栅条。栅条的断面形状，可参照表 2.3。

表 2.3　　　　　　　　　　　　　栅条断面形状及尺寸　　　　　　　　　　　单位：mm

栅条断面形式	一般采用尺寸	栅条断面形式	一般采用尺寸
正方形	20 20 20	迎水面为半圆形的矩形	10 10 10　50
圆形	20 20 20	迎水、背水面均为半圆形的矩形	10 10 10　50
锐边矩形	10 10 10　50		

栅渣的清除方法，视截留栅渣量多少而定。在大型污水处理厂或泵站前的大型格栅，栅渣量大于 $0.2m^3/d$，同时为了减轻工人的劳动强度一般采用机械清渣。

栅条间距（e）根据污水种类、水泵类型及叶轮直径决定，一般污水格栅间隙 20～25mm。按照水泵类型及口径 D，应小于水泵叶片间隙。一般情况下，如是轴流泵时则 $e < D/20$；如是混流泵或离心泵时则 $e < D/30$。

格栅截留的栅渣数量，因栅条间距、污水种类的不同而异。生活污水处理用格栅的栅渣截留量，是按人口计算的，详见有关设计手册。

格栅上需要设置工作台，其高度应高出格栅前设计水位 0.5m，工作台上应有安全和冲洗设施，当格栅宽度较大时，要做成多块拼合，以减少单块重量，便于起吊安装和维修。

2.1.4 格栅的设计

格栅的设计包括尺寸计算、水力计算、栅渣量计算及清渣机械的选用等。图 2.6 为格栅计算图。

（1）栅槽宽度

$$B = S(n-1) + en \qquad (2.1)$$

$$n = \frac{Q_{max} \sqrt{\sin\alpha}}{ehv} \qquad (2.2)$$

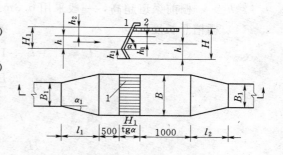

图 2.6 格栅计算图（单位：mm）
1—栅条 2—工作台

式中 B——栅槽宽度，m；

S——栅条宽度，m；

e——栅条间距，即栅条净距，m；

n——栅条间隙数，即栅条孔隙数；

Q_{max}——最大设计流量，m^3/s；

α——栅条倾角，（°）；

h——栅前水深，m；

v——过栅流速，m/s；一般情况为 0.6～1.0m/s，最小不宜小于 0.45m/s；

$\sqrt{\sin\alpha}$——考虑格栅倾角的经验系数。

（2）过栅的水头损失

$$h_1 = kh_0 \qquad (2.3)$$

$$h_0 = \xi \frac{v^2}{2g} \sin\alpha \qquad (2.4)$$

式中 h_1——过栅水头损失，m；

h_0——计算水头损失，m；

g——重力加速度，m/s^2，$g = 9.81m/s^2$；

k——系数，格栅受污物堵塞时水头损失增大倍数，一般采用 3；

ξ——阻力系数，其值与栅条断面形状有关，可按表 2.4 计算。

为避免造成栅前壅水，将栅后槽底下降 h_1 作为补偿。

表 2.4 　　　　　　　　　　　　　　　阻力系数 ξ 计算公式

栅条断面形状	公　式	说　明
		形状系数
锐边矩形		$\beta=2.42$
迎水面为半圆形的矩形	$\xi=\beta\left(\dfrac{S}{b}\right)^{\frac{4}{3}}$	$\beta=1.83$
圆形		$\beta=1.79$
迎水面、背水面均为半圆形的矩形		$\beta=1.67$
正方形	$\xi=\left(\dfrac{b+S}{\varepsilon b}-1\right)^{2}$	ε——收缩系数，一般采用 0.64

（3）栅槽总高度

$$H = h + h_1 + h_2 \tag{2.5}$$

式中　H——栅槽总高度，m；

　　　h——栅前水深，m；

　　　h_2——栅前渠道超高，一般采用 0.3m。

（4）栅槽总长度

$$L = l_1 + l_2 + 1.0 + 0.5 + \frac{H_1}{\mathrm{tg}\alpha} \tag{2.6}$$

$$l_1 = \frac{B - B_1}{2\mathrm{tg}\alpha_1} \tag{2.7}$$

$$l_2 = \frac{l_1}{2} \tag{2.8}$$

$$H_1 = h + h_2 \tag{2.9}$$

式中　H_1——栅前槽高，即栅后总高，m；

　　　l_1——进水渠道渐宽部分长度，m；

　　　B_1——进水渠道宽度，m；

　　　α_1——进水渠道渐宽部分展开角度，一般可采用 20°，由此得 $l_1=\dfrac{B-B_1}{0.73}$；

　　　l_2——栅槽与出水渠连接处的渐窄部分长度，m。

（5）栅渣量

$$W = \frac{Q_{\max} W_1 \times 86400}{K_{总} \times 1000} \tag{2.10}$$

式中　W——栅渣量，m³/d；

　　　$K_{总}$——生活污水流量总变化系数，见表 2.5；

　　　W_1——单位栅渣量，m³/10³m³ 污水，与栅条间隙有关，格栅间隙为 16～25mm 时，$W_1=0.10\sim0.05$；格栅间隙为 30～50mm，$W_1=0.03\sim0.01$。

表 2.5 　　　　　　　　　　　　　　生活污水总流量变化系数

平均日流量 （L/s）	4	6	10	15	25	40	70	120	200	400	750	1600
$K_{总}$	2.3	2.2	2.1	2.0	1.89	1.80	1.69	1.59	1.51	1.40	1.30	1.20

2.2 调 节 池

废水的水量和水质并不总是恒定均匀的，往往随着时间的推移而变化。生活污水随生活作息规律而变化，工业废水的水量、水质随生产过程而变化。水量和水质的变化使后续管道和主体处理构筑物受高峰流量或浓度变化的影响，不能在最佳的工艺条件下运行，严重时甚至使设备无法正常工作。为此需要设置调节池，使各种污废水在被送入主体处理构筑物之前，进行水质和水量的均和调节。

2.2.1 调节池的作用

通常来说，工业废水的波动比城市污水大，中小型工厂的水质、水量的波动更为明显。工业企业一般在车间附近设置调节池，把不同时间排出的高峰流量或高浓度废水与低流量或低浓度废水混合均匀后再排入处理厂（站）或城市排水系统中。

调节池可以使酸性废水和碱性废水得到中和，使处理过程中的 pH 值保持稳定，减少或防止冲击负荷对处理设备的不利影响。当处理设备发生故障时，可起到临时的事故贮水池的作用，同时还可调节水温。

2.2.2 调节池的类型

调节池按主要调节功能分为水量调节池和水质调节池。

1. 水量调节池

水量调节池主要用于调节水量，故只需设置简单的水池，保持必要的调节池容积并使出水均匀即可。

常用的水量调节池，图 2.7 为合建式线内调节方式。进水为重力流，出水用水泵抽升，池中最高水位不高于进水管的设计水位，有效水深一般为 2～3m，最低水位为死水位。废水流量变化往往无规律，所以调节池的容积应根据实际情况凭经验确定。

图 2.8 为分建式线外调节方式。调节池设在旁线上，主泵按平均流量设计，多余的废水量用辅助泵送入调节池。当进水量低于平均流量时，再从调节池回流至集水井。这种方式适用于一班或两班生产的工人，调节池一般为半地下式，不受进水管高程的限制，施工和排泥较方便，被调节的水量需两次提升，能耗大。

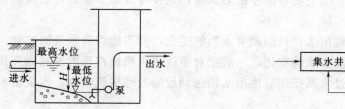

图 2.7 水量调节池   图 2.8 分建式线外调节池

当废水中含有较多的固体杂质时，为避免在池中形成沉淀，需在池中设搅拌设施。常用的搅拌设施有鼓风曝气搅拌、水泵强制循环搅拌和机械搅拌等。

2. 水质调节池

图 2.9、图 2.10 为常用的水质调节池。同时进入调节池的废水，由于流程长短不同，

使先后进入调节池的废水相混合，以此均和水质。

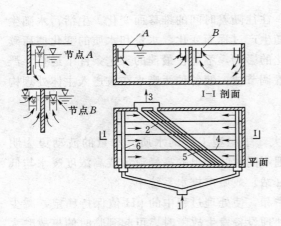

图 2.9　穿孔导流槽式水质调节池

1—进水；2—集水；3—出水；

4—纵向隔墙；5—斜向隔墙；6—配水槽

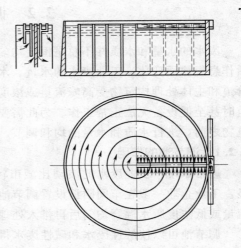

图 2.10　同心圆形水质调节池

　　图 2.9 为穿孔导流槽式调节池示意图，其特点是出水槽沿对角线方向设置，废水由左右两侧进入池内，经不同的时间流到出水槽，从而使不同浓度的废水达到自动调节均和的目的。为了防止废水在池内短路，可以在池内设置若干块纵向隔板。对于体积较小的调节池，一般在池底设置沉渣斗，通过排渣管定期排除沉淀物。如果调节池的容积很大，需要设置的沉渣斗过多，会给管理带来不便，这时可考虑把调节池做成平底，用压缩空气搅拌废水，以防止沉淀。空气用量为 $1.5 \sim 3 m^3 /$（$m^2 \cdot h$），调节池有效水深 $1.5 \sim 2m$，纵向隔板间距为 $1 \sim 1.5m$。

　　有些在池内设置折流隔墙的调节池，其废水从池前端流入、池末端流出，可用于水质调节，但效果较差。也有的调节池是由 2、3 个空池组成，池底装设空气管道，每池间歇独立运行，轮流倒用。第一池充满废水，流入第二池。第一池内的废水用空气搅拌均匀后，用泵抽往后续构筑物，抽空后再循序抽第二池，这样可以调节水量与水质，但基建与运行费用均较大。

　　调节池若采用堰顶溢流出水，只能调节水质的变化，而不能调节水量的波动。如果要求调节池可同时调节水量及水质的变化，一般把对角线出水槽放在靠近池底处开孔，在调节池外设水泵吸水井，通过水泵把调节池出水抽送到后续处理构筑物中，水泵出水量可认为是稳定的。

2.2.3　调节池的设计计算

　　调节池的容积一般按照废水浓度和流量的变化规律、要求调节的均和程度来进行计算。通常情况下，用于工业废水的调节池容积，可按 $6 \sim 8h$ 的废水水量计算；若水质水量变化大时，可取 $10 \sim 12h$，甚至采用 $24h$ 的流量计算。在计算调节池时，要按最不利的情况，即浓度和流量在高峰时的区间来计算，调节时间越长，废水水质越均匀，要根据当地具体条件和处理要求来选定合适的调节时间。

1. 浓度计算

废水经过一定的调节时间后的平均浓度按下式计算：

$$C = \frac{c_1 q_1 t_1 + c_2 q_2 t_2 + \cdots + c_n q_n t_n}{qT} \qquad (2.11)$$

式中　　　　C——T 小时内的废水平均浓度，mg/L；

q——T 小时内的废水平均流量，$\mathrm{m^3/h}$；

c_1，c_2，$\cdots$，c_n——废水在各时间段 t_1，t_2，$\cdots$，t_n 内的平均浓度，mg/L；

q_1，q_2，$\cdots$，q_n——相应于 t_1，t_2，$\cdots$，t_n 时段内的废水平均流量，$\mathrm{m^3/h}$；

t_1，t_2，$\cdots$，t_n——时间间段（小时），总和等于 T。

2. 容积计算

所需调节池的容积可按下式计算：

$$V = qT \qquad (2.12)$$

若采用穿孔导流式调节池，容积可按下式计算：

$$V = \frac{qT}{1.4} \qquad (2.13)$$

上述计算公式中的基本数据，是通过实测取得的逐时废水流量与其对应的废水浓度变化图表而来的，其中 1.4 为经验系数。废水流量和水质变化的观测周期越长，调节池计算的准确性越高。

思 考 题 与 习 题

1. 预处理在水处理工程中的作用是什么？

2. 格栅的主要作用是什么？按形状分为几种？

3. 格栅栅渣的清除方法有几种？各适用于什么情况？

4. 调节池的作用是什么？按其调节功能可分为几种类型？

5. 为什么多数工业废水处理往往要设调节池？

6. 何为线内调节、线外调节？

7. 已知某城市的最大污水设计污水量 $Q_{\max} = 0.25\mathrm{m^3/h}$，$K_\text{总} = 1.5$，试计算格栅各部分的尺寸。

第3章 水的混凝、沉淀和澄清

内容概述

本章主要介绍水的混凝和沉淀的基本理论及其在水处理工程中的应用，各类絮凝反应池和沉淀池的工艺构造、特点及设计方法。

学习目标

(1) 了解混凝在水处理工程中的应用，各种混凝剂的性质、特点和适用条件，颗粒自由沉淀基本理论。

(2) 理解水中胶体稳定性的原因及混凝机理，自由颗粒的沉淀类型及理想沉淀池的沉淀原理。

(3) 掌握影响混凝效果的因素，絮凝池、沉淀池、沉砂池、澄清池的种类、构造特点、工作原理，并掌握其设计计算方法。

水中悬浮杂质大多可以通过自然沉淀的方法去除，如大颗粒悬浮物可在重力作用下沉降；而细微颗粒含悬浮物和胶体颗粒的自然沉降是极其缓慢的，在停留时间有限的水处理构筑物内不可能沉降下来，它们是造成水浊度的根本原因，这类颗粒需经混凝、沉淀方可去除。

3.1 水 的 混 凝

混凝法广泛用于自来水水质净化中，也常用于各种工业废水（如造纸、钢铁、纺织、煤炭、选矿、化工、食品等工业废水）的预处理、中间处理或最终处理及城市污水的三级处理和污泥处理，除了用于去除水中悬浮物和胶体外，还用于除油脱色，它是水处理工艺中十分重要的一个环节。实践证明，混凝过程的完善程度对后续处理如沉淀、过滤影响很大，应予以充分重视。

混凝是指水中胶体粒子以及微小悬浮物的聚集过程，它是凝聚和絮凝的总称。所谓"凝聚"是指水中胶体失去稳定性的过程，它是瞬时的，而"絮凝"是指脱稳胶体相互聚结成大颗粒絮体的过程，它则需要一定的时间才能完成。在实际生产中，这两个过程很难截然分开。因此，我们把能起凝聚与絮凝作用的药剂统称为混凝剂。

3.1.1 水中胶体稳定性

分散体系是指由两种以上的物质混合在一起而组成的体系，其中被分散的物质称分散相，在分散相周围连续的物质称分散介质。水处理工程所研究的分散体系中，颗粒尺寸为 1nm 至 $0.1\mu m$ 的称为胶体溶液，颗粒大于 $0.1\mu m$ 的称悬浮液。分散相是指那些微小悬浮物和胶体颗粒，它们可以使光散射造成水的浑浊，分散介质就是水。胶体稳定性，是指胶体颗粒在水中长期保持分散悬浮状态的特性。

1. 胶体的结构

通过对胶体结构的研究，可以清楚地了解胶体的带电现象和使胶体脱稳的途径。

胶体分子聚合而成的胶体颗粒称为胶核，胶核表面吸附了某种离子而带电。由于静电引力的作用，溶液中的异号离子（反离子）就会被吸引到胶体颗粒周围。这些异号离子会同时受到两种力的作用而形成双电层。双电层是指胶体颗粒表面所吸附的阴阳离子层。

（1）胶体颗粒表面离子的静电引力。它吸引异号离子靠近胶体颗粒的固体表面的电位形成离子，这部分反离子紧附在固体表面，随着颗粒一起移动，称为束缚反离子，与电位形成离子组成吸附层。

（2）颗粒的布朗运动、颗粒表面的水化作用力。异号离子本身热运动的扩散作用力及液体对这些异号离子的水化作用力可以使没有贴近固体表面的异号离子均匀分散到水中去。

这部分离子受到静电引力的作用相对较小，当胶体颗粒运动时，与固体表面脱开，而与液体一起运动，它们包围着吸附层形成扩散层，称为自由反离子。

上述两种力的作用结果，使贴近固体表面处的这些异号离子浓度最大，随着与固体表面距离的增加，浓度逐渐变小，直到等于溶液中的离子平均浓度。

通常将胶核与吸附层合在一起称为胶粒，胶粒与扩散层组成胶团。胶团的结构如图 3.1 所示。

图 3.2 所示为一个想象中天然水的黏土胶团。天然水的浑浊大都由黏土颗粒形成。黏土的主要成分是 SiO_2，颗粒带有负电，其外围吸引了水中常见

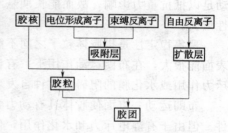

图 3.1 胶团结构式

的许多带正电荷的离子。吸附层的厚度很薄，大约只有 $2\sim3\text{Å}$。扩散层比吸附层厚得多，有时可能是吸附层的几百倍。在扩散层中，不仅有正离子及其周围的水分子，而且还可能有比胶核小的带正电的胶粒，也夹杂着一些水中常见的 HCO_3^-、OH^-、Cl^- 等负电荷和带负电荷的胶粒。

由于胶核表面所吸附的离子总比吸附层里的反离子多，所以胶粒带电。而胶团具有电中性，因为带电胶核表面与扩散于溶液中的反离子电性中和，构成双电层结构如图 3.3 所示。扩散层中的反离子由于与胶体颗粒所吸附的离子间吸附力很弱，当胶体颗粒运动时，大部分离子脱离胶体颗粒，这个脱开的界面称滑动面。胶核表面（固、液界面）上的离子和反离子之间形成的电位称总电位，即 ψ

图 3.2 天然水中黏土胶粒示意图

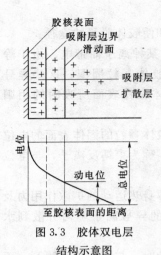

图 3.3 胶体双电层
结构示意图

电位。胶核在滑动时所具有的电位称动电位，即 ζ 电位，它是在胶体运动中表现出来的，也就是在滑动面上的电位。在水处理研究中，ζ 电位具有重要意义。地面水中的石英和黏土颗粒，根据组成成分的酸碱比例不同，其 ζ 电位大至在 $-15 \sim -40\text{mV}$。一般河流和湖泊水中，颗粒的 ζ 电位大致在 $-15 \sim -25\text{mV}$，当含有机污染时，ζ 电位可达 $-50 \sim -60\text{mV}$。

2. 胶体的稳定性

胶体稳定性的主要原因是颗粒的布朗运动、胶体颗粒间同性电荷的静电斥力和颗粒表面的水化作用。胶体稳定性可分为动力学稳定和聚集稳定两种。

动力学稳定是指颗粒布朗运动对抗重力影响的能力。大颗粒悬浮物如泥砂等，在水中的布朗运动很微弱甚至不存在，在重力作用下会很快下沉，这种悬浮物称为动力学不稳定；胶体粒子很小，布朗运动剧烈，同时胶体粒子由于本身质量小而所受重力作用小，导致布朗运动足以抵抗重力影响，故而能长期悬浮于水中，称为动力学稳定。粒子愈小，动力学稳定性愈高。

聚集稳定性是指胶体粒子之间不能相互聚集的特性。胶体粒子很小，比表面积大从而表面能很大，在布朗运动作用下，有自发地相互聚集的倾向，但由于粒子表面同性电荷的斥力作用或水化膜的阻碍使这种自发聚集不能发生。

布朗运动一方面使胶体具有动力学稳定性，另一方面也为碰撞接触吸附絮凝创造了条件。但由于有静电斥力和水化作用，使之无法接触。因此，胶体的稳定性，关键在于聚集稳定性，如果聚集稳定性一旦破坏，则胶体颗粒就会结大而下沉。

憎水胶体是指与水分子间缺乏亲和性的胶体。其吸附层中离子直接与胶核接触，水分子不直接接触胶核，如无机物的胶核。通过双电层结构分析，可以说明憎水胶体稳定性。憎水胶体的聚集稳定性主要取决于胶体的 ζ 电位。ζ 电位越高，扩散层越厚，胶体颗粒越具有稳定性。

如图 3.4 所示，可以从两胶粒之间相互作用力及其与两胶粒之间的距离关系进行分析。当两个胶粒相互接近至双电层发生重叠时，如图 3.4（a）所示，就会产生静电斥力。相互接近的两胶粒能否凝聚，取决于由静电斥力产生的排斥势能 E_R 和由范德华力产生的吸引势能 E_A，二者相加即为总势能 E。E_R 与 E_A 均与两胶粒表面间距 x 有关，如图 3.4（b）所示。从图 3.4 可知，两胶粒表面间距 $x = oa \sim oc$ 时，排斥势能占优势。$x = ob$ 时，排斥势能最大，用 E_{max} 表示，

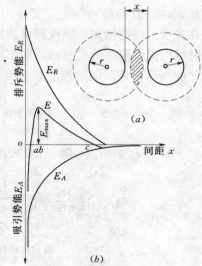

图 3.4 相互作用势能与
颗粒间距离关系
（a）双电层重叠；（b）势能变化曲线

称排斥能峰。当 $x<oa$ 或 $x>oc$ 时，吸引势能均占优势。当 $x<oc$ 时，虽然两胶粒表现出相互吸引趋势，但存在着排斥能峰这一屏障，两胶粒仍无法靠近。只有当 $x<oa$ 时，吸引势能随间距急剧增大，凝聚才会发生。要使两胶粒表面间距 $x<oa$，布朗运动的动能首先要克服排斥能峰 E_{max} 才行。然而，胶粒布朗运动的动能远小于 E_{max}，两胶粒之间距离无法靠近到 oa 以内，故胶体处于分散稳定状态。

亲水胶体是指与水分子能结合的胶体，胶体微粒直接吸附水分子、有机胶体或高分子物质，如蛋白质、淀粉及胶质等属于亲水胶体，水化作用是其聚集稳定性的主要原因。亲水胶体的水化作用，往往来源于粒子表面极性基团对水分子的强烈吸附，使粒子周围包裹一层较厚的水化膜，阻碍胶体微粒相互靠近，范德华引力不能发挥作用。水化膜越厚，胶体稳定性越好。

亲水胶体虽然也具有一种双电层结构，但它的稳定主要由其所吸附的大量水分子所构成的水壳来说明，亲水胶体保持分散的能力，即它的稳定性比憎水胶体高。

3.1.2 混凝机理

水处理中的混凝现象比较复杂，不同种类混凝剂以及不同的水质条件，混凝剂作用机理也有所不同。混凝的目的，是为了使胶体颗粒能够通过碰撞而彼此聚集。因此，就需要消除或降低胶体颗粒的稳定因素，使其失去稳定性。

胶体颗粒的脱稳可分为两种情况：一种是通过混凝剂的作用，使胶体颗粒本身的双电层结构发生变化，致使 ζ 电位降低或消失，达到胶体稳定性破坏的目的；另一种就是胶体颗粒的双电层结构未有多大变化，而主要是通过混凝剂的媒介作用，使颗粒彼此聚集。

对于混凝机理，水处理行业对目前的研究结果尚存在一定的争议，但认识比较一致的是，混凝剂对水中胶体粒子的混凝作用有 4 种，即压缩双电层作用机理、吸附—电性中和作用机理、吸附架桥作用机理和沉淀物网捕或卷扫作用机理。在水处理工程中，这 4 种作用有时可能会同时发挥作用，只是在特定情况下，以某种机理为主，究竟以哪一种为主，取决于混凝剂种类和投加量、水中胶体粒子性质和含量以及水的 pH 值等。目前，这 4 种作用机理尚限于定性描述，但定量描述的研究近年来已开始进行。

1. 压缩双电层作用机理

对于憎水胶体，要使胶粒通过布朗运动相互碰撞而结成大颗粒，必须降低或消除排斥能峰才能实现。降低排斥能峰的办法是降低或消除胶粒的 ζ 电位。在胶体系统中，加入电解质可降低 ζ 电位。

从胶体双电层结构可知，胶粒所吸附的反离子浓度与距颗粒表面的距离成反比，胶粒表面处反离子浓度最大，随着距颗粒表面的距离增大，反离子浓度逐渐降低，直至与溶液中离子浓度相等。

当向溶液中投加电解质时，溶液中反离子浓度增高，根据浓度扩散和异号电荷相吸的作用，这些离子可与胶粒吸附的反离子发生交换，挤入扩散层，使扩散层厚度缩小，如图3.5所示，进而更多地挤入滑动面与吸附层，使胶粒带电荷数减少，ζ 电位降低，这种作用称为压缩双电层作用。此时

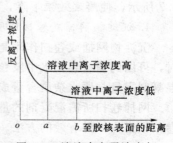

图 3.5 溶液中离子浓度与
扩散层厚度的关系

两个胶粒相互间的排斥力减小，同时由于它们相撞时的距离减小，相互间的吸引力增大，胶粒得以迅速聚集。这个机理是借单纯静电现象来说明电解质对胶粒脱稳的作用。

压缩双电层作用机理不能解释其他一些复杂的胶体脱稳现象。如混凝剂投量过多时，凝聚效果反而下降，甚至重新稳定；与胶粒带同号电荷的聚合物或高分子有机物可能有好的凝聚效果；等电状态应有最好的凝聚效果，但在生产实践中，ζ电位往往大于零时，混凝效果最好。

2. 吸附—电性中和作用机理

吸附—电性中和作用指胶粒表面对异号离子、异号胶粒或链状分子带异号电荷的部位有强烈的吸附作用而中和了它的部分电荷，减少了静电斥力，因而容易与其他颗粒接近而相互吸附。这种吸附力，除静电引力外，一般认为还存在范德华力、氢键及共价键等。

当采用铝盐或铁盐作为混凝剂时，随着溶液 pH 值的不同可以产生各种不同的水解产物。当 pH 值较低时，水解产物带有正电荷。给水处理时原水中胶体颗粒一般带有负电荷，因此带正电荷的铝盐或铁盐水解产物可以对原水中的胶体颗粒起中和作用。二者所带电荷相反，在接近时，将导致相互吸引和聚集。

3. 吸附架桥作用机理

吸附架桥作用是指高分子物质与胶体颗粒的吸附与桥连。当高分子链的一端吸附了某一胶粒后，另一端又吸附另一胶粒，形成"胶粒—高分子—胶粒"的絮凝体，如图 3.6 所示。高分子物质在这里起了胶粒与胶粒之间相互结合的桥梁作用。

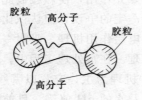

图 3.6　架桥模型示意

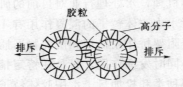

图 3.7　胶体保护示意

当高分子物质投量过多时，胶粒的吸附面均被高分子覆盖，两胶粒接近时，就受到高分子之间的相互排斥而不能聚集。这种排斥力可能源于"胶粒—胶粒"之间高分子受到压缩变形而具有排斥势能，也可能由于高分子之间的电性斥力或水化膜。因此，高分子物质投量过少，不足以将胶粒架桥联接起来；投量过多，又会产生"胶体保护"作用，如图3.7所示，使凝聚效果下降，甚至重新稳定，即所谓的再稳。

4. 沉淀物网捕或卷扫作用机理

沉淀物网捕或卷扫作用是指当铝盐或铁盐混凝剂投量很大而形成大量氢氧化物沉淀时，可以网捕、卷扫水中胶粒，以致产生沉淀分离。这种作用，基本上是一种机械作用，混凝剂需量与原水杂质含量成反比。

网捕卷扫所需混凝剂的量较大，不经济，在生产中较少应用，但对低温低浊水，网捕卷扫不失为一种有效的方法。

3.1.3　影响混凝效果的主要因素

影响混凝效果的主要因素有水温、pH 值、碱度、悬浮物浓度和水力条件等。

1. 水温

水温对混凝效果有明显影响。低温水絮凝体形成缓慢，絮凝颗粒细小、松散，沉淀效果差。其原因主要有以下3点：

（1）水温低会影响无机盐类水解。无机盐混凝剂水解是吸热反应，低温时水解困难，造成水解反应慢。

（2）低温水的黏度大，使水中杂质颗粒的布朗运动强度减弱，碰撞机会减少，不利于胶粒凝聚，混凝效果下降。同时，水流剪力增大，影响絮凝体的成长。

（3）低温水中胶体颗粒水化作用增强，妨碍胶体凝聚，而且水化膜内的水由于黏度和重度增大，影响了颗粒之间的粘附强度。

虽然水温高，有利于混凝，但在实际的水处理过程中，提高水温比较困难，要提高低温水混凝效果，常用的办法是增加混凝剂投加量和投加高分子助凝剂。

2. pH 值

混凝过程中要求有一个最佳 pH 值，使混凝反应速度达到最快，絮凝体的溶解度最小。这个 pH 值可以通过试验测定。混凝剂种类不同，水的 pH 值对混凝效果的影响程度也不同。

对于铝盐与铁盐混凝剂，不同的 pH 值，其水解产物的形态不同，混凝效果也各不相同。

对硫酸铝来说，用于去除浊度时，最佳的 pH 值在 6.5～7.5 之间；用于去除色度时，pH 值一般在 4.5～5.5 之间。对于三氯化铝来说，适用的 pH 值范围较硫酸铝要宽，用于去除浊度时，最佳 pH 值在 6.0～8.4 之间；用于去除色度时，pH 值一般在 3.5～5.0 之间。

高分子混凝剂的混凝效果受水的 pH 值影响较小，故对水的 pH 值变化适应性较强。

3. 碱度

水中碱度对混凝的影响很大，有时会超过原水 pH 值的影响程度。由于水解过程中不断产生 H^+，导致水的 pH 值下降。要使 pH 值保持在最佳范围以内，常需要加入碱使中和反应充分进行。

天然水中均含有一定碱度（通常是 HCO_3^-），对 pH 值有缓冲作用：

$$HCO_3^- + H^+ \Longrightarrow CO_2 + H_2O$$

当原水碱度不足或混凝剂投量很高时，天然水中的碱度不足以中和水解反应产生的 H^+，水的 pH 值将大幅度下降，不仅超出了混凝剂的最佳范围，甚至会影响到混凝剂的继续水解，此时应投加碱剂（如石灰），以中和混凝剂水解过程中产生的 H^+。

4. 悬浮物浓度

浊度高低直接影响混凝效果，过高或过低都不利于混凝。浊度不同，混凝剂用量也不同。对于去除以浑浊度为主的地表水，主要的影响因素是水中的悬浮物浓度。

水中悬浮物浓度过高时，所需铝盐或铁盐混凝剂投加量将相应增加。为了减少混凝剂用量，通常投加高分子助凝剂，如聚丙烯酰胺及活化硅酸等。对于高浊度原水处理，采用聚合氯化铝具有较好的混凝效果。

水中悬浮物浓度很小时，颗粒碰撞速率大大减小，混凝效果差。为提高混凝效果，可以投加高分子助凝剂，如活化硅酸或聚丙烯酰胺等，通过吸附架桥作用，使絮凝体的尺寸和密度增大；可以投加黏土类矿物颗粒，增加混凝剂水解产物的凝结中心，提高颗粒碰撞速率并增加絮凝体密度；也可以在原水投加混凝剂后，经过混合直接进入滤池过滤。

5. 水力条件

要使杂质颗粒之间或杂质与混凝剂之间发生絮凝，一个必要条件是使颗粒相互碰撞。推动水中颗粒相互碰撞的动力来自两个方面：一是颗粒在水中的布朗运动；二是在水力或机械搅拌作用下所造成的流体运动。由布朗运动造成的颗粒碰撞聚集体称"异向絮凝"，由流体运动造成的颗粒碰撞聚集称"同向絮凝"。

颗粒在水分子热运动的撞击下所做的布朗运动是无规则的，当颗粒完全脱稳后，一经碰撞就发生絮凝，从而使小颗粒聚集成大颗粒。由布朗运动造成的颗粒碰撞速率与水温及颗粒的数量浓度平方成正比，而与颗粒尺寸无关。实际上，只有小颗粒才具有布朗运动。随着颗粒粒径增大，布朗运动将逐渐减弱。当颗粒粒径大于 $1\mu m$ 时，布朗运动基本消失。因此，要使较大的颗粒进一步碰撞聚集，还要靠流体运动的推动来促使颗粒相互碰撞，即进行同向絮凝。

同向絮凝要求有良好的水力条件。适当的紊流程度，可为细小颗粒创造相互碰撞接触机会和吸附条件，并防止较大的颗粒下沉。紊流程度太强烈，虽然相碰接触机会更多，但相碰太猛，也不能互相吸附，并容易使逐渐长大的絮凝体破碎。因此，在絮凝体逐渐成长的过程中，应逐渐降低水的紊流程度。

控制混凝效果的水力条件，往往以速度梯度 G 值和 GT 值作为重要的控制参数。

速度梯度是指相邻两水层中两个颗粒的速度差与垂直于水流方向的两流层之间距离的比值，用来表示搅拌强度。流速增量越大，间距越小，颗粒越容易相互碰撞。可以认为速度梯度 G 值实质上反映了颗粒碰撞的机会或次数。

GT 值是速度梯度 G 与水流在混凝设备中的停留时间 T 之乘积，可间接地表示在整个停留时间内颗粒碰撞的总次数。

在混合阶段，异向絮凝占主导地位。药剂水解、聚合及颗粒脱稳进程很快，故要求混合快速剧烈，通常搅拌时间在 $10\sim30s$，一般 G 值为 $500\sim1000s^{-1}$ 之内。在絮凝阶段，同向絮凝占主导地位。絮凝效果不仅与 G 值有关，还与絮凝时间 T 有关。在此阶段，既要创造足够的碰撞机会和良好的吸附条件，让絮体有足够的成长机会，又要防止生成的小絮体被打碎，因此搅拌强度要逐渐减小，反应时间相对加长，一般在 $15\sim30min$，平均 G 值为 $20\sim30s^{-1}$，平均 GT 值为 $1\times10^4\sim1\times10^5$。

3.1.4　混凝剂

为了达到混凝作用所投加的各种药剂统称为混凝剂，混凝剂具有破坏胶体稳定性和促进胶体絮凝的功能。习惯上把低分子电解质称为凝聚剂，把主要通过吸附架桥机理起作用的高分子药剂称为絮凝剂。在混凝过程中如果单独采用混凝剂不能取得较好的效果时，可以投加某类辅助药剂用来提高混凝效果，这类辅助药剂统称为助凝剂。

混凝剂的基本要求是：混凝效果好，对人体健康无害，适应性强，使用方便，货源可靠，价格低廉。

1. 凝聚剂

凝聚剂通常指在混凝过程中主要起脱稳作用而投加的药剂,这类药剂主要通过压缩双电层和电性中和机理起作用。水处理中常用的凝聚剂有硫酸铝、硫酸亚铁、三氯化铁和碱式氯化铝等。

(1) 硫酸铝。硫酸铝使用方便,混凝效果较好,是使用历史最久、目前应用仍较广泛的一种无机盐类混凝剂。净水用的明矾就是硫酸铝和硫酸钾的复盐 $Al_2(SO_4)_3 \cdot K_2SO_4 \cdot 24H_2O$,其作用与硫酸铝相同。硫酸铝的分子式为 $Al_2(SO_4)_3 \cdot 18H_2O$,其产品有精制和粗制两种。精制硫酸铝是白色结晶体;粗制硫酸铝质量不稳定,价格较低,其中 Al_2O_3 含量为 $10.5\% \sim 16.5\%$,不溶杂质含量约 $20\% \sim 30\%$,腐蚀性较小,但增加了药液配制和排除废渣等方面的困难。硫酸铝易溶于水,pH值在 $5.5 \sim 6.5$ 范围,水溶液呈酸性反应,室温时溶解度约 50%。

硫酸铝加入水中时迅速溶解,析出 SO_4^{2-},Al^{3+} 与水反应而水解。其水解产物的存在形态非常复杂,随溶液 pH 值不同而变化,在同一 pH 值条件下可存在多种形态,只不过有些所占的量较多而有些较少,如图 3.8 所示。

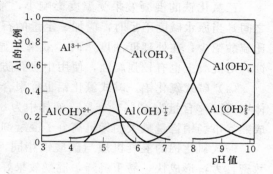

图 3.8 Al(Ⅲ)化合物存在形态(10^{-4}M)

硫酸铝的混凝作用与投药后水的 pH 值和凝聚剂加注量有关。当 pH 值较低时,形成的络合物以带正电荷居多,可通过吸附和电中和使胶体脱稳;pH 较高时,则形成物带负电荷较多,主要起架桥联结的作用;当药剂投加量充分、pH 值适中时,则可通过网捕达到凝聚。

硫酸铝在一般情况下都可使用,投加量大时,原水须有一定碱度。它在处理低温低浊水时,絮体松散效果差,投加量大时,有剩余 Al^{3+} 或离子 SO_4^{2-},影响水质。其适宜水温为 $20 \sim 40℃$,当 pH=$4 \sim 7$ 时,主要去除水中有机物;pH=$5.7 \sim 7.8$ 时,主要去除水中悬浮物;pH=$6.4 \sim 7.8$ 时,处理浊度高、色度低(小于30度)的水。

除了固体硫酸铝外,还有液体硫酸铝。液体硫酸铝制造工艺简单,含 Al_2O_3 量约为 6%,一般用坛装或灌装,通过车、船运输。液体硫酸铝使用范围与固体硫酸铝相同,但配制和使用均比固体硫酸铝方便得多,近年来在南方地区使用较为广泛,其缺点是易受温度及晶核存在影响形成结晶析出。

(2) 硫酸亚铁。硫酸亚铁又称绿矾,分子式为 $FeSO_4 \cdot 7H_2O$,半透明绿色晶体,易溶于水,水温 20℃ 时的溶解度为 21%。

硫酸亚铁在水中溶解时,将分解成 Fe^{2+} 和 SO_4^{2-}。Fe^{2+} 与水中碱度反应生成氢氧化亚铁 $Fe(OH)_2$,而二价铁化合物是一种可溶性物质,凝絮速度很慢,且受 pH 值的严格限制,因此一般需使其氧化成氢氧化铁 $Fe(OH)_3$。理论上当 pH$>$7 时,二价铁可氧化为三价铁,但实际上却很难被完全氧化,只有当 pH$>$8.5,且原水具有足够碱度和氧存在时应用硫酸亚铁絮凝才有较好效果。当水中溶解氧不足时,硫酸亚铁水解形成氢氧化铁胶体的过程很缓慢，此时可投加强氧化剂氯，直接将亚铁变为高铁。

硫酸亚铁的腐蚀性较高，絮体形成较快，比较稳定，沉淀时间短。它适用于碱度高、浊度高，pH＝8.1～9.6 的水，不论在冬季或夏季使用都很稳定，混凝作用良好，但原水的色度较高时不宜采用。当 pH 较低时，常使用氯来氧化，使二价铁氧化成三价铁。

处理饮用水时，硫酸亚铁的重金属含量应极低，要考虑在最高投药量处理后，水中的重金属含量控制在国家饮用水水质标准的限度内。

（3）三氯化铁。三氯化铁的分子式为 $FeCl_3 \cdot 6H_2O$，黑褐色晶体，有强烈吸水性，极易溶于水，其溶解度随着温度的上升而增加，形成的矾花沉淀性能好，絮体结得大，沉淀速度快，效果较好。

三氯化铁的混凝效果受温度影响小，絮粒较密实，适用原水的 pH 值约在 6.0～8.4 之间，当原水碱度不足时，应加一定量的石灰。在处理高浊度水时，三氯化铁用量一般要比硫酸铝少；在处理低浊度水时，效果不显著。三氯化铁的腐蚀性强，不仅对金属有腐蚀，对混凝土也有较强腐蚀，使用中要有防腐措施。

（4）碱式氯化铝。碱式氯化铝也称聚合氯化铝（PAC）。产品有液体和固体两种，固体中 Al_2O_3 含量为 43％～46％，液体中为 8％～10％，腐蚀性小，是目前生产和应用技术成熟、市场销售量最大的无机高分子混凝剂。

碱式氯化铝的混凝机理与硫酸铝相同，但 Al_2O_3 含量比硫酸铝高，絮凝体较硫酸铝致密且大，形成快，易于沉降，混凝效果好。碱式氯化铝在混凝过程中消耗碱度少，耗药量少，净化效率高，适应的 pH 值范围较硫酸铝宽（可在 pH＝5～9 的范围内）且稳定，因而可不投加碱剂。其出水浊度低，色度小，过滤性能好，原水高浊度时尤为显著。

碱式氯化铝的温度适应性高，水温低时，仍可保持稳定的混凝效果，因此，在我国北方地区更为适用。它在使用时，设备简单，操作方便，劳动条件好，成本较三氯化铁低，处理水的碱度降低少，对低温低浊、高浊和污染原水的处理效果好。

碱式氯化铝产品本身是无毒的，净化后的生活用水一般均符合国家饮用水水质卫生标准。但目前许多自来水厂自行生产碱式氯化铝，由于原料复杂，生产工艺各异，有些常带有有害重金属元素。因此在采用碱式氯化铝时，应严格符合适用于生活饮用水净化的混凝剂卫生要求。

2. 絮凝剂

絮凝剂主要指通过架桥作用把颗粒连接起来所投加的药剂。絮凝剂分无机絮凝剂与有机絮凝剂。某些无机絮凝剂常被归入凝聚剂，如聚合氯化铝、聚合硫酸铁等。有时也有将有机絮凝剂归入助凝剂的，如活化硅酸等。在水处理中常用的絮凝剂有聚丙烯酰胺（PAM）、活化硅酸、丙烯酰胺与二甲基二烯丙基季铵盐共聚絮凝剂（HCB）、骨胶和海藻酸钠（SA）等。下面分别介绍广泛使用的聚丙烯酰胺和活化硅酸。

（1）聚丙烯酰胺。聚丙烯酰胺俗称三号絮凝剂，是由丙烯酰胺聚合而成的有机高分子聚合物，无色、无味、无臭，能溶于水，无腐蚀性。聚丙烯酰胺在常温下比较稳定，高温、冰冻时易降解，并降低絮凝效果，故在贮存和配制投加时，注意温度控制在 2～55℃。

聚丙烯酰胺絮凝剂有很长的分子链，对水中的泥砂颗粒有高效的吸附与架桥作用。它是处理高浊度水最有效的高分子絮凝剂之一，可单独使用，也可与其他混凝剂同时使用。

当含砂量为 $10\sim150kg/m^3$ 时，效果显著，即可保证水质，又可减少混凝剂用量和一级沉淀池的容积。它在与其他混凝剂混合使用时，应先加聚丙烯酰胺，经充分混合后，再投加其他混凝剂。

聚丙烯酰胺本体是无害的，而聚丙烯酰胺产品有极微弱的毒性，主要由于产品中含未聚合的丙烯酰胺单体和游离丙烯腈所致。经 10 余年毒理试验表明，如采用丙烯酰胺单体含量以干重计小于 1％（相当于以商品重量计，小于 0.08％）的产品，并控制投加量，对人体是无害的。降低聚丙烯酰胺产品中丙烯酰胺单体含量，有可能提高投加量。聚丙烯酰胺絮凝剂在处理不同浊度时的投加量，一般以原水混凝试验或相似水厂的生产运行经验确定。投加浓度越稀越好，但浓度太稀会造成庞大的投加设备，一般投加浓度以 0.5％～2％为宜。

（2）活化硅酸。活化硅酸又称活化水玻璃，其分子式为 $Na_2O \cdot xSiO_2 \cdot yH_2O$，为粒状高分子物质，在天然水的 pH 值下带负电。其作用机理是靠分子链上的阴离子活性基团与胶体微粒表面间的范德华力、氢键作用而引起的吸附架桥作用。

活化硅酸一般在水处理现场制备，无商品出售。因为活化硅酸在储存时易析出硅胶而失去絮凝功能。实质上活化硅酸是硅酸钠在加酸条件下的水解聚合反应进行到一定程度的中间产物，其电荷、大小、结构等组分特征，主要取决于水解反应起始的硅浓度、反应时间和反应时的 pH 值。活化硅酸适用于硫酸亚铁与铝盐混凝剂，可缩短混凝沉淀时间，节省混凝剂用量，在使用时宜先投入活化硅酸。在原水浑浊度低、悬浮物含量少及水温较低（14℃以下）时使用，效果更为显著。在使用时要注意加注点，要有适宜的酸化度和活化时间。

3. 助凝剂

助凝剂是指为了改善混凝效果而投加的各种辅助药剂。助凝剂按所起作用又可分为 3 类：用于调整水的 pH 值和碱度的酸碱类；为了破坏水中有机物，改善混凝效果的氧化剂；为改善某些特殊水质的絮凝性能而投加的助凝。常用助凝剂见表 3.1。

表 3.1　　　　　　　　　　　　常 用 助 凝 剂

种　类	名称分子式或代号	一 般 介 绍
氯	Cl_2	1. 当处理高色度水及用作破坏水中有机物或去除臭味时，可在投凝聚剂前先投氯，以减少凝聚剂用量； 2. 用硫酸亚铁作凝聚剂时，为使二价铁氧化成三价铁可在水中投氯
生石灰	CaO	1. 用于原水碱度不足时； 2. 用于去除水中的 CO_2，调整 pH 值
氢氧化钠	$NaOH$	1. 用于调整水的 pH 值； 2. 投加在滤池出水后可用作水质稳定处理； 3. 一般采用浓度不大于 30％商品液体，在投加点稀释后投加； 4. 气温低时会结晶，浓度越高越易结晶； 5. 使用上要注意安全

3.1.5　混凝剂的配制与投加

混凝剂投加分干法投加和湿法投加两种方式。干法投加是把药剂直接投放到被处理的水中。干法投加劳动强度大，投配量较难掌握和控制，对搅拌设备要求高，目前国内已很少使用。湿法投加是目前普遍采用的投加方式，将混凝剂配成一定浓度的溶液，直接定量投加到原水中。用以投加混凝剂溶液的投药系统，包括溶解池、溶液池、计量设备、提升设备和投加设备等，药剂的溶解和投加过程如图 3.9 所示。

药剂 → 溶解池 → 溶解池 → 定量控制设备 → 投药设备 → 混合设备

图 3.9　药剂的溶解和投加过程

1. 混凝剂溶解和溶液配制

溶解池是把块状或粒状的混凝剂溶解成浓溶液，对难溶的药剂或在冬天水温较低时，可用蒸汽或热水加热，一般情况下只要适当搅拌即可溶解。药剂溶解后流入溶液池，配成一定浓度，在溶液池中配制时同样要进行适当搅拌，搅拌时可采用水力、机械或压缩空气等方式，一般药量小时采用水力搅拌，药量大时采用机械搅拌。凡和混凝剂溶液接触的池壁、设备和管道等，应根据药剂的腐蚀性采取相应的防腐措施。

大中型水厂通常建造混凝土溶解池，一般设计两格，交替使用。溶解池通常设在加药间的底层，为地下式。溶解池池顶高出地面 0.2m，底坡应大于 2%，池底设排渣管，超高为 0.2～0.3m。

溶解池容积可按溶液池容积的 20%～30% 计算。根据经验，中型水厂溶解池容积为 0.5～0.9m³／（万 m³·d），小型水厂为 1m³／（万 m³·d）。

溶液池是配制一定浓度溶液的设施。溶解池内的浓药液送入溶液池后，用自来水稀释到所需浓度以备投加。溶液池容积按式（3.1）计算：

$$W = \frac{24 \times 100aQ}{1000 \times 1000bn} = \frac{aQ}{417bn} \tag{3.1}$$

式中　W——处理的水量，m³；

Q——处理水量，m³／h；

a——混凝剂最大投加量，mg/L；

b——溶液浓度，一般取 5%～20%（按商品固体重量计）；

n——每日配制次数，一般不超过 3 次。

2. 混凝剂投加

（1）计量设备。药液投入原水中时必须有计量或定量设备，并能够随时调节。计量设备种类较多，应根据具体情况选用。一般中小型水厂可采用孔口计量，常用的有苗嘴和孔板，如图 3.10 所示。在一定液位下，一定孔径的苗嘴出流量为定值。当需要调整投药量时，只要更换苗嘴即可。标准图中苗嘴的孔径为 0.6～6.5mm，共有 18 种规格。为保持孔口上的水头恒定，还需设置恒位水箱，如图 3.11 所示。为实现自动控制，可采用计量泵、转子流量计或电磁流量仪等。

（2）投加方式。根据水厂高程布置和溶液池位置的高低，投加方式可采用重力投加或

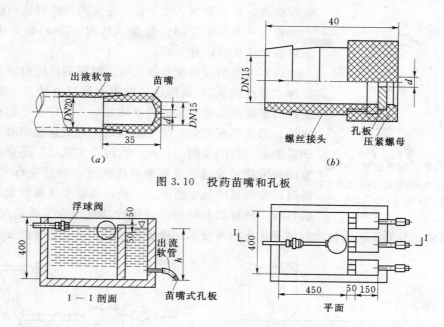

图 3.10 投药苗嘴和孔板

图 3.11 恒位水箱

压力投加。

重力投加是利用重力将药剂投加在水泵吸水管内（见图 3.12）或吸水井中的吸水喇叭口处（见图 3.13），利用水泵叶轮混合。这种办法一般用在取水泵房离水厂加药间较近的中小型水厂。图中水封箱是为防止空气进入吸水管而设的。如果取水泵房离水厂较远，可建造高位溶液池，利用重力将药剂投入水泵压水管上，如图 3.14 所示。

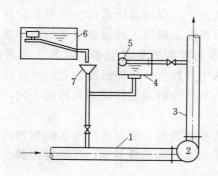

图 3.12 吸水管内重力投加

1—吸水管；2—水泵；3—压力管；4—水封箱；

5—浮球阀；6—溶液池；7—漏斗

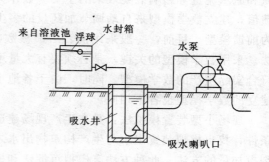

图 3.13 吸水喇叭口处重力投加

压力投加是利用水射器或水泵将药剂投加到原水管中，适用于将药剂投加到压力水管中，或标高较高、距离较远的净水构筑物内。水射器投加是利用高压水（压力大于0.25MPa）通过喷嘴和喉管时的负压抽吸作用，吸入药液到压力水管中，如图 3.15 所示，水射器投加应设有计量设备，一般水厂内的给水管都有较高压力，故使用方便，但水射器

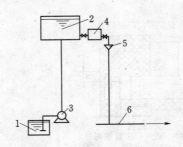

图 3.14　高位溶液池重力投加

1—溶解池；2—溶液池；3—提升泵；
4—投药箱；5—漏斗；6—高压水管

效率较低，且易磨损。水泵投加是从溶液池抽提药液送到压力水管中，有直接采用计量泵（见图 3.16）和采用耐酸泵配以转子流量计两种方式。

（3）混凝剂投加量自动控制。混凝剂最优投加量（以下简称"最优剂量"）是指达到既定水质目标的最小混凝剂投量。由于影响混凝效果的因素较复杂，且在水厂运行过程中水质、水量不断变化，故要达到最优剂量且能即时调节、准确投加是比较困难的。目前，我国大多数水厂还是根据实验室混凝搅拌试验确定混凝剂最优剂量，然后进行人工调节。混凝试验的目的是根据原水水质、水量变化和既定的出水水质目标，确定出混凝剂的最优投加量。为了提高混凝效果，节省耗药量，混凝工艺的自动控制和优化控制技术正逐步推广应用，主要方法如下：

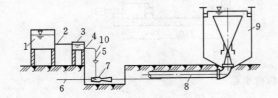

图 3.15　水射器压力投加

1—溶液池；2、4—阀门；3—投药箱；5—漏斗；
6—高压水管；7—水射器；8—原水进水管；
9—澄清池；10—孔、嘴等计量装置

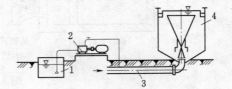

图 3.16　应用计量泵压力投加

1—溶液池；2—计量泵；3—原水
进水管；4—澄清池

数学模拟法：将原水有关的水质参数，例如浊度、水温、pH 值、碱度、溶解氧、氨氮和原水流量等影响混凝效果的主要参数作为前馈值，以沉淀后出水的浊度等参数作为后馈值，建立数学模型来自动调节加药量的多少。早期仅采用原水的参数建立的数学模型称为前馈模型。目前，一般采用前、后馈参数共同参与控制的数学模型，又称为闭环控制法。采用数学模型的关键，是必须要有大量可靠的生产数据，才能运用数理统计方法建立符合实际生产的数学模型。同时，由于各地水源的条件及所采用混凝剂品种的不同，因此建立的数学模型也各不相同。

现场小型装置模拟法：是在生产现场建造一套小型装置，模拟水厂净水构筑物的生产条件，找出模拟装置出水与生产构筑物出水之间的水质和加药量关系，从而得出最优混凝剂投加量的方法。此种方法有模拟沉淀法和模拟滤池法两种。

流动电流检测法（SCD 法）：流动电流系指胶体扩散层中反离子在外力作用下随液体流动（胶体固定不动）而产生的电流。SCD 法由在线 SCD 检测仪连续检测加药后水的流动电流，通过控制器将测得值与基准值比较，给出调节信号，从而控制加注设备自动调节混凝剂投加量。

显示式絮凝控制法（FCD 法）：显示式絮凝控制系统主要由絮体图像采集传感器和微机两部分组成。图像采集传感器安装在絮凝池出口水流较稳定处，水样经取样窗（可定时自动清洗）由高分辨率 CCD 摄像头摄像，由 LED 发光管照明以提高絮体图像清晰度，经视频电缆传输进计算机,对数据进行图像预处理,以排除噪声的干扰,改善图像的成像质量,絮体图像放大 6 倍可在显示器上显示,将图像经过计算机处理后得出图像中每一个絮体的大小和其他参数。FCD 控制的原理是将实测的非球状絮体换算成"等效直径"的絮体,以代表其沉淀性能,然后与沉淀池出水浊度进行比较,来确定"等效直径"的目标值,通过设定的目标值来自动控制加注量。FCD 是国内自行研制、开发的自动加药控制系统,已在一些水厂得到应用,取得较好效果。

3.1.6 混凝设施

1. 混合设施

为了创造良好的混凝条件,要求混合设施能够将投入的药剂快速均匀地扩散于被处理的水中。

(1) 混合的基本要求。混合是取得良好混凝效果的重要前提。药剂的品种、浓度、原水的温度、水中颗粒的性质、大小等,都会影响到混凝效果,而混合方式的选择是最主要的影响因素。

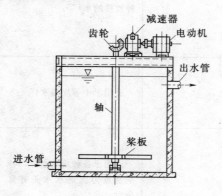

图 3.17 机械混合器

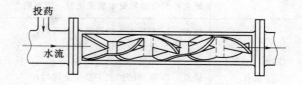

图 3.18 管式静态混合器

混合设施应使药剂投加后水流产生剧烈紊动,在很短时间内使药剂均匀地扩散到整个水体,也即采用快速混合方式,混合时间一般为 10~60s。混合设施与后续处理构筑物的距离越近越好,尽可能采用直接连接方式,最长距离不宜超过 120m,它与后续处理构筑物连接管道内的流速可采用 0.8~1.0m/s。当采用高分子絮凝剂时,因其作用机理主要是絮凝,所以只要求药剂能够均匀地分散到水体,混合不宜过分急剧。

(2) 混合方式。混合方式基本分两大类:水力混合和机械混合(见图 3.17)。前者简单,但不能适应流量的变化;后者可进行调节,能适应各种流量的变化,但需有一定的机械维修量。具体采用何种形式应根据净水工艺布置、水质、水量、投加药剂品种及数量以及维修条件等因素确定。

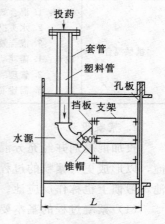

图 3.19 扩散混合器

水力混合还可采用多种形式,目前较常采用的水力混合有:水泵混合、管式静态混合器混合(见图 3.18)、扩散混合器混合(见图 3.19)、跌水混合和水跃混合等。

几种不同混合方式的主要优缺点和适用条件见表3.2。

表 3.2　　　　　　　　　　　混 合 方 式 比 较

方　式	优　缺　点	适 用 条 件
水泵混合	优点：1. 设备简单； 2. 混合充分，效果较好； 3. 不另消耗动能 缺点：1. 吸水管较多时，投药设备要增加，安装、管理较麻烦； 2. 配合加药自动控制较困难； 3. G 值相对较低	适用于一级泵房离处理构筑物 120m 以内的水厂
管式静态混合器	优点：1. 设备简单，维护管理方便； 2. 不需土建构筑物； 3. 在设计流量范围，混合效果较好； 4. 不需外加动力设备 缺点：1. 运行水量变化影响效果； 2. 水头损失较大； 3. 混合器构造较复杂	适用于水量变化不大的各种规模的水厂
扩散混合器	优点：1. 不需外加动力设备； 2. 不需土建构筑物； 3. 不占地 缺点：混合效果受水量变化有一定影响	适用于中等规模水厂
跌水（水跃）混合	优点：1. 利用水头的跌落扩散药剂； 2. 受水量变化影响较小； 3. 不需外加动力设备 缺点：1. 药剂的扩散不易完全均匀； 2. 需建混合池； 3. 容易夹带气泡	适用于各种规模水厂，特别当重力流进水水头有富余时
机械混合	优点：1. 混合效果较好； 2. 水头损失较小； 3. 混合效果基本不受水量变化影响 缺点：1. 需耗动能； 2. 管理维护较复杂； 3. 需建混合池	适用于各种规模的水厂

2. 絮凝设施

投加混凝剂并经充分混合后的原水，在水流作用下使微絮粒（俗称矾花）相互接触碰撞，以形成更大絮粒的过程称作絮凝。在原水处理构筑物中完成絮凝过程的设施称为絮凝池，习惯上也称作反应池。

（1）絮凝过程的基本要求。为了达到较为满意的絮凝效果，絮凝过程要求：一是颗粒具有充分的絮凝能力；二是具备保证颗粒获得适当的碰撞接触又不致破碎的水力条件；三是具备足够的絮凝反应时间；四是颗粒浓度增加，接触效果增加，即接触碰撞机会增多。

（2）絮凝形式及选用。絮凝设备与混合设备一样，可分为两大类：水力和机械。水力搅拌式是利用水流自身能量，通过流动过程中的阻力给水流输入能量，反映为在絮凝过程中产生一定的水头损失，这种方式简单，但不能适应流量的变化；机械搅拌式是利用电机或其他动力带动叶片进行搅动，使水流产生一定的速度梯度，这种形式的絮凝不消耗水流自身的能量，絮凝所需要的能量由外部提供，还能进行调节，适应流量的变化，但机械维修工作量较大。

絮凝形式的选择，应根据水质、水量、沉淀池形式、水厂高程布置以及维修要求等因素确定。几种不同形式絮凝池的主要优缺点和适用条件见表 3.3。

表 3.3　　　　　　　　　　　　不同形式絮凝池比较

形　式		优　缺　点	适　用　条　件
隔板絮凝池	往复式	优点：1. 絮凝效果较好； 2. 构造简单，施工方便 缺点：1. 絮凝时间较长； 2. 水头损失较大； 3. 转折处絮粒易破碎； 4. 出水流量不易分配均匀	1. 水量大于 3 万 m³/d 的水厂； 2. 水量变动小
	回转式	优点：1. 絮凝效果较好； 2. 水头损失较小； 3. 构造简单，管理方便 缺点：出水流量不易分配均匀	1. 水量大于 3 万 m³/d 的水厂； 2. 水量变动小； 3. 适用于旧池改建和扩建
折板絮凝池		优点：1. 絮凝时间较短； 2. 絮凝效果好 缺点：1. 构造较复杂； 2. 水量变化影响絮凝效果	水量变化不大的水厂
网格（栅条）絮凝池		优点：1. 絮凝时间短； 2. 絮凝效果较好； 3. 构造简单 缺点：水量变化影响絮凝效果	1. 水量变化不大的水厂； 2. 单池能力以 1.0 万～2.5 万 m³/d 为宜
机械絮凝池		优点：1. 絮凝效果好； 2. 水头损失小； 3. 可适应水质、水量的变化 缺点：需机械设备和经常维修	大小水量均适用，并适应水量变动较大的水厂

（3）几种常用的絮凝池。隔板絮凝池：水流以一定流速在隔板之间通过从而完成絮凝过程的絮凝设施，称为隔板絮凝池。水流方向是水平运动的称为水平隔板絮凝池，水流方向为上下竖向运动的称为垂直隔板絮凝池。水平隔板絮凝池应用较早，隔板布置采用来回往复的形式，如图 3.20 所示。水流沿隔板间通道往复流动，流动速度逐渐减小，这种形式称为往复式隔板絮凝池。往复式隔板絮凝池可以提供较多的颗粒碰撞机会，但在转折处消耗能量较大，容易引起已形成的矾花破碎。为了减小能量的损失，出现了回转式隔板絮凝池，如图 3.21 所示。这种絮凝池将往复式隔板 180° 的急剧转折改为 90°，水流由池中间进入，逐渐回转至外侧，其最高水位出现在池的中间，出口处的水位基本与沉淀池水位持

平。回转式隔板絮凝池避免了絮凝体的破碎，同时也减少了颗粒碰撞机会，影响了絮凝速度。为保证絮凝初期颗粒的有效碰撞和后期的矾花顺利形成免遭破碎，出现了往复-回转组合式隔板絮凝池。

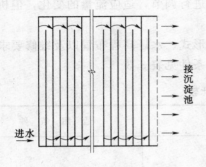

图 3.20　往复式隔板絮凝池

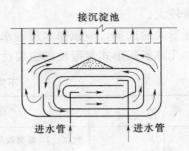

图 3.21　回转式隔板絮凝池

折板絮凝池：折板絮凝池是 1976 年在我国镇江市首次试验研究并取得成功。它是在隔板絮凝池基础上发展起来的，是目前应用较为普遍的形式之一。折板絮凝池是利用在池中加设一些扰流单元（平折板或波纹板）以达到絮凝所要求的紊流状态，使能量损失得到

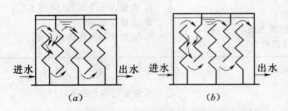

图 3.22　单通道同波折板和异波折板絮凝池
(a) 同波折板；(b) 异波折板

充分利用，停留时间缩短，折板絮凝池的布置方式按水流方向可分为平流式和竖流式，以竖流式应用较为普遍；按折板安装相对位置不同，可分为同波折板和异波折板，如图 3.22 所示，同波折板是将折板的波峰与波谷对应平行布置，使水流不变，水在流过转角处产生紊动，异波折板将折板波峰相对、波谷相对，形成交错布置，使水的流速时而收缩成最小，时而扩张成最大，从而产生絮凝所需要的紊动；按水流通过折板间隙数，又可分为单通道和多通道，如图 3.22 和图 3.23 所示，单通道是指水流沿二折板间不断循序流动，多通道则是将絮凝池分隔成若干格，各格内设一定数量的折板，水流按各格逐格通过。无论哪一种方式都可以组合使用，有时絮凝池末端还可采用平板，同波和异波折板絮凝效果差别不大，但平板效果较差，只能放置在池末起补充作用。

网格（栅条）絮凝池：网格絮凝池是应用紊流理论的絮凝池，由于池高适当，故可与平流沉淀池或斜管沉淀池合建。网格（栅条）絮凝池是在沿流程一定距离的过水断面上设置网格或栅条，距离一般控制在 0.6～0.7m，通过网格或栅条的能量消耗完成絮凝过程。这种形式的絮凝池形成的能量消耗均匀，水体各部分的絮体可获得较为一致的碰撞机会，所以絮凝时间相对较少。其平面布置由多格竖井串联而成，絮凝池分成许多面积相等的方格，进水水流顺序从一格流向下一格，上下交错流动，直至出口，在全池 2/3 的分格内，水平放置网格或栅条（见图 3.24），通过网格或栅条的孔隙时，水流收缩，过网孔后水流扩大，形成良好的絮凝条件。

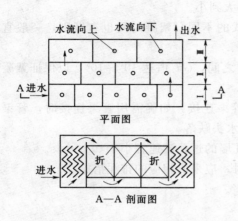

图 3.23 多通道折板絮凝池

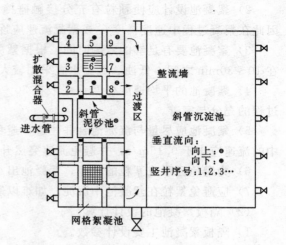

图 3.24 网格栅条絮凝池

机械絮凝池：机械絮凝池通过电动机经减速装置驱动搅拌器对水进行搅拌，使水中颗粒相互碰撞，发生絮凝。搅拌器可以旋转运动，也可以上下往复运动，国内目前都是采用旋转式，常见的搅拌器有桨板式和叶轮式，桨板式较为常用。根据搅拌轴的安装位置，又分为水平轴式和垂直轴式，见图 3.25，前者通常用于大型水厂，后者一般用于中小型水厂，机械絮凝池宜分格串联使用，以提高絮凝效果。机械絮凝的主要优点是可以适应水量变化以及水头损失小，如配上无级变速传动装置，则更易使絮凝达到最佳状态，国外应用较为普遍，但由于机械絮凝池需要机械装置，加工较困难，维修量大，故国内目前采用尚少。

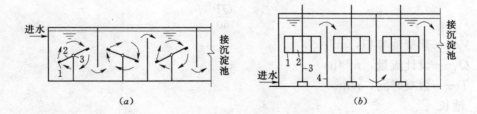

图 3.25 机械搅拌絮凝池
(a) 水平轴；(b) 垂直轴
1—桨板；2—叶轮；3—旋转轴；4—隔墙

3. 絮凝池的设计

絮凝池设计的目的在于创造一个最佳的水力条件，以较短的絮凝时间，达到最好的絮凝效果。理想的水力条件，不仅与原水的性质有关，而且随絮凝池的形式不同也有所不同。由于水质影响较为复杂，还不能作为工程设计的依据。

(1) 设计要点。

1) 絮凝池型式的选择和设计参数的采用，应根据原水水质情况和相似条件下的运行经验或通过试验确定。

2) 絮凝池设计应使颗粒有充分接触碰撞的几率，又不致使已形成的较大絮粒破碎，因此在絮凝过程中速度梯度 G 或絮凝流速应逐渐由大到小。

3) 絮凝池要有足够的絮凝时间。根据絮凝形式的不同，絮凝时间也有区别，一般宜在 $10\sim30\text{min}$ 之间，低浊、低温水宜采用较大值。

4) 絮凝池的平均速度梯度 G 一般在 $30\sim60\text{s}^{-1}$ 之间，GT 值达 $10^4\sim10^5$，以保证絮凝过程的充分与完善。

5) 絮凝池应尽量与沉淀池合并建造，避免用管渠连接。如确需用管渠连接时，管渠中的流速应小于 0.15m/s，并避免流速突然升高或水头跌落。

6) 为避免已形成絮粒的破碎，絮凝池出水穿孔墙的过孔流速宜小于 0.10m/s。

7) 应避免絮粒在絮凝池中沉淀。如难以避免时，应采取相应的排泥措施。

(2) 隔板絮凝池的设计计算。

1) 隔板絮凝池主要设计参数。

a. 池数一般不少于 2 个，絮凝时间 $20\sim30\text{min}$，平均 G 值 $30\sim60\text{s}^{-1}$，GT 值 $10^4\sim10^5$，色度高、难于沉淀的细颗粒较多时宜采用高值。

b. 廊道流速，应沿程递减，从起端 $0.5\sim0.6\text{m/s}$，逐步递减到末端 $0.2\sim0.3\text{m/s}$，一般宜分成 $4\sim6$ 段。

c. 隔板净间距不小于 0.5m，转角处过水断面积应为相邻廊道过水断面积的 $1.2\sim1.5$ 倍。尽量做成圆弧形，以减少水流在转弯处的水头损失。

d. 为便于排泥，底坡 $2\%\sim3\%$，排泥管直径大于 150mm。

e. 总水头损失，往复式 $0.3\sim0.5\text{m}$，回转式 $0.2\sim0.35\text{m}$ 左右。

2) 计算公式。

a. 絮凝池容积

$$V = \frac{QT}{60} \tag{3.2}$$

式中　V——絮凝池容积，m^3；

　　　Q——设计流量，m^3/h；

　　　T——絮凝时间，min。

b. 池长

$$L = \frac{V}{BH} \tag{3.3}$$

式中　L——池长，m；

　　　B——池宽，应和沉淀池等宽，m；

　　　H——有效水深，m。

c. 隔板间距

$$b = \frac{Q}{3600vH} \tag{3.4}$$

式中　b——隔板间距，m；

　　　v——隔板间流速，m/s。

d. 水头损失

$$h = \sum h_i \tag{3.5}$$

$$h_i = \xi m_i \frac{v_{it}^2}{2g} + \frac{v_i^2}{C_i^2 R_i} l_i \tag{3.6}$$

式中　h_i——第 i 段廊道水头损失，m；

　　　m_i——第 i 段廊道内水流转弯次数；

　v_i、v_{it}——分别为第 i 段廊道内水流速度和转弯处水流速度，m/s；

　　　ξ——隔板转弯处局部阻力系数，往复式 $\xi=3$，回转式 $\xi=1$；

　　　C_i——流速系数，通常按满宁公式 $G_i = (1/n)R_i^{1/6}$ 计算或直接查水力计算表；

　　　l_i——第 i 段廊道总长度，m；

　　　R_i——第 i 段廊道过水断面水力半径，m。

　　e. 平均速度梯度

$$G = \sqrt{\frac{\gamma h}{60 \mu T}} \tag{3.7}$$

式中　G——平均速度梯度，s^{-1}；

　　　γ——水的容重，$9.81 \times 10^3 N/m^3$；

　　　μ——水的动力黏度，Pa·s。

（3）折板絮凝池主要设计参数。

1）絮凝时间 6～15min，平均 G 值 30～50s^{-1}，GT 值大于 2×10^4。

2）分段数不宜小于 3，前段流速 0.25～0.35m/s，中段 0.15～0.25m/s，末段 0.10～0.15m/s。

3）平折板夹角有 90° 和 120° 两种。折板长 0.8～2.0m，宽 0.5～0.6m，峰高 0.3～0.4m，板间距（或峰距）0.3～0.6m 左右。折板上下转弯和过水孔洞流速，前段 0.3m/s，中段 0.2m/s，末段 0.1m/s。

折板絮凝池设计计算公式参见有关设计手册。

（4）机械絮凝池主要设计参数。

1）絮凝时间 15～20min，平均 G 值 20～70s^{-1}，GT 值介于 1×10^4～1×10^5 之间。

2）池内一般设 3～4 档搅拌机，每档可用隔墙或穿孔墙分隔，以免短流。

3）搅拌机桨板中心处线速度从第一档的 0.5m/s 逐渐减小到末档的 0.2m/s。

4）每台搅拌器上桨板总面积宜为水流截面积的 10%～20%，不宜超过 25%。

5）桨板长度不大于叶轮直径 75%，宽度宜取 100～300mm。

机械絮凝池设计计算公式参见有关设计手册。

3.2　水　的　沉　淀

　　原水投加混凝剂后，经过混合反应，水中胶体杂质凝聚成较大的矾花颗粒，进一步在沉淀池中去除。水中悬浮颗粒依靠重力作用从水中分离出来的过程称为沉淀。作为依靠重力作用进行固液分离的装置，可以分为两类：一类是沉淀有机固体为主的装置，统称为沉淀池；另一类则是以沉淀无机固体为主的装置，统称为沉砂池。

3.2.1　悬浮颗粒在静水中的沉淀

悬浮颗粒在水中的沉淀，根据其浓度及特性，可分为自由沉降、絮凝沉降、界面沉降和压缩沉降。

3.2.1.1　自由沉降

含砂量较低（含砂量在 $6kg/m^3$ 以下），泥砂颗粒组成较粗时，一般具有自由沉降的性质。悬浮颗粒在这个沉降过程中呈离散状态，其形状、尺寸、质量等物理性状均不改变，只受颗粒自身在水中的重力和水流阻力的作用，下沉速度不受干扰，单独沉降，互不聚合。这种类型多表现在沉砂池、初沉池初期。

1. 三种假设

（1）水中沉降颗粒为球形，其大小、形状、质量在沉降过程中均不发生变化。

（2）颗粒之间距离无穷大，沉降过程互不干扰。

（3）水处于静止状态，且为稀悬浮液。

2. 基本理论

基于以上假设，静水中的悬浮颗粒仅受到重力和水的浮力这两种力的作用。由于悬浮颗粒的密度大于水的密度，重力大于浮力，因此开始时颗粒沿重力方向以某一加速度下沉，同时受到水对运动颗粒所产生的摩擦力作用，随着颗粒沉降速度的增加，水流阻力不断增大。颗粒在水中的净重为定值，当颗粒的沉降速度增加到一定值后，颗粒所受重力、浮力和水的阻力三者达到平衡，颗粒的加速度为零，此时的颗粒开始以匀速下沉，并自此开始作匀速下沉运动。

自由沉降可用牛顿第二定律表述，假设颗粒为球形，据推导，颗粒匀速下沉沉速公式为

$$u = \sqrt{\frac{4gd(\rho_s - \rho_l)}{3\lambda\rho_l}} \tag{3.8}$$

式中　ρ_s、ρ_l——分别为颗粒、水的密度；

　　　　g——重力加速度；

　　　　λ——阻力系数，是雷诺数 Re 和颗粒形状的函数；

　　　　d——球形颗粒直径。

对球形颗粒，通过实验得知，$Re<1$ 时，呈层流状态，$\lambda = 24/Re$，得斯笃克斯公式

$$u = \frac{gd^2(\rho_s - \rho_l)}{18\mu} \tag{3.9}$$

通常，应用斯笃克斯公式帮助理解影响沉（浮）速度的诸因素：

（1）颗粒沉速 u 的决定因素是 $\rho_s - \rho_l$。$\rho_s<\rho_l$ 时，呈负值，颗粒上浮；$\rho_s<\rho_l$ 时，u 值呈正值，颗粒下沉；$\rho_s=\rho_l$ 时，$u=0$，颗粒在水中呈相对静止状态，不沉不浮。

（2）沉速 u 与颗粒直径 d 平方成正比，增大颗粒直径 d，可大大提高下沉（或上浮）效果。

（3）u 与 μ 成反比，μ 决定于水质与水温。在水质相同的条件下，水温高则 μ 值小，有利于颗粒下沉（上浮）；水温低则 μ 值大，不利于颗粒下沉（上浮），所以低温水难处理。

水中悬浮物的组成比较复杂，颗粒形状多样，且粒径不均匀，密度也有差异，采用斯笃克斯公式计算颗粒的沉速十分困难，因此式（3.9）并不直接用于工艺计算。水中悬浮颗粒的自由沉降性能一般可以通过沉淀试验来获得。

3.2.1.2　絮凝沉降

当含砂量较高（在 $6kg/m^3$ 以上，$15\sim20kg/m^3$ 以下），或泥砂颗粒较细时，由于细小泥砂的自然絮凝作用而形成絮凝沉降。絮凝性悬浮物在沉降过程中，颗粒之间互相碰撞凝聚，形成絮状体，使絮状体尺寸不断增大，沉降速度也随深度增加，因此悬浮物的去除率不仅取决于沉降速度，还与深度有关。水处理中经常遇到的悬浮颗粒的沉淀过程多属于絮凝性沉淀过程，其沉淀效果可根据沉淀试验预测。

3.2.1.3　界面沉降与压缩沉降

如果沉降的颗粒是凝聚以后的絮凝体，或是生物处理出流的污泥，或是高浊度水中的泥砂时，水中悬浮物浓度较高，在沉降过程中，会出现界面沉降甚至压缩沉降。当含砂量大于 $15\sim20kg/m^3$ 以上时，细颗粒泥砂因强烈的絮凝作用而互相约束，形成均浓浑水层，均浓浑水层以同一平均速度整体下沉，并产生明显的清-浑水界面，称浑液面，此类沉降称界面沉降，组成均浓浑水层的细颗粒泥砂称稳定泥砂，其粒径范围随含砂量的升高而增大；当原水含砂量继续增大时，泥砂颗粒便进一步絮结为空间网状结构，粘性也急剧增高，此时颗粒在沉降中不再因粒径不同而分选，而是粗、细颗粒共同组成一个均匀的体系而压缩脱水，称压缩沉降。

3.2.2　理想沉淀池的沉淀原理

1. 理想沉淀池的 3 个假定

（1）颗粒处于自由沉淀状态。

（2）水流沿着水平方向作等速流动，在过水断面上各点流速相等，颗粒的水平分速等于水流流速。

（3）颗粒沉到池底即认为已被除去。

2. 理想沉淀池的沉淀过程分析

图 3.26 为理想沉淀池的示意图。理想沉淀池分流入区、流出区、沉淀区和污泥区。从池中的点 A 进入的颗粒运动轨迹是水平流速 v 和颗粒沉速 u 的矢量和。这些颗粒中，必存在着某一种颗粒，沉速为 u_0，其从池顶 A 点开始下沉而刚好能沉到池底最远处 D 点，见轨迹Ⅲ所代表的颗粒。故可得关系式：

$$\frac{u_0}{v}=\frac{H}{L} \tag{3.10}$$

式中　u_0——颗粒沉速；

　　　 v——水流速度，即颗粒的水平分速；

　　　 H——沉淀区水深；

　　　 L——沉淀区长度。

显然，沉速 $u_t\geqslant u_0$ 的颗粒，都可在 D 点前沉淀掉，见轨迹Ⅰ所代表的颗粒。沉速 $u_t<u_0$ 的颗粒，视其在流入区所处的位置而定。若靠近水面则不能被去除，见轨迹Ⅱ实线所代表的颗粒；若靠近池底就能被去除，见轨迹Ⅱ虚线所代表的颗粒。

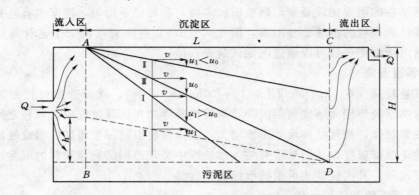

图 3.26　理想沉淀池的工作情况

轨迹Ⅲ所代表的颗粒沉速 u_0 具有特殊意义，一般称为截留沉速。实际上，它反映了沉淀池所能全部去除的颗粒中最小颗粒的沉速。

水平流速 v 和沉速 u_0 都与沉淀时间 t 有关：

$$t = \frac{V}{Q} = \frac{L}{v} = \frac{H}{u_0} \tag{3.11}$$

$$v = \frac{Q}{HB} \tag{3.12}$$

式中　Q——沉淀池设计流量；

　　　B——沉淀池宽度；

　　　V——沉淀池容积。

由此可以导出

$$\frac{Q}{A} = u_0 = q \tag{3.13}$$

式中　A——沉淀表面积；

　　　q——表面负荷或溢流率。

表面负荷表示在单位时间内通过沉淀池单位表面积的流量。单位为 $m^3/(m^2 \cdot s)$ 或 $m^3/(m^2 \cdot h)$，其数值等于截留沉速，但含义却不同。

理想沉淀池总的沉淀效率，在设定了截留沉速 u_0 以后，由两部分组成。一部分是 $u \geqslant u_0$ 的颗粒去除率，这类颗粒将全部沉掉。若所有沉速小于截留沉速 u_0 的颗粒重量占原水中全部颗粒重量的百分率为 P_0，则本部分去除率为 $(1-P_0)$。另一部分是 $u < u_0$ 的颗粒去除率，这类颗粒部分沉到池底被去除。设这类颗粒中某一沉速 u_i 的颗粒浓度为 C_i，沿着进水区高度 H 的截面进入的总量则为 $QC_i = HBvC_i$，只有位于池底以上 h_i 高度内的部分才能全部沉到池底，其重量为 h_iBvC_i，则沉速为 u_i 的颗粒去除率为

$$E_i = \frac{h_iBvC_i}{HBvC_i}\frac{HBvC_i}{HBvC_0} = \frac{h_i}{H}dP_i = \frac{u_i}{u_0}dP_i = \frac{u_i}{Q/A}dP_i \tag{3.14}$$

式中　C_0——原水中悬浮物浓度；

　　　dP_i——具有沉速为 u_i 的颗粒重量占原水中全部颗粒重量的百分率。

因此，所有 $u < u_0$ 的颗粒去除率为

$$E = \int_0^{P_0} \frac{u_i}{Q/A} \mathrm{d}p_i = \frac{1}{Q/A} \int_0^{P_0} u_i \mathrm{d}p_i \qquad (3.15)$$

于是，理想沉淀池总的沉淀效率为

$$P = (1 - P_0) + \frac{1}{Q/A} \int_0^{P_0} u_i \mathrm{d}P_i \qquad (3.16)$$

由式（3.16）可知：

（1）悬浮物在沉淀池中的去除率取决于沉淀池的表面负荷 q 和颗粒沉速 u_t，而与其他因素如水深、池长、水平流速和沉淀时间无关。这一理论早在 1904 年已由哈真提出。

（2）当去除率一定时，颗粒沉速 u_t 越大，则表面负荷越高，产水量越大；当产水量和表面积不变时，u_t 越大，则去除率越高。颗粒沉速 u_t 的大小与凝聚效果有关，所以生产上一般重视混凝工艺，污水处理中预曝气的作用也是为了促进絮凝。

（3）颗粒沉速 u_t 一定时，增加沉淀池表面积可以提高去除率。当沉淀池容积一定时，池身浅则表面积大，去除率可以提高，这就是"浅池理论"，斜板（管）沉淀池的发展即基于此理论。

实际沉淀池由于受实际水流状况和凝聚作用等的影响，偏离了理想沉淀池的假设条件。

3.2.3 沉淀池

沉淀池的功能是去除悬浮物质，一般设于絮凝池后或污水生物处理构筑物前后。

3.2.3.1 沉淀池形式

沉淀池按其构造的不同可以布置成多种形式。

按沉淀池的水流方向可分为竖流式、平流式和辐流式。竖流式沉淀池水流向上，颗粒沉降向下，池型多为圆柱形或圆锥形。由于竖流式沉淀池表面负荷小，处理效果差，基本上已不采用。辐流式沉淀池多采用圆形，池底做成倾斜，水流从中心流向周边，流速逐渐减小。辐流式沉淀池主要被用作高浊度水的预沉。

按截除颗粒沉降距离不同，沉淀池可分为一般沉淀和浅层沉淀。斜管沉淀池和斜板沉淀池为典型的浅层沉淀，其沉降距离仅 30～200mm 左右。斜板沉淀池中的水流方向可以布置成侧向流（水流与沉泥方向垂直）、上向流（水流与沉泥方向相反）和同向流（水流与沉泥方向相同），上向流又称异向流。

因此，沉淀池布置的基本形式主要有竖流式沉淀池、辐流式沉淀池、平流式沉淀池和斜板（管）沉淀池 4 种。

3.2.3.2 平流沉淀池

1. 基本构造

平流式沉淀池构造简单，为一长方形水池，由流入装置、流出装置、沉淀区、缓冲层、污泥区及排泥装置等组成，如图 3.27 所示。

（1）流入装置。其作用是使水流均匀地分布在整个进水断面上，并尽量减

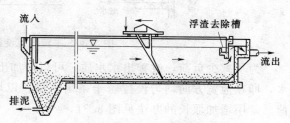

图 3.27 平流式沉淀池

少扰动。原水处理时一般与絮凝池合建，设置穿孔墙，水流通过穿孔墙，直接从絮凝池流入沉淀池，均布于整个断面上，保护形成的矾花，见图 3.28。沉淀池的水流一般采用直流式，避免产生水流的转折。一般孔口流速不宜大于 0.15～0.2m/s，孔洞断面沿水流方向渐次扩大，以减小进水口射流，防止絮凝体破碎。

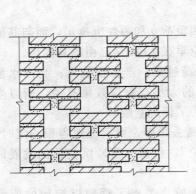

图 3.28　穿孔墙

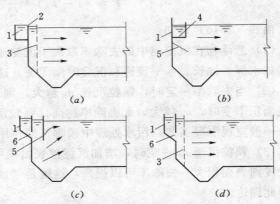

图 3.29　平流沉淀池入口的整流措施

(a) 穿孔板式；(b) 底孔入流与挡板组合式；(c) 淹没孔入流与挡板组合式；(d) 淹没孔与穿孔墙组合式

1—进水槽；2—溢流堰；3—有孔整流墙壁；4—底孔；5—挡流板；6—潜孔

污水处理中，沉淀池入口一般设置配水槽和挡流板，目的是消能，使污水能均匀地分布到整个池子的宽度上，如图 3.29 所示。挡流板入水深小于 0.25m，高出水面 0.15～0.2m，距流入槽 0.5～1.0m。

(2) 流出装置。流出装置一般由流出槽与挡板组成，如图 3.30 所示。流出槽设自由溢流堰、锯齿形堰或孔口出流等，溢流堰要求严格水平，既可保证水流均匀，又可控制沉淀池水位。出流装置常采用自由堰形式，堰前设挡板，挡板入水深 0.3～0.4m，距溢流堰 0.25～0.5m。也可采用潜孔出流以阻止浮渣，或设浮渣收集排除装置。孔口出流流速为 0.6～0.7m/s，孔径 20～30mm，孔口在水面下 12～15cm，堰口最大负荷：初次沉淀池不宜大于 10m³/(m²·h)、二次沉淀池不宜大于 7 m³/(m²·h)、混凝沉淀池不宜大于 20m³/(m²·h)。

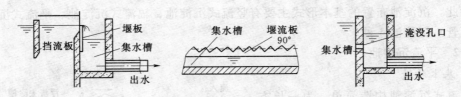

图 3.30　平流式沉淀池的出水堰形式

为了减少负荷，改善出水水质，可以增加出水堰长。目前采用较多的方法是指形槽出水，即在池宽方向均匀设置若干条出水槽，以增加出水堰长度和减小单位堰宽的出水负荷。常用增加堰长的办法见图 3.31。

(3) 沉淀区。平流式沉淀池的沉淀区在进水挡板和出水挡板之间，长度一般为 30～

图 3.31　增加出水堰长度的措施

50m。深度从水面到缓冲层上缘，一般不大于 3m。沉淀区宽度一般为 3～5m。

（4）缓冲层。为避免已沉污泥被水流搅起以及缓冲冲击负荷，在沉淀区下面设有 0.5m 左右的缓冲层。平流式沉淀池的缓冲层高度与排泥形式有关。重力排泥时缓冲层的高度为 0.5m，机械排泥时缓冲层的上缘高出刮泥板 0.3m。

（5）污泥区。污泥区的作用是贮存、浓缩和排除污泥。排泥方法一般有静水压力排泥和机械排泥。

沉淀池内的可沉固体多沉于池的前部，故污泥斗一般设在池的前部。池底的坡度必须保证污泥顺底坡流入污泥斗中，坡度的大小与排泥形式有关。污泥斗的上底可为正方形，边长同池宽；也可以设计成长条形，其一边同池宽。下底通常为 400mm×400mm 的正方形，泥斗斜面与底面夹角不小于 60°。污泥斗中的污泥可采用静力排泥方法。

静力排泥是依靠池内静水压力（初沉池为 1.5～2.0m，二沉池为 0.9～1.2m），将污泥通过污泥管排出池外。排泥装置由排泥管和泥斗组成，见图 3.32。排泥管管径为 200mm，池底坡度为 0.01～0.02。为减少池深，可采用多斗排泥，每个斗都有独立的排泥管，如图 3.33 所示，也可采用穿孔管排泥。

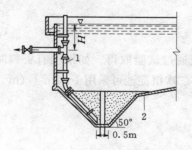

图 3.32　沉淀池静水压力排泥
1—排泥管；2—污斗

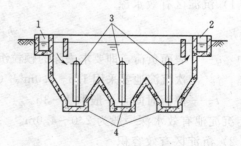

图 3.33　多斗式平流沉淀池
1—进水槽；2—出水槽；3—排泥管；4—污泥斗

目前平流沉淀池一般采用机械排泥。机械排泥是利用机械装置，通过排泥泵或虹吸将池底积泥排至池外。机械排泥装置有链带式刮泥机、行车式刮泥机、泵吸式排泥和虹吸式排泥装置等。图 3.27 为设有行车式刮泥机的平流式沉淀池，工作时，桥式行车刮泥机沿池壁的轨道移动，刮泥机将

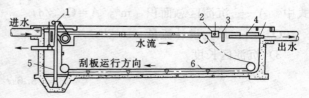

图 3.34　设有链带式刮泥机的平流式沉淀池
1—集渣器驱动；2—浮渣槽；3—挡板；
4—可调节的出水堰；5—排泥管；6—刮板

污泥推入贮泥斗中；不用时，将刮泥设备提出水外，以免腐蚀。图 3.34 为设有链带式刮泥机的平流式沉淀池，工作时，链带缓缓地沿与水流方向相反的方向滑动，刮泥板嵌于链带上，滑动时将污泥推入贮泥斗中，当刮泥板滑动到水面时，又将浮渣推到出口，从那儿集中清除。链带式刮泥机的各种机件都在水下，容易腐蚀，养护较为困难。

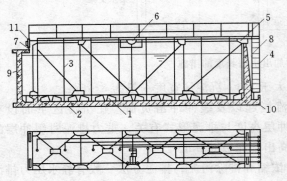

当不设存泥区时，可采用吸泥机，使集泥与排泥同时完成。常用的吸泥机有多口式和单口扫描式，且又分为虹吸和泵吸两种。图 3.35 为多口虹吸式吸泥装置，刮板 1、吸口 2、吸泥管 3、排泥管 4 成排地安装在桁架 5 上，整个桁架利用电机和传动机构通过滚轮架设在沉淀池壁的轨道上行走，在行进过程中，

图 3.35 多口虹吸式吸泥机

1—刮泥板；2—吸口；3—吸泥机；4—排泥管；5—桁架；
6—电机和传动机构；7—轨道；8—梯子；9—沉淀池壁；
10—排泥沟；11—滚轮

利用沉淀池水位所能形成的虹吸水头，将池底积泥吸出并排入排泥沟。

2. 设计计算

平流式沉淀池的设计内容包括流入装置、流出装置、沉淀区、污泥区、排泥和排浮渣设备选择等。

(1) 沉淀区设计。沉淀区尺寸常按表面负荷或停留时间和水平流速计算。

1) 沉淀区有效水深

$$h_2 = qt \tag{3.17}$$

式中　q——表面负荷，即要求去除的颗粒沉速，一般通过试验取得。如果没有资料时，初次沉淀池要采用 $1.5 \sim 3.0 \mathrm{m^3/(m^2 \cdot h)}$，二次沉淀池可采用 $1 \sim 2 \mathrm{m^3/(m^2 \cdot h)}$；

　　　t——停留时间，一般取 $1 \sim 3h$。

沉淀池有效水深一般为 $2.0 \sim 4.0m$。

2) 沉淀区有效容积

$$V_1 = Ah_2 \tag{3.18}$$

或

$$V_1 = Q_{max}t \tag{3.19}$$

式中　A——沉淀区总面积，m^2，$A = Q_{max}/q$；

　　　Q_{max}——最大设计流量，m^3/h。

3) 沉淀区长度

$$L = 3.6vt \tag{3.20}$$

式中　v——最大设计流量时的水平流速。混凝沉淀可采用 $10 \sim 25 mm/s$；污水处理中，一般不大于 $5mm/s$。

4) 沉淀区总宽

$$B = \frac{A}{L} \tag{3.21}$$

5）沉淀池座数或分格数

$$n = \frac{B}{b} \tag{3.22}$$

式中　b——每座或每格宽度，m，当采用机械刮泥时，与刮泥机标准跨度有关。沉淀区
　　　　长度一般采用 $30\sim50$m，长宽比不小于 $4:1$，长深比为 $(8\sim12):1$。

（2）污泥区设计。污泥区容积应根据每日沉下的污泥量和污泥储存周期决定，每日沉
淀下来的污泥与污水中悬浮固体含量、沉淀时间及污泥的含水率等参数有关。

1）当有原污水和出水悬浮固体含量（或沉淀率）资料时，初沉池的污泥量计算公
式为

$$W = \frac{Q(C_0 - C_1)100}{\gamma(100 - P)}T \tag{3.23}$$

式中　Q——设计流量，m^3/d；

　　　　P——污泥含水率，一般取 $95\%\sim97\%$；

　C_0、C_1——进出水中的悬浮物浓度，kg/m^3；

　　　　γ——污泥质量密度，当污泥主要为有机物，且含水率大于 95% 时，可近似取
　　　　　　　$1000kg/m^3$。

2）当计算对象为生活污水，可以按每个设计人口产生的污泥量进行计算。计算公
式为

$$W = \frac{SNT}{1000} \tag{3.24}$$

式中　S——每人每天产生的污泥量，城市污水的污泥量，见表3.4；

　　　　N——设计人口数；

　　　　T——两次排泥的时间间隔，初次沉淀池按 2d 考虑。

（3）沉淀池总高度计算。

$$H = h_1 + h_2 + h_3 + h_4 \tag{3.25}$$

式中　H——沉淀池总高度，m；

　　　h_1——超高，采用 0.3m；

　　　h_2——沉淀区高度，m；

　　　h_3——缓冲高度，当无刮泥机取 0.5m，有刮泥机时缓冲层上缘应高出刮板 0.3m，
　　　　　　　一般采用机械排泥，排泥机械的行进速度为 $0.3\sim1.2$m/min；

　　　h_4——污泥区高度，根据污泥量、池底坡度、污泥斗几何尺寸及是否采用刮泥机决
　　　　　　　定。池底纵坡不小于 0.01，机械刮泥时纵坡为 0；污泥斗倾角 α：一般方斗
　　　　　　　取 $60°$，圆斗取 $55°$。

（4）沉淀池出水堰。沉淀池出水堰的最大负荷：初次沉淀池不大于 2.9L/（s·m），
二沉池不大于 1.7L/（s·m）。

（5）沉淀池数量。沉淀池数目不少于 2 座，并应考虑一座发生故障时，另一座能负担
全部流量的可能性。

表 3.4 　　　　　　　　　　城市污水沉淀池设计数据及产生的污泥量

沉淀池类型		沉淀时间（h）	表面水力负荷 [m³/（m²·h）]	污　泥　量		污泥含水率（%）
				g/（人·d）	L/（人·d）	
初次沉淀池		1.0～2.0	1.5～3.0	14～27	0.36～0.83	95～97
二次沉淀池	生物膜法后	1.5～2.5	1.0～2.0	7～19		96～98
	活性污泥法后	1.5～2.5	1.0～1.5	10～21		99.2～99.6

3.2.3.3　斜板（管）沉淀池

1. 基本构造

根据哈真浅池理论，为增加沉淀面积，提高去除率，在沉淀池中设置斜板或斜管，成为斜板（管）沉淀池。

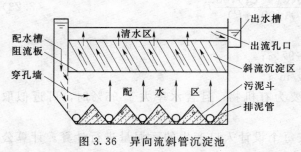

图 3.36　异向流斜管沉淀池

斜板（管）沉淀池由进水穿孔花墙、斜板（管）装置、出水渠、沉淀区和污泥区组成。按照斜板（管）中泥水流动方向，可分成异向流、同向流和侧向流三种形式，其中以异向流应用最广。异向流斜板（管）沉淀池，因水流向上流动，污泥下滑，方向各异而得名。图 3.36 为异向流斜管沉淀池。由于沉淀区设有斜板或斜管组件，斜板（管）沉淀池的排泥只能依靠静水压力排出。

斜板（管）倾角一般为 60°，长度 1～1.2m，板间垂直间距 80～120mm，斜管内切圆直径为 25～35mm。板（管）材要求轻质、坚固、无毒、价廉。目前较多采用聚丙烯塑料或聚氯乙烯塑料。图 3.37 所示为塑料片正六角形斜管粘合示意图，塑料薄板厚 0.4～0.5mm，块体平面尺寸通常不大于 1m×1m，热轧成半六角形，然后粘合。

2. 设计计算

斜板（管）沉淀池的设计仍可采用表面负荷来计算。根据水中的悬浮物沉降性能资料，由确定的沉淀效率找到相应的最小沉速和沉淀时间，从而计算出沉淀区的面积。沉淀区的面积不是平面面积，而是所有的澄清单元的投影面积之和，要比沉淀池实际平面面积大得多。

下面主要介绍异向流斜管沉淀池的设计计算。

（1）清水区面积：

$$A = \frac{Q}{q} \qquad (3.26)$$

式中　Q——设计流量，m³/h；

　　　q——表面负荷，规范规定斜管沉淀池的表面负荷为 9～11m³/（m²·h）。

（2）斜管的净出口面积：

图 3.37　塑料片正六角形斜管粘合示意图

$$A' = \frac{Q}{v\sin\theta} \tag{3.27}$$

式中 v——斜管内水流上升流速，一般采用 $3.0\sim4.0\text{mm/s}$；

$\quad\quad\theta$——斜管水平倾角，一般为 $60°$。

（3）沉淀池高度：

$$H = h_1 + h_2 + h_3 + h_4 \tag{3.28}$$

式中 h_1——积泥高度，m；

$\quad\quad h_2$——配水区高度，不小于 $1.0\sim1.5\text{m}$，机械排泥时，应大于 1.6m；

$\quad\quad h_3$——清水区高度，为 $1.0\sim1.5\text{m}$；

$\quad\quad h_4$——超高，一般取 0.3m。

3.2.3.4 辐流式沉淀池

1. 基本构造

辐流式沉淀池一般为圆形，也有正方形的，主要由进水管、出水管、沉淀区、污泥区及排泥装置组成。按进、出水的布置方式，辐流式沉淀池可分为中心进水周边出水（见图3.38）、周边进水中心出水（见图3.39）、周边进水周边出水3种方式（见图3.40）。中心进水周边出水辐流式沉淀池应用最广，污水经中心进水头部的出水口流入池内，在挡板的作用下平稳均匀地流向周边出水堰，随着水流沿径向的流动水流速度越来越小，有利于悬浮颗粒的沉淀。近年来，在实际工程中也有采用周边进水中心出水或周边进水周边出水的辐流式沉淀池。周边进水可以降低进水时的流速，避免进水冲击池底沉泥，提高池的容积利用系数。这类沉淀池多用于二沉池。

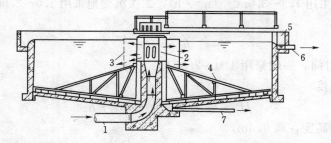

图 3.38　中心进水周边出水的辐流式沉淀池

1—进水管；2—中心管；3—穿孔挡板；4—刮泥机；5—出水槽；6—出水管；7—排泥管

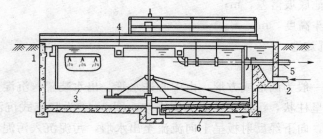

图 3.39　周边进水中心出水的辐流式沉淀池

1—进水槽；2—进水管；3—挡板；4—出水槽；5—出水管；6—排泥管

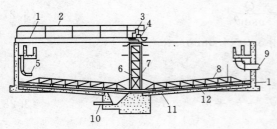

图 3.40　周边进水周边出水的辐流式沉淀池
1—过桥；2—栏杆；3—传动装置；4—转盘；
5—进水下降管；6—中心支架；7—传动器罩；
8—桁架式耙架；9—出水管；10—排泥管；
11—刮泥板；12—可调节的橡皮刮板

辐流式沉淀池适用于大水量的沉淀处理，直径或边长为 16～100m，池周水深 2.5～3.5m，池径与水深比宜采用 6～12，底坡 0.05～0.10。在进水口周围应设置整流板，其开孔面积为过水断面面积的 6%～20%。辐流式沉淀池的沉淀污泥一般经刮泥机刮至池中心排出，二沉池的污泥多采用吸泥机排出。

2. 设计计算

辐流式沉淀池设计的内容，主要包括各部分尺寸的确定、进出水方式以及排泥装置的选择。

（1）沉淀池表面积 A 和池径 D。

$$A = \frac{Q_{max}}{nq} \tag{3.29}$$

$$D = \sqrt{\frac{4A}{\pi}} \tag{3.30}$$

式中　Q_{max}——最大设计流量，m^3/h；

n——沉淀池座数；

q——表面负荷，工业污水应根据试验或生产运行经验确定，城市污水中初次沉淀池采用 $1.5～3.0m^3/(m^2 \cdot h)$，二次沉淀池采用 $1.0～2.0m^3/(m^2 \cdot h)$。

（2）有效水深

$$h_2 = qt \tag{3.31}$$

式中　t——沉淀时间，一般采用 1.0～2.0h。

（3）沉淀池高度

$$H = h_1 + h_2 + h_3 + h_4 + h_5 \tag{3.32}$$

式中　h_1——保护高度，取 0.3m；

h_2——有效水深，m；

h_3——缓冲层高，m；

h_4——沉淀池底坡落差，m；

h_5——污泥斗高度，m。

3.2.3.5　竖流式沉淀池

1. 基本构造

竖流式沉淀池一般为圆形或方形，由中心进水管、出水装置、沉淀区、污泥区及排泥装置组成。沉淀区呈柱状，污泥斗呈截头倒锥体，图 3.41 为竖流式沉淀池构造简图。污水从中心管流入后，向下经反射板呈上向流流至出水堰，污泥沉入污泥斗，并在静水压力的作用下排出池外。

竖流式沉淀池为中心进水，周边出水，为了达到池内水流均匀分布的目的，直径或边

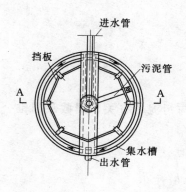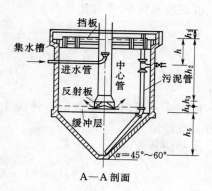

图 3.41 圆形竖流式沉淀池

长不能太大,一般为 4~7m,不大于 10m。池径或边长与有效水深之比不大于 3。中心管内的流速不宜大于 100mm/s,末端喇叭口及反射板起消能及折水流向上的作用。污泥斗倾角为 55°~60°,排泥管直径 200mm,排泥静水压力为 1.5~2.0m,用于初沉池时,静水压力不应小于 1.5m,用于二沉池时,生物滤池后的不应小于 1.2m,曝气池后的不应小于 0.9m。

2. 设计计算

竖流式沉淀池设计的主要内容包括沉淀池各部分尺寸和排泥装置。

(1) 中心管面积 f_1 与直径 d_0:

$$f_1 = \frac{q_{max}}{v_0} \tag{3.33}$$

$$d_0 = \sqrt{\frac{4f_1}{\pi}} \tag{3.34}$$

式中 q_{max}——每个池的最大设计流量,m^3/s;

v_0——中心管内流速,m/s。

(2) 中心管高度即有效沉淀高度:

$$h_2 = 3600vt \tag{3.35}$$

式中 v——水在沉淀区的上升流速,如有沉淀试验资料,等于拟去除的最小颗粒的沉速 u,否则 v 取 0.5~1.0mm/s;

t——沉淀时间,初沉池一般采用 1.0~2.0h,二沉池采用 1.5~2.5h。

(3) 中心管喇叭口到反射板之间的间隙高度:

$$h_3 = \frac{q_{max}}{v_1 d_1 \pi} \tag{3.36}$$

式中 v_1——污水由中心喇叭口与反射板之间的间隙流出的速度,m/s,一般不大于 40mm/s;

d_1——喇叭口直径,m。

(4) 沉淀区面积

$$f_2 = \frac{q_{max}}{v} \tag{3.37}$$

65

（5）沉淀池总面积 A 和池径 D：

$$A = f_1 + f_2 \tag{3.38}$$

$$D = \sqrt{\frac{4A}{\pi}} \tag{3.39}$$

（6）污泥斗及污泥斗高度 h_5。污泥斗的高度与污泥量有关，用截头圆锥公式计算，参见平流式沉淀池。

（7）沉淀池总高度：

$$H = h_1 + h_2 + h_3 + h_4 + h_5 \tag{3.40}$$

式中　h_1——超高，采用 0.3m；

h_4——缓冲层高度，采用 0.3m。

各类沉淀池的优缺点及适用条件见表 3.5。

表 3.5　　　　　　　　　各类沉淀池优缺点及适用条件

形　式	优　缺　点	适　用　条　件
平流式沉淀池	优点：1. 沉淀效果好，操作管理方便； 　　　2. 对冲击负荷和温度变化的适应能力较强； 　　　3. 施工简易，造价较低； 　　　4. 带有机械排泥设备时，排泥效果好 缺点：1. 占地面积较大，配水不易均匀； 　　　2. 不采用机械排泥装置时，排泥较困难； 　　　3. 需维护机械排泥设备	地下水位高及地质较差地区，大、中、小型水厂
斜板（管）沉淀池	优点：1. 沉淀效率高； 　　　2. 池体小，占地少 缺点：1. 斜管（板）耗用较多材料，老化后尚需更换，费用较高； 　　　2. 对原水浊度适应性较平流池差； 　　　3. 不设机械排泥装置时，排泥较困难；设机械排泥时，维护管理较平流池麻烦	大、中、小型水厂
辐流式沉淀池	优点：1. 多为机械排泥，运行可靠，管理较简单； 　　　2. 排泥设备已定型化 缺点：机械排泥设备复杂，对施工质量要求高	地下水位较高地区，大、中型水厂
竖流式沉淀池	优点：1. 排泥方便，管理简单； 　　　2. 占地面积较小 缺点：1. 池深大，造价高； 　　　2. 对冲击负荷和温度变化的适应能力较差； 　　　3. 池径不宜过大，否则布水不均匀	小型水厂

3.2.4 沉砂池

沉砂池的功能是去除比重较大的无机颗粒，如泥砂、煤渣等，以免这些杂质影响后续处理构筑物的正常运行。它一般设于泵站、倒虹管或初沉池前，用来减轻机械、管道的磨损，以及减轻沉淀池负荷，改善污泥处理条件。

根据室外排水设计规范规定，城市污水处理厂应设置沉砂池，沉砂池按去除密度 5g/cm³、粒径 0.2mm 以上的砂粒设计，池数或分格数应不少于 2 格，并宜按并联系列设计，其设计流量应按分期建设考虑，如果污水自流进入，应按每期的最大设计流量计算；如果是提升进入，按每期工作水泵的最大组合流量计算；在合流制处理系统中，应按降雨时的设计流量计算。

城市污水的沉砂量可按 $10^6 m^3$ 污水沉砂 $30m^3$ 计算，其含水率为 60%，容量为 1500kg/m³；合流制污水的沉砂量应根据实际情况确定，砂斗容积不应大于 2d 的沉砂量，斗壁与水平面的倾角不应小于 55°。除砂一般宜采用泵吸式或气提式机械排砂，并设置贮砂池或晒砂场。排砂管直径不应小于 200mm。沉砂池的超高不宜小于 0.3m。

常用的沉砂池有平流式沉砂池、曝气沉砂池和旋流式沉砂池等。

3.2.4.1 平流式沉砂池

1. 基本构造

平流式沉砂池由入流渠、出流渠、闸板、水流部分、沉砂斗和排砂管组成，见图 3.42。沉砂池的水流部分实际上是一个加宽了的明渠，两端设有闸板，以控制水流。池的底部设有两个贮砂斗，下接排砂管，开启贮砂斗的闸阀将砂排出。平流式沉砂池常用的排砂方式有重力排砂与机械排砂两种，中、大型污水处理厂应采用机械排砂。

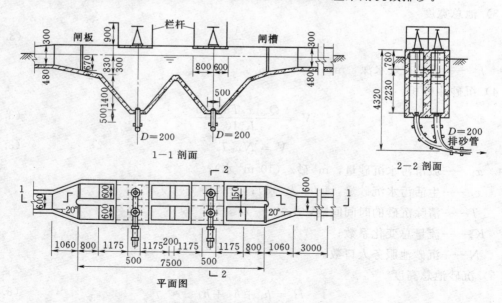

图 3.42 平流式沉砂池工艺布置图（单位：mm）

平流式沉砂池是常用的形式，污水在池内沿水平方向流动，具有工作稳定、构造简单、截留无机颗粒效果较好、排砂方便的优点。但平流式沉砂池沉砂中约夹杂有 15% 的有机物，使沉砂的后续处理难度增加。若采用曝气沉砂池，则可以克服这个缺点。

2．设计计算

（1）设计参数。

1）水平流速。应基本保证无机颗粒沉淀去除而有机物不能下沉，最大流速为 0.3m/s，最小流速为 0.15m/s。

2）停留时间。最大流量时停留时间不小于 30s，一般采用 30～60s。

3）有效水深。有效水深应不大于 1.2m，一般采用 0.25～1m，每格宽度不宜小于 0.6m。

4）进水头部应采取消能和整流措施。

5）池底坡度一般为 0.01～0.02。当设置除砂设备时，可根据设备要求考虑池底形状。

（2）计算公式。

1）沉砂池水流部分长度 L。沉砂池两闸板之间的长度为水流部分长度，

$$L = vt \tag{3.41}$$

式中　　v——最大流速，m/s；

t——最大设计流量时的停留时间，s。

2）水流断面面积

$$A = \frac{Q_{max}}{v} \tag{3.42}$$

式中　　Q_{max}——最大设计流量，m³/s。

3）池总宽度

$$B = \frac{A}{h_2} \tag{3.43}$$

式中　　h_2——设计有效水深，m。

4）沉砂斗容积

$$V = \frac{Q_{max} x_1 T 86400}{K_z 10^5} \tag{3.44}$$

或

$$V = N x_2 T \tag{3.45}$$

式中　　x_1——城市污水沉砂量，m³ 砂/（10^5 m³ 水）；

x_2——生活污水沉砂量，L/（人·d）；

T——清除沉砂的时间间隔，d；

K_z——流量总变化系数；

N——沉砂池服务人口数。

5）沉砂池总高度

$$H = h_1 + h_2 + h_3 \tag{3.46}$$

式中　　h_1——超高，m；

h_3——贮砂高度，m。

6）验算。最小流量 Q_{min} 时，池内的流速

$$v_{\min} = \frac{Q_{\min}}{n\omega} \qquad (3.47)$$

若 $v_{\min} > 0.15\text{m/s}$，则设计合格。

式中　n——最小流量时，工作的沉砂池数；

　　　　ω——工作沉砂池的水流断面面积，m^2。

3.2.4.2　曝气沉砂池

（1）基本构造。图 3.43 为曝气沉砂池的断面图。池表面呈矩形，曝气装置设在集砂槽侧池壁的整个长度上，距池底 0.6～0.9m，池底一侧有 0.1～0.5 的坡度坡向另一侧的集砂槽。压缩空气经空气管和空气扩散装置释放到水中，上升的气流使池内水流作旋流运动，无机颗粒之间的互相碰撞与摩擦机会增加，把表面附着的有机物

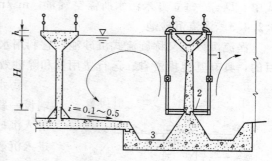

图 3.43　曝气沉砂池断面图
1—压缩空气管；2—空气扩散板；3—集砂槽

除去。此外，由于旋流产生的离心力，把密度较大的无机颗粒甩向外层而下沉，相对密度较轻的有机物始终处于悬浮状态，当旋至水流的中心部位时随水带走。沉砂中的有机物含量低于 10%。

（2）设计计算。

1）设计参数：

a. 旋流速度应保持 0.25～0.3m/s，水平流速为 0.06～0.12m/s。

b. 最大流量时停留时间为 1～3min。

c. 有效水深为 2～3m，宽深比一般采用 1～2，长宽比可达 5，当池长比池宽大得多时，应考虑设计横向挡板。

d. 每立方米污水的曝气量为 0.2m³ 空气，或 3～5m³/（m²·h）。

2）计算公式：

a. 沉砂池总有效容积

$$V = 60Q_{\max}T \qquad (3.48)$$

式中　$Q_{\max}$——最大设计流量，m^3/s；

　　　　T——最大设计流量时的停留时间，s。

b. 水流断面（或池断面）面积

$$A = \frac{Q_{\max}}{v} \qquad (3.49)$$

式中　v——最大设计流量时的水平流速，m/s。

c. 池总宽度

$$B = \frac{A}{H} \qquad (3.50)$$

式中　H——设计有效水深，m。

d. 池长

$$L = \frac{V}{A} \tag{3.51}$$

e. 每小时所需空气量（或曝气量）

$$q = 3600DQ_{max} \tag{3.52}$$

式中 D——每立方米污水所需空气量，m^3/m^3。

3.2.4.3 涡流沉砂池

涡流沉砂池又称旋流式沉砂池，它利用水力涡流，使泥砂和有机物分开，以达到除砂目的，具有基建投资省、运行费用低和除砂效果好等优点。

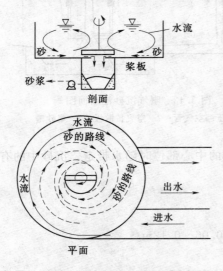

图 3.44 涡流沉砂池水砂流线图

污水从切线方向进入圆形沉砂池，进水渠道末端设一跌水槛，使可能沉积在渠道底部的砂子向下滑入沉砂池，同时，设有一个挡板，使水流及砂子进入沉砂池时向池底流行，并加强附壁效应。在沉砂池中间设有可调速的桨板，使池内的水流保持环流。桨板、挡板和进水水流组合在沉砂池内产生螺旋状环流（见图 3.44），在重力作用下，使砂子沉下，并向池中心移动，由于愈靠近中心水流断面愈小，水流速度逐渐加快，最后将沉砂落入砂斗。而较轻的有机物，则在沉砂池中间部分与砂子分离。池内的环流在池壁处向下，到池中间则向上，加上桨板的作用，有机物在池中心部位向上升起，并随着出水水流进入后续处理构筑物。

涡流沉砂池有平底型和斜底型两种类型。涡流沉砂池排砂可采用砂泵和空气提升器。根据处理污水量的不同，涡流式沉砂池可分为不同型号，详见有关设计手册。

3.3 澄 清 池

如前所述，水中脱稳杂质通过碰撞结成大的絮凝体后沉淀去除，是分别在絮凝池和沉淀池中完成的，澄清池则将两个过程综合于一体。它是利用池中积聚的泥渣与原水中的杂质颗粒相互接触、吸附，以达到清水较快分离的净水构筑物，可较充分发挥混凝剂的作用和提高澄清效率。

在澄清池原水中加入较多的混凝剂，并适当降低负荷，经过一定时间运转后，逐步形成泥渣层。为保持泥渣层稳定，必须控制池内活性泥渣量，不断排除多余的陈旧泥渣，使泥渣层始终处于新陈代谢状态，保持接触絮凝的活性。澄清池按泥渣的情况，一般分为泥渣循环（回流）和泥渣悬浮（泥渣过滤）等形式。

泥渣循环型澄清池是利用机械或水力的作用使部分沉淀泥渣循环回流，增加同原水中的杂质接触碰撞和吸附的机会。泥渣一部分沉积到泥渣浓缩室，大部分又被送到絮凝室重新工作，如此不断循环。泥渣循环是借机械抽力造成的为机械搅拌澄清池；泥渣循环是借水力抽升造成的为水力循环澄清池。

泥渣悬浮型的工作原理是絮粒既不沉淀也不上升，处于悬浮状态，当絮粒集结到一定厚度时，形成泥渣悬浮层。加药后的原水由下向上通过时，水中的杂质充分与泥渣层的絮粒接触碰撞，并且被吸附、过滤而被截留下来。此种类型的澄清池常用的有脉冲澄清池和悬浮澄清池。

3.3.1 澄清池形式选择

澄清池是综合混凝和泥水分离过程的净水构筑物。水流基本为上向流。澄清池具有生产能力高、处理效果较好等优点；但有些澄清池对原水的水量、水质、水温及混凝剂等因素的变化影响比较明显。

澄清池一般采用钢筋混凝土结构，小型水池还可用钢板制成。

澄清池形式的选择，主要应根据原水水质、出水要求、生产规模以及水厂布置、地形、地质、排水等条件，进行技术经济比较后决定。其一般优缺点及适用范围见表3.6。

表 3.6 常用澄清池优缺点及适用范围

形 式	优 缺 点	适 用 条 件
机械搅拌澄清池	优点：1. 处理效率高，单位面积产水量较大； 2. 适应性较强，处理效果较稳定； 3. 采用机械刮泥设备后，对较高浊度水（进水悬浮物含量 3000mg/L 以上）处理也具有一定适应性 缺点：1. 需要机械搅拌设备； 2. 维修较麻烦	1. 进水悬浮物含量一般小于 1000mg/L，短时间内允许达 3000～5000mg/L； 2. 一般为圆形池子； 3. 适用于大、中型水厂
水力循环澄清池	优点：1. 无机械搅拌设备； 2. 构造较简单 缺点：1. 投药量较大； 2. 要消耗较大的水头； 3. 对水质、水温变化适应性较差	1. 进水悬浮物含量一般小于 1000mg/L，短时间内允许达 2000mg/L； 2. 一般为圆形池子； 3. 适用于中、小型水厂
脉冲澄清池	优点：1. 虹吸式机械设备较为简单； 2. 混合充分，布水较均匀； 3. 池深较浅便于布置。也适用于平流式沉淀池改建 缺点：1. 真空式需要一套真空设备，较为复杂； 2. 虹吸式水头损失较大，脉冲周期较难控制； 3. 操作管理要求较高，排泥不好影响处理效果； 4. 对原水水质和水量变化适应性较差	1. 进水悬浮物含量一般小于 1000mg/L，短时间内允许达 3000mg/L； 2. 可建成圆形、矩形或方形池子； 3. 适用于大、中、小型水厂
悬浮澄清池（无穿孔底板）	优点：1. 构造较简单； 2. 形式较多 缺点：1. 需设气水分离器； 2. 对进水量、水温等因素较敏感，处理效果不如机械搅拌澄清池稳定	1. 进水悬浮物含量一般小于 1000mg/L； 2. 可建成圆形或方形池子； 3. 一般流量变化每小时不大于 10%，水温变化每小时不大于 1℃

3.3.2　常见澄清池的特点

3.3.2.1　机械搅拌澄清池

机械搅拌澄清池由第一絮凝室、第二絮凝室、导流室及分离室组成。池体上部是圆筒形，下部是截头圆锥形（见图 3.45）。它利用安装在同一根轴上的机械搅拌装置和提升叶轮使加药后的原水通过环形三角配水槽的缝隙均匀进入第一絮凝室，通过搅拌叶片缓慢回转，水中的杂质和数倍于原水的回流活性泥渣凝聚吸附，处于悬浮状态，再通过提升叶轮将泥渣从第一絮凝室提升到第二絮凝室，继续混凝反应，凝结成良好的絮粒。然后从第二絮凝室出来，经过导流室进入分离区。在分离区内，由于过水断面突然扩大，流速急剧降低，絮状颗粒靠重力下沉，与水分离。沉下的泥渣大部分回流到第一絮凝室，循环流动，形成回流泥渣。回流流量为进水流量的 3～5 倍。小部分泥渣进入泥渣浓缩斗，定时经排泥管排至室外。其设计计算参见有关设计手册。

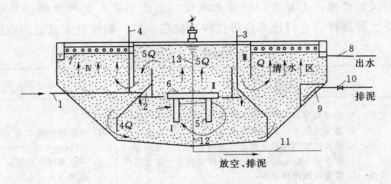

图 3.45　机械搅拌澄清池剖面图

1—进水管；2—三角配水槽；3—透气管；4—投药管；5—搅拌桨；6—提升叶轮；7—集水槽；
8—出水管；9—泥渣浓缩斗；10—排泥阀；11—放空管；12—排泥罩；13—搅拌轴；
Ⅰ—第一絮凝室；Ⅱ—第二絮凝室；Ⅲ—导流室；Ⅳ—分离室

3.3.2.2　水力循环澄清池

水力循环澄清池也属于泥渣循环分离型澄清池。它主要由喷嘴、混合室、喉管、第一絮凝室、第二絮凝室、分离室、进水集水系统与排泥系统组成。其构造见图 3.46。其工作原理是利用进水管中水流本身的动能将絮凝后的原水以射流形式喷射出去，通过水射器的作用吸入回落的活性泥渣以加快吸附凝聚，最后经分离澄清后得到所需的净水。其工作流程为：投加絮凝剂后的原水从池底中心的进水管端喷嘴中高速射入喉管，在混合室形成负压，在负压作用下将数倍于原水的沉淀泥渣从池子的锥底吸入喉管，并在其中使之与原水以及加入原水中的药剂进行剧烈而均匀的瞬间混合，从而大大增强了悬浮颗粒的接触碰撞。

图 3.46　水力循环澄清池示意图

1—进水管；2—喷嘴；3—喉管；4—喇叭口；
5—第一絮凝室；6—第二絮凝室；
7—泥渣浓缩室；8—分离室

然后进入面积逐渐扩大的第一絮凝室，由于面积的扩大，流速也相应地减小，絮粒不断地凝聚增大，形成良好的团绒体，进入分离室。在分离室内，水流速度急剧下降，致使泥渣在重力作用下下沉，与水流分离，清水继续向上流，溢流入集水槽。沉下的泥渣一部分沉积到泥渣浓缩室，定期经排泥管排走以保持泥渣平衡，大部分泥渣又被吸入喉管进行回流，如此周而复始，不断地将水净化流出。

由于水力循环澄清池的局限性，目前已较少采用。

3.3.2.3 悬浮泥渣澄清池

悬浮澄清池属泥渣接触分离型澄清池，是我国应用较早的一种澄清池。投加混凝剂的原水，先经过空气分离器分离出水中空气，再通过底部穿孔配水管进入悬浮泥渣层。水中脱稳杂质和池内原有的泥渣进行接触絮凝，使细小的絮粒相互聚合，或被泥渣层所吸附，清水向上分离，原水得到净化，悬浮泥渣在吸附了水中悬浮颗粒后将不断增加，多余的泥渣便自动地经排泥孔进入浓缩室，浓缩到一定浓度后，由底部穿孔管排走。悬浮澄清池流程见图3.47。

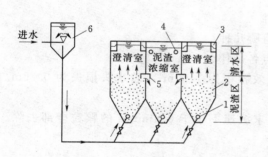

图 3.47　悬浮澄清池流程

1—穿孔配水管；2—泥渣悬浮层；3—穿孔集水槽；

4—强制出水管；5—排泥窗口；6—气水分离器

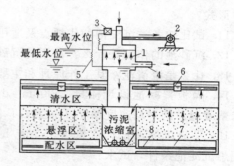

图 3.48　采用真空泵脉冲发生器的

澄清池剖面图

1—进水室；2—真空泵；3—进气阀；4—进水管；

5—水位电极；6—集水槽；7—稳流板；8—配水管

3.3.2.4 脉冲澄清池

脉冲澄清池是一种悬浮泥渣型澄清池，也是利用水流上升的能量来完成絮体的悬浮和搅拌作用。图3.48所示为采用真空泵脉冲发生器的脉冲澄清池剖面和工艺流程。其特点是通过脉冲发生器，使澄清池的上升流速发生周期性的变化。当上升流速小时，泥渣悬浮层收缩、浓度增大而使颗粒排列紧密；当上升流速大时，泥渣悬浮层膨胀。悬浮层不断产生周期性的收缩和膨胀，不仅有利于微絮凝颗粒与活性泥渣进行接触絮凝，还可以使悬浮层的浓度分布在全池内趋于均匀，并防止颗粒在池底沉积。

脉冲澄清池形式很多，除脉冲发生器部分有差异外，池体部分基本相同。真空式脉冲澄清池工作原理如下：加药后的原水，经脉冲发生器作用呈脉冲方式配水。当进水室充满水后，迅速向池内放水，原水从配水支管的孔口以高速喷出，在稳流板下以极短的时间进行充分的混合和初步反应。然后通过稳流板整流，以缓慢速度垂直上升，在"脉冲"水流的作用下悬浮层有规律地上下运动，时而膨胀，时而静沉，有利于絮凝体颗粒的碰撞、接触和进一步凝聚，原水颗粒通过悬浮层的碰撞和吸附，杂质被截留下来，从而使原水得到澄清。澄清水由集水槽引出，过剩泥渣则流入浓缩室、经穿孔排泥管定时排出。

思 考 题 与 习 题

1. 什么是混凝？影响混凝效果的主要因素有哪些？

2. 什么叫混凝剂？混凝剂的基本要求是什么？

3. 什么是絮凝剂？常用絮凝剂有哪几种？

4. 什么是助凝剂？其在水处理过程中有何作用？

5. 混凝剂投加方式有哪几种？各有何特点及适用条件？

6. 目前水厂中常用的混合方式有几种？各有何优缺点？

7. 絮凝反应过程的基本要求是什么？为什么？

8. 常用絮凝池有哪几种？各有何优缺点及适用条件？

9. 试述沉淀的 4 种类型。理想沉淀池的 3 个假定是什么？

10. 斜板（管）沉淀池理论依据是什么？由哪几部分组成？其按泥水流动方向分为哪几种形式？

11. 试比较各类沉淀池的优缺点及适用条件。

12. 沉砂池的作用是什么？常用的沉砂池有哪几种？

13. 什么是澄清池？其工作原理和主要特点各是什么？

14. 隔板絮凝池设计流量 75000m^3/d，有效容积为 1100m^3，总水头损失为 0.26m。试求絮凝池总的平均速度梯度 T 值和 GT 值。

15. 平流沉淀池设计流量为 752m^3/h，要求沉速不小于 0.4mm/s 的颗粒全部去除。按理想沉淀池条件，试求：

(1) 所需沉淀池的面积；

(2) 沉速为 0.1mm/s 的颗粒去除率。

16. 已知初沉池的污水设计流量为 1200m^3/h，悬浮固体浓度为 200mg/L。设沉淀效率为 55%，根据性能曲线查得 $u_0 = 2.8$m/h。若采用竖流式沉淀池，求池数及沉淀区的有效尺寸。设污泥的含水率为 98%，确定污泥斗的有效容积为多少？

第4章 水 的 过 滤

内容概述

本章系统讲解过滤的机理及其基本概念，重点讲解快滤池的组成、运行和设计的基本知识，结合实际使用情况，介绍目前常用的几种快滤池和污水过滤的特点。

学习目标

(1) 了解快滤池的类型及工作过程，单层滤料、双层滤料、多层滤料、均质滤料的组成及其对过滤效率的影响，承托层的设置作用，气—水反冲洗概念，污（废）水水质与原水水质的不同，污（废）水过滤的特殊性和要求。

(2) 理解快滤池的过滤机理、等速过滤和减速过滤概念，滤料级配的表示方法及筛选滤料的方法，大、小阻力配水系统的优缺点及适用条件，滤池反冲洗理论。

(3) 掌握几种普通快滤池的设计计算方法。

过滤一般用在混凝、沉淀或澄清等处理之后，用于进一步去除水中的细小悬浮颗粒，降低浊度。在过滤时，水中有机物、细菌乃至病毒等更小的粒子由于吸附作用也将随着水的浊度降低而被部分去除。残存在滤后水中的剩余细菌、病毒等，由于失去悬浮物的保护或依附而呈裸露状态，也容易被消毒剂杀死。超滤、纳滤等新技术，还可以直接将细菌、病毒、大分子物质等过滤掉。

在给水处理净化工艺中，过滤处理一般是不可缺少的，它是保证生活饮用水卫生安全的重要措施，也是工业用水软化（或除盐）处理前所必须的预处理。目前，在污（废）水的处理中也得到应用。

过滤的方法及装置种类很多，其中粒状介质过滤在给排水中使用最为普遍，本章将作为重点讲解，同时还介绍一些其他的常用过滤方法。

4.1 过 滤 的 基 本 概 念

4.1.1 过滤机理

用于过滤的装置称为滤池。早期使用的滤池是生产率极低的慢滤池。在这种滤池内放置很细的砂粒作为滤料，过滤的过程中，在滤料表面由藻类、原生动物及细菌等微生物的繁殖而形成一层粘膜。当水通过此膜时，水中细小的悬浮颗粒（包括一些细菌）被截留；同时，由于微生物的作用，还可使一些有机物得到分解。尽管慢滤池出水水质好，但由于慢滤池滤速仅为 $0.1\sim0.3\text{m/h}$，且在滤膜形成期过滤出水水质不能保证，生产效率太低，同时占地面积也比较大，不能满足现代生产需要，现已被淘汰。

目前常用的过滤装置多为快滤池，其滤速可达 10m/h 以上。下面以单层石英砂普通快滤池为例，对滤池的过滤机理作一分析。

石英砂滤料粒径通常为 0.5～1.2mm，滤层厚度一般为 70cm 左右，经过反冲洗水的水力筛分作用后，按自上而下的方向，滤料粒径大致由细到粗依次排列，滤层中孔隙尺寸也因此由上而下逐渐增大。水流自上而下通过滤料层，其过程可分为 3 个阶段：

（1）颗粒迁移，被水流挟带的颗粒由于拦截、沉淀、惯性、扩散、水动力等物理—力学作用，脱离水流流线向滤料颗粒表面靠近。

（2）颗粒粘附，由于物理—化学作用，水中悬浮颗粒被粘附在滤料颗粒表面上，或粘附在滤料表面原来粘附的颗粒上。

（3）颗粒剥落，在粘附的同时，已粘附在滤料上的悬浮颗粒在水流剪切力的作用下，重新进入水中，被下层滤料截留，避免污泥局部聚积，使整个滤料的截污能力得以发挥。

因此，过滤主要是悬浮颗粒与滤料颗粒之间粘附作用的结果，过滤机理可以归纳为以下 3 种主要作用。

1. 阻力截留

当污水自上而下流过颗粒滤料层时，粒径较大的悬浮颗粒首先被截留在表层滤料的空隙中，随着此层滤料间的空隙越来越小，截污能力也变得越来越大，逐渐形成一层主要由被截留的固体颗粒构成的滤膜，并由它起重要的过滤作用。这种作用属阻力截留或筛滤作用。悬浮物粒径越大，表层滤料和滤速越小，就越容易形成表层筛滤膜，滤膜的截污能力也越高。

2. 重力沉降

污水通过滤料层时，众多的滤料表面提供了巨大的沉降面积。重力沉降强度主要与滤料直径及过滤速度有关。滤料越小，沉降面积越大；滤速越小，则水流越平稳，这些都有利于悬浮物的沉降。

3. 接触絮凝

由于滤料具有巨大的比表面积，它与悬浮物之间有明显的物理吸附作用。此外，砂粒在水中常带表面负电荷，能吸附带电胶体，从而在滤料表面形成带正电荷的薄膜，并进而吸附带负电荷的黏土和多种有机物等胶体，在砂粒上发生接触絮凝。

在实际过滤过程中，上述 3 种机理往往同时起作用，只是随条件不同而有主次之分。对粒径较大的悬浮颗粒，以阻力截留为主；对于细微悬浮物，以发生在滤料深层的重力沉降和接触絮凝为主。

根据过滤效果主要取决于水中悬浮颗粒与滤料颗粒之间粘附作用这一理论，人们发展了"接触过滤"滤池（原水经加药后直接进入滤池过滤，滤前不设任何絮凝设备）和"微絮凝过滤"滤池（原水加药混合后先经过一简易微絮凝池，形成粒径约 40～60μm 的微粒后进入滤池过滤）等直接过滤的方法。对于低浊度（40～50 度）、色度不大、较稳定的原水，省去沉淀、絮凝，进行直接过滤的，实现杂质经过滤池一次分离的目的。

4.1.2　滤料层含污能力

根据过滤过程颗粒迁移、颗粒粘附、颗粒剥落 3 个阶段的分析可知：在过滤开始阶段，水中颗粒首先被表层滤料截留；随着过滤时间延长，越来越多的颗粒被粘附在滤料上，并陆续脱落向下层移动被下层滤料截留。

由于水力筛分的作用，导致表层滤料粒径最小，其粘附比表面积也最大，截留杂质量最多，而滤料间孔隙尺寸却又最小。因此，过滤到一定程度后，表层滤料间的孔隙将会逐渐被堵塞，甚至在滤料层表面形成一层"泥膜"［见图4.1（a）］，致使过滤阻力剧增。此时，如果继续过滤，将会导致以下几种结果：①在一定过滤水头下，滤速急剧减小，产水效率下降。②在一定滤速下水头损失达到极限值，无法满足过滤水头要求。③由于滤层表面受力不均匀而使"泥膜"产生裂缝［见图4.1（b）］，大量的水流自裂缝中流出，造成水中杂质颗粒穿透滤层，使出水水质恶化。无论哪种情况，尽管下层滤料的截留能力尚未完全发挥作用，都必须停止过滤，反洗滤料，恢复滤料的过滤能力。

滤料层能容纳杂质的多少及其分布规律受进水水质、水温、滤速、滤料粒径级配、滤料形状，以及水中颗粒的凝聚程度等许多因素影响。

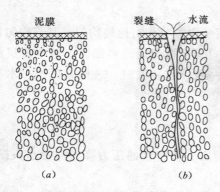

图 4.1　滤池"泥膜"示意图

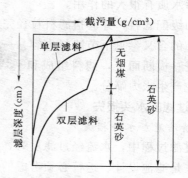

图 4.2　滤料层杂质分布图

单位体积滤层中所截留的杂质量，称为滤层截污量。在一个过滤周期内，整个滤层单位体积滤料中的平均含污量，称为"滤层含污能力"，单位以 g/cm^3 或 kg/m^3 计。图4.2曲线与坐标轴包围面积除以滤层总厚度即为滤层含污能力。在滤层厚度一定的条件下，此面积愈大，滤层含污能力也愈大。在水质不变、滤速不变的情况下，提高滤层含污能力可相应延长过滤周期。

为提高整个滤层含污能力，最好采用"反粒度"过滤方法，即顺水流方向，滤料粒径由大到小。实现"反粒度"过滤有两种途径：一是改变水流方向，如"上向流"过滤（下部进水，上部出水）、"双向流"过滤（上下进水，中间出水），这种滤池结构复杂，操作不方便，应用上有一定的局限性；二是改变滤料层的组成，比较有代表性的为双层滤料滤池、三层滤料滤池及均匀级配滤料滤池，它们的滤料组成如图4.3所示。

双层滤料的组成为：上层采用密度小、粒径较大的轻质滤料（如无烟煤，密度约 $1.50g/cm^3$，粒径约为 $0.8\sim1.8mm$），下层采用密度大、粒径较小的重质滤料（如石英

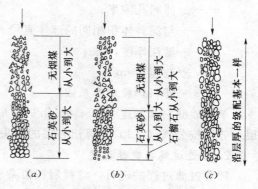

图 4.3　滤料层构造示意图
（a）双层滤料；（b）三层滤料；
（c）均质滤料

砂，密度 2.60g/ cm³，粒径为 0.5～1.2mm）。水力筛分后，仍然是轻质滤料在上、重质滤料在下。尽管每层滤料粒径顺水流方向由小至大，但对整个滤池来说，上层滤料的平均粒径大于下层滤料的平均粒径。当水流由上而下通过双层滤料时，上部粗滤料去除水中较大尺寸的杂质，起粗滤作用，下部细滤料进一步去除细小的剩余杂质，起精滤作用，每层滤料都能充分发挥其截污能力。在相同滤速下，过滤周期增长；在相同工作周期下，滤速可相应提高。因此，双层滤料可提高产水量。

三层滤料与双层滤料相似，组成分为 3 层：上层为大粒径、重度小的轻质滤料（如无烟煤），中层为中等粒径、中等重度的滤料（如石英砂），下层为小粒径、重度大的重质滤料（如石榴石、磁铁矿），各层滤料平均粒径由上而下递减。下层重质滤料粒径很小，对保证滤后水质有很大的作用。

均匀级配滤料，并非指滤料粒径完全相同，而是说粒径相对比较均匀，其不均匀系数 K_{80}（K_{80} 的含义参见下节滤料内容）一般为 1.3～1.4。在铺设滤料层时，整个滤层深度方向的任一横断面上，滤料组成和平均粒径均匀一致。反冲洗时，一般采用气—水反冲洗，避免产生水力筛分。

4.1.3　过滤的水头损失

1. 清洁滤层水头损失

在过滤过程中，水流经过滤层时，由于滤层的阻力所产生的压力降，称为水头损失。水头损失是滤池设计、运行必须考虑的一个指标。

过滤开始时，滤层是干净的，水流经过干净滤层的水头损失称"清洁滤层水头损失"或称"起始水头损失"，用 h_0 表示。可采用卡曼—康采尼（Carman-Kozony）公式计算：

$$h_0 = 180 \frac{v}{g} \frac{(1-m_0)^2}{m_0^3} \left(\frac{1}{\varphi d_0}\right)^2 l_0 \upsilon \tag{4.1}$$

式中　　h_0——清洁滤层水头损失，cm；

$\qquad v$——水的运动粘度，cm²/s；

$\qquad g$——重力加速度，981cm/s²；

$\qquad m_0$——滤料孔隙率；

$\qquad d_0$——与滤料体积相同的球体直径，cm；

$\qquad l_0$——滤层厚度，cm；

$\qquad \upsilon$——滤速，cm/s；

$\qquad \varphi$——滤料颗粒球度系数。

单层砂滤料，滤速为 8～10m/h 时，h_0 约 30～40cm。对于非均匀滤料，应分为若干层，分别按公式（4.1）计算出各层的水头损失以后求和。

2. 等速过滤与变速过滤

随着过滤过程的进行，滤料层截留杂质越来越多，孔隙变小。由式（4.1）可知，若要保持水头损失不变，必须减小滤速；反之，若保持滤速不变，肯定引起水头损失的增加。

在等速过滤情况下，水头损失增加值与时间成直线关系。随着水头损失的增加，将引

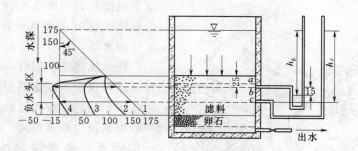

图 4.4 过滤时滤层压力变化

1—静水压强线；2—清洁滤料过滤时水压线；3—过滤时间为 t_1 时的水压；
4—过滤时间为 $t_2(t_2 > t_1)$ 时的水压线

起滤池水位升高，当升至最高水位时，过滤停止以待冲洗，虹吸滤池、无阀滤池就属于等速过滤。

在过滤过程中，如果过滤水头损失保持不变，随着孔隙率减小，滤速将逐渐减小，此种过滤情况称"变速过滤"或"等水头减速过滤"。移动罩滤池即属于变速过滤的滤池，普通快滤池可以设计成变速过滤，也可设计成等速过滤。

3. 滤层中的负水头

在过滤过程中，当滤层上部截留了大量杂质，以至于滤层某一深度处的水头损失超过该处水深时，便出现负水头现象。

负水头会导致溶解于水中的气体释放出来形成气囊，从而减少有效过滤面积，使过滤水头损失及滤速增加，严重时会破坏滤后水质。另外，气囊还会穿过滤层上升，有可能把部分细滤料或轻质滤料带出，破坏滤层结构。反冲洗时，气囊更易将滤料带出滤池。

过滤时，由于大量杂质被上层细滤料所截留，故在上层滤料中往往出现负水头现象。图 4.4 中，过滤时间为 t_2 时，a 和 c 之间的部位出现负水头现象，其中砂面以下 25cm 的 b 处出现最大负水头（$-15cmH_2O$）。

要避免出现负水头现象，一般有两种解决方法：一是增加滤层上的水深；二是使滤池出水水位等于或高于滤层表面。虹吸滤池和无阀滤池由于其出水水位高于滤层表面，所以不会出现负水头现象。

4.2 快滤池的组成、运行与设计

4.2.1 普通快滤池组成与工作过程

发展到今天，快滤池有很多种，尽管各种滤池尽管型式不同，但其基本组成都是一样的，都包括池体、滤料、配水系统与承托层、反冲洗装置等几部分。工作过程也都是过滤、冲洗两个阶段交替进行。最具代表性的普通快滤池组成如图 4.5 所示，其工作过程为：

1. 过滤

过滤时，开启进水支管 2 与清水支管 3 的阀门，关闭冲洗支管 4 阀门与排水阀 5。浑水依次经过进水总管 1、支管 2、浑水渠 6 进入滤池，进入的滤池水经过滤料层 7、承托

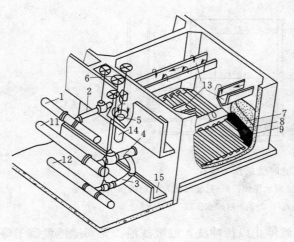

图 4.5 普通快滤池构造剖视图

1—进水总管;2—进水支管;3—清水支管;4—冲洗水支管;
5—排水阀;6—浑水渠;7—滤料层;8—承托层;9—配水
支管;10—配水干管;11—冲洗水总渠;12—清水总管;
13—冲洗排水槽;14—排水管;15—废水渠

层 8 过滤后,由配水支管 9 汇集起来,再经配水干管 10、清水支管 3、清水总管 12 流往清水池。

浑水流经滤料层时,水中杂质即被截留在滤料层中。随滤料层中截留杂质量越来越多,滤料颗粒间孔隙越来越小,滤层中的水头损失越来越大。当水头损失增至一定程度(普通快滤池一般为 2.0～2.5m),以至于滤池出水流量下降,甚至滤出水的浊度有上升,不符合出水水质要求时,滤池就要停止过滤,进行反冲洗。

2. 反冲洗

反冲洗时,关闭进水支管 2 与清水支管 3 阀门,开启排水阀 5 与冲洗水支管 4 阀门。冲洗水依次经过冲洗总管 11、支管 4、配水干管 10 进入配水支管 9,冲洗水通过支管 9 及其上面的许多孔眼流出,由下而上穿过承托层及滤料层,均匀地分布在滤池平面上。滤料在由下而上的水流中处于悬浮状态,由于水流剪力及颗粒间相互碰撞作用,滤料颗粒表面杂质被剥离下来,从而得到清洗。冲洗废水经冲洗排水槽 13、经浑水渠 6、排水管 14、废水渠 15 进入下水道。冲洗一直进行到滤料基本洗干净为止。

冲洗结束后,即可关闭冲洗水支管 4 阀门与排水阀 5,开启进水支管 2 与清水支管 3 的阀门,重新开始过滤。

4.2.2 滤料

滤料的主要作用是作为载体提供粘附水中细小悬浮物所需的面积。在水处理中,对滤料的要求如下:

(1)具有足够的机械强度,以防冲洗时滤料产生磨损和破碎现象。

(2)具有足够的化学稳定性,以免滤料与水产生化学反应而恶化水质,尤其不能含有对人类健康和生产有害的物质。

(3)具有一定的颗粒级配和适当空隙率。

(4)外形接近球型,表面比较粗糙而有棱角。

(5)最好能就地取材,货源充足,价格低廉。

迄今为止,石英砂仍是使用最广泛的滤料。常用于双层和多层滤料的还有无烟煤、磁铁矿、石榴石、金刚砂、铁矿粉等。在轻质滤料中,可采用聚苯乙烯及陶粒等。

1. 滤料粒径级配

滤料大都是由天然矿物经粉碎而制得的,其颗粒大小不等,形状不规则。通常用粒径(正好可通过某一筛孔的孔径)表示滤料颗粒的大小,用不均匀系数表示滤料粒径级配(即不同粒径颗粒所占的重量比例)。我国室外给水设计规范 GB50013—2006 中,用滤料有效粒径（d_{10}）和滤料不均匀系数（K_{80}）来规定滤料粒径级配。

有效粒径（d_{10}）是指滤料经筛分后，小于总重量10％的滤料颗粒粒径。

不均匀系数（K_{80}）是指滤料经筛分后，小于总重量80％的滤料颗粒粒径与有效粒径之比。其具体计算公式为

$$K_{80} = \frac{d_{80}}{d_{10}} \tag{4.2}$$

式中　d_{10}——有效粒径，它反映滤料中细颗粒尺寸，mm；

　　　d_{80}——小于总重量80％的滤料颗粒粒径，反映滤料中粗颗粒尺寸，mm。

K_{80}越大，则说明粗、细滤料颗粒的尺寸相差越大，颗粒越不均匀；K_{80}越接近于1，滤料越均匀。

生产中也常有用最大粒径 d_{max}、最小粒径 d_{min} 和不均匀系数 K_{80} 表示滤料粒径级配。

在通常过滤工况下，要求滤料粒径适中、不均匀系数尽量小。因为粒径过大，滤料间的空隙也大，水中的细小杂质颗粒容易穿透滤料层，影响出水水质，反洗时较难充分松动滤料，反洗效果不好；粒径过小，滤料间的空隙也小，这不仅影响杂质颗粒在滤层中输送，而且也增加水流阻力，造成过滤时水头损失增长过快，反洗时还容易被冲出滤池。K_{80}越大，颗粒越不均匀，滤层的孔隙率小、含污能力低；反冲洗时，粗、细颗粒对冲洗强度的要求不同，二者不好兼顾。因此，K_{80}越接近于1，滤料越均匀，过滤和反冲洗效果愈好，但滤料价格会比较高。表4.1是我国室外给水设计规范中所推荐的滤池滤速及滤料组成。

表 4.1　　　　　　　　　　　滤 池 滤 速 及 滤 料 组 成

滤料种类	滤 料 组 成			正常滤速（m/h）	强制滤速（m/h）
	粒径（mm）	不均匀系数 K_{80}	厚度（mm）		
单层细砂滤料	石英砂 $d_{10}=0.55$	<2.0	700	7～9	9～12
双层滤料	无烟煤 $d_{10}=0.85$	<2.0	300～400	9～12	12～16
	石英砂 $d_{10}=0.55$	<2.0	400		
三层滤料	无烟煤 $d_{10}=0.85$	<1.7	450	16～18	20～24
	石英砂 $d_{10}=0.50$	<1.5	250		
	重质矿石 $d_{10}=0.25$	<1.7	70		
均匀级配粗砂滤料	石英砂 $d_{10}=0.9～1.2$	<1.4	1200～1500	8～10	10～13

注　滤料相对密度为：石英砂 2.50～2.70g/cm³；无烟煤 1.40～1.60g/cm³；重质矿石 4.4～5.20g/cm³。

双层滤料或三层滤料经反冲洗以后，有可能会在两种滤料的交界面处出现部分混杂，这主要取决于煤、砂、重质矿石等滤料的密度差、粒径差、粒径级配、滤料形状、水温及反冲洗强度等因素。只要按照给水设计规范给定的数据配置滤料，一般都能保证滤料的合理分层。生产经验表明，即使煤一砂交界面混杂厚度在5cm左右，对过滤也有益无害。

　2. 滤料筛分

为满足过滤对滤料粒径级配的要求，应对采购的原始滤料进行筛选。以石英砂滤料为例，取某砂样300g，洗净后于105℃恒温箱中烘干，待冷却后称取100g，放于一组筛子

过筛，筛后称出留在各个筛子上的砂量，填入表 4.2，并计算出通过相应筛子的砂量，然后以筛孔孔径为横坐标、通过筛孔砂量为纵坐标，绘出筛分曲线，如图 4.6 所示。

表 4.2 筛 分 试 验 纪 录

筛 孔	留在筛上的砂量		通过该号筛的砂量	
	质量（g）	%	质量（g）	%
2.362	0.1	0.1	99.9	99.9
1.651	9.3	93	90.6	90.9
0.991	21.7	217	68.9	68.9
0.589	46.6	466	223	22.3
0.246	20.6	206	1.7	17
0.208	1.5	1.5	0.2	0.2
筛底盘	0.2	0.2		
合计	100.0	100		

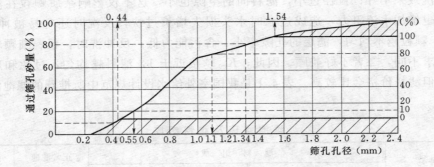

图 4.6 滤料筛分曲线

根据图 4.6 的筛分曲线，可求得该砂样的 $d_{10} = 0.4$mm，$d_{80} = 1.34$mm，并进一步算出 $K_{80} = 1.34/0.4 = 3.37$。由于 $K_{80} > 2.0$，故该滤料不符合过滤级配要求，必须进行筛选。

按规范要求：$d_{10} = 0.55$mm，$K_{80} = 2.0$。则可算出 $d_{80} = 2.0 \times 0.55 = 1.10$mm。按此要求筛选滤料，步骤如下：首先，自横坐标 0.55mm 和 1.10mm 两点分别作垂线与筛分曲线相交，自两交点作平行线与右边纵坐标轴相交。然后，以两交点分别作为 10% 和 80%，并在 10% 和 80% 之间分成 7 等分，以此向上下两端延伸，即得 0 和 100% 之点重新建立新坐标，如图 4.6 右侧纵坐标所示。再自新坐标原点 0 和 100% 作平行线与筛分曲线相交，此两点以内即为所选滤料，其余部分应全部筛除（图中阴影部分）。由图可知，粗颗粒（$d > 1.54$mm）约筛除 13%，细颗粒（$d < 0.44$mm）约筛除 13%，共计 26% 左右。

3. 滤料孔隙率的测定

滤料层孔隙率是指滤料层中的孔隙所占的体积与滤料层总体积之比，用 m 表示。滤料层孔隙率测定方法为：取一定量的滤料，在 105℃ 下烘干、称重，并用比重瓶测出其密度，然后放入过滤筒中，用清水过滤一段时间后，量出滤层体积，按下式求出滤料孔隙率 m：

$$m = 1 - \frac{G}{\rho V} \qquad (4.3)$$

式中　G——滤料质量，kg；

　　　ρ——滤料颗粒密度，kg/m³；

　　　V——滤料层体积，m³。

滤料层孔隙率的大小与快滤池的过滤效率有密切关系，一般来讲，孔隙率越大，滤层的含污能力越高，滤池的工作周期就越长。但孔隙率过大，悬浮杂质容易穿透，影响出水水质。

滤料层孔隙率与滤料颗粒的形状、粒径、均匀程度以及滤料层的压实程度等因素有关。形状不规则和粒径均匀的滤料，孔隙率较大。一般石英砂滤料层的孔隙率在 0.42 左右。

在过滤和反冲洗过程中，滤料由于碰撞、摩擦会出现破碎和磨蚀而变细，从而造成滤料层孔隙率减小，在生产中应根据滤料的磨损情况及时更换补充滤料。

4.2.3　配水系统与承托层

配水系统位于滤池底部，其作用有二：一是反冲洗时，使反冲洗水在整个滤池平面上均匀分布；二是过滤时，能均匀地收集滤后水。配水均匀性对反冲洗效果至关重要。若配水不均匀，水量小处，滤料得不到足够的清洗；水量大处，反冲洗强度过高，会造成滤料流失，甚至还会使局部承托层发生移动，造成过滤时漏砂现象。

根据反冲洗时配水系统对冲洗水的阻力大小，配水系统可分为大阻力、中阻力和小阻力 3 种配水系统。

1. 大阻力配水系统

常用的大阻力配水系统是"穿孔管大阻力配水系统"，如图 4.7所示。中间是一根配水干管（或渠），在其两侧接出若干根间距相等、彼此平行的支管。在支管下部开有两排与管中心线成 45°角且交错排列的配水小孔。反冲洗时，水流从干管起端进入后，流入各支

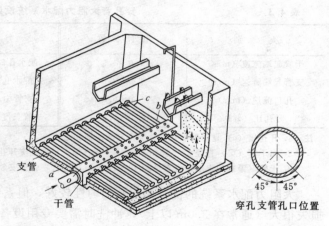

图 4.7　穿孔管大阻力配水系统

管，由各支管孔口流出，再经承托层自下而上对滤料层进行冲洗，最后流入排水槽。

在图 4.7 所示的配水系统中，a 点和 c 点处的孔口分别是距进水口最近和最远的两孔，其孔口内压力水头相差最大。如果 a 孔和 c 孔的出流量近似相等，则其余各孔口的出流量更相近，即可认为在整个滤池平面上冲洗水是均匀分布的。由水力分析可得 a 孔与 c 孔的出流量关系为：

$$Q_c = \sqrt{\frac{S_1 + S_2'}{S_1 + S_2''} Q_a^2 + \frac{1}{S_1 + S_2''} \frac{v_1^2 + v_2^2}{2g}} \qquad (4.4)$$

式中 Q_c——c 孔的出流量；

S_1——孔口阻力系数，各孔口尺寸和加工精度相同时，其阻力系数均相同；

S_2'、S_2''——分别为 a 孔和 c 孔处承托层及滤料层阻力系数之和；

Q_a——a 孔的出流量；

v_1——干管起端流速；

v_2——支管起端流速。

分析式（4.4）可知，两孔口出流量不可能相等。但如果减小孔口面积以增大孔口阻力系数 S_1，就可以削弱承托层和滤料层的阻力系数 S_2'，S_2'' 及配水系统压力不均匀的影响，从而使 Q_a 接近 Q_c，实现配水均匀。这就是大阻力配水系统的基本原理。

通常认为反冲洗配水均匀时，应满足 $Q_a/Q_c \geqslant 0.95$，即配水系统中任意两孔口出流量之差不大于 5%，由此可进一步推导出，大阻力配水系统构造尺寸应满足下式：

$$\left(\frac{f}{\omega_1}\right)^2 + \left(\frac{f}{n\omega_2}\right)^2 \leqslant 0.29 \tag{4.5}$$

式中 f——配水系统孔口总面积，m^2；

ω_1——干管截面积，m^2；

ω_2——支管截面积，m^2；

n——支管根数。

穿孔管大阻力配水系统的构造尺寸可根据设计参数来确定，见表 4.3。

表 4.3   穿孔管大阻力配水系统设计参数

类　　别	设 计 参 数	类　　别	设 计 参 数
干管起端流速（m/s）	1.0～1.5	配水孔口直径（mm）	9～12
支管起端流速（m/s）	1.5～2.0	配水孔间距（mm）	75～300
孔口流速（m/s）	5.0～6.0	支管中心间距（m）	0.2～0.3
开孔比（%）	0.20～0.28	支管长度与直径（mm）	<60

注 1. 开孔比（α）是指配水孔口总面积与滤池面积之比。

2. 当干管（渠）直径大于 300mm 时，干管（渠）顶部也应开孔布水，并在孔口上方设置挡板。

3. 干管（渠）的末端应设直径为 40～100mm 排气管，管上安装阀门。

大阻力配水系统的优点是配水均匀性较好，但系统结构较复杂，检修困难，而且水头损失很大（通常在 3.0m 以上），冲洗时需要专用设备（如冲洗水泵），动力耗能多。

2. 中、小阻力配水系统

根据式（4.4）分析可知，如果将干管起端流速 v_1 和支管起端流速 v_2 减小至一定程度，配水系统压力不均匀的影响就会大大削弱，此时即使不增大孔口阻力系数 S_1，同样可以实现均匀配水，这就是小阻力配水系统的基本原理。

生产中，最常用的小阻力配水系统是在滤池底部留有较大的配水空间，在配水空间上铺设钢筋混凝土穿孔滤板，板上铺设一层或两层尼龙网后，直接铺放滤料（尼龙网上也可适当铺设一些卵石），如图 4.8（a）、图 4.8（b）所示。另外，滤池采用气、水反冲洗时，还可以采用长柄滤头作配水系统，如图 4.8（c）所示。

小阻力配水系统的开孔比通常都大于 1.0%，水头损失一般小于 0.5m。开孔比越大，

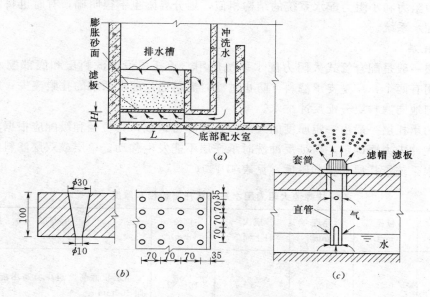

图 4.8　小阻力配水系统

（a）小阻力配水系统底部配水空间；（b）钢筋混凝土穿孔滤板；（c）长柄滤头

则孔口阻力越小，配水均匀性越差。由于小阻力配水系统的配水均匀性比大阻力配水系统差，一般多用于单格面积不大于 $20m^2$ 的无阀滤池、虹吸滤池等。

中阻力配水系统，是指开孔比介于大、小阻力配水系统之间的配水系统，其开孔比一般为 0.4%～1.0%，水头损失一般为 0.5～3.0m。中阻力配水系统的配水均匀性优于小阻力配水系统。最常见的中阻力配水系统是穿孔滤砖，如图 4.9 所示。

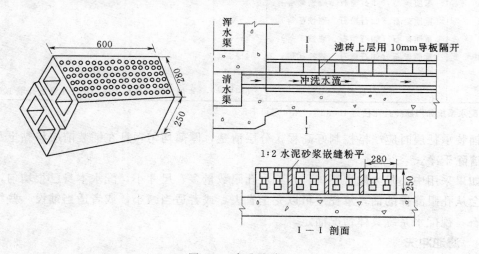

图 4.9　穿孔滤砖

穿孔滤砖的构造分上下两层连成整体。铺设时，各砖的下层相互连通，起到配水渠的作用；上层各砖之间用导板隔开，互不相通，单独配水。其实际效果就是将滤池分成滤砖大小的许多小格，保证配水均匀。

由于中阻力和小阻力配水系统的结构相似，划分界限也不很明确，有时也将它们统称为小阻力配水系统。

3. 承托层

承托层一般是配合管式大阻力配水系统使用，承托层设于滤料层和底部配水系统之间，其作用有两个：一是支承滤料，防止过滤时滤料通过配水系统的孔眼流失；二是反冲洗水时均匀地向滤料层分配反冲洗水。

滤池的承托层一般由一定厚度的天然卵石或砾石组成，其粒径和级配应根据冲洗时所产生的最大冲击力而确定，保证反冲洗时承托层不能发生移动。单层或双层滤料的快滤池大阻力配水系统承托层粒径和厚度，见表 4.4。

表 4.4　　　　　　　　　快滤池大阻力配水系统承托层粒径和厚度

层次 （自上而下）	粒径 （mm）	厚度 （mm）	层次 （自上而下）	粒径 （mm）	厚度 （mm）
1	2～4	100	3	8～16	100
2	4～8	100	4	16～32	本层顶面高度至少应高出配水系统孔眼 100mm

三层滤料滤池，下层滤料粒径小而重度大，承托层必须与之相适应地采用上层重质矿石，以免反冲洗时承托层移动，见表 4.5。

表 4.5　　　　　　　　　三层滤料滤池承托层材料、粒径与厚度

层次 （自上而下）	材　料	粒径 （mm）	厚　度 （mm）
1	重质矿石（如石榴石、磁铁矿等）	0.5～1.0	50
2	重质矿石（如石榴石、磁铁矿等）	1～2	50
3	重质矿石（如石榴石、磁铁矿等）	2～4	50
4	重质矿石（如石榴石、磁铁矿等）	4～8	50
5	砾石	8～16	100
6	砾石	16～32	本层顶面高度至少应高出配水系统孔眼 100mm

注　配水系统如用滤砖且孔径为 4mm 时，第 6 层可不设。

铺装承托层时应严格控制好高程，分层清楚，厚薄均匀，且在铺装前应将黏土及其他杂质清除干净。

如果采用中小阻力配水系统，且配水孔眼数量多、尺寸小，配水本身已很均匀，滤料也不会从孔眼漏掉的话，承托层可以完全省去，或者适当减小，或者适当铺设一些粗砂或细砾石，视配水系统具体情况而定。

4.2.4　滤池冲洗

反冲洗的目的是清除截留在滤料层中的杂质，使滤池在短时间内恢复过滤能力。

4.2.4.1　滤池冲洗方法

快滤池的冲洗方法有 3 种：高速水流反冲洗、气—水反冲洗、表面辅助冲洗加高速水流反冲洗。应根据滤料层组成、配水器系统形式，或参照相似条件下已有滤池的经验选取

冲洗方式。室外给水设计规范所推荐的冲洗方式和程序如表 4.6 所示。

表 4.6 **冲 洗 方 式 和 程 序**

滤 料 组 成	冲洗方式、程序
单层细砂级配滤料	1. 水冲；2. 气冲—水冲
单层粗砂均匀级配滤料	气冲—气水同时冲—水冲
双层煤、砂级配滤料	1. 水冲；2. 气冲—水冲
三层煤、砂、重质矿石级配滤料	水冲

1. 高速水流反冲洗

高速水流反冲洗是利用高速水流反向通过滤料层，使滤层膨胀呈流态化，在水流剪切力和滤料颗粒间碰撞摩擦的双重作用下，把截留在滤料层中的杂质从滤料表面剥落下来，然后被冲洗水带出滤池。这是应用最早的一种冲洗方法，其滤池结构和设备简单，操作简便。

为了保证冲洗效果，要求必须有一定的冲洗强度、适宜的滤层膨胀度和足够的冲洗时间，室外给水设计规范对这 3 项指标的推荐值如表 4.7 所示。

表 4.7 **冲洗强度、膨胀度和冲洗时间（水温 20℃）**

滤 层	冲洗强度 [L/ (s·m²)]	膨 胀 度 (%)	冲洗时间 (min)
单层细砂级配滤料	12～15	45	7～5
双层煤、砂级配滤料	13～16	50	8～6
三层煤、砂、重质矿石级配滤料	16～17	55	7～5

注 1. 当采用表面冲洗设备时，冲洗强度可取低值。
2. 由于全年水温、水质有变化，应考虑有适当调整冲洗强度的可能。
3. 选择冲洗强度应考虑所用混凝剂品种。
4. 膨胀度数值仅作设计计算用。

（1）反冲洗强度。反冲洗强度是指单位面积滤层上所通过的冲洗流量，以 L/(s·m²) 计。也可换算成反冲洗流速，以 cm/s 计，1cm/s=10L/(s·m²)。

反冲洗强度过小时，滤层膨胀度不够，滤层孔隙中水流剪力小，截留在滤层中的杂质难以被剥落掉，滤层冲洗不净；反冲洗强度过大时，滤层膨胀度过大，由于滤料颗粒过于离散，滤层孔隙中水流剪力降低、滤料颗粒间相互碰撞摩擦的几率减小，滤层冲洗效果差，严重时还会造成滤料流失。故反冲洗强度过大或过小，冲洗效果均会降低。

生产中，反冲洗强度的确定还应考虑水温的影响，夏季水温较高，水的粘度较小，所需反冲洗强度较大；冬季水温低，水的粘度大，所需的反冲洗强度较小。一般来说，水温增减 1℃，反冲洗强度相应增减 1%。

（2）滤层膨胀度。滤层膨胀度是指反冲洗时滤层膨胀后所增加的厚度与滤层膨胀前厚度之比，用 e 表示：

$$e = \frac{L - L_0}{L_0} \times 100\% \tag{4.6}$$

式中 L_0——滤层膨胀前厚度，cm；

L——滤层膨胀后厚度，cm。

滤料膨胀度由反冲洗强度和滤料的颗粒大小、密度所决定，同时受水温的影响。理想的膨胀率应该是截留杂质较多，上层滤料恰好完全膨胀起来，而下层最大颗粒滤料刚刚开始膨胀，才能获得较好的冲洗效果。如果最粗滤料刚开始膨胀的冲洗强度导致上层细滤料膨胀度过大甚至引起滤料流失，应调整滤料级配。

（3）冲洗时间。当冲洗强度和滤层膨胀度都满足要求，但反冲洗时间不足时，滤料颗粒表面的杂质因碰撞摩擦时间不够而不能得到充分清除；同时，反冲洗废水也会因为来不及排除，导致污物重返滤层，覆盖在滤层表面而形成"泥膜"、或进入滤层形成"泥球"。冲洗时间可按表4.7选用，也可根据冲洗废水的允许浊度决定。

2. 气—水反冲洗

将压缩空气压入滤池，利用上升空气气泡产生的振动和擦洗作用，将附着于滤料表面的杂质清除下来并使之悬浮于水中，然后再用水反冲把杂质排出池外。气、水反冲洗所需的空气由鼓风机或空气压缩机和储气罐组成的供气系统供给，冲洗水由冲洗水泵或冲洗水箱供应，配气、配水系统多采用长柄滤头。

采用气、水反冲洗有以下优点：①空气气泡的擦洗能有效地使滤料表面污物破碎、脱落，冲洗效果好，节省冲洗水量；②可降低冲洗强度，冲洗时滤层不膨胀或微膨胀，杜绝或减轻滤料的水力筛分，提高滤层的含污能力。不过，气、水反冲洗需增加气冲设备，池子结构及冲洗操作也较复杂些。但总的来说，还是优势明显，近年来应用也日益增多。

室外给水设计规范所推荐的气水冲洗强度及冲洗时间如表4.8所示。

表 4.8   **气水冲洗强度及冲洗时间**

滤料种类	先气冲洗		气水同时冲洗			后水冲洗		表面扫洗	
	强度 [L/(m²·s)]	时间 (min)	气强度 [L/(m²·s)]	水强度 [L/(m²·s)]	时间 (min)	强度 [L/(m²·s)]	时间 (min)	强度 [L/(m²·s)]	时间 (min)
单层细砂级配滤料	15~20	3~1	—	—	—	8~10	7~5	—	—
双层煤、砂级配滤料	15~20	3~1	—	—	—	6.5~10	7~5	—	—
单层粗砂均匀级配滤料	13~17	2~1	13~17	3~4	4~3	4~8	8~5	—	—
	13~17	2~1	13~17	2.5~3	5~4	4~6	8~5	1.4~2.3	全程

3. 表面冲洗

表面冲洗是在滤料砂面以上50~70mm处放置穿孔管。反冲洗前先用穿孔管孔眼或喷嘴喷出的高速水流，冲洗去表层10cm厚度滤料中的污泥，然后再进行水反冲洗。表面冲洗可提高冲洗效果，节省冲洗水量。

根据穿孔管的安置方式，表面冲洗可分为固定式（较多的穿孔管均匀地固定布置在砂面上方）和旋转式（较少的穿孔管布置在砂面上方，冲洗臂绕固定轴旋转，使冲洗水均匀地布洒在整个滤池）两种。其表面冲洗强度分别是2~3 L/(m²·s)和0.50~0.75 L/(m²·s)，冲洗时间均为4~6min。

4.2.4.2 冲洗水的供给

普通快滤池反冲洗水供给方式有冲洗水泵和冲洗水塔（箱）两种。水泵冲洗建设费用低，冲洗过程中冲洗水头变化较小，但由于冲洗水泵是间隙工作且设备功率大，容易使电网负荷极不均匀；水塔（箱）冲洗操作简单，补充冲洗水的水泵较小，并允许在较长的时间内完成，耗电较均匀，但水塔造价较高。若有地形时，采用水塔（箱）冲洗较好。

1. 冲洗水塔（箱）

为避免冲洗过程中冲洗水头相差太大，水塔（箱）内水深不宜超过 3m。水塔（箱）容积按单格滤池所需冲洗水量的 1.5 倍计算：

$$W = \frac{1.5qFt \times 60}{1000} = 0.09Fqt \qquad (4.7)$$

式中　W——水塔（箱）容积，m^3；

　　　F——单格滤池面积，m^2；

　　　t——冲洗历时，min；

　　　q——反冲洗强度，$L/(s \cdot m^2)$。

水塔（箱）底高出滤池冲洗排水槽顶高度 H_0，可按下式计算：

$$H_0 = h_1 + h_2 + h_3 + h_4 + h_5 \qquad (4.8)$$

$$h_2 = \frac{1}{2g}\left(\frac{q}{10\alpha\mu}\right)^2 \qquad (4.9)$$

$$h_3 = 0.022qZ \qquad (4.10)$$

$$h_4 = \frac{\rho_s - \rho}{\rho}(1 - m_0)L_0 \qquad (4.11)$$

式中　h_1——从水塔（箱）至滤池的管道中总水头损失，m；

　　　h_2——滤池配水系统水头损失，m；

　　　h_3——承托层水头损失，m；

　　　h_4——滤料层水头损失，m；

　　　h_5——备用水头，一般取 1.5～2.0m；

　　　α——配水系统开孔比；

　　　μ——孔口流量系数；

　　　q——反冲洗强度，$L/(s \cdot m^2)$；

　　　Z——承托层厚度，m；

　　　ρ_s——滤料的密度，g/cm^3；

　　　ρ——水的密度，g/cm^3；

　　　m_0——滤层膨胀前的孔隙率；

　　　L_0——滤层膨胀前的厚度，m。

2. 水泵冲洗

冲洗水泵要考虑备用，可单独设置冲洗泵房，也可设于二级泵站内。水泵流量按冲洗强度和滤池面积计算：

$$Q = qF \qquad (4.12)$$

式中　q——反冲洗强度，$L/(s \cdot m^2)$；

　　　F——单格滤池面积，m^2。

水泵扬程为

$$H = H_0 + h_1 + h_2 + h_3 + h_4 + h_5 \qquad (4.13)$$

式中 H_0——排水槽顶与清水池最低水位高差，m；

   h_1——清水池至滤池的管道中总水头损失，m；

   其余符号意义同式（4.8）。

4.2.4.3 冲洗废水的排除

滤池冲洗废水的排除设施包括反冲洗排水槽和废水渠。反冲洗时，冲洗废水先溢流入反冲洗排水槽，再汇集到废水渠，然后排入下水道（或回收水池），如图 4.10 所示。

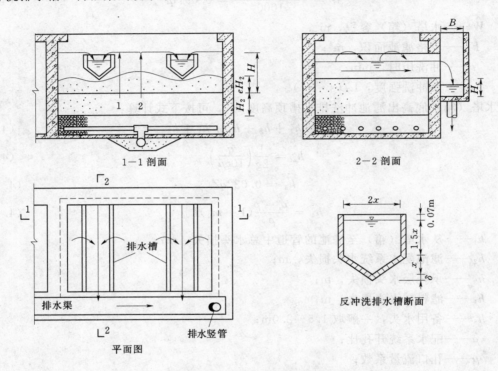

图 4.10 反冲洗水排除示意图

1. 反冲洗排水槽

为了及时均匀地排除冲洗废水，反冲洗排水槽设计应符合以下要求：

（1）排水槽内水面以上保持 7cm 左右的超高，废水渠起端水面低于排水槽底 20cm。以避免形成壅水，使排水不畅而影响冲洗均匀。

（2）排水槽的槽口高度应保持水平一致，施工时其误差应限制在 2mm 以内。

（3）排水槽总平面面积一般应小于 25％的滤池面积，避免影响反冲洗上升水流。

（4）相邻两槽中心距一般为 1.5～2.0m，间距过大会影响排水的均匀性。

生产中常用的反冲洗排水槽断面如图 4.10 所示，反冲洗排水槽底可以水平设置，也可以设置一定坡度。反冲洗排水槽顶距未膨胀滤料表面的高度 H 为

$$H = eH_2 + 2.5x + \delta + 0.07 \qquad (4.14)$$

式中 e——冲洗时滤层膨胀度，％；

   H_2——未膨胀滤料层厚度，m；

x——反冲洗排水槽断面模数，m，其值可按式（4.15）计算；

δ——反冲洗排水槽底厚度，m；

0.07——反冲洗排水槽超高。

$$x = 0.45Q_1^{0.4} \tag{4.15}$$

式中 Q_1——每条反冲洗排水槽出口流量，m^3/s。

2. 废水渠

如图 4.10 所示，废水渠为矩形断面，沿滤池池壁一侧布置。当滤池面积很大时，为使排水均匀，废水渠也可布置在滤池中间。废水渠底至排水槽底高度可按下式计算：

$$H_c = 1.73\sqrt[3]{\frac{Q^2}{gB^2}} + 0.2 \tag{4.16}$$

式中 Q——滤池总冲洗流量，m^3/s；

B——废水渠宽度，m；

g——重力加速度，$9.81m/s^2$；

0.2——是废水渠起端水面低于排水槽底高度。

4.2.5 普通快滤池的设计计算

1. 滤池的个数及单池面积

滤速相当于滤池负荷（单位时间、单位表面积滤池的过滤水量），因此可根据流量和滤速计算出滤池总面积 $F(m^2)$，为

$$F = \frac{Q}{\upsilon} \tag{4.17}$$

式中 Q——设计流量（水厂供水量与水厂自用水量之和），m^3/h；

υ——设计滤速，从表 4.1 中查取，m/h。

单池面积 $F'(m^2)$ 可根据滤池总面积 F 与滤池个数 n 确定：

$$F' = \frac{F}{n} \tag{4.18}$$

滤池个数直接涉及到滤池造价、冲洗效果和运行管理。滤池个数多时，单池面积小，冲洗效果好，运转灵活，但滤池总造价高，操作管理较麻烦；若滤池个数过少，单池面积过大，布水均匀性差，冲洗效果欠佳，尤其是当某个滤池反冲洗或停产检修时，对水厂生产影响较大。设计时，滤池个数可参考表 4.9 来选取，但最少不能少于 2 个。

表 4.9 单池面积与滤池总面积

滤池总面积（m^2）	单池面积（m^2）	滤池总面积（m^2）	单池面积（m^2）
60	15~20	250	40~50
120	20~30	400	50~70
180	30~40	600	60~80

表 4.1 中有两个滤速，在设计计算时，用正常滤速计算滤池面积和个数，用强制滤速验算调整。即按 1 个或 2 个滤池停产检修，其余滤池分担全部负荷考虑，计算其超负荷工作的滤速 υ_n，滤速 υ_n 应能满足表 4.1 中的强制滤速要求。

表 4.10　　　　单 个 滤 池 长 宽 比

单个滤池面积（m²）	长：宽
≤30	1：1
>30	1.25：1～1.5：1
选用旋转式表面冲洗时	1：1、2：1、3：1

2. 滤池尺寸的确定

单个滤池平面可为正方形也可为矩形。滤池长宽比决定于处理构筑物总体布置，同时与造价也有关系，应通过技术经济比较确定。一般情况下，单个滤池的长宽比可参考表 4.10。

滤池总深度包括：

（1）滤池保护高度：0.20～0.30m。

（2）滤层表面以上水深：1.5～2.0m。

（3）滤层厚度：单层砂滤料一般为 0.70m，双层及多层滤料一般为 0.70～0.80m。

（4）承托层厚度：见表 4.4 和表 4.5。

考虑配水系统的高度，滤池总深度一般为 3.0～3.5m。

3. 管（渠）设计流速

快滤池管（渠）断面应根据设计流速来确定，参见表 4.11。

表 4.11　　　　　　　　　　　　　　快滤池管（渠）设计流速

管　渠	设计流速（m/s）	管　渠	设计流速（m/s）
进水	0.8～1.2	冲洗水	2.0～2.5
清水	1.0～1.5	排水	1.0～1.5

注　考虑到处理水量有可能增大，流速不宜取上限值。

4. 管廊布置

集中布置滤池的管（渠）、配件及闸阀的场所称为管廊。管廊中的管道一般采用金属材料，也可用钢筋混凝土渠道。管廊布置应力求紧凑、简捷；要有良好的防水、排水、通风及照明设备；要留有设备及管配件安装、维修的必要空间。

当滤池个数少于 5 个时，宜采用单行排列，管廊设置于滤池一侧；超过 5 个时，宜采用双行排列，管廊设置于两排滤池中间。后者布置紧凑，但应注意通风、采光和检修条件。常见的管廊布置形式如图 4.11 所示。

（1）进水、清水、反冲洗水及排水 4 个总渠，全部布置于管廊内，见图 4.11（a）。

（2）反冲洗水和清水两个总渠布置于管廊内，进水渠和排水渠则布置于滤池的一侧，见图 4.11（b）。

（3）进水、反冲洗水及清水管均采用金属管道，排水总渠单独设置，见图 4.11（c）。

（4）用排水虹吸管和进水虹吸管分别代替排水和进水支管，反冲洗水和清水两个总渠布置于管廊内，反冲洗水支管和清水支管仍用阀门控制，称为虹吸式双阀滤池，简称双阀滤池，见图 4.11（d）。

5. 设计中注意的问题

（1）滤池底部应设排空管，其入口处设栅罩，池底应有一定的坡度，坡向排空管。

（2）每个滤池宜装设水头损失计及取样管。

（3）滤池壁与砂层接触处应拉毛成锯齿状，以免过滤水在该处形成"短路"。

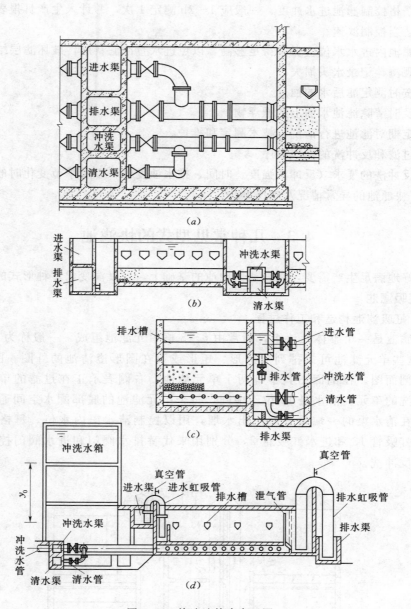

图 4.11 快滤池管廊布置图

（4）滤池清水管上应设置短管，管径一般采用 75～200mm，以便排放初滤水。

（5）各种密封渠道上应设人孔，以便检修。

4.2.6 快滤池的运行管理与维护

新建成的快滤池，经过检查、调试、验收后，如果试运行一段时间，没有异常问题，即可转入正常运行。

为了保证快滤池的正常运行，每个厂都会根据自己的特点，制定一整套严格的操作规程和管理办法。尽管每个厂的情况不完全相同，但一般都包括以下方面：

（1）严格控制滤池进水浊度，一般应 1～2h 测定 1 次，并计入生产日报表。

（2）适当控制滤速。

（3）滤池内进水水位应保持得足够高，以免进水直冲滤料层，破坏滤层结构。

（4）观测、记录水头损失。

（5）按时测定滤后水的浊度。

（6）及时清除滤池水面上的漂浮物。

（7）定期对滤池进行清洗、技术测定和维护。

（8）过滤和反冲洗的操作顺序。

（9）反冲洗的要求（反冲洗强度、时间、排水浊度等，以及季节变化时的调整）。

（10）快滤池的异常情况及解决办法。

4.3　几种常见型式的快滤池

为更好地满足生产需要，在普通快滤池的基础上，发展演变出多种形式的快滤池。

4.3.1　虹吸滤池

4.3.1.1　虹吸滤池构造和工作过程

虹吸滤池是一个整体滤池组，通常由 6～8 格单元滤池组成，一般称为"一组（座）滤池"。这些单元滤池可以排列成圆形、矩形或设在圆形澄清池的外圈。图 4.12 为一组滤池的剖面图。在剖面图其中有两个单元滤池，右侧表示正在过滤的单元，左侧表示正在冲洗的单元。清水渠 12 位于中间，每个单元滤池的底部配水空间通过清水渠相互连通，在清水渠的一端设有清水出水堰，用以控制清水渠内水位。每格单元滤池都设有排水虹吸管 13 和进水虹吸管 2，分别用来代替排水阀门和进水阀门控制虹吸滤池的过滤和反冲洗。

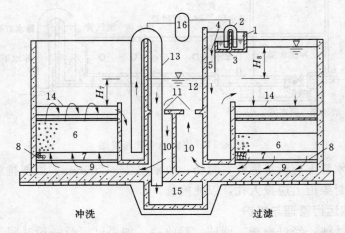

图 4.12　虹吸滤池的构造及工作过程图

1—进水总渠；2—进水虹吸管；3—进水槽；4—溢流堰；5—布水管；6—滤料层；7—承托层；

8—配水系统；9—底部配水空间；10—清水室；11—连通孔；12—清水；13—排水虹吸管；

14—排水槽；15—排水渠；16—真空设备

过滤过程：利用真空系统 16 对进水虹吸管 2 抽真空使之形成虹吸，待滤水由进水总渠 1 经进水虹吸管 2 流入单元滤池进水槽 3，再经溢流堰 4 溢流入布水管 5 后进入滤池。进入滤池的水自上而下通过滤层 6、承托层 7、小阻力配水系统 8、底部配水空间 9，进入清水室 10，最后通过连通孔 11 进入清水渠 12，经清水出水堰溢流入清水池。

随着过滤过程的进行，滤料层中截留的杂质越来越多，过滤水头损失不断增大，由于各过滤单元的进、出水量不变，因此滤池内水位不断地上升。当某一单元滤池的水位上升到最高设计水位（或滤后水浊度不符合要求）时，该单元滤池便需停止过滤，进行反冲洗。

反冲洗过程：先破坏失效单元滤池进水虹吸管的真空，使该格单元滤池停止进水，滤池水位逐渐下降，滤速逐渐降低。当滤池内水位下降速度显著变慢时，利用真空系统 16 对排水虹吸管 13 抽真空使之形成虹吸。滤池内剩余的滤水被排水虹吸管 13 迅速排入滤池底部排水渠 15，滤池内水位迅速下降。当池内水位低于清水渠 12 中的水位时，反冲洗正式开始，滤池内水位继续下降。当滤池内水面降至冲洗排水槽 14 顶端时，反冲洗水头达到最大值。其他格单元滤池的滤后水作为该格单元滤池反冲洗所需的清水，源源不断的从清水渠 12 经连通孔 11、清水室 10 进入该格单元滤池的底部配水空间 9，经小阻力配水系统 8、承托层 7，自下而上通过滤料层 6，对滤料层进行反冲洗。冲洗废水经排水槽 14 收集后由排水虹吸管 13 排入滤池底部排水渠 15 排走。

当滤料冲洗干净后，破坏排水虹吸管 13 的真空，冲洗停止。然后再用真空系统 16 使进水虹吸管 2 恢复工作，过滤重新开始。

4.3.1.2 虹吸滤池的设计要点

虹吸滤池的设计滤速、滤料、冲洗强度、冲洗历时等的选取均与普通快滤池一样。虹吸滤池中的冲洗水就是本组滤池中其他正在运行的各单元滤池的过滤水，无需专设冲洗水箱或冲洗水泵。但由于冲洗水头的限制，虹吸滤池只能采用小阻力配水系统。

1. 单元滤池的格数

虹吸滤池的最少分格数，应满足当一格单元滤池反冲洗时，其所需的反冲洗水量不能大于同组其他格单元滤池的过滤水量之和，可得到

$$n \geqslant \frac{3.6q}{\upsilon} \tag{4.19}$$

式中　n——单元滤池的格数；

　　　q——反冲洗强度，$L/(s \cdot m^2)$；

　　　υ——设计滤速，m/h；

　　　3.6——换算系数。

分格数少时，单元滤池面积大，冲洗强度不能保证，而且冲洗均匀性差；分格数过多，则滤池的造价将明显增加。对于普通的石英砂虹吸滤池分格数一般采用 6～8 格。

2. 虹吸滤池的总深度

$$H = H_1 + H_2 + H_3 + H_4 + H_5 + H_6 + H_7 + H_8 + H_9 \tag{4.20}$$

式中　H_1——滤池底部配水空间高度，一般取 0.3m；

　　　H_2——小阻力配水系统的高度，0.1～0.2m；

H_3——承托层厚度；一般取 0.2m；

H_4——滤料层厚度，0.7～0.8m；

H_5——冲洗时滤层的膨胀高度，$H_5=H_4\times e(m)$；

H_6——反冲洗排水槽高度，$H_6=2.5x+\delta+0.07(m)$；

H_7——清水出水堰堰顶与反冲洗排水槽顶高差，即为最大冲洗水头，采用 1.0～1.2m，能利用可调节堰板调节冲洗水头；

H_8——滤池内最高水位与清水出水堰堰顶高差，即为最大过滤水头，采用 1.5～2.0m；

H_9——滤池保护高度，一般取 0.15～0.3m。

虹吸滤池的总深度一般为 4.5～5.5m。

3. 虹吸管

虹吸进水管和虹吸排水管的断面根据管内流速确定，规范规定：排水虹吸管流速 1.4～1.6m/s，进水虹吸管流速 0.6～1.0m/s。断面形状一般采用矩形，也可采用圆形。

虹吸滤池的主要优点是：无需大型阀门及相应的开闭控制设备，操作管理方便，易于实现自动化；不需要设置冲洗水塔（箱）或冲洗水泵；出水水位高于滤料层，过滤时不会出现负水头现象。主要存在的问题是：由于虹吸滤池的构造特点，池深比普通快滤池大且池体构造复杂；冲洗均匀性较差，冲洗效果不像普通快滤池那样稳定。

虹吸滤池适用于 5000～50000m³/d 的中小水厂的给水处理。

4.3.2 重力式无阀滤池

1. 重力式无阀滤池构造及工作过程

重力式无阀滤池的构造如图 4.13 所示。

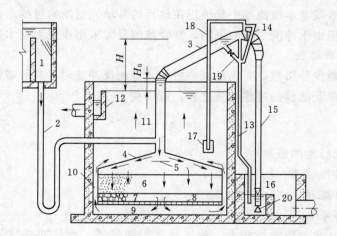

图 4.13 重力无阀滤池的构造及工作过程图

1—进水分排槽；2—进水管；3—虹吸上升管；4—伞形顶盖；5—挡板；6—滤料层；7—承托层；
8—配水系统；9—底部配水空间；10—连通渠（管）；11—冲洗水箱；12—出水渠；
13—虹吸辅助管；14—抽气管；15—虹吸下降管；16—水封井；17—虹吸破坏斗；
18—虹吸破坏管；19—强制冲洗管；20—冲洗强度调节器

过滤时，待滤水经进水分配槽 1，由进水管 2 进入虹吸上升管 3，再经伞形顶盖 4 下面的配水挡板 5 整流和消能后，均匀地分布在滤料层 6 的上部，水流自上而下通过滤层 6、承托层 7、小阻力配水系统 8，进入底部集水空间 9，然后沿连通渠（管）10 上升到冲洗水箱 11（顶盖 4 上面的空间），冲洗水箱中的水位开始逐渐上升，当水箱水位上升到出水渠 12 的溢流堰顶后，溢流入渠内，最后经滤池出水管进入清水池。

过滤开始时，虹吸上升管内水位与冲洗水箱中水位的高差 H_0 就是过滤起始水头损失，一般为 0.2m 左右。随着过滤的进行，滤料层内截留杂质量的逐渐增多，过滤水头损失也逐渐增加，从而使虹吸上升管 3 内的水位逐渐升高。当水位上升到虹吸辅助管 13 的管口时，水便不断通过虹吸辅助管 13 向下流进水封井 16，依靠管内下降水流形成的负压和水流的挟气作用，利用抽气管 14 不断将虹吸管中空气抽出，使虹吸管中真空度逐渐增大。其结果，虹吸上升管 3 中水位进一步升高，虹吸下降管 15 也将排水水封井 16 中的水吸到一定高度。当虹吸上升管 3 中的水位升高到越过虹吸管顶端，沿虹吸下降管 15 下落时，下落水流与虹吸下降管 15 中上升的水柱汇成一股冲出管口，把管中残留空气全部带走，形成虹吸。此时，由于伞形顶盖 4 内的水被虹吸管排出池外，造成滤层上部压力骤降，从而使冲洗水箱内的清水沿着与过滤时相反的方向自下而上通过滤层，对滤料层进行反冲洗。冲洗后的废水经虹吸管进入排水水封井 16 排出。自虹吸上升管中的水从辅助管流下到形成反冲洗，仅需数分钟时间。因此也可以说，虹吸辅助管管口与冲洗水箱中最高水位的差 H 为无阀滤池冲洗前的水头损失，规范建议，可采用 1.5m。

在冲洗过程中，进水管 2 继续进水，直接通过虹吸管排走，比较细的虹吸破坏管 18 也直接从冲洗水箱抽吸少量的冲洗水。随着反冲洗的进行，冲洗水箱 11 内水位逐渐下降。当水位下降到虹吸破坏斗 17 以下，虹吸破坏管 18 将虹吸破坏斗 17 中的水抽吸完后，虹吸破坏管的管口与大气相通，空气由虹吸破坏管进入虹吸管，虹吸即被破坏，冲洗结束，过滤自动重新开始。

重力式无阀滤池是根据滤层水头损失达到设定值自动进行冲洗的。如果滤层水头损失还未达到最大允许值而因某种原因（如出水水质不符合要求）需要提前冲洗时，可进行人工强制冲洗。强制冲洗设备是在虹吸辅助管 13 与抽气管 14 相连接的三通上部，接一根压力水管（强制冲洗管 19），并用阀门控制。当需要人工强制冲洗时，打开其阀门，高速水流便在抽气管与虹吸辅助管连接三通处产生强烈的抽气作用，使虹吸很快形成，进行强制反洗。

2. 重力式无阀滤池的设计要点

（1）虹吸管计算。在冲洗过程中，冲洗水箱内水位不断下降，反冲洗水头（水箱内水位与排水水封井堰口水位差）由最大冲洗水头 H_{max}（从出水渠 12 堰口与排水水封井 16 堰口之差）逐渐减小到最小冲洗水头 H_{min}（从虹吸破坏斗 17 上沿与排水水封井 16 堰口之差）。因此，在设计中通常以平均冲洗水头 H_a（即 H_{max} 与 H_{min} 的平均值）作为计算依据，来选定冲洗强度，称之为平均冲洗强度 q_a。由 q_a 计算所得的冲洗流量称为平均冲洗流量，以 Q_1 表示。由于滤池在冲洗时继续进水（进水流量以 Q_2 表示），因此，虹吸管中的计算流量应为平均冲洗流量与进水流量之和（$Q = Q_1 + Q_2$）。其余部分（包括连通渠、配水系统、承托层、滤料层）所通过的计算流量仍为冲洗流量 Q_1。

冲洗过程总水头损失即为水流在整个流程中（包括连通渠、配水系统、承托层、滤料

层、挡水板及虹吸管等）的水头损失之和，总水头损失为

$$\sum h = h_1 + h_2 + h_3 + h_4 + h_5 + h_6 \qquad (4.21)$$

式中　h_1——连通渠水头损失，m；

　　　　h_2——小阻力配水系统水头损失，m，其值视所选配水系统型式而定；

　　　　h_3——承托层水头损失，m；

　　　　h_4——滤料层水头损失，m；

　　　　h_5——挡板水头损失，一般取 0.05m；

　　　　h_6——虹吸管沿程和局部水头损失之和，m。

　　按平均冲洗水头和计算流量即可求得虹吸管管径。管径一般采用试算法确定：即初步选定管径，算出总水头损失 $\sum h$，当 $\sum h$ 接近 H_a 时，所选管径适合，否则重新计算。

　　在有地形可利用的情况下（如丘陵、山地），降低排水水封井堰口标高，可以增加平均冲洗水头 H_a，进而可以减小虹吸管管径，节省建设费用。

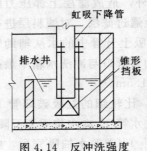

图 4.14　反冲洗强度
调节器

　　无阀滤池在实际运行过程中，由于运行条件的改变或季节的变化，往往需要调整反冲洗强度。为此，应在虹吸下降管管口处设置反冲洗强度调节器，如图 4.14 所示。反冲洗强度调节器由锥形挡板和螺杆组成，后者可使锥形挡板上、下移动改变出口开启度，从而改变出口阻力调整反冲洗强度。因此，在选择虹吸管管径时，管径应适当大些，以保证 $\sum h < H_a$ 时，其差值用于反冲洗强度调节器调节。

　　（2）冲洗水箱。重力式无阀滤池冲洗水箱与滤池整体浇制，位于滤池上部。水箱容积按冲洗一次所需水量确定：

$$V = 0.06qFt \qquad (4.22)$$

式中　q——冲洗强度，L/(s·m²)；

　　　　F——滤池面积，m²；

　　　　t——冲洗时间，min，一般取 4～6min。

　　为减少冲洗水箱内水位变化对反冲洗强度的影响，在设计时，常采用多格滤池合用一个冲洗水箱的方法，减小冲洗水箱水深，同时也可降低滤池的总高度，有利于与滤前处理构筑物在高程上的衔接，降低造价。不过，如果合用水箱的滤池数过多，会产生不正常冲洗现象。因此，规范规定：无阀滤池的分格数，宜采用 2～3 格。

　　（3）进水分配槽。进水分配槽的作用，是通过槽内堰顶溢流使各格滤池独立进水，并保持进水流量相等。分配槽堰顶标高应等于虹吸辅助管和虹吸上升管连接处的管口标高加进水管水头损失，再加 10～15cm 富余高度，以保证堰顶自由跌水。槽底标高应考虑气、水分离效果，若槽底标高较高，大量空气会随水流进入滤池，无法正常进行过滤或反洗。通常，将槽底标高降至滤池出水渠堰顶以下约 0.5m，就可以保证过滤期间空气不会进入滤池。

　　（4）U 形进水管。进水管上设置 U 形存水弯，是为防止滤池冲洗时空气经进水管进入虹吸管，破坏虹吸。为安装方便，同时也为了水封更加安全，常将存水弯底部置于水封井的水面以下。

（5）配水系统。无阀滤池采用低水头反冲洗，应采用小阻力配水系统。

无阀滤池在反冲洗时不能停止进水。这样不仅浪费水量，而且使虹吸管管径增大。为此，在实际生产中，经常做一些变形改进。最简单的方法是在进水管上加装阀门，改为单阀滤池，当反冲洗时停止进水。另一种常用的方法是加装虹吸式自动停止进水装置。

重力式无阀滤池的优点是：运行全部自动，操作管理方便；节省大型阀门，造价较低；出水面高出滤层，在过滤过程中滤料层内不会出现负水头。其主要缺点是：冲洗水箱建于滤池上部，滤池的总高度较大，出水水位较高，给水厂总体高程布置带来困难；池体结构较复杂，滤料处于封闭结构中，装卸困难。

重力式无阀滤池适用于 $1 \times 10^4 \mathrm{m}^3/\mathrm{d}$ 以下的小型水厂。单池平面积一般不大于 $16\mathrm{m}^2$，少数也有达 $25\mathrm{m}^2$ 以上的。

4.3.3　移动罩滤池

移动罩滤池是由若干滤格为一组构成的滤池，滤料层上部相互连通，滤池底部配水区也相互连通，整个滤池公用一套进水和出水系统。运行时，利用一个可移动的冲洗罩依次轮流罩在各滤格上，对其进行冲洗，其余各滤格正常过滤。反冲洗滤格所需的冲洗水由其余滤格的滤后水供应，冲洗废水利用虹吸或泵吸的方式从冲洗罩的顶部抽出。移动罩滤池因有移动冲洗罩而得名，它综合了虹吸滤池和无阀滤池的某些特点。

图 4.15 为一座由 24 格组成、双行排列的虹吸式移动罩滤池示意图。

过滤过程：待滤水由进水管 1 经穿孔配水墙 2 及消力栅 3 进入滤池，通过滤层过滤，由底部配水孔 4、配水室 5 流入钟罩式虹吸管的中心管 6。当虹吸中心管 6 内水位上升到管顶溢流时，带走虹吸管钟罩 7 和中心管 6 间的空气，达到一定真空度时，虹吸形成，滤后水便从钟罩 7 和中心管 6 间的空间流出，经出水堰 8、出水管 9 流入清水池。滤池内水面标高 Z_1 和出水堰上水位标高 Z_2 之差即为过滤水头，一般取 1.2～1.8m。

冲洗过程：当某一格滤池需要冲洗时，冲洗罩 10 由桁车 12 带动移至该滤格上面就位，并封住该格顶部，用抽气设备抽出排水虹吸管 11 中的空气，形成虹吸导通。在冲洗水头（出水堰顶水位 Z_2 和排水渠中水封井上的水位 Z_3 之差，一般取 1.0～1.2m）作用下，即开始对该滤格进行反冲洗。其余滤格的滤后水作为冲洗水，从配水室 5 经冲洗滤格的配水孔 4 进入冲洗滤格，通过承托层和滤料层后，冲洗废水由排水虹吸管 11 排入排水渠 16。当滤格数较多时，在一格滤池冲洗期间，滤池组仍可继续向清水池供水。冲洗完毕，冲洗罩移至下一滤格，再准备对下一滤格进行冲洗。

冲洗罩移动、定位和密封是滤池正常运行的关键。移动速度、停车定位和定位后密封时间等，均根据设计要求用程序控制或机电控制。借助弹性良好的橡皮翼板的贴附作用或者能够升降的罩体本身的压实作用可达到密封目的。设计中务求罩体定位准确、密封良好、控制设备安全可靠。

浮筒 13 和针形阀 14 用以控制滤速，使滤池水面基本保持不变。当滤池出水流量超过进水流量时（如滤池刚冲洗完毕投入运行时），池内水位下降，浮筒随之下降，针形阀打开，空气进入出水虹吸管钟罩 7，于是出水虹吸管真空度下降，出水流量随之减小，从而防止清洁滤池内滤速过高、出水水质恶化；当滤池出水流量小于进水流量时，池内水位上升，浮筒随之上升并促使针形阀封闭进气口，虹吸管中真空度增大，出水流量随之增大。

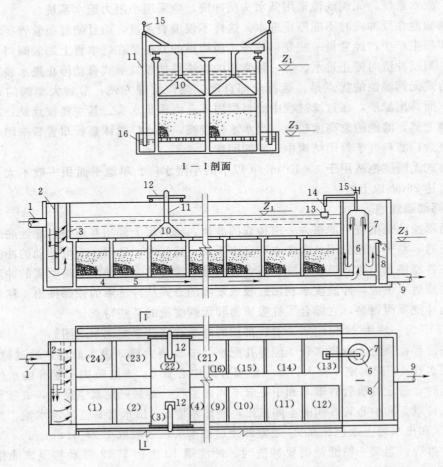

图 4.15 虹吸式移动罩滤池示意图

1—进水管；2—穿孔配水墙；3—消力栅；4—配水系统的配水孔；5—配水系统的配水室；
6—出水虹吸中心管；7—出水虹吸管钟罩；8—出水堰；9—出水井；10—冲洗罩；
11—排水虹吸管；12—桁车；13—浮筒；14—针形阀；15—抽气罐；16—排水泵

因此，浮筒总是在一定幅度内升降。

移动罩滤池的反冲洗排水装置还可以采用泵吸式，称作泵吸式移动罩滤池，如图 4.16 所示。在冲洗时，利用水泵的抽吸作用克服滤料层及沿程各部分的水头损失，不仅可以进一步降低池高，还可以利用冲洗泵的扬程，直接将冲洗废水送往絮凝沉淀池回收利用。冲洗泵多采用低扬程、吸水性能良好的水泵。

移动罩滤池的优点是：无大型阀门，管件较少；无需冲洗水泵或水塔；采用泵吸式冲洗罩时，池深较浅，造价低；滤池分格多，单格面积小，配水均匀性好；一格滤池冲洗水量小，对整个滤池出水量无明显影响，能自动连续运行。缺点是：移动罩滤池增加了机电及控制设备；自动控制和维修较复杂；与虹吸滤池一样无法排除初滤水。移动罩滤池一般较适用于大、中型水厂，以便充分发挥冲洗罩使用效率。

4.3.4 V 形滤池

V 形滤池是于 20 世纪 70 年代由法国德格雷蒙（DEGREMONT）公司设计发展起来

的一种快滤池，该滤池从两侧边进水（也可一侧进水），因滤池的进水槽设计成 V 字形，故称为 V 形滤池，其构造如图 4.17 所示。

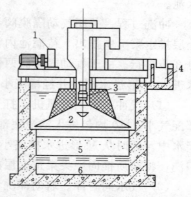

通常一组滤池由数只滤池组成。每只滤池中间设置双层中央渠道，将滤池分成左、右两格。中央渠道的上层为排水渠 7，作用是排除反冲洗废水；下层为气、水分配渠 8，其作用是过滤时收集滤后清水，冲洗时均匀分配气和水。在气、水分配渠 8 上部均匀布置一排配气小孔 10，下部均匀布置一排配水方孔 9。滤板上均匀布置长柄滤头 19，每平方米约布置 50~60 个，滤板下部是底部空间 11。在 V 形进水槽底设有一排小孔 6，既可作为过滤时进水用，又可冲洗时供横向扫洗布水用，这是 V 形滤池的一个特点。

图 4.16 泵吸式移动罩滤池示意图
1—传动装置；2—冲洗罩；3—冲洗水泵；4—排水槽；5—滤层；
6—底部积水空间

过滤过程：打开进水气动隔膜阀 1 和清水阀 16，进水总渠中的待滤水从进水气动隔膜阀 1 和方孔 2 同时进水，溢过堰口 3 再经侧孔 4 进入 V 形进水槽 5，然后待滤水通过 V 形进水槽底的小孔 6 和槽顶溢流均匀进入滤池，自上而下通过砂滤层进行过滤，滤后水经长柄滤头 19 流入底部空间 11，再经方孔 9 汇入中央气水分配渠 8 内，由清水支管流入管廊中的水封井 12，最后经出水堰 13、清水渠 14 流入清

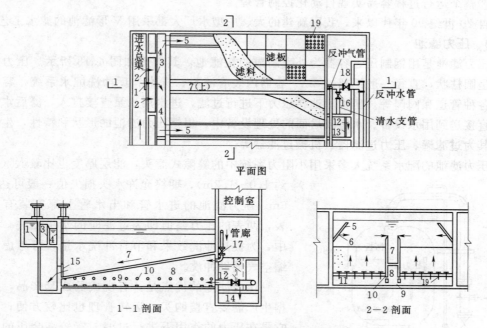

图 4.17 V 形滤池构造示意简图
1—进水气动隔膜阀；2—方孔；3—堰口；4—侧孔；5—V 形槽；6—小孔；7—排水渠；8—气、水分配渠；9—配水方孔；10—配气小孔；11—底部空间；12—水封井；13—出水堰；14—清水渠；15—排水阀；16—清水阀；17—进气阀；18—冲洗水阀；19—长柄滤头

水池。

冲洗过程：关闭气动隔膜阀 1 和清水阀 16 开启排水阀 15，滤池内浑水从中央渠道的上层排水渠 7 中排出，待滤池内浑水面与 V 形槽顶相平，即可开始冲洗操作，冲洗一般分 3 步进行。由于气动隔膜阀两侧的方孔 2 常开，在下述的冲洗过程中，始终有小股待滤水进入 V 形进水槽，并经槽底小孔 6 进入滤池。

(1) 气冲。启动鼓风机，打开进气阀 17，空气经中央渠道下层的气水分配渠 8 的上部配气小孔 10 均匀进入滤池底部，由长柄滤头 19 喷出，将滤料表面杂质擦洗下来并悬浮于水中。此时从 V 形进水槽底小孔 6 流出的待滤水，在滤池中产生横向水流，形同表面扫洗，将杂质推向中央渠道上层的排水渠 7。

(2) 气水同时冲。启动冲洗水泵，打开冲洗水阀门 18，此时空气和冲洗水同时进入气、水分配渠 8，再经方孔 9（进水）、小孔 10（进气）和长柄滤头 19 均匀进入滤池。使滤料得到进一步冲洗，同时，表面扫洗仍继续进行。

(3) 水冲。关闭进气阀 17，停止气冲，单独用水冲洗（强度大于第 2 步），加上表面扫洗，最后将悬浮于水中杂质全部冲入排水渠 7，达到冲洗目的后，关停冲洗水泵，关闭冲洗水阀 18，冲洗结束。打开气动隔膜阀 1 和清水阀 16，过滤重新开始。

V 形滤池的主要特点是：①采用较厚的均匀级配粗砂滤料层，滤速较高，含污能力大，过滤周期长，出水水质好；②采用气—水结合冲洗，再加始终存在的表面扫洗，冲洗效果好，冲洗耗水量大大减少，而且冲洗强度较小，滤料层不膨胀，不会产生水力筛分现象；③整个运行过程容易实现自动化控制管理。

自 20 世纪 90 年代以来，我国新建的大、中型水厂大都采用 V 形滤池的滤水工艺。

4.3.5 压力滤池

压力滤池是用钢制压力容器为外壳制成的快滤池，其构造如图 4.18 所示。压力滤池外形呈圆柱状，直径一般不超过 3m。容器内装有滤料、进水和反冲洗配水系统，容器外设置各种管道和阀门等。压力滤池在压力下进行过滤，进水用水泵直接打入，滤后水常借压力直接送到用水设备、水塔或后面的处理设备中。根据压力滤池的形状和特性，生产中常称其为过滤罐、压力过滤器、机械过滤器等。

压力滤池的配水系统大多采用小阻力系统中的缝隙式滤头，滤层厚度也比较大（一般约 1.0～1.2m），期终允许水头损失值一般可达 5～6m。压力滤池的进水管和出水管上都安装有压力表，两表的压力差值即为过滤时的水头损失。运行中，为提高冲洗效果和节省冲洗水量，可考虑用压缩空气辅助冲洗。

压力滤池的优点是：有现成的成套产品，可根据生产需要直接购买，运转管理也比较方便；由于它是在压力的作用下进行过滤，有较高余压的滤后水被直接送到用水点，可省去清水泵站。其缺点是耗用钢材多，滤料进出不方便。

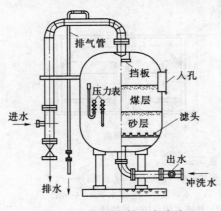

图 4.18 双层滤料压力滤池

压力滤池常在工业给水处理中与离子交换器串

联使用，也可作为临时性给水使用。

4.4 污（废）水的过滤处理

过滤处理在污（废）水处理中的应用主要有两方面：一是捕集回收混浊污（废）水中的悬浮或胶体物质，或作为其他处理方法的预处理；二是用于污（废）水二级处理后的深度处理，满足回用水的要求。

用于给水处理工程中的各种类型滤池几乎都可以用于污（废）水处理。但由于污（废）水与给水的性质差别，污（废）水过滤有其自身的特点。除了前面讲述的粒状滤料过滤外，以机械筛滤作用为主的多孔介质过滤在污（废）水处理中应用也非常普遍。

4.4.1 颗粒材料过滤

在污（废）水处理中，粒状滤料过滤，主要用于经混凝或生物处理后低浓度悬浮物的去除，同时对水中的 BOD 和 COD 等也有一定的去除效果。

由于污（废）水成分复杂，悬浮物浓度高、粘度大、易堵塞，在滤池设计中应注意以下几点：

（1）滤料粒径应大些，以增加滤层含污能力，延长过滤周期；耐腐蚀性应强，避免因腐蚀而需要经常更换滤料；机械强度要好，以满足高强度水反冲洗时颗粒不破碎的需要；同时，滤料要价廉。采用石英砂滤料时，粒径可取 0.5～2.0mm。

（2）在工艺上，宜采用"反粒度"过滤，如上向流、双层和三层滤料、均匀滤料滤池，尽量提高滤池截污量、延长过滤周期。

（3）污（废）水过滤容易在滤料层表面形成一层不易清洗的滤膜，为加强冲洗效果，宜采用气水反冲洗，附加表面冲洗，同时冲洗强度适当加大。

对于悬浮物浓度较低的污（废）水，可采用前述的压力滤池、V 形滤池等；对于悬浮物浓度比较高的污（废）水，为适应滤池频繁冲洗要求，可采用连续流过滤池和脉冲过滤池。

连续流滤池是将滤层过滤和滤料的冲洗在空间上分开，在滤料层连续不停滤水的同时，将脏滤料转移到滤料冲洗装置清洗，洗净的滤料再回到滤料层参与过滤。水力驱动的隔膜式移动床滤池就是一种连续流滤池，其构造如图 4.19 所示。工作原理如下：

废水由进水管 1 进入滤池，出水由滤床下部集水管 2 流出。当水力驱动的隔膜 3 向上鼓动时，推动整个滤层 4 逆水流方向移动，池表面的脏砂被推出滤层，落入砂斗 6，再送到洗砂装置 5，进行反冲洗。当隔膜还至原位时，滤层

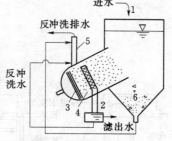

图 4.19　移动床滤池示意图
1—进水管；2—集水管；3—隔膜；
4—滤料；5—洗砂装置；6—砂斗

下部出现空容积，洗净的砂便从洗砂装置 5 落入滤池下部，如此循环，可以连续进行过滤。

脉冲滤池是一种半连续产水的滤池。其设计思路是：过滤开始后，污水中的大量杂质集中在滤料表层，形成"泥膜"，导致水头损失的急剧增加，池内的水面上升。而此时下

部大部分滤料还未发挥作用,如果继续下去,水头损失很快就会达到极限,或"泥膜"产生裂缝,水中杂质颗粒穿透滤层使出水恶化,被迫进行反冲洗。此时开启脉冲搅动,松动上层滤料,破坏"泥膜",使比较集中的杂质颗粒扩散开来,降低水头损失,继续过滤。池内的水面再次上升后,重复进行脉冲搅动,直到水头损失达到极限,再进行反冲洗,从而可延长过滤周期。

4.4.2　多孔介质过滤

在污(废)水处理中应用较多的多孔介质过滤是筛网。

筛网在国外的工业废水与城市污水处理中应用非常广泛,国内则多用于纺织、造纸、化纤等类的工业废水处理。近年来,在国内城市污水处理中,为了有效地拦截纤维状污染物,也越来越多地使用筛网。

采用筛网的优点主要有:可截留格栅不能去除的纤维状污染物,从而减少后续设备的维护工作量;可截留大颗粒的有机污染物,从而减小初次沉淀池的污泥量。同时,还可使后续处理中的污泥更为均质,更容易处理。不过,由于筛网过水能力较低,为避免网前壅水,必须并联设置多个筛网。

筛网的规格、种类很多,命名方法也不统一。也有人根据其产品的具体用途,将产品称为捞毛机、毛发捕集器等,在水处理行业,还常将筛孔尺寸小于 0.2mm 的筛网,称为微滤机。一般大致按网眼尺寸分为粗筛网(≥1mm)、中筛网(1～0.05mm)和微筛网(≤0.05mm)3 类。城市污水处理中,常采用粗、中筛网。按运行方式分类,筛网可分为固定式和旋转式两种。其中,旋转式筛网按筛网形状又可分为转鼓式、回转式和带式等。

固定式曲面筛网如图 4.20 所示,其筛面一般由上而下分 3 种倾角,逐渐变缓安置,网眼尺寸一般为 0.25～1.5mm,污水从上向下流过筛网曲面,并穿过筛网流出,网渣则沿曲面下滑落入输送管或收集容器中。固定筛网用于城市污水时,水力负荷每米筛网宽为 35～150m³/h,去除 5%～25% 的悬浮物,网渣量为 0.2～0.4m³/10³m³ 污水,水头损失为 1.2～2.2m。为消除油脂堵塞,常用热水或蒸汽定期清洗。

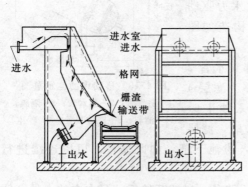

图 4.20　固定曲面筛网示意图

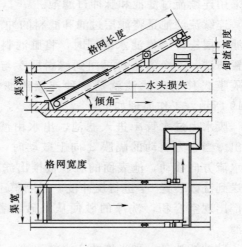

图 4.21　旋转带式筛网示意图

旋转带式筛网构造简单，通常倾斜设置在污水渠上，自下而上旋转，通过冲洗或刮渣设备清除网渣，如图 4.21 所示。

近些年，滤网设备发展比较快，陆续出现了很多新产品。使用单位只需根据生产需要，按生产厂家的产品说明选用即可。

思 考 题 与 习 题

1. 试述快滤池的过滤机理。

2. 什么是"负水头"现象？负水头对过滤和反冲洗造成的危害是什么？避免滤层中出现"负水头"的措施是什么？

3. 什么是滤料"有效粒径"和"不均匀系数"？不均匀系数过大对过滤和反冲洗有何影响？

4. 滤料的承托层有何作用？粒径级配和厚度如何考虑？

5. 大阻力配水系统和小阻力配水系统的基本原理各是什么？两者各有何优缺点？

6. 高速水流反冲洗的原理是什么？反冲洗强度和滤层膨胀度之间关系如何？试分析反冲洗强度对反冲洗效果的影响。

7. 何谓 V 形滤池？其主要特点是什么？

8. 简要地综合评述普通快滤池、虹吸滤池、无阀滤池、移动罩滤池及 V 形滤池的主要优缺点和适用条件。

9. 取某天然河砂砂样 200g，筛分试验结果见下表，根据设计要求：$d_{10} = 0.54$mm，$K_{80} = 2.0$。试问筛选这批滤料时，共需筛除百分之几天然砂粒？

筛 孔	留在筛上的砂量		通过该号筛的砂量	
(mm)	质 量 (g)	%	质 量 (g)	%
2.362	0.8			
1.651	18.4			
0.991	40.6			
0.589	85.0			
0.246	43.4			
0.208	9.2			
筛底盘	2.6			
合 计	200.0			

10. 设计一组虹吸滤池，初选设计滤速 $v = 6$m/h，格数 $n = 6$ 格。根据室外给水设计规范规定，若要求冲洗强度应达到 15L/（s·m²）。求：

(1) 该设计是否符合要求？（通过计算说明）

(2) 若不符合要求，应如何调整设计？

11. 现需建一座供水量 60000m³/d 的水厂，试设计其快滤池。

第5章 水 的 消 毒

内容概述

本章系统地讲解了消毒的目的和种类，重点讲解氯消毒的方法原理、投加量和加氯设备，介绍目前几种常见的消毒方法。

学习目标

(1) 理解饮用水及污（废）水消毒的目的和方法，氯瓶的应用要求及加氯间的设置原则，其他消毒法的原理及特点。

(2) 掌握氯消毒原理，加氯实验曲线及工程中的应用。

5.1 消毒目的和方法

生活污水、医院污水以及某些工业污水中，除含大量细菌外，还受到病原微生物的污染。当这些污水排放到天然水体后，天然水就会受到的污染。另外，天然水本身也会由于自身滋生而含有多种微生物。因此，无论是出于健康安全用水为目的的给水处理，还是出于保护水环境或回收利用为目的的污水处理，都必须去除水中这些有害的微生物。水中的微生物大都粘附在悬浮颗粒上，混凝沉淀和过滤在去除悬浮物、降低浊度的同时，能除去不少细菌和其他微生物，但不能保证把所有的病原微生物全部根绝。因此，无论是给水处理或是污水处理都应进行消毒处理，这在 GB50013—2006《室外给水设计规范》和 GB50014—2006《室外排水设计规范》中都有体现。

消毒的目的就是要杀灭水中的病原微生物，保护公用水体。但应该指出，不应把消毒与灭菌混淆，消毒是对有害的病原微生物的杀灭过程，而灭菌是杀灭或去除一切活的细菌或其他微生物以及它们的芽孢。在日常水处理中，没有必要达到灭菌的程度。

消毒的方法有很多种，根据其消毒机理，可归纳为物理法消毒与化学法消毒两大类。

物理法消毒是应用热、光、辐射等能量直接杀死微生物，实现消毒作用的方法。可采用的物理消毒方法有：加热消毒、紫外线消毒、辐射消毒、高压静电消毒以及微电解消毒等方法。

化学法消毒是通过向水中投加化学消毒剂，使微生物因机体成分变性而死亡，从而达到消毒的目的。说通俗点，就是利用化学试剂毒杀微生物。化学消毒剂大多是强氧化剂，剂量大时对人也有伤害，在使用时应注意剂量的控制。常用的消毒剂有：液氯、氯胺、漂白粉、次氯酸钠、臭氧等。近几年还有人提出用高铁酸盐净化处理方法，同时兼有絮凝和消毒作用。

目前，在给水消毒处理中，用得最多的还是液氯消毒，此外还有氯胺消毒、二氧化氯消毒、臭氧消毒及紫外线消毒，或几种方法的组合。在污水消毒处理中，主要采用二氧化氯消毒、液氯、消毒紫外线消毒等。

5.2 物理法消毒

5.2.1 加热消毒

加热消毒很多行业都有所应用，而且已经有很长的应用历史。人们把自来水煮沸后饮用，早已成为常识，同时也是一种有效而实用的饮用水消毒方法。但是如果把此法应用于大规模的城市供水或污水消毒处理，则费用高，很不经济，因此，这种消毒方法仅适用于特殊场合很少量水的消毒处理。

5.2.2 紫外线消毒

紫外线消毒是利用紫外灯管提供紫外线对水进行照射，紫外线的光能可破坏水中细菌的核酸结构，从而将细菌杀死，对病毒也有致死作用。紫外线消毒效果与其波长有关。当紫外线波长为 $200\sim295nm$，有明显的杀菌作用，波长为 $260\sim265nm$ 的紫外线杀菌力最强。

由于水中的悬浮物对光线有吸附或反射作用，因此，利用紫外线消毒时，要求水的色度、悬浮物含量都比较低，且水层较浅。当浊度不小于 5 度、色度不小于 10^{-5} 时，要先进行预处理。否则，消毒效果会受影响。另外，水中的有机物含量比较高时，也会吸收紫外线，从而影响消毒效果。

常用的消毒设备由浸入式和水平式两种。浸入式是将灯管浸入于水中，其辐射能量利用率高，消毒效果好，但结构复杂；水平式结构简单，使用方便，但消毒效果不如前者。

紫外线消毒杀菌速度快，管理操作方便，处理后的水无色无味。但要求预处理程度高，处理水的水层薄，耗电量大，成本高，没有持续的消毒作用。主要用于小水量的消毒处理。

5.2.3 辐射消毒

辐射是利用高能射线（电子射线、γ 射线、X 射线、β 射线等）照射待处理水，杀死其中的微生物，从而达到灭菌消毒的目的。由于射线有较强的穿透能力，可瞬时完成灭菌作用，一般情况下不受温度、压力和 pH 值等因素的影响，效果稳定。通过控制照射剂量，还可以有选择地杀死微生物。因此，对于受到生物污染的水，尤其是医院排放的含有大量致病微生物的污水，使用辐射消毒法非常方便有效。

辐射消毒法的一次投资大，而且还要用到辐射源，有一定的风险，必须注意有严格的安全防护设施，完善的操作管理。

除上述消毒方法外，人们还在探索研究高压静电消毒、微电解消毒、微波消毒等消毒方法在水处理中应用。

总的来说，物理消毒法方便快捷，对消毒后的水质没有影响，单从水处理的角度来讲，非常理想。但其费用较高，在应用上有一定的局限性，因此，在大规模水处理中应用较多的消毒方法还是化学消毒。

5.3 化学法消毒

化学消毒的消毒效果，首先取决于消毒剂的性能，不同消毒剂的灭菌能力相差很大，应选择性能稳定的高效消毒剂。其次，消毒效果（K）还与消毒时使用消毒剂的剂量（C），以及接触时间（t）密切相关，其关系一般可表示为

$$K \propto C^n t \, (n > 0) \tag{5.1}$$

因此，对于同种消毒剂，如果消毒剂和水有较长的接触时间，可适当降低消毒剂的剂量，否则，就需要提高消毒剂的剂量，以保证消毒效果。

5.3.1 氯消毒

氯是工业上主要的消毒剂。在常态下，氯是有刺激气味、有毒的黄绿色气体，密度比空气大，商品氯通常以液氯钢瓶供应。液氯为琥珀色，约为水重的 1.44 倍。

1. 氯消毒原理

氯能够微溶于水，溶于水后立即发生水解反应如下：

$$Cl_2 + H_2O \Longleftrightarrow HClO + HCl$$

次氯酸 HClO 是一种弱酸。又进而在瞬间离解为 H^+ 和 ClO^-，并达到平衡：

$$HClO \Longleftrightarrow H^+ + ClO^-$$

Cl_2、HClO 和 ClO^- 均具有氧化能力，都有杀菌作用，统称游离有效氯（或自由氯）。其中起主要消毒作用的一般认为是 HClO。因为水中 Cl_2 的含量很少而且氧化能力相对较弱，而 HClO 的杀菌能力又比 ClO^- 强得多，大约要高出 70~80 倍以上。HClO 的杀菌能力比 ClO^- 强的原因是：尽管两者的氧化能力都比较强，但 HClO 系中性分子，可以扩散到带负电的细菌表面，并穿过细胞膜渗入细菌体内，利用氯原子的氧化作用破坏细菌体内的酶而使细菌死亡；而 ClO^- 则带负电，难于靠近带负电的细菌，所以虽有氧化作用，也较难起到消毒作用。

水中 HClO 和 ClO^- 所占的比例随水温及溶液中 pH 值而变化。其关系如图 5.1 所示。从图中可以看出：当 pH 值大于 8.5 时，80%以上的游离氯以 ClO^- 存在；而 pH 值小于 7 时，80%以上呈 HClO 形式存在。由于 HClO 消毒能力比 ClO^- 要强多得，因此控制较低的 pH 值有利于消毒操作。生产实践也印证了这一结论。

天然水中通常都会或多或少地含有氨氮，尤其是被有机物污染的水中氨氮的含量更高。

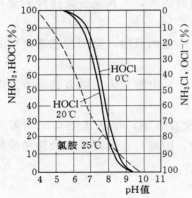

图 5.1　在不同 pH 值和水温下，
HClO 与 ClO^-（NH_2Cl 与
$NHCl_2$）所占的比例

当水中有氨存在时，氯和次氯酸极易与氨化合成各种氯胺。

$$NH_3 + HClO \longrightarrow NH_2Cl + H_2O$$
$$NH_2Cl + HClO \longrightarrow NHCl_2 + H_2O$$
$$NHCl_2 + HClO \longrightarrow NCl_3 + H_2O$$

NH_2Cl、$NHCl_2$ 和 NCl_3 分别称为一氯胺、二氯胺和三氯胺（三氯化氮）。各种氯胺生成的比例与水中氯与氨的相对浓度、水的 pH 值以及温度有密切关系。其中，NCl_3 要在 pH 值低于 4.5 时才产生，在一般自来水中不大可能形成；当水的 pH 值在 5~9 之间时，NH_2Cl 与 $NHCl_2$ 同时存在，但 pH 低时，$NHCl_2$ 较多。如图 5.1 所示。

各种氯胺也具有杀菌能力，其消毒作用是由于氯胺缓慢水解生成次氯酸，然后由次氯酸起消毒作用。显然，氯胺的杀菌作用比较缓慢，需要较长的接触时间。在氯胺当中，通常 $NHCl_2$ 的杀菌能力比 NH_2Cl 强，因此，在相同条件下，降低 pH 值，可以相对提高 $NHCl_2$ 含量，有利于消毒。通常将与氨或其他有机氮反应，以各种氯胺形式存在于水中的氯，称为化合有效氯（或结合氯）。

各种氯都具有氧化性，如果水中有还原性物质或其他有机物，则这些物质都会与其发生反应，从而消耗掉部分消毒剂，影响消毒效果。应注意控制加氯量。

2. 加氯量的确定

加氯量应满足两个方面的要求：一是用于消毒过程中，灭活微生物、氧化有机物和还原性物质，在规定的时间内达到指定的消毒指标；二是消毒后的出水中要保持一定的剩余氯，抑制消毒过程未杀死的致病菌复活。通常把满足上述两方面要求而投加的氯量分别称为需氯量和余氯量。因此，用于氯消毒的加氯量应是需氯量与余氯量之和。不同水质所需的加氯量差别很大，应根据水处理的目的、性质和相关的标准、规范要求，通过试验确定实际需要的加氯量。

我国的生活饮用水卫生标准规定，加氯接触 30min 后，游离性余氯不应低于 0.3mg/L，管网末梢水的游离性余氯不应低于 0.05mg/L。对于各种污水的消毒，其相应的标准、规范中一般也有对应的控制指标。

确定加氯量的试验方法是：在相同水质的一组水样中，分别投加不同剂量的氯或漂白粉，经一定接触时间（15～30min）后，分别测定水中的余氯量，绘制余氯量与加氯量的关系曲线（称需氯量曲线），如图 5.2 所示。

如果水中无微生物，也无有机物和还原物，则不消耗氯，需氯量为零，加氯量等于余氯量，如图 5.2 中的虚线（该线与坐标轴的夹角为 45°）。

如果水中有少量微生物和有机物，则氧化有机物和杀死微生物要消耗一定量的氯，即需氯量。当加氯量大于需氯量 OA 后，就会出现余氯，如图 5.2 中的实线。如果水中没有氨或氮的化合物，则图 5.2 中的

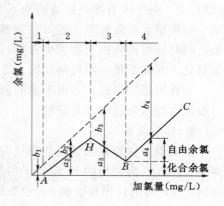

图 5.2 需氯量曲线

实线形状比较简单，将是一条沿 AH 方向顺势延伸的近似直线，该线与横坐标夹角小于45°，因为氯与有机物的氧化或自身见光分解速度会随着氯浓度的增加而加快，从而多消耗一些氯，同一加氯量下，虚线与实线的纵坐标差（b）代表水中微生物和杂质的耗氯量。

图 5.2 中所绘的弯曲多边实线表示的是水中既有微生物、有机物，而且又有氨或氮的化合物的复杂情况。通常可把实线分成 4 个区：

在 1 区（OA）内，氯先与水中所含的还原性物质（如 NO_2^-、Fe^{2+}、S^{2-} 等）反应，余氯量为 0，在此过程中虽然也会杀死一些细菌，但消毒效果不可靠。

在 2 区（AH）内，投加的氯基本上都与氨化合成氯胺，以化合性余氯存在，有一定的消毒效果。

109

在 3 区（HB）内仍然是化合性余氯，但由于加氯量较大，部分氯胺与氯反应变成没有消毒作用的 N_2O、N_2 或 HCl，化合性余氯量反而逐渐减少，直至降到折点 B。折点 B 以前的余氯全都是化合性余氯，没有游离性余氯。

折点 B 以后即进入 4 区，此时已经没有消耗氯的杂质了，再增加余氯量完全以游离性余氯存在，实线与虚线平行。这一区内既有化合性余氯，又有游离性余氯，消毒效果最好。

按超过曲线上折点 B 的需氯量来加氯时，常称为折点加氯。

根据需氯量曲线确定加氯量，应考虑生产实际情况。当原水中游离氨在 0.3mg/L 以下时，通常采用折点加氯；当原水中游离氨在 0.5mg/L 以上时，峰点以前的化合余氯量已足够消毒，通常投氯量控制在峰点以前，以节约加氯量；当原水中游离氨在 0.3～0.5mg/L 范围内时，投氯量不好掌握，应多做小型实验，找出最佳加氯量。

当无实测资料时，加氯量可参照如下数值，一般的地面水经混凝沉淀过滤后或清洁的地下水，加氯量可采用 1.0～1.5mg/L；一般的地面水经混凝沉淀而未经过滤时，可采用 1.5～2.5mg/L；一级处理后的生活污水采用 20～30mg/L；二级处理后的生活污水采用 8～15mg/L。

3. 加氯点

一般采用滤后加氯，具体部位可以是滤池出口、清水池进口，或二者之间的连接管（渠）上。对于没有净化设备的地下水，可在泵前或泵后投加。

如果原水水质较差，还可在投加混凝剂的同时加氯，用以氧化有机物，提高混凝效果，同时还可预防构筑物滋生青苔，延长氯胺消毒的接触时间，这种做法称为滤前氯化或预氯化。其加氯量一般控制在图 5.2 的 AH 段。

当管网延伸很长，管网末梢的余氯难以保证时，需要在管网中途补充加氯。其加氯点一般设在加压泵或水库泵站内。

4. 加氯设备

加氯设备主要是加氯机和氯气钢瓶。国内最常用的加氯机有转子加氯机和真空加氯机两种。图 5.3 为常用的 ZJ 型转子加氯机。其工作原理是：来自氯瓶的氯气首先进入旋风分离器 1，再通过弹簧膜阀 2、控制阀 3、转子流量计 4，进入中转玻璃罩 5，经水射器 7 抽吸与压力水混合，溶解于水中被送至加氯点。

各部分作用如下：

（1）旋风分离器：用于分离氯气中可能存在的悬浮杂质，如铁锈、油污等，其底部有旋塞可定期打开以清除杂质。

（2）弹簧膜阀：系减压阀门，能保证氯瓶内安全压力大于 0.1MPa，如小于此压力，该阀即自动关闭，并起到稳压作用。

（3）控制阀和转子流量计：用来控制和测定加氯量。

（4）中转玻璃罩：用以观察加氯机的工作情

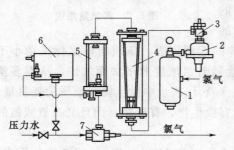

图 5.3 ZJ 型转子加氯机
1—旋风分离器；2—弹簧膜阀；3—控制阀；
4—转子流量计；5—中转玻璃罩；
6—平衡水箱；7—水射器

况，同时起稳定加氯量、防止压力水倒流和当水源中断时破坏罩内真空的作用。

（5）平衡水箱：可以补充和稳定中转玻璃罩内水量，当水流中断时自动暴露单向阀口，吸入空气使中转玻璃罩真空破坏。

（6）水射器：从中转玻璃罩内抽吸所需的氯，使其与水混合并溶解，同时使玻璃罩内保持负压状态。

加氯机的具体操作方法，应按产品使用说明书的规定进行操作。

因氯气有毒，氯的运输、贮存及使用应特别谨慎小心，保持良好通风，并备有检修及抢救设备，以确保安全。关于加氯设备安放使用、加氯间、氯库等的具体要求，在GB50013—2006《室外给水设计规范》中都有详细要求，在此不再赘述。

5.3.2 氯胺消毒

前面已经讲过，氯胺消毒作用缓慢，杀菌能力比游离氯弱。但氯胺消毒的优点是：当水中含有有机物和酚时，氯胺消毒不会产生氯臭和氯酚臭，同时大大减少 THMs 产生的可能；能保持水中余氯较久，适用于供水管网较长的情况。因此，可人为地往水中加一些氨，配合氯消毒，使其生成适量的氯胺作为辅助消毒剂，以抑制管网中细菌再繁殖。

人工投加的氨可以是液氨、硫酸铵或氯化铵。硫酸铵或氯化铵应先配成溶液，然后再投加到水中。液氨的投加方法与液氯相似。

氯和氨的投加量视水质不同而有不同比例，一般采用氯：氨＝3：1～6：1。如果以防止氯臭为主要目的，氯和氨之比可小些；当以杀菌和维持余氯为主要目的时，氯和氨之比应大些。

采用氯胺消毒时，一般先加氨，待其与水充分混合后再加氯，这样可减少氯臭。特别当水中含酚时，这种投加顺序可避免产生氯酚恶臭。但当管网较长，主要目的是为了维持余氯较为持久，可先对进厂水加氯消毒，出厂水加氨减臭并稳定余氯。

5.3.3 漂白粉消毒

漂白粉由氯气和石灰加工而成，是一个主要有次氯酸钙、氯化钙和组成的混合物，通常用式子 $Ca(ClO)_2$ 简单地表示其组成，有效氯约 30%。漂白精是对漂白粉进行提纯，去除没有消毒作用的杂质，只留有效成分次氯酸钙所制得的产品，其分子式为 $Ca(ClO)_2$，有效氯可达 60% 左右。两者均为白色粉末，有氯的气味，易受光、热和潮气作用而分解使有效氯降低，故必须放在阴凉干燥和通风良好的地方。二者的消毒机理相同，都是其中的有效成分——次氯酸钙与水反应，生成次氯酸，从而具有消毒作用，其反应如下：

$$Ca(ClO)_2 + H_2O \longrightarrow HClO + Ca(ClO)_2$$

漂白粉需配成溶液投加，溶解时先调成糊状物，然后再加水配成浓度为 1.0%～2.0%（以有效氯计）的溶液。如果投加在滤后水中，则水溶液必须经过约 4～24h 澄清，以免杂质带进清水中；如果是投加到浑水中，则配制后可立即使用。

漂白粉消毒一般用于小水厂或临时性使用。

5.3.4 次氯酸钠消毒

次氯酸钠（NaClO）一般是用电解食盐水的方法制得，反应如下：

$$NaCl + H_2O \longrightarrow NaClO + H_2$$

次氯酸钠也是强氧化剂和消毒剂，但消毒效果不如氯强。次氯酸钠消毒机理与次氯酸钙类似。

由于次氯酸钠容易分解，通常采用次氯酸钠发生器现场制取，就地投加，不宜贮运。次氯酸钠消毒通常用于小型水厂。

5.3.5　二氧化氯消毒

二氧化氯与氯很相似，都是有刺激性气味的黄绿色气体，但是二氧化氯易溶于水，其溶解度是氯气的 5 倍，随其浓度增加二氧化氯水溶液的颜色由黄绿色转成橙色。

二氧化氯在水溶液中以气体分子存在，不发生水解反应。因此，二氧化氯一般只起氧化作用，不起氯化作用，它与水中杂质形成的三氯甲烷等比氯消毒要少得多。二氧化氯也不与氨作用，pH 值在 6~10 范围内的杀菌效率几乎不受 pH 值的影响。

二氧化氯是中性分子，对细菌的吸附和穿透能力都比较强，因此，对细菌有很强的灭活能力。其消毒能力次于臭氧，但高于氯。与臭氧比较，它又有剩余消毒效果。另外，二氧化氯还有很强的除酚能力。

二氧化氯易挥发，稍一曝气即可从水中溢出。气态和液态的二氧化氯还易爆炸，因此，二氧化氯消毒通常采用现场制备。其制备方法有多种，比较普遍的是用亚氯酸钠和氯反应制取：

$$NaClO_2 + Cl_2 \longrightarrow ClO_2 + NaCl$$

由于亚氯酸钠较贵，且二氧化氯生产出来即须应用，不能贮存，所以只有水源严重污染而一般氯消毒有困难时，才采用二氧化氯消毒。

5.3.6　臭氧法消毒

臭氧有三个氧原子组成，在常温常压下，是一种淡蓝色的具有刺激性气味的气体。臭氧极不稳定，分解时放出新生态氧：

$$O_3 \longrightarrow O_2 + [O]$$

新生态氧 [O] 具有强氧化能力，对具有顽强抵抗力的微生物如病毒、芽子饱等有强大的杀伤力。臭氧具有很强的氧化能力，仅次于氟，约是氯的两倍。因此，臭氧的消毒能力比氯更强。臭氧消毒法的特点是：消毒效率高，速度快，几乎对所有的细菌、病毒、芽孢都是有效的；同时能有效地降解水中残留有机物、色、味等；pH 值、温度对消毒效果影响很小。

臭氧是空气中的氧通过高压放电产生的。制造臭氧的空气必须先进行净化和干燥，以提高臭氧发生器效率并减少腐蚀。

臭氧消毒历史已久，欧洲国家用得较多。但是，臭氧不稳定，用它消毒，在水中很容易消失，不能保持持久的杀菌能力。故在臭氧消毒后，往往需要投加少量氯，以维持水中一定的余氯量。另外，臭氧消毒法的设备投资大，电耗大，成本高，设备管理较复杂。因此，一般主要用于对出水水质要求较高的水处理场合。

当臭氧用于消毒过滤水时，其投加量一般不大于 1mg/L，如用于去色和除臭味，则可增加至 4~5mg/L。一般说，如维持剩余臭氧量为 0.4mg/L，接触时间为 15min，可得到良好的消毒效果，包括杀灭病毒。

思 考 题 与 习 题

1. 消毒的目的是什么？

2. 目前水的消毒方法有哪几种？简要评述各种消毒方法的特点及适用情况。

3. 叙述氯消毒的原理。氨对氯消毒有何影响？pH 值对消毒效果有何影响？

4. 什么是折点加氯？折点加氯有何利弊？

5. 什么是余氯？余氯有哪几种？余氯的作用是什么？

6. 废水消毒的加氯量应如何考虑？目前城市污水厂是否都建有消毒设备？

7. 某污水在 20℃时的需氯量试验结果如下表：

(1) 绘制需氯量曲线；

(2) 指出达到折点时的加氯量；

(3) 指出在加氯量为 1.20mg/L 时的需氯量。

加氯量 （mg/L）	余氯量（mg/L）， 接触时间 15min	加氯量 （mg/L）	余氯量（mg/L）， 接触时间 15min
0.20	0.19	1.00	0.20
0.40	0.37	1.20	0.40
0.60	0.51	1.40	0.60
0.80	0.50	1.60	0.80

第6章　水的好氧生物处理

内容概述

本章主要介绍活性污泥法和生物膜法两种好氧生物处理法的机理、类型、工艺流程、构造及设计计算。同时对其他好氧生物处理方法的机理、类型、构造等也作了概要介绍。

学习目标

（1）了解生物处理法及分类，氧化沟的工作原理、类型、特征、设计计算，了解生物转盘、生物接触氧化池及生物流化床的净化机理、工艺特征、构造特点，塔式生物滤池的构造、工艺特征及设计计算方法，生物脱氮除磷技术原理、主要工艺流程及特点。

（2）理解活性污泥的净化过程、底物降解规律、微生物生长规律，曝气的作用、方法及曝气设备的种类，曝气池的构造特点、布置要求及设计计算方法。

（3）掌握活性污泥法的工艺流程及特点，活性污泥的概念、物质组成及评价指标，活性污泥处理系统的运行管理及工艺设计计算，生物膜法的净化机理及其种类与各自特征，高负荷生物滤池的构造、工艺特征、流程系统及设计计算。

在自然界中，存在着大量依靠有机物生活的微生物。它们不但能分解氧化一般的有机物并将其转化为稳定的化合物，而且还能转化有毒的有机物。实际上，在工业废水的无害化过程中，不但利用微生物处理有机毒物，如醛、酚、腈等，并用于处理由微生物营养元素构成的无机毒物，如氰化物、硫化物等。这些物质本身对微生物有毒害作用，但组成这些物质的元素，有些是微生物营养所需，因此它们对微生物具有两重性，通过浓度的控制，毒物可以成为养料。

水的生物处理技术是现代生物工程的一个重要组成部分。

所谓水的生物处理技术，就是利用自然界已存在的微生物分解代谢水中有机物的生理功能进行一定的人工强化，创造有利于微生物生长繁殖的良好环境，使微生物大量增殖，以提高其分解氧化有机物效率的一种废水处理方法。水的生物处理技术，根据参与代谢主要微生物种群的不同，可分为好氧生物处理和厌氧生物处理两大类。好氧生物处理的进行需要有氧的供应，而厌氧生物处理则保证无氧的环境。由于好氧处理效率高，使用比较广泛。

常用的人工好氧处理技术，则可分为活性污泥法和生物膜法两种。活性污泥法是水体自净的人工强化，是使微生物群体在反应器（曝气池）内呈悬浮状，并与废水接触而使之净化的方法，又称悬浮生长法；生物膜法是土壤自净的人工强化，是使微生物群体附着在其他物体表面上呈膜状，并让它和废水接触而使之净化的方法。

水的生物处理技术主要用来去除废水中呈溶解的和胶体的有机性污染物；悬浮物质则可用沉淀等方法加以去除。

6.1 活性污泥法

活性污泥法于 1914 年由 Ardern 和 Lockett 在英国曼彻斯特创建成试验厂，是利用河流自净原理的人工强化高效的污水处理工艺，已有将近 90 年的历史。随着在实际生产上的广泛应用和技术的不断革新改进，活性污泥法在生物学、反应动力学理论、在工艺方面都得到了长足地发展，出现了多种能够适应各种条件的工艺流程，成为生活污水、城市污水以及有机工业废水的主体处理技术。在当前污水处理技术领域中，活性污泥法是应用最为广泛的技术之一。

6.1.1 基本概念

6.1.1.1 活性污泥及其组成

1. 什么是活性污泥

我们可以先通过实验来认识什么是活性污泥。正如当初它被人们发现时一样：向生活污水中注入空气进行曝气，以维持水中有足够的溶解氧，并持续一段时间之后，污水中能生成一种絮凝体（外形上同混凝沉淀时产生的矾花十分相似，但颜色不同），这种絮凝体易于沉淀分离，并使污水得到净化、澄清。这种充满微生物的絮状泥粒就叫做活性污泥。

2. 活性污泥的形态与组成

（1）形态。活性污泥法是以活性污泥为主体的污水生物处理技术。污水曝气以后，形成一种黄褐色的生物絮凝体（0.02～0.2mm），这种絮凝体——活性污泥由大量繁殖的微生物群体所构成，其具有强大的生命力和降解水中有机物的能力。活性污泥在外观上呈黄褐色的絮绒颗粒状，颜色因污水的水质不同，深浅也有所不同。活性污泥的比表面积为 20～100cm²/mL，含水率为 99% 以上，比重介于 1.002～1.006 之间，比水略重。

（2）组成。活性污泥由 4 部分物质组成：①具有代谢功能的活性微生物群体（Ma）；②微生物（主要是细菌）内源代谢、自身氧化的残留物（Me）；③吸附在活性污泥上不能为生物所降解的有机物（Mi）；④由污水挟入的无机物质（Mii）。

3. 活性污泥中的微生物及其作用

活性污泥的净化功能主要取决于栖息在活性污泥上的微生物。活性污泥中的微生物群体主要以好氧细菌为主，此外，活性污泥上也存活着真菌、原生动物和后生动物等。原生动物摄取细菌，后生动物则摄取细菌和原生动物。活性污泥中的有机物、细菌、原生动物、后生动物组成了一个小型的、相对稳定的生态系统和食物链，如图 6.1 所示。

细菌是微生物的主要组成部分，但活性污泥中哪些种属的细菌占优势，要看污水中所含有机物的成分。例如，含蛋白质的污水有利于产碱杆菌属和芽孢杆菌属，而含糖类污水或烃类污水则有利于假单胞菌属的增殖，这些种属的细菌具有较高的增殖速率。成熟的活性污泥中各种细菌以菌胶团的形式存在，游离细菌极少。所谓菌胶团就是由各种细菌及细菌所分泌的粘液物质（多糖、

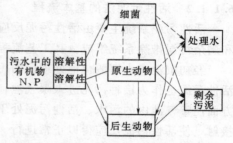

图 6.1 活性污泥微生物群体的食物

多肽类物质）组成的絮凝体状团粒。只有在菌胶团良好发育的条件下，活性污泥的絮凝、吸附、沉降等性能才能得到正常的发挥。菌胶团的作用是吸附污水中呈悬浮态、胶体态和溶解态的有机物，将其转化、分解为简单有机物或无机盐类，同时利用分解后的部分产物作为碳源、氮源，合成新生细胞物质。

真菌构造较为复杂而且种类繁多，与活性污泥法处理有关的真菌主要是霉菌，一些霉菌常出现于 pH 较低的污水中。霉菌是微小的腐生或寄生的丝状真菌，它能够分解碳水化合物、脂肪、蛋白质及其他含氮化合物，但是如大量增殖会可能导致污泥膨胀现象。丝状菌的异常增殖是活性污泥膨胀的主要诱因之一。

原生动物在活性污泥中主要有肉足虫、鞭毛虫和纤毛虫等 3 类。它们在活性污泥净化功能上是否起作用还未定论，但原生动物多摄取细菌充作营养。当运行条件和处理水水质发生变化时，出现在活性污泥中的原生动物在种属和数量上也会发生变化。例如：对污水进行静态曝气，一般情况下，最初水中的游离细菌居多，处理水水质欠佳，出现的主要是鞭毛虫类和肉足虫类（如变形虫），随后出现的主要是以游泳型纤毛虫（如豆行虫、草履虫）为主，而当活性污泥逐渐成熟，最后将以固着型的纤毛虫类（如钟虫、等枝虫等）占优势，这时处理水的水质良好。活性污泥中原生动物，可以通过显微镜镜检辨认其种属，来判断处理水水质的优劣。因此，原生动物又称为活性污泥系统的指示性生物，在评定活性污泥质量和污水处理效果方面具有一定的意义。

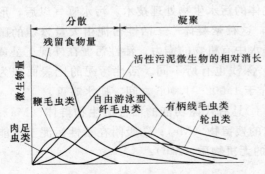

图 6.2　原生动物在活性污泥反应过程中数量和种类的增长与递变的关系

后生动物（如轮虫等）在活性污泥中不经常出现，特别是轮虫，仅在完全氧化型的活性污泥系统中才能较多地出现。因此，轮虫是非常稳定的生物处理系统的指示性生物。

图 6.2 所示是活性污泥处理系统的指示性生物——原生动物，在曝气池内活性污泥反应过程中，数量与种类的增长与递变的模式关系。

在活性污泥处理系统中，净化污水的第一承担者，也是主要承担者的是细菌，而摄食处理水中游离细菌、使污水得到进一步净化的原生动物则是污水净化的第二承担者，如图 6.1 所示。

6.1.1.2　活性污泥法的基本流程

活性污泥系统主要由活性污泥反应器——曝气池、曝气系统、二沉池、污泥回流系统和剩余污泥排除系统组成。其工艺流程如图 6.3 所示。

经初沉池或水解酸化池处理后的污水从一端进入曝气池；与此同时，从二沉池回流的活性污泥也作为接种污泥进入曝气池；此外，曝气设备同时充入空气（一方面充氧，另一方面使曝气池内的污水、活性污泥处于剧烈搅动的状态）。活性污泥与污水互相混合充分接触，使活性污泥反应得以正常进行。由污水、回流污泥和空气相互混合形成的液体，称为混合液。

曝气设备不仅使氧通过传递的方式进入混合液，且能使得混合液得到足够的搅拌而呈悬浮状态。这样，废水中的有机物、氧气、微生物能充分接触并进行反应。活性污泥反应进行的结果，污水中的有机污染物得到降解去除得以净化，由于微生物的繁衍、增殖，活性污泥本身也得到增长。经过活性污泥净化作用后的混合液由曝气池的另一端流出进入二沉池，在

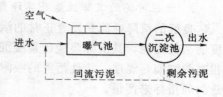

图 6.3　活性污泥处理法基本流程

这里进行固、液分离，活性污泥通过沉淀与污水分离，澄清后的污水作为处理后污水排出系统。经过沉淀浓缩的污泥从沉淀池底部排出，其中一部分作为接种污泥回流曝气池，多余的一部分则作为剩余污泥排出系统。剩余污泥与在曝气池内增长的污泥，在数量上应保持平衡，使曝气池内的污泥浓度相对地保持在一个较为恒定的范围内。

剩余污泥中含有大量活的微生物，排入环境前应进行处理，防止污染环境。

从上述流程可以看出，要使活性污泥法形成一个实用的处理方法，污泥除了有氧化和分解有机物的能力外，还应具有良好的凝聚和沉降性能，以使得活性污泥能从混合液中分离出来，得到澄清的出水。

6.1.1.3　活性污泥的评价指标

这些指标是对活性污泥的评价指标，同时在工程上也是活性污泥处理系统的设计与运行参数。

1. 表示及控制混合液中活性污泥微生物量的指标

活性污泥微生物是活性污泥处理系统的核心，在混合液内保持一定数量的活性污泥微生物是保证活性污泥处理系统运行正常的必要条件。活性污泥微生物高度集中在活性污泥上，活性污泥是以活性污泥微生物为主体形成。因此，以活性污泥在混合液中的浓度表示活性污泥微生物量是适宜的。

（1）混合液悬浮固体浓度（mixed liquor suspended solids，简写为 $MLSS$）。又称混合液污泥浓度，它表示的是在曝气池内单位体积混合液中所含有的活性污泥固体物的总质量，即单位是 mg/L 或 g/L。它包括 Ma、Me、Mi、Mii 4 项的总量，即

$$MLSS = Ma + Me + Mi + Mii \tag{6.1}$$

但是由于测定简便易行，此项指标应用较为普遍，但其中既包含 Me、Mi 两项非活性物质，也包括 Mii 无机物质，因此，这项指标不能精确地表示具有活性的活性污泥量，工程上往往以它表示活性污泥的相对值。

（2）混合液挥发性悬浮固体浓度（mixed liquor volatile suspended solids，简写为 $MLVSS$）。本项指标所表示的是混合液活性污泥中有机性固体物质的浓度，包括 Ma、Me、Mi 3 项，即

$$MLVSS = Ma + Me + Mi \tag{6.2}$$

虽然它不包括无机物 Mii，但是其中还包括 Me、Mi 两项非活性的难以被微生物降解的有机物质。因此它所表示的仍然是活性污泥的相对数值。但在一般情况下，$MLVSS/MLSS$ 的值比较固定，对生活污水或以生活污水为主体的城市污水，此值约为 0.75。

2. 活性污泥的沉降性能及其评价指标

良好的沉降性能是发育正常的活性污泥所应具备的特征之一。发育良好并具有一定浓度的活性污泥，其沉降要经历絮凝沉淀、成层沉淀、压缩等全部过程，最后能够形成浓度很高的浓缩污泥层。活性污泥的吸附、凝聚及沉降性能的好坏可用污泥沉降比和污泥指数这两项指标来衡量。

（1）污泥沉降比（setting Velocity，简写为 SV）。污泥沉降比是指曝气池中的混合液，在量筒中静置沉淀 30min 后，所形成沉淀污泥的容积占原混合液容积的百分率，以％表示。正常的活性污泥在静置沉淀 30min 后，一般可接近它的最大密度。故污泥沉降比可以反映曝气池正常运行的污泥量，用于控制剩余污泥的排放。它还能及时反映出污泥膨胀等异常情况，便于及早查明原因，采取措施，有一定的实用价值。

污泥沉降比的测定方法比较简单，并能说明一定的问题，工作中常以它作为活性污泥的重要指标，也是活性污泥处理系统重要的运行参数，其正常范围一般在 15％～30％左右。

（2）污泥容积指数（sludge volume index，简写为 SVI）。污泥容积指数简称污泥指数，是指曝气池出口处的混合液，在经过静置沉淀 30min 后，每克干污泥所形成的沉淀污泥的体积，以 mL 计，即

$$SVI = \frac{混合液 30min 静沉后污泥体积(mL/L)}{混合液中污泥干重(g/L)} = \frac{SV(\%)}{MLSS(g/L)} \qquad (6.3)$$

SVI 值能够较好地反映出活性污泥的松散程度（活性）、凝聚、沉降性能，对于生活污水或城市污水，此值一般在 70～100 之间为宜。SVI 值过低，说明泥粒细小紧密、无机物质含量高，缺乏活性和吸附能力；SVI 值过高，说明污泥的沉降性能不好，并且有产生膨胀现象的可能，必须查明原因，并采取一定的措施。

应该指出，污泥膨胀与污泥负荷率 $[N_s: kgBOD/(kgMLSS \cdot d)]$ 有着重要的关系。图 6.4 和图 6.5 是城市污水和几种工业废水的污泥负荷率与 SVI 值之间的关系曲线。从图 6.4 可以看出，在低负荷和高负荷范围内都不会出现污泥膨胀，而在 1.0kgBOD/(kgMLSS · d) 左右的中间负荷区 SVI 值则很高，属于膨胀带，因此在设计和运行上都应当避免采用这一区段的负荷值。在一般情况下，曝气池的污泥负荷率在 0.5kgBOD/(kgMLSS · d) 以下，而高负荷活性污泥法的污泥负荷率在 1.5kgBOD/(kgMLSS · d) 以上，其原因就是受污泥膨胀的限制。

【例 6.1】 测得曝气池出口处混合液中活性污泥浓度为 2500mg/L，1L 混合液经 30min 沉淀后的污泥体积为 300mL，则该曝气池混合液的污泥沉降比 SV（％）和污泥容积指数（SVI）是多少？

解 沉降比 $SV(\%) = \frac{沉淀污泥体积数}{原混合液体积数} \times 100\% = \frac{300}{1000} \times 100\% = 30\%$

污泥容积指数 $SVI = \frac{SV(\%)}{MLSS(g/L)} = \frac{30\%}{2.5} = 120(mL/g)$

在上述例题中求得曝气池的污泥指数为 120（表示指数时，单位常省去），说明 1g 干污泥在没有烘干前的体积是 120mL。同时"120"这个数字也意味着经过 30min 静沉后，从曝气池混合液分离出来的活性污泥是脱水后干污泥的 120 倍，由此也可推算出活性污泥

的固体率为

$$\frac{1}{120} \times 100\% = 0.8\%$$

那么污泥的含水率（P）为

$$P = 1 - 0.8\% = 99.2\%$$

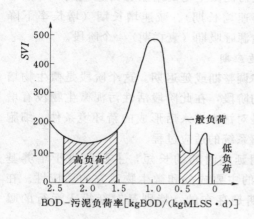

图 6.4　BOD-污泥负荷与 SVI 值之间的关系

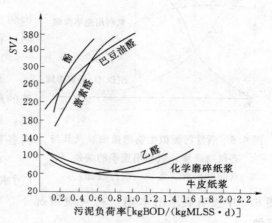

图 6.5　几种工业废水 BOD-污泥负荷率与污泥指数 SVI 之间的关系

必须注意的是，用 SVI 来判断活性污泥的沉降、凝聚性能有绝对的含义，但主要是相对含义。例如，SVI 为 200 的活性污泥比 SVI 为 100 的含水量高，这是肯定的，但是两个活性污泥的沉降、凝聚性能的优劣是相对的。如果它们来自同一个曝气池，那么 SVI 低的活性污泥，其沉降性能相对要好些。因为 SVI 值受污水水质、曝气方法等方面的影响。如果两个 SVI 值来自两个污水处理厂，因环境、条件不同，两值的比较就没有太大意义了。

6.1.2　活性污泥的生长规律及活性污泥法的运行方式

废水的生物处理活性污泥法，主要靠活性污泥中的微生物对水中有机物的降解和去除作用，从而达到水质净化的目的。因此，我们只有充分了解微生物的生长规律，才能更有效的控制与发展活性污泥法的运行方式。

6.1.2.1　活性污泥增长曲线

活性污泥微生物的增殖是活性污泥反应、有机底物降解的必然结果，而微生物的增长就是活性污泥的增长。微生物在曝气池内的增殖规律是污水生物处理工程技术人员应予以充分考虑和掌握的。

活性污泥的增长规律实质就是活性污泥微生物的增殖规律。活性污泥微生物是多菌种的混合群体，其增殖规律比较复杂，但其增殖规律的总趋势仍可用其增殖曲线表示，

将活性污泥微生物在污水中接种，并在温度适宜、溶解氧充足的条件下进行培养，按时取样计量，即可得出微生物数量与培养时间之间具有一定规律性的增殖曲线，如图 6.6 所示。

在温度适宜、溶解氧充足，而且不存在抑制物质的条件下，活性污泥微生物的增殖规

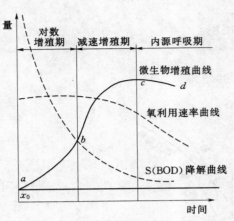

图 6.6 活性污泥微生物增殖曲线及其与
有机物降解、氧利用速率的关系
（间歇培养、底物一次性投加）

律主要取决于营养物或有机底物量（F）与微生物量（M）的比值（通常用 F/M 表示）。它也是有机底物降解速率、氧利用速率和活性污泥的凝聚、吸附性能的重要影响因素。

活性污泥微生物的增殖分为适应期、对数增长期（等速增长期）、减速增长期（增长率下降期）和内源呼吸期（衰亡期）4 个阶段。

1. 适应期

又称调整期或延迟期。这个阶段是微生物培养的最初阶段，在此阶段活性污泥微生物没有增殖，只是对污水进入后形成的新环境条件、细胞内各种酶系统的适应过程。

本期延续时间的长短，主要取决于培养基（污水）的主要成分和微生物对它的适应性。在图 6.6 中没有表示出本期，在一般情况下，本期是存在的，特别是对新投入运行的曝气池。

2. 对数增长期

又称旺盛增长期。本阶段营养物过剩，F/M 值大于 2.2，这时微生物以最高速率把有机物氧化分解、合成新细胞物质。

由图 6.6 可见，微生物（活性污泥）的增殖速率与时间成直线关系，为一常数值，其值即为直线的斜率。据此，对数增殖期又称"等速增殖期"。

活性污泥增长速率只受其生物量（$MLVSS$）及自身机理的影响，与有机底物浓度无关，呈零级反应，而与微生物的浓度则呈一级反应；同时有机底物的降解与氧气的利用也以最高速率进行。在这种情况下，活性污泥有很高的能量水平，表现出的活性很强，吸附有机物的能力强、速度快，但也因能量水平高，活性污泥质地松散，絮凝性能不佳。

3. 减速增长期

又称平衡期或稳定期。该阶段由于营养物质的不断消耗和微生物的不断增殖，F/M 值继续下降，逐步成为微生物增殖的控制因素，此时微生物从对数增长期过渡到减速增长期。在此期间，微生物的增长速率和有机底物的降解速率已大为降低，并与残存的有机底物浓度呈一级反应关系。微生物开始衰亡，开始时衰亡速率还较低，活性污泥还有所增长，但到后期，增长速率几乎与细胞衰亡速率相等，微生物活体数达到最高水平，但却趋于稳定。

同对数增长期相比，减速增长期的营养物质减少，微生物的能量水平下降，细菌之间已没有能力克服相互之间吸引力，而开始结合在一起，活性污泥的絮凝体开始形成，活性开始减弱（但仍有相当活性），凝聚、吸附及沉降性能都有所提升。

4. 内源呼吸期

又称衰亡期。污水中的有机底物浓度持续下降，达到几乎耗尽的程度，F/M 值降到最低值并保持一个常数。微生物已不能从周围环境中摄取足够的、能够满足自身生理需要的营养，而开始分解代谢自身的细胞物质，进行内源呼吸以维持生命活动。活性污泥微生物的增殖便进入了内源呼吸期。

在本期的初期，微生物虽仍在增殖，但其速率远低于自身氧化的速率，致使活性污泥（微生物）总量逐渐减少，如让这种状态继续下去，可能达到活性污泥近于消失的程度。实际上，由于内源呼吸的残留物质的存在，活性污泥不可能完全消失。

在本期中，营养物质几乎消耗殆尽，能量水平极低，活性污泥絮凝体（生物絮凝体）形成速率提高。这时细菌的凝聚性能最强，细菌处于"饥饿状态"，吸附有机物的能力显著。游离的细菌被栖息在活性污泥菌胶团表面上的原生动物所捕食，使处理水水质得到澄清。

F/M 值的不同，将使活性污泥处于不同的增长期，从而影响活性污泥的增长速率、有机物的去除速率、氧气的利用速率、污泥的特性（吸附凝聚和沉淀性能）、活性污泥微生物群的组成及其处理水的水质。

6.1.2.2 有机负荷率和污泥龄

1. BOD-污泥负荷率（又称 BOD-SS 负荷率）与 BOD-容积负荷率

由上述可知，活性污泥微生物的增殖期，主要由 F/M 控制。另外，处于不同增长期的活性污泥，其性能不同，处理水质也不同。通过控制 F/M，能够使曝气池内的活性污泥，主要是出口处的活性污泥处于我们所要达到的增殖期。F/M 是活性污泥处理系统设计、运行的一项非常重要的参数。

在具体工程应用中，F/M 是以 BOD-污泥负荷率（N_s）表示的，即：

$$\frac{F}{M} = N_s = \frac{QS_a}{XV} [\text{kgBOD}/(\text{kgMLSS} \cdot \text{d})] \tag{6.4}$$

式中　Q——污水流量，m^3/d；

　　　S_a——原污水中有机污染物（BOD）浓度，mg/L；

　　　V——曝气池容积，m^3；

　　　X——混合液悬浮固体（MLSS）的浓度，mg/L。

BOD-污泥负荷率所表示的是曝气池内单位质量（kg）的活性污泥，在单位时间（1d）内能够接受并将其降解到预定程度的有机污染物的量（BOD）。

在活性污泥处理系统的设计与运行中，还使用另一种负荷值——BOD-容积负荷率（N_v），其表达式为

$$N_v = \frac{QS_a}{V} [\text{kgBOD}/(\text{m}^3 \text{曝气池} \cdot \text{d})] \tag{6.5}$$

BOD-容积负荷率表示的是单位曝气池容积（m^3），在单位时间（1d）内能够接受并将其降解到预定程度的有机污染物量（BOD）。

N_s 值与 N_v 值之间的关系是

$$N_v = N_s X \tag{6.6}$$

式中　X——混合液悬浮固体（MLSS）的浓度，mg/L。

BOD-容积负荷率，是影响有机污染物降解、活性污泥增长的重要因素。采用较高的BOD-容积负荷率，将加快有机污染物的降解速率与活性污泥的增长速率，降低曝气池的

容积在经济上是比较适宜的，但处理水水质未必能够达到预定的要求。采用较低的 BOD - 容积负荷率，有机污染物的降解速率和活性污泥的增长速率都将降低，曝气池的容积加大，建设费用有所提高，但处理水水质可能提高，并能够达到预定的处理程度。

选定适宜的 BOD - 容积负荷率具有一定的经济意义。

2. 污泥龄

在工程上习惯称污泥龄（sludge age），又称固体平均停留时间（SRT）、生物固体平均停留时间（BSRT）、细胞平均停留时间（MCRT），指在反应系统内，微生物从其生成到排出系统的平均停留时间，也就是反应系统内的微生物全部更新一次所需要的时间。从工程上来说，就是反应系统内活性污泥总量与每日排放的剩余污泥量之比。即

$$\theta_c = \frac{VX}{\Delta X} \qquad (6.7)$$

式中　θ_c——污泥龄（生物固体平均停留时间），d；

　　　ΔX——曝气池内每日增长的活性污泥量，即应排出系统外的活性污泥量，kg/d；

　　　X——混合液悬浮固体（MLSS）的浓度，mg/L；

　　　V——曝气池容积，m^3。

活性污泥处理系统保持正常、稳定运行的一项重要条件，是必须在曝气池内保持相对稳定的悬浮固体（MLSS）量。但是，活性污泥反应的结果，使曝气池内的活性污泥在量上有所增长。此外，在曝气池内，在微生物新细胞生成的同时，又有一部分微生物老化、活性衰退，为了使曝气池内经常保持高度活性的活性污泥，因此，每天必须从系统中排出相当于增长量的活性污泥量。

这样，每天排出系统外的活性污泥量，包括作为剩余污泥排出的和随处理水流出的，其表示式为

$$\Delta X = Q_w X_r + (Q - Q_w) X_e \qquad (6.8)$$

式中　ΔX——曝气池内每日增长的活性污泥量，即应排出系统外的活性污泥量，kg/d；

　　　Q_w——作为剩余污泥排放的污泥量，m^3/d；

　　　X_r——剩余污泥浓度，mg/L；

　　　Q——污水流量，m^3/d；

　　　X_e——排放处理水中的悬浮固体浓度，mg/L。

于是 θ_c 值为

$$\theta_c = \frac{VX}{Q_w X_r + (Q - Q_w) X_e} \qquad (6.9)$$

在一般条件下，X_e 值很小，可忽略不计，式（6.9）可简化为

$$\theta_c = \frac{VX}{Q_w X_r} \qquad (6.10)$$

X_r 值是从二沉池底部流出，回流到曝气池的污泥浓度，剩余污泥的浓度也同此值。在一般情况下，它是活性污泥特性和二沉池沉淀效果的函数，可用下式求定其近似值：

$$(X_r)_{max} = \frac{10^6}{SVI} \qquad (6.11)$$

式中　SVI——污泥容积指数。

污泥龄是活性污泥处理系统设计、运行的重要参数，在理论上也有重要意义。这一参数还能够说明活性污泥微生物的状况，世代时间长于污泥龄的微生物在曝气池内不可能繁衍成优势菌种，如硝化菌在20℃时，其世代时间为3d；当污泥龄小于3d时，硝化菌就不可能在曝气池内大量增殖，不能成为优势菌种，也就不能在曝气池内产生硝化反应。

6.1.2.3 活性污泥的净化过程与机理

在活性污泥处理系统中，污水中的有机污染物被去除的实质就是有机污染物作为营养物质被活性污泥微生物摄取、代谢、利用的过程。此过程的结果是污水得到净化，微生物获得能量并合成新的体细胞，使活性污泥得到增长。

活性污泥去除污水中有机物的过程大致分为两个阶段：初期吸附阶段和代谢阶段。

1. 初期吸附阶段

在此阶段，污水开始和活性污泥接触的较短时间（5～10min）内就出现了很高的BOD的去除率。这种BOD初期高速去除现象是由物理吸附和生物吸附交织在一起的吸附作用所产生的。

活性污泥具有很大的比表面积（介于2000～10000m^2/m^3混合液之间），在表面上富集着很多微生物，并且其表面上含有多糖类的粘质层。当其与污水接触时，污水中呈悬浮和胶体态的有机污染物即为活性污泥所凝聚和吸附而得到去除，这一现象就是"初期吸附去除"作用的结果。

这一过程进行得较快，能够在30min内完成，污水中的BOD的去除率能达到70%。

被吸附在微生物细胞表面的有机污染物，在经过数小时的曝气后，才能够相继地被摄入微生物体内。因此，通过"初期吸附去除"去除的有机污染物在数量上是有一定限度的。为此，回流污泥应进行足够的曝气，将储存在微生物细胞表面和体内的有机污染物充分地加以代谢，让活性污泥微生物进入内源呼吸期，使其再生并提高活性。但曝气不能太过分，否则就会导致活性污泥微生物自身氧化过分，从而使得初期吸附去除的效果下降。

2. 代谢阶段

污水中的有机污染物，首先通过初期吸附作用被吸附在有大量微生物栖息的活性污泥表面，在微生物透膜酶的催化作用下，透过细胞壁进入微生物细胞体内。小分子的有机物能够直接透过细胞壁进入微生物体内，而大分子有机物（如淀粉、蛋白质等），则必须在胞外酶（如水解酶）的作用下，被水解为小分子后再被微生物摄入细胞体内。

被摄入细胞体内的有机污染物，在各种胞内酶（如脱氢酶、氧化酶等）的催化作用下，微生物对其进行代谢反应。

微生物对一部分有机物进行氧化分解，最终形成CO_2和H_2O等稳定的无机物质，并提供合成新细胞物质所需要的能量。这一过程可用下列化学方程式表示：

$$C_xH_yO_z + (x + 0.25y - 0.5z)O_2 \longrightarrow xCO_2 + 0.5yH_2O + 能量 \qquad (6.12)$$

式中　$C_xH_yO_z$——有机污染物。

另一部分有机污染物为微生物用于合成新细胞——合成代谢，所需能量取自分解代谢。这一反应过程可用下列方程式表示：

$$n(C_xH_yO_z) + NH_3 + (nx + 0.25ny - 0.5nz - 5)O_2$$
$$\longrightarrow C_5H_7NO_2 + (nx - 5)CO_2 + 0.5(ny - 4)H_2O + 能量 \qquad (6.13)$$

123

式中　$C_5H_7NO_2$——微生物细胞组织的化学式。

在曝气池的末端，由于缺乏营养物质，微生物自身的细胞物质进行内源呼吸或自身氧化，并提供能量。当有机底物充足时，大量合成新的细胞物质，内源呼吸左右并不明显，但当有机底物消耗殆尽时，内源呼吸就成为提供能量的主要方式了。其过程可用下列化学式表示：

$$C_5H_7NO_2 + 5O_2 \longrightarrow 5CO_2 + NH_3 + 2H_2O + 能量 \tag{6.14}$$

图 6.7 所示是微生物分解与合成代谢模式图。

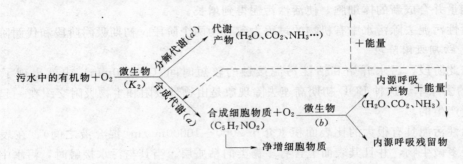

图 6.7　有机底物分解代谢与合成代谢及其产物模式图

6.1.2.4　有机污染物的降解与活性污泥的增长、需氧

活性污泥在曝气池内对有机物进行降解的同时，其本身在量上有所增加。所增加的那一部分活性污泥主要来自污水中的有机污染物被代谢而合成的新细胞物质，此外，还包括一部分内源呼吸的残留物。预先估算出污泥的增长量，即处理系统所应排出的剩余污泥量，对曝气池内污泥量的控制和污泥处理设备容量的确定都是重要的。

1. 活性污泥增长量（新生长细胞物质）的计算

一般情况下，曝气池内活性污泥的增长量（新生长的细胞物质）等于所合成的细胞物质减去内源呼吸而消耗的细胞物质，可用下式计算：

$$\Delta X = aQS_r - bVX_v \tag{6.15}$$

式中　ΔX——活性污泥微生物的净增长量（新生长的细胞物质），即曝气池内微生物的净增殖量，kg/d；

QS_r——在活性污泥微生物作用下，污水中被降解的有机污染物（BOD_5）量，kg/d；

Q——污水设计流量，m^3/d；

S_r——数值上等于 $S_a - S_e$；

S_a——曝气池进水的 BOD_5 浓度，mg/L 或 kg/m^3；

S_e——二沉池出水的 BOD_5 浓度，mg/L 或 kg/m^3；

a——微生物合成代谢产生的降解有机污染物的污泥转化率，即污泥产率；

VX_v——曝气池内混合液挥发性悬浮固体总量，kg；

V——曝气池容积，m^3；

X_v——曝气池内混合液挥发性悬浮固体浓度（$MLVSS$），mg/L 或 kg/m^3；

b——微生物（细胞物质）内源代谢的自身氧化率（1/d）。

生活污水及几种工业污（废）水的 a、b 值，可参照表 6.1 选用。

表 6.1　　　　　　　　　　　　　　　某些污（废）水 a、b 值

污（废）水种类	a	b	污（废）水种类	a	b
炼油废水	0.49～0.62	0.10～0.16	制药废水	0.72～0.77	—
石油化工废水	0.31～0.72	0.05～0.18	生活污水	0.49～0.73	0.07～0.075
酿造废水	0.56	0.10			

2. 有机物生物氧化需氧量的计算

在曝气池内，有机物生物氧化所需要的氧量，包括微生物生长活动和自身氧化过程中所需的全部氧量，可用下列关系式表示：

$$O_2 = a'QS_r + b'VX_v \tag{6.16}$$

式中　O_2——曝气池内混合液的需氧量，kg/d；

a'——微生物去除单位 BOD_5 所需的氧量，kg/kg；

b'——微生物自身氧化需氧率（1/d）；

其他字母同前面解释。

生活污水及几种工业污（废）水的 a'、b' 值，可参照表 6.2 选用。

表 6.2　　　　　　　　　生活污水及几种工业废水的 a'、b' 值

废水名称	a'	b'	废水名称	a'	b'
生活污水	0.42～0.53	0.188～0.11	含酚废水	0.56	—
纸浆和造纸废水	0.38	0.092	石油化工废水	0.75	0.160
合成纤维废水	0.55	0.142	漂染废水	0.5～0.6	0.065
亚硫酸浆粕废水	0.40	0.185	炼油废水	0.50	0.120
制药废水	0.35	0.354	酿造废水	0.44	—

6.1.2.5　活性污泥法的运行方式

活性污泥法历经几十年的发展和革新，现已有多种运行方式。

1. 传统的活性污泥法（简称传统法）

（1）工艺流程。传统法的工艺系统如图 6.2 所示，污水和回流活性污泥从池首端同步注入，混合液在池内是以推流的形式流动至池的末端，再流出池外，进入二沉池进行泥水分离。二沉池活性污泥回流至曝气池。

（2）特点。有机底物的初期吸附与氧化分解均在同一池（曝气池）中进行，从池首端的对数增长，经减速增长到池末端的内源呼吸期。

（3）设计与运行参数。见表 6.1。

（4）优缺点。优点：BOD 去除率（η_{BOD}）高，可达 95％以上，出水水质好；缺点：N_s 低，O_2 的利用不合理，应渐减供氧；对水质、水量变化的适用性差。

（5）存在问题。

1）曝气池首端有机底物负荷率高，耗氧速率也高，为了避免缺氧，进水有机负荷率不宜过高。因此，曝气池容积必然大，占用土地较多，基建费用高。

2）对水质、水量变化的适应能力较弱，运行效果受其影响。

3）耗氧速率与供氧速率难于沿池长吻合一致，出现前段供不应求，影响处理效果，又造成能量浪费（关于这一点，目前采取渐减曝气的方法）。

由于有机底物浓度沿池长逐渐降低，需氧速率也沿池长逐渐降低，如图 6.8 所示。因此，在池的首端混合液中溶解氧（DO）浓度较低，甚至出现不足，并沿池长逐渐增多，在池的末端 DO 含量就已经很充足了，一般都能达到规定的 2.0mg/L。

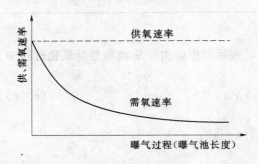

图 6.8　传统活性污泥法曝气池内需氧率的变化

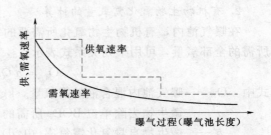

图 6.9　渐减曝气工艺的曝气过程

2. 渐减曝气活性污泥法

该工艺针对传统法中由于沿曝气池池长均匀供氧，造成在池末端供氧与需氧速率之间的差距较大而严重浪费能源，提出了一种能使供氧量和混合液需氧速率相适应的运行方式，即供氧速率沿池长逐步递减，使其接近需氧速率，如图 6.9 所示。

3. 阶段曝气法（多点进水）

又称分段进水活性污泥法或多段进水活性污泥法。

（1）工艺流程。阶段曝气法工艺流程，如图 6.10 所示。

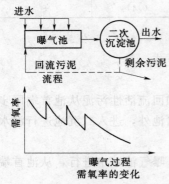

图 6.10　阶段曝气活性
污泥法系统

（2）特点。有机底物浓度沿池均匀分布，负荷均衡，一定程度地缩小了供氧速率与耗氧速率之间的差距；污水分段注入，提高了曝气池对水质、水量冲击负荷的适应能力。

（3）设计与运行参数。见表 6.1。

（4）优缺点。优点：曝气池的容积小，氧气的利用合理；缺点：出水效果较标准法差。

4. 吸附—再生法

又称接触稳定法，是人们通过部分了解活性污泥微生物生长代谢规律，从而控制和发展活性污泥法处理工艺的最好例证之一。

（1）史密斯（Smith）试验。为了说明这种运行方式的基本原理，我们从史密斯的试验说起。史密斯曾将污水与活性污泥一起进行曝气，并按一定的间隔取样测定 BOD_5 值，绘制出 BOD_5 的降解工况，如图 6.11 所示。BOD_5 值在 5～15min 内急剧下降，然后略行升起，随后又缓慢下降。史密斯没有像其他做过同样实验的科学家一样，把这种现象简单归结为试验的误差所致，而是立刻进行深入的分析研究，最后对这种现象进行了解释：BOD_5 值的第一次急剧下降是活性较强的活性污泥吸附水中有机污染物的结果，即"初期吸附去除"；随后 BOD_5 值的略行上升是由于胞外水解酶将吸附的非溶解态的有机污染物水解为小分子后，又释放进入水中，使污泥表层水中的 BOD_5 值上升；随着反应的继续进行，有机污染物被活性污泥微生物氧化分解和合成代谢而使得浓度下降，微生物进入减速增长期和内源呼吸期，BOD_5 值又缓慢下降。

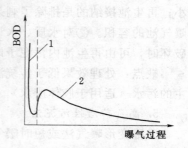

图 6.11　污水与污泥混合曝气后 BOD 变化曲线
1—生物吸附区；2—污泥层表面的 BOD

吸附—再生法系统就是以上述现象为基础开创并发展起来的。污水与活性很强（饥饿状态）的活性污泥同步进入吸附池并充分接触 $30 \sim 60 min$，吸附去除水中有机污染物后，混合液进入二沉池进行泥水分离，澄清水排放，污泥则回流到再生池，在这里进行第二阶段的分解与合成代谢，即活性污泥对所吸附的大量有机底物进行"消化"，活性污泥微生物进入内源呼吸期，活性污泥的活性又得到恢复。

（2）工艺流程。吸附—再生法系统的工艺流程，如图 6.12 所示。

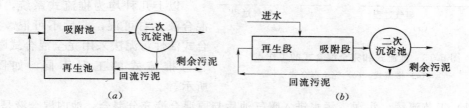

图 6.12　吸附—再生活性污泥处理系统
（a）分建式吸附—再生活性污泥处理系统；（b）合建式吸附—再生活性污泥处理系统

（3）特点。将活性污泥对有机污染物降解的两个过程——吸附与代谢稳定，分别在各自的反应器内进行。再生池，充分吸附有机污染物，充分氧化分解；吸附池，再生好的污泥进入后，充分吸附水中有机污染物。

（4）设计与运行参数。见表 6.3。

表 6.3　　　　　　　各种活性污泥法的设计与运行参数

运行方式	运 行 条 件								
	BOD 负荷率		MLSS (g/L)	污泥龄 (d)	气水比	曝气时间 (h)	回流比 (%)	SVI	η_{BOD} (%)
	N_s	N_v							
传统法	0.2~0.4	0.3~0.8	1.5~2.0	2~4	3~7	6~8	20~30	60~120	95
阶段曝气法	0.2~0.4	0.4~1.4	2.0~3.0	2~4	3~7	4~6	20~30	100~200	95
生物吸附法	0.2	0.3~1.4	2.0~8.0	4	≥12	5	50~100	50~100	90
完全混合法	0.2~0.4	0.6~2.4	3.0~6.0	2~4	5~8	2~3	50~150		85~90
延时曝气法	0.03~0.05	0.15~0.25	3.0~6.0	15~30	≥15	18~24	50~150	40~60	75~90
高负荷曝气法	1.5~3.0	0.6~2.4	0.4~0.8	0.3~0.5	2~4	1.5~2.5	5~10	50	70

（5）优缺点。优点：①污水与活性污泥在吸附池内停留时间短，使得吸附池容积减

小；再生池接纳的是排除了剩余污泥的污泥，再生池的容积也较小。两者之和低于传统法曝气池的容积。②对水质、水量的冲击负荷具有较强的承受能力，且当吸附池内污泥遭到破坏时，可由再生池内污泥予以补救。

缺点：处理效果低于传统法，$\eta_{BOD}=85\%\sim90\%$，不宜用于处理溶解性有机物含量为主的污水（适用于胶体废水）。

5. 高负荷活性污泥法

又称变形曝气法或短时曝气活性污泥法或不完全处理活性污泥法。

本工艺主要特点是 BOD-SS 负荷高、曝气时间短、处理效果较低，一般 η_{BOD} 不超过 $70\%\sim75\%$，因此，称之为不完全处理活性污泥法。与此相对，η_{BOD} 在 90% 以上，处理水的 BOD_5 值小于 $20mg/L$ 的工艺称为完全处理活性污泥法。

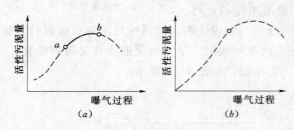

图 6.13　推流式和完全混合式的工作点
(a) 推流式；(b) 完全混合式

该工艺在系统和曝气池构造上与传统法相同，适用于处理对处理水水质要求不高的污水。

6. 完全混合式活性污泥法

以上几种均为推流式系统，即认为混合液左右可混，前后不可混。完全混合式活性污泥法采用完全混合式曝气池，它与推流式的工况不同，如图 6.13 所示。

(1) 工艺流程。污泥、污水进入曝气池后与原混合液充分混合，池内混合液是已处理而未泥水分离的处理水。如图 6.14 所示。

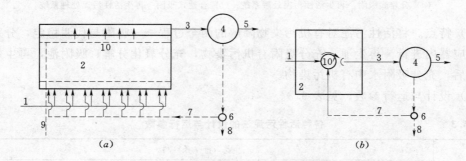

图 6.14　完全混合活性污泥法系统
(a) 采用鼓风曝气的完全混合曝气池；(b) 采用表面机械曝气的完全混合曝气池
1—经预处理后的污水；2—完全混合曝气池；3—由曝气池流出的混合液；4—二次沉淀池；5—处理后污水；6—污泥泵站；7—回流污泥系统；8—排放出系统的剩余污泥；9—来自空压机站的空气管道；10—曝气系统及空气扩散装置；10′—表面机械曝气器

(2) 特点。

1) 进入曝气池的污水很快即被池内已存在的混合液稀释、均化。因此，该工艺对冲击负荷有较强的适应能力，适用于处理工业废水，特别是高浓度有机工业废水。

2) 污水和活性污泥在曝气池中分布均匀，F/M 值相等，微生物群体组成和数量一致，在有机物降解、微生物增殖曲线上处于一个点（即工况相同，而并非推流式的一段曲线）。因此，有可能通过对 F/M 值的调控，将整个曝气池工况控制在最佳点，使活性污泥的净化功能得以发挥。在处理效果相同时，其负荷率大于推流式曝气池。

3）池内需氧速度均匀，动力消耗低于推流式。

4）该工艺较易产生污泥膨胀，其处理的水质一般不如推流式。

（3）设计与运行参数。见表 6.3。

（4）优缺点。优点：适用性强；缺点：易膨胀，因为各点有机物浓度相同，微生物对有机物的降解动力下降，出水效果较推流式差。

7. 延时曝气法

又称完全氧化活性污泥法，一般采用流态为完全混合式的曝气池。延时曝气工艺在生长曲线的内源呼吸期运行，此时需要相对较小的有机负荷和较长的曝气时间，一般用于小型污水处理厂。

（1）工艺流程。同完全混合法。

（2）特点。是 BOD - SS 负荷率非常低，曝气反应时间长（1～3d），$MLSS$ 值较高，污泥在曝气池内长期处于内源呼吸期，剩余污泥量少且稳定，无须消化。而且其处理水的水质稳定，抗冲击负荷能力较强，可不设初沉池。由于停留时间长，容积较大，一般用于流量较小的场合。对于不是 24h 连续来水的场合，常常不设沉淀池，而采用间歇式运行。例如 20h 的曝气和进水，2h 放空，再运行。

（3）设计与运行参数。见表 6.3。

（4）优缺点。优点：内源呼吸期，泥少且稳定（无需厌氧消化处理污泥），出水水质好；缺点：曝气时间长，池容积大，基建和运行费用高，占地面积大。

归纳以上几种活性污泥法的运行方式，可以用表 6.3 简要说明它们的设计与运行参数。

8. 多级活性污泥法

当原污水含有高浓度的有机污染物时，图 6.15 所示为二级活性污泥法系统。每级都是独立的处理系统，都有自己的二沉池和污泥回流系统，这样有利于回流污泥对污水的适应与接种。剩余污泥则可以每级分别排放，也可以集中于最后一级处理系统排放。

运行经验证实，当原污水 BODu 值大于 300mg/L 时，首级活性污泥法系统以采用完全混合式曝气池为宜，因为完全混合曝气池对水质、水量的冲击负荷有较强的承受能力；如原污水 BODu 值小于 300mg/L 时，首级曝气池可以考虑采用推流式曝气池，对此，建议采用阶段曝气活性污泥法；当原污水 BODu 值小于 150mg/L 时，

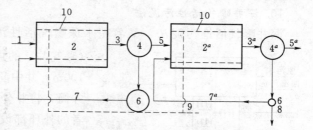

图 6.15　完全混合活性污泥法系统

1—经预处理后的污水；2——级曝气池；2ᵃ——二级曝气池；3——级曝气池出流的混合液；3ᵃ——二级曝气池出流的混合液；4——级系统的二次沉淀池；4ᵃ——二级系统的二次沉淀池；5——级系统的处理后出水；5ᵃ—二级系统的处理后出水；6—污泥泵站；7——级系统的污泥回流系统；7ᵃ——二级系统的污泥回流系统；8—剩余污泥排放；9—来自空压机站的空气管道；10—曝气系统及空气扩散装置

无需考虑采用多级活性污泥处理系统。

采用多级活性污泥法系统，处理水的质量较高，但建设、运行费也较高，所以只有在非常必要时考虑采用。

9. 深水曝气活性污泥法

该系统的主要特征是采用深度大于 7m 的深水曝气池，其特点是：由于水压增大，加快了氧的传递速率，提高了混合液的饱和溶解氧浓度，有利于活性污泥微生物的增殖和对有机物的降解；另外，曝气池向竖向深度发展，降低了占用的土地面积。

该工艺有下列两种形式曝气池。

(1) 深水中层曝气池。水深在 10m 左右，但空气扩散装置设在 4m 深左右处，这样仍可使用风压为 5m 的风机，为了在池内形成环流和减少底部水层的死角，一般在池内设导流板或导流筒（见图 6.16）。

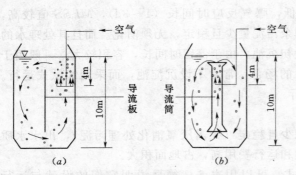

图 6.16　设导流板或导流筒的深水中层曝气池
(a) 设导流板；(b) 设导流筒

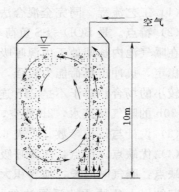

图 6.17　深水底层曝气池

(2) 深水底层曝气池。水深仍在 10m 左右，空气扩散装置仍设于池的底部，需使用高风压的风机，但勿需设导流装置，在池内自然形成环流（见图 6.17）。

10. 深井曝气活性污泥法

深井曝气活性污泥法，又名超水深曝气活性污泥法。如图 6.18 所示。深井曝气池

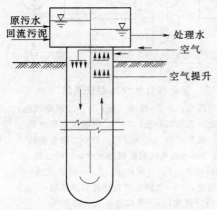

图 6.18　深井曝气活性污泥系统

（曝气井）的直径介于 1～6m 之间，深度可达 50～100m；井中间设隔墙将井一分为二或在井中心设内井筒，将井分为内、外两部分。在前者的一侧，后者的外环部设空气提升装置，使混合液上升；而在前者的另一侧，后者的内井筒内产生降流。这样在井隔墙的两侧或井中心筒的内外，形成由下而上的流动。由于水的深度大，氧的利用率高，有机物的降解速度快，处理效果显著。

其特点是：充氧能力强，可达常规法的 10 倍；动力效率高；处理功能不受气候条件影响，适用于各种气候；占地少；可考虑不设初次沉淀池，效益

显著等。

该工艺适用于处理高浓度有机废水。

11. 浅层曝气活性污泥法

浅层曝气活性污泥法系统，又名殷卡曝气法（Inka Aeration）。此项工艺是以下列论点作为基础的，即气泡只有在其形成与破碎的一瞬间，才有着最高的氧转移速率，而与其在液体中的移动高度无关。浅层曝气池的空气扩散装置多为由穿孔管制成的曝气栅。空气扩散装置多设置在曝气池的一侧，距水面约 0.6～0.8m 的深度。为了在池内形成环流，在池中心处设导流板，如图 6.19 所示。浅层曝气池可使用低压鼓风机，有利于节省电耗，充氧能力可达 $(1.8～2.6)kgO_2/(kW \cdot h)$。

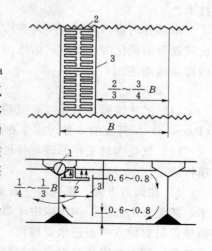

图 6.19 浅层曝气池
1—空气管；2—曝气栅；3—导流板

12. 纯氧曝气活性污泥法

纯氧曝气活性污泥法，又名富氧曝气活性污泥法，空气中氧的含量仅为 21%，而纯氧中的含氧量为 90%～95%，氧分压纯氧比空气高 4.4～4.7 倍，用纯氧进行曝气能够提高氧的传递能力。

其特点是：氧利用率可达 80%～90%，而鼓风曝气系统仅为 10% 左右；曝气池内混合液的 $MLSS$ 值可达 4000～7000mg/L，能够提高曝气池的容积负荷；曝气池混合液的 SVI 值一般都低于 100，污泥膨胀现象发生的几率较少；且产生的剩余污泥量少。

纯氧曝气池目前多为设盖的密闭式系统，以防氧气外溢和可燃性气体进入；池内分成若干个小室，各室串联运行，每室的流态均为完全混合。池内气压应略高于池外，以防池外空气进入；同时，池内产生的废气如 CO_2 等得以排出。

6.1.2.6 活性污泥处理系统的新工艺

污水的生物处理技术已有 100 多年的历史，活性污泥法在污水生物处理进程中一直发挥着巨大的作用，是当前污水处理领域应用最为广泛的处理技术之一。它有效地用于生活污水、城市污水和有机性工业废水的处理。但是，当前活性污泥处理系统还存在着某些有待解决的问题，如反应器——曝气池的池体比较庞大，占地面积大、电耗高、管理复杂等。近几十年来，有关生物处理专家和技术工作者为了解决活性污泥处理系统存在的这些问题，就活性污泥的反应机理、降解功能、运行方式、工艺系统等方面进行了大量的研讨工作，使活性污泥处理系统在净化功能和工艺系统方面取得了显著的进展。

在净化功能方面，改变以去除有机污染物为主要功能的传统模式，对系统的运行方式做了适当调整，并将厌氧技术纳入，使活性污泥处理系统能够有效地进行硝化、反硝化反应，取得脱氮率达 80% 的效果；能够使活性污泥微生物从周围环境中摄取远超出其本身生理所需要的磷，使活性污泥处理系统具有过量除磷的功能，能够作为脱氮、除磷的三级处理技术。

在工艺系统方面，开创了多种旨在提高充氧能力、增加混合液污泥浓度、强化活性污泥微生物代谢功能的高效活性污泥处理系统。

应当说，活性污泥处理系统在工艺方面仍在发展，当前仍属于发展中的污水处理技术。

　　本部分内容，将对近年来在构造和工艺方面有较大发展、并在实际运行中已证实效果比较显著的氧化沟、间歇式活性污泥法以及 AB 法污水处理工艺等活性污泥处理新工艺，做简要地阐述。

　　1. 氧化沟

　　(1) 工艺流程。氧化沟，又称循环曝气池，是于 20 世纪 50 年代由荷兰的巴斯维尔 (Pasveer) 所开发的一种污水生物处理技术，属活性污泥法的一种变法，如图 6.20 所示。

　　(2) 氧化沟的工作原理与特征。氧化沟与传统活性污泥法曝气池相比较，具有下列各项特征：

　　1) 在构造方面。氧化沟一般呈环形沟渠状，平面多为圆形或椭圆形，总长可达几十米，甚至百米以上。沟深取决于曝气装置，一般介于 2～6m 之间；单池的进水装置比较简单，只要伸入一根进水管即可，如双池以上平行工作时，则应设配水井，采用交替工作系统时，配水井内还要设自动控制装置，以变换水流方向；出水一般采用溢流堰式，宜于采用可升降式的，以调节池内水深。采用交替工作系统时，溢流堰应能自动启闭，并与进水装置相呼应以控制沟内水流方向。

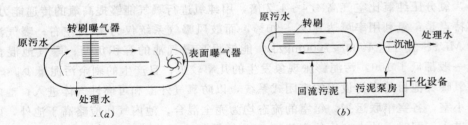

图 6.20　氧化沟生物处理系统

(a) 氧化沟污水处理工艺流程；(b) 氧化沟平面图

　　2) 在水流混合方面。在流态上，氧化沟介于推流式与完全混合式之间。污水在沟内的平均流速为 0.4m/s，当氧化沟的总长 (L) 为 100～500m 时，污水完成一个循环所需时间约为 4～20min，如水力停留时间定为 24h，则在整个停留时间内要作 72～360 次循环。可以认为在氧化沟内混合液的水质是几乎是一致的，从这个意义来说，氧化沟内的流态是完全混合式的。但是又具有某些推流式的特征，如在曝气装置的下游，溶解氧浓度从高向低变动，甚至可能出现缺氧段。

　　氧化沟的这种独特的水流状态，有利于活性污泥的生物凝聚作用，而且可以将其区分为富氧区、缺氧区，用以进行硝化和反硝化，取得脱氮的效果。

　　3) 在工艺方面。可考虑不设初沉池，有机性悬浮物在氧化沟内能够达到好氧稳定的程度；可考虑不单设二沉池，将氧化沟与二沉池合建，可省去污泥回流装置；BOD 负荷低，同活性污泥法的延时曝气系统类似。对此，产生的效益有：对水温、水质、水量的变动有较强的适应性；污泥龄，一般可达 15～30d，为传统活性污泥系统的 3～6 倍；可以存活与繁殖世代时间长、增殖速度慢的微生物 (如硝化菌)，在氧化沟内可能产生硝化反应；如运行得当，氧化沟能够具有反硝化脱氮的效应；污泥产率低，且大多数已达到稳定的程度，无需再进行消化处理。

（3）氧化沟的曝气装置。氧化沟曝气装置的功能是：①向混合液供氧；②使混合液中有机污染物、活性污泥、溶解氧三者充分混合、接触；③推动水流以一定的流速（＞0.25m/s）沿池长循环流动。其中①②两项是与常规活性污泥法系统相同的，而第③项对氧化沟在保持它的工艺特征方面具有重要的意义。

对氧化沟采用的曝气装置，可分为横轴曝气装置和纵轴曝气装置两种类型。横轴曝气装置有曝气转刷（转刷曝气器）、曝气转盘；纵轴曝气装置即常规活性污泥法完全混合曝气池采用的表面机械曝气器。另外，在国外采用的还有射流曝气器和提升管式曝气装置。

（4）常用的氧化沟系统。

1）卡罗塞（Carrousel）氧化沟。20世纪60年代由荷兰某公司所开发。卡罗塞氧化沟系统是由多沟串联氧化沟及二沉池、污泥回流系统所组成，如图6.21（a）所示。图6.21（b）所示为6廊道并采用表面曝气器的卡罗塞氧化沟。在每组沟渠的转弯处安装一台表面曝气器。靠近曝气器的下游为富氧区，上游为低氧区，外环还可能成为缺氧区，这样的氧化沟能够形成生物脱氮的环境条件。

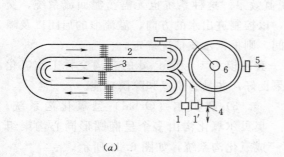

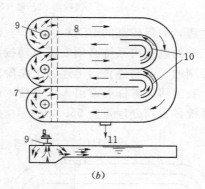

图 6.21 卡罗塞氧化沟

（a）卡罗塞氧化沟系统；（b）6廊道卡罗塞氧化沟系统

1—污水泵站；1′—回流污泥泵站；2—氧化沟；3—转刷曝气器；4—剩余污泥排放；5—处理水排放；
6—二次沉淀池；7—来自经过预处理的污水（或不经预处理）；8—氧化沟；9—表面
机械曝气器；10—导向隔墙；11—处理水去往二次沉淀池

卡罗塞氧化沟系统在国内外应用广泛，规模大小不等，从 200～650000m³/d；处理对象有城市污水也有有机性工业废水，BOD 去除率达 95%～99%，脱氮效果可达 90% 以上，除磷率在 50% 左右。

2）交替工作氧化沟系统。由丹麦某公司所开发，有二池和三池两种交替工作氧化沟系统，如图 6.22 所示。

由图 6.22 可见，二池交替氧化沟由容积相同的 A、B 两池组成，串联运行交替作为曝气池和沉淀池，无需设污泥回流系统。该系统处理水质优良，污泥也比较稳定。

三池交替工作氧化沟，应用较广。两侧的 A、C 两池交替作为曝气池和沉淀池，中间的 B 池则一直为曝气池，原污水交替地进入 A 池或 C 池，处理水则相应地从作为沉淀池的 C 池和 A 池流出。经过适当运行，3 池交替氧化沟能够完成 BOD 的去除和硝化、反硝

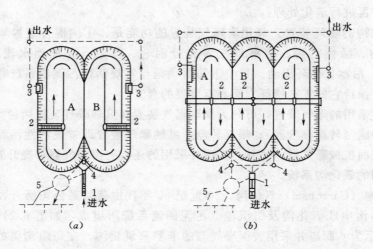

图 6.22　交替工作氧化沟系统

(a) 2 池；(b) 3 池

1—沉砂池；2—曝气转刷；3—出水堰；4—排泥井；5—污泥井

化过程，取得较高的 BOD 去除率与优异的脱氮效果。这种系统也无需污泥回流系统，交替工作的氧化沟系统必须安装自动控制系统，以控制进出水的方向、溢流堰的启闭以及曝气转刷的开动与停止。上述各工作阶段的时间，则根据水质情况确定。

　　我国河北省邯郸市引入丹麦技术建成了一套规模为 10 万 m^3/d 的三沟交替工作氧化沟系统，目前处理量为 $55000m^3/d$；处理效果良好，并具有脱氮和除磷功能。

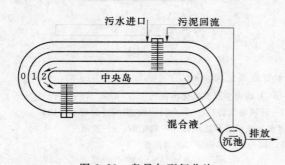

图 6.23　奥贝尔型氧化沟

　　3）奥贝尔（Orbal）型氧化沟系统。奥贝尔氧化沟由多个呈椭圆形同心沟渠组成氧化沟系统，如图 6.23 所示。

　　污水首先进入最外环的沟渠，后依次进入下一层沟渠，最后由位于中心的沟渠流出并进入二沉池。这种氧化沟系统多采用 3 层沟渠，最外层沟渠的容积最大，约为总容积的 60%～70%，第二层沟渠为 20%～30%，第三层沟渠则仅占 10% 左右。

在运行时，应使外、中、内 3 层沟渠内混合液的溶解氧保持较大的梯度，如分别为 0mg/L、1mg/L 及 2mg/L，这样既有利于提高充氧效果，也有可能使得沟渠具有脱氮除磷的功能。

　　奥贝尔型氧化沟系统在我国也得到应用，处理对象有城镇污水和石油化工废水。

　　2. AB 法污水处理工艺

　　AB 法污水处理工艺，是吸附-生物降解（Adsorption - Biodegration）工艺的简称。其是在 20 世纪 70 年代中期，由德国亚琛工业大学宾克（Bohnke）教授开创的，从 80 年代开始用于生产实践。由于该工艺具有一系列独特的特征，受到广泛地重视。

　　(1) AB 法污水处理工艺系统。AB 法污水处理工艺流程如图 6.24 所示。

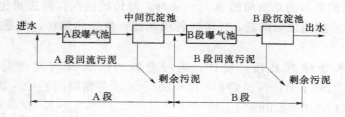

图 6.24 AB 法污水处理工艺流程

（2）AB 法主要特征。与传统的活性污泥处理相较，AB 工艺的主要特征是：

1）全系统共分预处理段、A 段、B 段等 3 段，在预处理段只设格栅、沉砂池等简易处理设备，不设初沉池；

2）A 段由吸附池和中间沉淀池组成，B 段则由曝气池及二沉池组成；

3）A 段与 B 段各自拥有独立的污泥回流系统，两段完全分开，每段能够培育出各自独特的、适于本段水质特征的微生物种群。

（3）A 段效应、功能与设计运行参数。

1）A 段连续不断地从排水系统中接受污水，同时接种存活于排水系统中的微生物种群，对此，偌大的排水系统起到"微生物选择器"和中间反应器的作用。在这里不断地产生微生物种群的适应、淘汰、优选、增殖等过程，从而能够培育、驯化、诱导出与原污水适应的微生物种群。由于本工艺不设初沉池，使 A 段能够充分利用由排水系统优选的微生物种群。

2）A 段负荷高，为增殖速度快的微生物种群提供了良好的环境条件。在 A 段能够成活的微生物种群，只能是抗冲击负荷能力强的原核细菌，而原生动物和后生动物则不能存活。

3）A 段污泥产率高，并具有一定的吸附能力，A 段对有机污染物的去除，主要依靠生物污泥的吸附作用。这样，某些重金属和难以降解的有机污染物质以及氮、磷等植物性营养物质，都能够通过 A 段而得到一定的去除，从而大大地减轻了 B 段的负荷。A 段的 η_{BOD} 大致介于 40%～70% 之间，但经 A 段处理后的污水，其可生化性将有所改善，有利于后续 B 段的生物降解作用。

4）由于 A 段对污染物质的去除，主要是以物理、化学作用为主导的吸附功能，因此，其对负荷、温度、pH 值以及毒性等作用具有一定的适应能力。

5）对城市污水处理的 A 段，主要设计与运行参数为：BOD 污泥负荷率 $Ns = 2 \sim 6 kgBOD/(kgMLSS \cdot d)$，是传统活性污泥法的 10～20 倍；污泥龄 $\theta_c = 0.3 \sim 0.5 d$；水力停留时间 $t = 30 min$；吸附池内溶解氧浓度 $DO = 0.2 \sim 0.7 mg/L$。

（4）B 段的功能与设计、运行参数。

1）B 段接受 A 段的处理水，因水质、水量比较稳定，冲击负荷已不再影响 B 段，B 段的净化功能得以充分发挥。

2）B 段的主要净化功能是去除有机污染物。

3）B 段的污泥龄（θ_c）较长，氮在 A 段也得到了部分的去除，BOD∶N 比值有所降低，因此，B 段具有产生硝化反应的条件。

4）B 段承受的负荷为总负荷的 30%～60%，与传统活性污泥法相比，曝气池的容积可减少 40% 左右。应当说明的是，B 段的各项功能、效应的发挥，都是以 A 段正常运行作为首要条件。

5）城市污水处理的 B 段，设计、运行参数为：BOD 污泥负荷率 $N_s = 0.15 \sim 0.3\text{kgBOD}/(\text{kgMLSS} \cdot \text{d})$；污泥龄 $\theta_c = 15 \sim 20\text{d}$；水力停留时间 $t = 2 \sim 3\text{h}$；曝气池内混合液溶解氧浓度 $\text{DO} = 1.0 \sim 2.0\text{mg/L}$。

AB 处理工艺在国内外得到较好的应用，我国用于青岛海泊河污水处理厂便是其中的一座。该厂于 1993 年 3 月开工建造，1995 年 6 月正式投产运行，日处理城市污水量为 80000m^3。目前，该厂运行正常，处理水水质完全符合国家规定的排放标准。

3．间歇式活性污泥处理系统

间歇式活性污泥法工艺，简称 SBR 工艺（Sequencing Batch Reactor），又称序批式活性污泥处理系统。现行的各种活性污泥处理系统的运行方式，都是按连续式考虑的。但是，在活性污泥处理技术开创的早期，却是按间歇式运行的，只是因为这种运行方式操作烦琐、空气扩散装置易于堵塞以及某些在认识上的问题等，对活性污泥处理系统长期都采取了连续的运行方式。

近几十年来，电子工业发展迅速，污泥回流、曝气充氧以及混合液中的各项主要指标如溶解氧浓度（DO）、pH 值、电导率、氧化还原电位（ORP）等，都能够通过自动检测仪表做到自控操作，污水厂整个系统都能够做到自控运行。这样，就在技术上为活性污泥处理系统的间歇式运行创造了条件。因此，可以说 SBR 工艺是一种既古老又年轻的污水处理技术。

由于这项工艺在技术上具有某些独特的优越性，自 1979 年以来，本工艺在美国、德国、日本、澳大利亚、加拿大等工业发达国家的污水处理领域，得到较为广泛的应用。20 世纪 80 年代以来，在我国也受到重视，并得到应用。

（1）间歇式活性污泥处理系统的工艺流程及特征。工艺流程如图 6.25 所示。该工艺系统最主要特征是采用集有机污染物降解与混合液沉淀于一体的反应器——间歇曝气池。与连续式活性污泥法系统相比

图 6.25　间歇式活性污泥处理系统工业流程

较，该工艺系统组成简单，无需设污泥回流设备，不设二沉池，曝气池容积也小于连续式的，建设费用与运行费用都较低。另外，间歇式活性污泥法系统还具有如下各项特征：①在大多数情况下（包括工业废水处理），无需设置调节池；②一般情况下，SVI 值较低，污泥易于沉淀，不产生污泥膨胀现象；③通过对运行方式的调节，在单一的曝气池内能够进行脱氮和除磷反应；④应用电动阀、液位计、自动计时器及可编序程序控制器等自控仪表，可使得该工艺过程实现全部自动化，由中心控制室控制；⑤如运行管理得当，处理水水质优于连续式。

（2）间歇式活性污泥法系统工作原理。如果说连续式推流式曝气池，是空间上的推流；那么间歇式活性污泥曝气池，在流态上虽然属完全混合式，但在有机污染物降解方面，则是时间上的推流。在连续式推流曝气池内，有机污染物是沿着空间降解的，

而间歇式活性污泥处理系统，有机污染物则是沿着时间的推移而降解的。间歇式活性污泥处理系统的间歇式运行，是通过其主要反应器——曝气池的运行操作而实现的。曝气池的运行操作是由流入、反应、沉淀、排放、待机（闲置）等5道工序所组成，如图6.26所示。

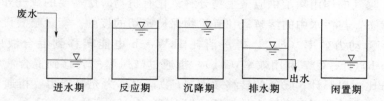

废水

出水

进水期　　　反应期　　　沉降期　　　排水期　　　闲置期

图 6.26　间歇式活性污泥法曝气池运行操作5道工序示意图

1）流入工序。污水注入之前，反应器处于5道工序中最后的待机段（或闲置段），处理后的废水已经排放，反应器内残留着高浓度的活性污泥混合液。污水注入，注满后再进行反应，从这个意义来说，反应器起到调节池的作用。因此，反应器对水质、水量的变动有一定的适应性。污水注入、水位上升，可以根据其他工艺上的要求，配合进行其他的操作过程，如曝气，即可取得预曝气的效果，又可使得污泥再生恢复其活性的作用；也可以根据要求，如脱氮、释放磷等，进行缓速搅拌；又可根据限制曝气的要求，不进行其他技术措施，而单纯注水等。

本工序所用的时间，则根据实际排水情况和设备条件确定，从工艺效果上要求，注入时间以短促为宜，瞬间最好，但这在实际上有时是难以实现的。

2）反应工序。这是该工艺最主要的一道工序。污水注入达到预定高度后，即开始反应操作，根据污水处理目的，如 BOD 去除、硝化、磷的吸收及反硝化等，采取相应的技术措施，如前3项，则为曝气，后1项则为缓速搅拌，并根据需要达到的程度以决定反应的延续时间。如根据需要，使反应器连续地进行 BOD 去除—硝化—反硝化反应，BOD 去除—硝化反应中曝气时间较长，而在进行反硝化时，应停止曝气使反应器进入缺氧状态，进行缓速搅拌，此时为了向反应器内补充电子受体，应投加甲醛或注入少量有机污水。

在本工序的后期，进入下一步沉淀过程之前，还要进行短暂的微曝气，以吹脱污泥附近的气泡或氮，而保证沉淀过程的正常进行。

3）沉淀工序。本工序相当于活性污泥法连续系统的二沉池。停止曝气和搅拌，使混合液处于静止状态，进行泥、水分离，由于本工序是静止沉淀，沉淀效果一般良好。沉淀工序采取的时间基本同二沉池，一般为 1.5～2.0h。

4）排放工序。经过沉淀后产生的上清液，作为处理水排放，一直到最低水位。在反应器内残留一部分活性污泥，作为种泥。

5）待机工序。也称闲置工序，即在处理水排放后，反应器处于停滞状态，等待下一个操作周期开始的阶段。此工序时间，应根据现场具体情况而定。

SBR 工艺及其后续发展的新型工艺，受到国内外专家们的重视并得到很好的应用，除城市污水处理外，还用于处理啤酒、食品生产、制革、肉类加工以及制药等工业废水，效果良好，并开发出各种形式的滗水器等与之配套的设备。

6.1.3　曝气设备与曝气池的构造

6.1.3.1　曝气设备

活性污泥法处理系统正常运行的三要素是：有机物、良好的活性污泥和充足的空气。曝气设备的任务是将空气中的氧有效地转移到混合液中去。曝气的方法可分为鼓风曝气和机械曝气。曝气的作用除了供应微生物分解氧化有机物时所需要的氧气外，还使活性污泥处于悬浮状态，与污水中的溶解氧和有机物保持密切的接触。衡量曝气设备技术性能的主要指标是：①动力效率（E_P），指每消耗 1kW·h 电能转移到混合液中的氧量，以 kgO_2/（kW·h）计；②氧利用效率（E_A），指通过鼓风曝气转移到混合液中的氧量占总供氧量的百分比，以％计；③氧的转移效率（E_L），也称为充氧能力，指通过机械曝气装置，在单位时间内转移到混合液中的氧量，以 kgO_2/h 计。

对鼓风曝气性能，按①②两项指标评定；对机械曝气装置，则按①③两项指标评定。

1. 鼓风曝气

鼓风曝气是传统的曝气方法，鼓风曝气系统由空气净化器、风机、空气扩散装置和风管系统组成。关于风机与风管的内容，将在本节随后的活性污泥法工艺设计中讲述，在此着重介绍鼓风曝气系统的空气扩散装置。鼓风曝气系统的空气扩散装置主要分为：微气泡、中气泡、大气泡、水力剪切等类型。

（1）微气泡空气扩散装置。扩散板、扩散管、扩散盘等属微气泡扩散装置。

扩散板是用多孔性材料制成的薄板，有陶土的，有由多孔塑料或尼龙等其他材料制成的。其形状可制成方形或长方形。方形扩散板尺寸通常为 300mm×300mm×（25～40）mm，扩散板的通气率一般为 1～1.5m³/（m²·min），其安装面积约占池面积的 5％～10％。扩散板安装在池底一侧的预留槽上或预制的长槽形水泥匣上（见图 6.27），空气由竖管进入槽内，然后通过扩散板进入混合液。除扩散板外，国外也有采用扩散管和扩散盘的。

微气泡空气扩散装置的主要特点是产生的微小气泡直径可达 1.5mm 以下，气液接触面积大，氧利用率较高，一般可达 10％以上，动力效率 E_p 为 1.8～2.5kgO₂/（kW·h）；缺点是气压损失较大，易堵塞，送入的空气应预先经过过滤处理。

几种微气泡空气扩散装置，如图 6.27 所示。

（2）中气泡空气扩散装置。

1）穿孔管。穿孔管是穿有小孔的塑料管或钢管，小孔直径一般为 3～5mm，孔开于管的下侧与垂直面成 45°的夹角处，间距为 10～20mm。

穿孔管通常布置在池的一侧，也可按编织物的形式安装遍布池底。采用穿孔管曝气时，为避免孔眼堵塞，孔眼出口流速应不小于 10m/s。穿孔管的布置排数由曝气池的宽度及空气用量而定，一般可用 2～3 排。穿孔管比扩散管阻力小，不易堵塞，氧转移率 E_L 在 6％～8％之间，动力效率 E_p 为 2.3～3.0kgO₂/（kW·h），故国内小型污水厂采用较多。图 6.28 为采用穿孔布气管布气的布置方式。

2）W_M—180 型网状膜空气扩散装置。近年来，国内某些设计单位研制、生产出几种属于中气泡的空气扩散装置。这些装置的特点是不易堵塞、布气均匀、构造简单、便于维护管理、氧的利用率较高，W_M—180 型网状膜空气扩散装置即为其中具有代表性的产品，

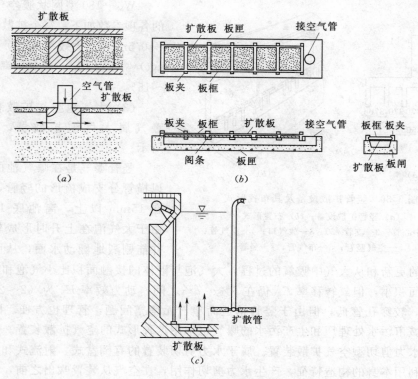

图 6.27 扩散板空气扩散装置
（a）扩散板沟安装方式；（b）扩散板匣安装方式；（c）扩散板与扩散管

如图 6.29 所示。

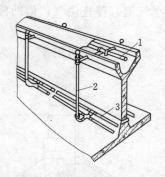

图 6.28 采用穿孔布气管布气的布置方式
1—空气管；2—空气竖管；3—穿孔布气管

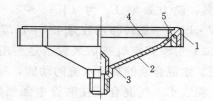

图 6.29 W$_M$—180 型网状膜空气扩散装置
1—螺盖；2—扩散装置本体；3—分配器；
4—网膜；5—密封垫

W$_M$—180 型网状膜空气扩散装置由主体、螺盖、网状膜、分配器和密封圈所组成。主体骨架用工程塑料注塑成型，网状膜则由聚酯纤维制成。该装置由底部进气，经分配器第一次切割并均匀分配到气室，然后通过网状膜进行二次分割，形成微小气泡扩散到混合液中。

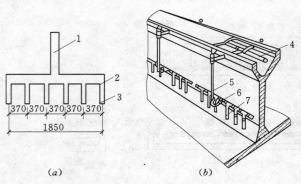

图6.30　竖管扩散设备及其布置形式

(a) 竖管扩散设备；(b) 布置形式

1—中心管；2—支管φ20；3—放气口；4—空气管；

5—空气竖管；6—布气管；7—竖管

W_M—180型网状膜空气扩散装置的各项参数如下：每个扩散器的服务面积 $0.5m^2$，动力效率 Ep 为（2.7～3.7）kgO_2/（$kW \cdot h$），氧利用率 E_A 为12%～15%。

(3) 大气泡空气扩散装置。竖管曝气属大气泡扩散器，如图6.30所示。

竖管曝气是在曝气池的一侧布置以横管分支成梳形的竖管，竖管口径在15mm以上，离池底15cm左右。由于大气泡在上升时形成较强的紊流并能剧烈地翻动水面，从而加强了气泡液膜层的更新和从大气中吸氧的过程。大气泡与液体的接触面积比小气泡和中气泡与液体的接触面积小，但氧转移率 E_A 仍在6%～7%之间，动力效率 E_p 为（2～2.6）kgO_2/（$kW \cdot h$），较穿孔管低，但由于竖管构造简单，无堵塞问题，管理也方便。因此近年来国内一些城市污水处理厂和生产污水的曝气也采用这种形式的空气扩散装置。

(4) 水力剪切型空气扩散装置。属于水力剪切装置的有倒盆式、射流式和撞击式，该扩散装置利用本身的构造特征，产生水力剪切作用，在空气从装置吹出之前，将大气泡切割成小气泡。

1) 倒盆式空气扩散装置。倒盆式空气扩散装置由盆形塑料壳体、橡胶板、塑料螺杆、压盖等组成。其构造见图6.31。空气由上部进气管进入，由盆形壳体和橡胶板间的缝隙向周边喷出，在水力剪切的作用下，空气泡被剪切成小气泡。停止供气，借助橡胶板的回弹力，使缝隙自行封口，防止混合液倒灌。

该型扩散器的各项技术参数：服务面积为（6×2）m^2，氧利用率 E_A 为6.5%～8.8%，动力效率 E_p 为（1.75～2.88）kgO_2/（$kW \cdot h$），总氧转移系数为4.7～15.7。

2) 射流式空气扩散装置。是利用水泵打入的泥、水混合液的高速水流的动能，吸入大量空气，泥、水、气混合液在喉管中强烈混合搅动，使气泡粉碎成雾状，继而在扩散管内，由于速头变成压头，微细气泡进一步压缩，氧迅速转移到混合液，从而强化了氧的转移过程，氧的转移率可高达20%以上，不过动力效率不高，如图6.32所示。

3) 固定螺旋空气扩散装置。由圆形外壳和固定在壳体内部的螺旋叶片所组成，每个螺旋叶片的旋转角为180°，两个相邻叶片的旋转方

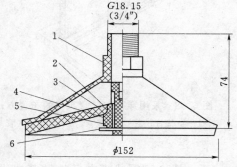

图6.31　塑料倒盆型空气扩散装置

1—盆型塑料壳体；2—橡胶板；3—密封圈；

4—塑料螺杆；5—塑料螺母；

6—不锈钢开口销

向相反。空气由布气管从底部的布气孔进入装置内，向上流动，由于壳体内外混合液的密度差，产生提升作用，使混合液在壳体内外不断循环流动。空气泡在上升过程中，被螺旋叶片反复切割，形成小气泡。当前常用的固定螺旋空气扩散装置有：固定单螺旋、固定双螺旋及固定三螺旋等 3 种空气扩散装置。图 6.33 为固定单螺旋空气扩散装置图。

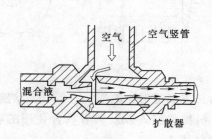

图 6.32　射流式水力冲击式空气扩散装置

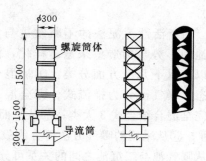

图 6.33　固定式单螺旋空气扩散装置

2. 机械曝气

鼓风曝气是水下曝气，机械曝气是表面曝气。机械曝气是用安装在曝气池水面上的表面曝气机来实现，按转动轴的安装方向，表面曝气机可分为垂直轴式和水平轴式两种。

（1）垂直轴式曝气机（曝气叶轮）。这类表曝机的转动轴与水面垂直，我国常用的有泵型、倒伞型和平板型 3 种，如图 6.34 所示。表面曝气时，混合液充氧是通过下述 3 项作用实现的：

1）叶轮的提水和输水作用，使曝气池内液体不断循环流动，从而不断更新气液接触面和不断吸氧；

2）叶轮在旋转时，在其周围形成水跃，使液体剧烈搅动而卷进空气；

3）叶轮的叶片后侧在旋转时形成负压区而吸入空气。

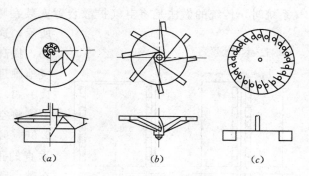

图 6.34　几种叶轮表曝机
(a) 泵型；(b) 倒伞型；(c) 平板型

因为池液的流动状态同池形有密切关系，所以曝气的效率不仅决定于曝气机的性能，还同曝气池的池形有着密切关系。

表曝机叶轮的淹没深度一般在 10～100mm，可以调节。淹没深度大时提升水量大，但所需功率也要增大，叶轮转速一般为 20～100r/min，因而电机需通过齿轮箱变速，同时可以进行两档或三档调速，以适应进水水量和水质的变化。

（2）水平轴式曝气刷（曝气转刷）。这类曝气机的转动轴与水面平行（见图 6.35），在垂直于转动轴的方向装有不锈钢丝或板条，转速 70～120r/min，淹没深度为 1/4～1/3 直径。转动时，钢丝或板条把大量液滴抛向空中，并使液面剧烈波动，促进氧的溶解；同时推动混合液在池内回流，促进溶解氧的扩散。

6.1.3.2　曝气池构造及曝气设备的布置

曝气池是活性污泥反应器，是活性污泥系统的核心设备，活性污泥的净化效果在很大程度上取决于曝气池的功能是否能够发挥正常。

由于活性污泥法的不断改进与发展，曝气池的形势与构造愈来愈多样化，概括起来可以从以下几个方面分类：①从混合液流动形态，曝气池分为推流式、完全混合式和推

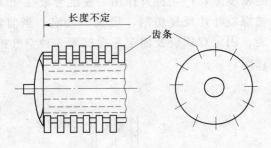

图 6.35　卧式曝气刷

流完全混合结合式 3 大类；②从平面形状可分为长方廊道形、圆形、方形、环状跑道形等 4 种；③从采用的曝气方法可分为鼓风曝气式、机械曝气式以及两者联合使用的联合式；④从曝气池与二沉池之间的关系可分为合建式和分建式。

1. 推流式曝气池

呈长方廊道形。所谓推流，就是污水（混合液）从池的一端流入，在后继水流的推动下，沿池长流动，并从池的另一端流出。对这种类型的曝气池，在工艺、构造等方面，应考虑下列各项问题。

（1）关于曝气系统与空气扩散装置。推流式曝气池多采用鼓风曝气系统。采用鼓风曝气系统时，传统的做法是将空气扩散装置安装在曝气池廊道底部的一侧，如图 6.36（a）所示，这样的做法可使水流在池内呈旋转状流动，提高气泡与混合液的接触时间；对此，曝气池廊道的宽深比，一般要在 2 以下，多介于 1.0～1.5 之间。如果曝气池的宽度较大，则应考虑将空气扩散装置安设在廊道的两侧，如图 6.36（b）所示。也可以按一定的形式，如相互垂直的正交形式或呈梅花形交错式均衡地布置在整个曝气池底。

（2）关于曝气池的数目及廊道的排列与组合。曝气池的数目随污水处理厂的规模而定，一般在结构上分成若干单元，每个单元包括一座或几座曝气池，每座曝气池常由 1 个廊道或 2～5 个廊道组成，如图 6.37 所示。当廊道数为单数时，污水的进、出口分别位于曝气池的两端；而当廊道数为双数时，则位于廊道的同一侧。

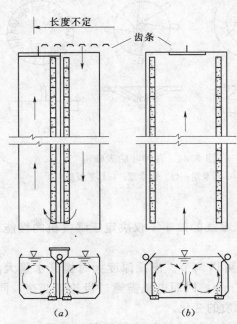

图 6.36　推流式鼓风曝气池空气扩散装置布置形式与水流在横断面的流态

（a）在池底一侧；（b）在池底的两侧

（3）关于曝气池廊道的长度（L）、宽度（B）和深度（H）。曝气池廊道的长度，主要根据污水处理厂所在地址的地形条件与总体布置

而定。在水流运动方面则应考虑不产生短流，就此，长度可达 100m，但以 50～70m 之间为宜。同时应满足长宽比（L/B）$\geqslant$（5～10）。

当空气扩散装置安设在廊道底部的一侧时，池宽度（B）与池深度（H）之间应满足宽深比（B/H）在 1.0～2.0 之间。

在确定曝气池的深度时，应考虑氧的利用效率。此外，池的深度与造价及动力费用有着密切的关系。池深大，有利于氧的利用，但造价与动力费用都将有所提高；反之，造价及运行费用降低，但氧的利用率也将降低。

另外，还应考虑土建结构和曝气池的功能要求、允许占用的土地面积、能够购置到的空压机所具有的压力等因素。

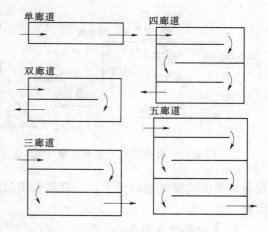

图 6.37　曝气池的廊道组合

综上所述，推流式曝气池的深度（H）必须综合考虑上述各项因素，并进行经济技术比较确定。

当前我国对推流式曝气池一般采用的 $H=3～5m$。

（4）关于在曝气池内设横向隔墙分室问题。在曝气池内沿其长度设若干横向隔墙，将曝气池分为若干个小室，混合液逐室串联流动，混合液在每个小室内呈完全混合式流态，而从曝气池整体来看则是推流式流态。

采取这种技术措施能够达到下列效果：①消除混合液在曝气池内的纵向混合，并使混合液在曝气池的整体内形成真正的推流流态；②消除水流死角；③处理水水质稳定。

横向隔墙设置方式有 2 种：①第一室隔墙的一端紧靠池壁，另一端则与池壁之间留有一定的间距，逐室交替，混合液在室内除完全混合外，还呈横向流动，如图 6.38（a）所示；②第一室的隔墙上端高出水面，下端则与池底之间留有一定的间距，第二室则下端紧接池底，上端在水位之下，以后逐室交替，最后的小室必须是由底部出水，如图 6.38（b）所示，混合液在小室内，除完全混合外，还呈上、下流流动。

（5）关于曝气池的顶部与底部。为了使混合液在池内的旋转流动能够减少阻力，并避免形成死角，将廊道横剖面的 4 个角（墙顶与墙脚）作成 45°斜面。

在曝气池水面以上应在墙面上考虑 0.5m 的超高。在池顶部隔墙上可考虑建成渠道状，此渠道既可作为配水渠道使用，也可作为空气

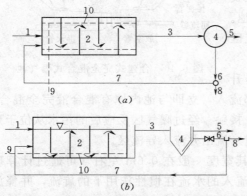

图 6.38　设有横向隔墙分室的曝气池

1—经预处理后的污水；2—活性污泥反应器—曝气池；3—从曝气池流出的混合液；4—二次沉淀池；5—处理水；6—污泥泵站；7—回流污泥系统；8—剩余污泥排出；9—来自空压机站的空气；10—曝气系统及空气扩散系统

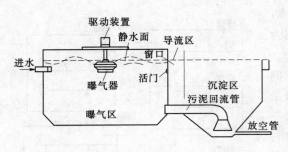

图 6.39　分建式完全混合式曝气池

干管的管沟，渠道上安设盖板后，可作为人行道。

在曝气池的底部应考虑排空措施，按纵向 2‰ 左右的坡度，设直径为 80～100mm 的放空管。另外，还应考虑到活性污泥培养、驯化时周期排放上清液的要求，在距池底一定距离处设 2～3 根直径为 80～100mm 的排水管。

（6）关于曝气池的进水、进泥、出水设备。推流式曝气池的出水，一般都采用溢流堰的方式，处理水流过堰顶，溢流流入排水渠道。

2. 完全混合式曝气池

完全混合式曝气池多采用表面机械曝气，曝气池的池型多为圆形，偶见方形或多边形。表面机械曝气机置于池的表层中心，污水进入池的底部中心。污水一进池，在表面曝气机的控制下，立即与全池混合液充分混合。根据曝气池与二次沉淀池分建与合建，完全混合式曝气池可以分为分建式和合建式，如图 6.39 和图 6.40 所示。

在完全混合曝气池中，应当首推合建式完全混合曝气沉淀池，简称曝气沉淀池。其主要特点是曝气反应与沉淀过程（固液分离）在同一的处理构筑物内完成。

曝气池有多种结构形式，图 6.40 所示的是我国从 70 年代开始广泛使用的一种形式曝气沉淀池。由图 6.40 可见，曝气沉淀池是由曝气区、导流区和沉淀区 3 个部分组成。

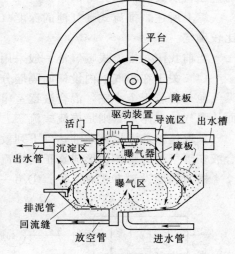

图 6.40　合建式完全混合式曝气池

（1）曝气区。考虑表面机械曝气装置的提升能力，深度一般在 4m 以内为宜。污水从池底部流入，立即与池内原有混合液完全混合，并与从沉淀区回流缝回流的活性污泥充分混合、接触。经过曝气区反应后的污水从位于顶部四周的回流窗（大小可以调节，一边控制流量）流出并流入导流区。

（2）导流区。位于曝气区与沉淀区之间，其宽度一般在 0.6m 左右（可通过计算确定），内设竖向整流板，其作用是阻止从回流窗流入的水流在惯性作用下的旋流，并释放混合液中的气体，使得水流平稳地进入沉淀区，为固、液分离创造了良好的条件。导流区的高度一般大于 1.5m。

（3）沉淀区。位于导流区和曝气区的外侧，其功能是进行泥、水分离，上部为澄清区，下部为污泥区。澄清区的深度一般不小于 1.5m，污泥区的容积，一般应不小于 2h 的存泥量。澄清后的处理水沿设于四周的出流堰进入排水槽，出流堰一般采用锯齿状的三角堰。

污泥通过回流缝回流到曝气区，回流缝一般宽为 $0.15 \sim 0.20 \mathrm{m}$。在回流缝上侧设池裙，以避免死角。在污泥区的一定深度设排泥管，以排出剩余污泥。

6.1.4 活性污泥处理系统的工艺设计

6.1.4.1 概述

1. 设计内容

活性污泥系统是由曝气池、曝气系统、污泥回流系统、二沉池等组成。其工艺设计与计算主要包括下列几方面的内容：

（1）工艺流程的选定。

（2）曝气区容积的计算及曝气池的工艺设计。

（3）需氧量、供气量的计算及曝气系统的设计与计算。

（4）回流污泥量、剩余污泥量的计算与污泥回流系统的设计。

（5）二沉池的池型选定及工艺设计与计算。

（6）剩余污泥的处置。

2. 原始资料与数据

进行活性污泥处理系统的设计计算，首先应充分掌握与污水、污泥有关的原始资料，其中主要有：

（1）原污水日平均流量 $(\mathrm{m}^3/\mathrm{d})$，最大时流量 $(\mathrm{m}^3/\mathrm{h})$，最低时流量 $(\mathrm{m}^3/\mathrm{h})$。当曝气池设计水力停留时间大于 6h，可考虑以平均日流量为曝气池的设计流量。当水力停留时间较短时，如 2h 左右，则应以最大时流量作为曝气池的设计流量。

（2）原污水和经过一级处理后的主要各项水质指标：BOD_5 与 BOD_u（溶解性、悬浮性）；COD（溶解性、悬浮性）；SS（非挥发性、挥发性）；总固体（溶解性、非溶解性）；总氮（有机氮、游离氮、硝酸氮、亚硝酸氮、氨氮）；总磷（有机磷、无机磷）等。

（3）处理水的出路及排放标准，其中主要的是 BOD 和 COD 去除率及出水浓度。

（4）对所产生污泥的处理与处置要求。

（5）原污水中所含有毒有害物质及其浓度，微生物对其有无驯化的可能。

此外，如需要（特别是对北方寒冷地区），还应掌握水温一年内变化及其对处理效果的影响。

3. 应确定的主要各项参数

进行活性污泥法系统的工艺设计，应确定的主要设计参数有：

（1）BOD -污泥负荷率（BOD - SS 负荷率）。

（2）混合液污泥浓度（$MLSS$、$MLVSS$）。

（3）污泥回流比（R）。

以生活污水为主体的城市污水，对上述各项原始资料、数据和主要设计参数，已比较成熟，可以直接取用于设计。但是对工业废水所占比重较大的城市污水，则应通过实验和现场实测以确定其各项设计参数。

4. 确定处理工艺流程

上述各项原始资料是处理工艺流程确定的主要根据。另外，还要综合考虑现场的地理位置、地区条件、气候条件以及施工水平等客观因素，综合分析本工艺在技术上的可行性和先进性以及经济上的合理性等。对那些工程量较大，投资额较高的工程，需要进行多种工艺流程方案的比较，以期所确定的工艺系统是优化的。

6.1.4.2 曝气池（区）容积的计算

1. 曝气区容积的计算方法

计算曝气池容积，当前较普遍采用的是以有机负荷率为计算指标的方法。有机负荷率通常有两种表示方法：一是活性污泥负荷率即 BOD-污泥负荷率（N_s）；二是曝气区容积负荷率即 BOD-容积负荷率（N_v）。曝气区容积可按 BOD-污泥负荷率（N_s）、BOD-容积负荷率（N_v）、污泥龄（θ_c）来计算。

（1）按污泥负荷率（N_s）计算，曝气区容积：

$$V = \frac{QS_a}{N_s X} \tag{6.17}$$

式中　Q——污水设计流量，m^3/d；

　　　S_a——原污水的 BOD_5 值，mg/L 或 kg/m^3；

　　　X——曝气池内混合液悬浮固体浓度（$MLSS$），mg/L 或 kg/m^3；

　　　V——曝气池容积，m^3。

（2）按容积负荷率（N_v）计算，曝气区容积：

$$V = \frac{QS_a}{N_v} \tag{6.18}$$

（3）按污泥龄（θ_c）计算，曝气区容积：

$$V = \frac{aQ(S_a - S_e)}{(1/\theta_c + b)X_v} \tag{6.19}$$

式中　a——降解 1kgBOD 所产生挥发性活性污泥（$MLVSS$）的千克数，即污泥产率系数，见表 6.1；

　　　b——1kg 污泥（$MLVSS$）每日的自身氧化率，$1/d$，见表 6.1；

　　　S_e——二沉池出水的 BOD_5 浓度，mg/L；

　　　θ_c——污泥龄，d；

　　　X_v——混合液挥发性污泥浓度，mg/L。

曝气区容积通常用污泥负荷率（N_s）来计算。

2. BOD-污泥负荷率（N_s）的确定

BOD-污泥负荷率（N_s）在微生物对有机物降解方面的实质即是 F/M 值。F/M 值不同，活性污泥所处增长期就不同，因而 N_s 会影响污泥增长速率、有机物去除速率、氧利用速率以及污泥的特性。因此确定 BOD-污泥负荷率：

首先，必须结合处理水的 BOD_5 值（S_e）考虑。

（1）对完全混合式的曝气区，按动力学降解原理计算：

$$N_s = \frac{K_2 S_e f}{\eta} \tag{6.20}$$

式中　S_e——二沉池出水的 BOD_5 浓度，mg/L；

　　　f——活性污泥的挥发分（$f = MLVSS/MLSS = X_v/X$）；

　　　η——BOD_5 的去除率［$\eta = (S_a - S_e)/S_a$］；

　　　K_2——参见表 6.4。

表 6.4　　　　　　　　　几种工业废水用完全混合式曝气池处理的 K_2 值

工业废水名称	K_2 值	工业废水名称	K_2 值
合成橡胶废水	0.0672	脂肪精制废水	0.036
化学废水	0.00144	石油化工废水	0.00672

由式 6.18 可知，对完全混合式曝气池，确定其 BOD-污泥负荷率，关键的环节是正确地选定 K_2 值。对于城市污水完全混合式曝气池的 K_2 值介于 0.0168～0.0281 之间，一般情况下可参照表 6.3 选定。

（2）对于推流式曝气池，在污水流经曝气池全长的过程中，F/M 值也是沿着池长变化的，K_2 值也并非常数。但在实际中，仍近似使用通过完全混合式推倒的计算式，即式 6.18。日本专家桥本奖教授根据哈兹尔坦（Haseltine）对美国 46 个城市污水处理厂的调研资料进行归纳分析，得出了适用于推流式曝气池的经验公式，也可作为设计的参考。

$$N_s = 0.01295S_e^{1.1918} \tag{6.21}$$

其次，确定 BOD-污泥负荷率，还必须考虑污泥的凝聚和沉淀性能，即根据所需要的出水水质而计算出的 N_s 值，再进一步复合相应的 SVI 值是否在正常运行的范围之内。对城市污水可按图 6.4 复核；至于工业废水，可按图 6.5 进行复核，必要时通过试验确定。如果对出水水质要求进入硝化阶段，N_s 还必须结合污泥龄（θ_c）考虑。例如在 20℃时硝化菌的世代时间为 3d，则与设计的 N_s 相应的 θ_c 必须大于 3d。

一般来说，N_s 在 0.3～0.5 kgBOD/（kgMLSS·d）时，BOD 去除率可达 90% 以上，SVI 值在 80～150 之间，污泥的吸附性能和沉降性能均较好。对于易降解的污水，应着重从污泥沉降性能来确定 N_s；对于难降解的污水，则应着重于出水水质的要求来确定 N_s；对于剩余污泥不便处置的小型污水厂，N_s 应低于 0.2 kgBOD/（kgMLSS·d），使污泥自身氧化；采用较低的 N_s，也是寒冷地区在低温季节达到预期处理效果的有效措施。

3. 混合液污泥浓度（$MLSS$）的确定

混合液污泥浓度（$MLSS$）是指曝气池的平均污泥浓度。设计时，采用较高的污泥浓度可缩小曝气区容积，显出一定的经济性，但污泥浓度过高，会带来一系列不利于处理系统的影响。所以，在选用时应考虑下列因素：

（1）供氧的经济与可能性。因为过高的污泥浓度会改变混合液的粘滞性，增加扩散阻力、供氧的利用率，因此在动力费用方面是不经济的。此外，需氧量是随污泥浓度的提高而增加的，所以采用过高的污泥浓度将会使得供氧困难。

（2）活性污泥的凝聚沉淀性能。因为混合液中的污泥来自回流污泥，混合液污泥浓度（X）不可能高于回流污泥浓度（X_R），而回流污泥来自二沉池，二沉池的污泥浓度与污泥沉淀性能以及它在二沉池中浓缩的时间有关。一般，混合液在量筒中沉淀 0.5h 后形成的污泥基本上可代表混合液在二沉池中沉淀时形成的污泥。回流污泥浓度（X_R）一般可近似按下式确定：

$$X_R = \frac{10^6}{SVI}r \qquad (6.22)$$

式中　X_R——回流污泥浓度，mg/L；

　　　SVI——污泥容积指数；

　　　r——考虑污泥在二沉池中停留时间、池深、污泥厚度等因素的有关系数，一般在 1.2 左右。

（3）沉淀池与回流设备的造价。污泥浓度高，会增加二沉池的负荷，从而提高造价；另外，对于分建式曝气池，混合液浓度愈高，则维持平衡的污泥浓度液愈大，使得污泥回流设备的造价和动力费用增加。见图 6.41。按照物料平衡可得混合液污泥浓度（X）和污泥回流比（R）及回流污泥浓度（X_R）之间的关系：

因为　　　　　　　　　　　　$RQX_R = (Q + RQ)X$

所以　　　　　　　　　　　　$X = \frac{R}{1+R}X_R \qquad (6.23)$

式中　R——污泥回流比$\left(R = \frac{RQ}{Q}\right)$；

　　　X——曝气池内混合液污泥浓度，mg/L。

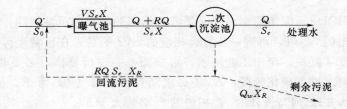

图 6.41　完全混合活性污泥系统的物料平衡

将式（6.20）代入式（6.21），可得出估算混合液浓度的公式：

$$X = \frac{R}{1+R}\frac{10^6}{SVI}r \qquad (6.24)$$

国内外不同运行方式活性污泥法常用的 X 值列于表 6.5，可供设计参考。

表 6.5　　　　　　　　**国内外不同运行方式活性污泥系统常用的 X 值**　　　　　　单位：mg/L

国家	传统曝气池	阶段曝气池	生物吸附曝气池	曝气沉淀池	延时曝气池	高率曝气池
中国	2000～3000	—	4000～6000	4000～6000	2000～4000	—
英国	—	1600～4000	2200～5500	—	1600～6400	300～800
美国	1500～2500	3500	1500～2000	2500～3500	5000～7000	320～1100
日本	1500～2000	1500～2000	4000～6000	2500～3500	5000～8000	400～600

总之，曝气池混合液污泥浓度（X）必须在考虑上述影响因素的基础上，参考表 6.5 中常用值慎重确定。也可按照式（6.22）进行估算。

6.1.4.3 曝气设备

曝气设备的计算与设计包括：曝气方法的选择；需氧量和供气量的计算；曝气设备的设计与计算等。

1. 需氧量与供气量的计算

活性污泥处理系统的日平均需氧量，一般按式（6.16）计算，也可以按表 6.6 所列经验数据估算。

表 6.6   **污泥负荷率与需氧量之间关系的经验数据**

N_s(VSS) （kgBOD/kgMLVSS·d）	需 氧 量 （kgO_2/$kgBOD_5$）	最大需氧量与平均 需氧量之比	最小需氧量与平均 需氧量之比
0.10	1.60	1.5	0.5
0.15	1.38	1.6	0.5
0.20	1.22	1.7	0.5
0.25	1.11	1.8	0.5
0.30	1.00	1.9	0.5
0.40	0.88	2.0	0.5
0.50	0.79	2.1	0.5
0.60	0.74	2.2	0.5
0.80	0.68	2.4	0.5
≥1.00	0.65	2.5	0.5

日平均需氧量、最大需氧量确定后，就可按下式计算供气量 G_S：

$$G_S = \frac{R_0}{0.3E_A} \times 100 \tag{6.25}$$

式中　G_S——曝气设备的供气量，m^3/h；

E_A——曝气池空气扩散装置的氧转移效率，由生产厂家提供，或可参照表 6.7 选用；

R_0——一般情况下等于（1.33～1.61）R（推导过程可参照相关设计手册），其中 R 在数值上等于按式（6.16）计算的 O_2 量，kg/d。

表 6.7   **几种空气扩散装置的 E_A、E_P 值**

扩散装置类型	氧转移效率 E_A（%）	动力效率 E_P（kgO_2/kW·h）
陶土扩散板、管（水深 3.5m）	10～12	1.6～2.6
绿豆砂扩散板、管（水深 3.5m）	8.8～10.4	2.8～3.1
穿孔管（ϕ5，水深 3.5m）	6.2～7.9	2.3～3.0
（ϕ10，水深 3.5m）	6.7～7.9	2.3～2.7
倒盆式扩散器（水深 3.5m）	6.9～7.5	2.3～2.5
（水深 4.0m）	8.5	2.6
（水深 5.0m）	10	—
竖管扩散器（ϕ19，水深 3.5m）	6.2～7.1	2.3～2.6
射流式扩散器	24～30	2.6～3.0

2. 曝气设备的设计

曝气设备的设计内容：当采用鼓风曝气时，内容包括扩散装置的选择和对它的布置、空气管路的布置和管径的确定、确定鼓风机的规格与台数等；当采用机械曝气时，要确定曝气机械的形式与相应的规格（如叶轮直径转速功率等）。

（1）鼓风曝气系统的计算与设计。

1）空气扩散装置的选定与布置。空气扩散装置在选定时，应考虑的因素：具有较高的氧利用率（E_A）和动力效率（E_P），且具有较好的节能效果；不易堵塞，出现故障易排除；构造简单，便于安装；造价低等。空气扩散装置的布置：根据计算出的总供气量、每个空气扩散装置的通气量、服务面积、曝气池底面积等数据，计算确定空气扩散装置的数目，然后进行布置。

2）空气管道系统的设计与计算。自鼓风机房的鼓风机将压缩空气输送至曝气池，需要不同长度和不同管径的空气管。空气管（干管、大支管）的经济流速可采用 10～15m/s，通向扩散装置的小支管的经济流速可采用 4～5m/s。根据上述经济流速和通过的空气流量即可按图表（附录 2）确定空气管管径。

空气通过空气管道和扩散装置时的压力损失一般控制在 14.7kPa 以内，其中空气管道总损失控制在 4.9kPa 以内，由于扩散装置在使用过程中容易堵塞，所以在设计中一般规定空气通过扩散装置的阻力损失为 4.9～9.8kPa，对于竖管曝气可酌情减少。计算时，可根据空气流量和经济流速选定管径，然后再核算压力损失，调整管径，直到符合为止。

空气管道的压力损失为沿程阻力损失（h_1）和局部阻力损失（h_2）之和。管道的沿程阻力（摩擦损失）损失可根据附录 3 中图表求得；管道的局部阻力损失可根据式（6.26）将各个配件换算成管道的当量长度再求得。

$$l_0 = 55.5KD^{1.2} \tag{6.26}$$

式中　　l_0——管道的当量长度，m；

　　　　D——管径，m；

　　　　K——长度换算系数，可按表 6.8 查用。

表 6.8　　　　　　　　　　　　　长 度 换 算 系 数

配　　件	长度换算系数	配　　件	长度换算系数
三通：气流转弯	1.33	大小头	0.1～0.2
直流异口径	0.42～0.67	球阀	2.0
直流等口径	0.33	角阀	0.9
弯　头	0.4～0.7	闸阀	0.25

在查附录图表时，气温可采取 30℃，空气压力可按下式计算：

$$P = (H+1.5) \times 9.8 \tag{6.27}$$

式中　　P——空气压力，kPa；

　　　　H——扩散装置距水面的深度，m。

空气管道系统计算的步骤与方法，将通过后面的例题加以阐述。

鼓风曝气系统，压缩空气的绝对压力，按下式计算：

$$P = \frac{h_1 + h_2 + h_3 + h_4 + h_5}{h_5} \qquad (6.28)$$

式中　h_1、h_2——意义同前，Pa；

　　　　h_3——空气扩散装置安装深度（以装置出口处为准），mm；

　　　　h_4——空气扩散装置的阻力（按产品样本或试验资料确定），Pa；

　　　　h_5——所在地区的大气压力，Pa。

空压机所需压力

$$H = h_1 + h_2 + h_3 + h_4 \qquad (6.29)$$

3）空压机（鼓风机）的选定。根据每台空压机的设计风量和风压选择空压机。曝气设备中所采用的空压机类型较多，各式罗茨空压机、离心式空压机、通风机等均可供应于活性污泥系统。附录4所列，是我国生产的一些空压机规格。

在同一供气系统，应尽量选用同一型号的空压机。一般说，鼓风机房至少配备2台空压机，其中1台备用。空压机的备用台数：工作空压机不小于3台时，备用1台；工作空压机不小于4台时，备用2台。

（2）机械曝气装置的设计。机械曝气装置的设计内容主要是选择叶轮的型式和确定叶轮的直径。在选择叶轮型式时需考虑叶轮的充氧能力、动力效率以及加工条件等。叶轮直径的确定，主要取决于曝气池的需氧量，使所选择的叶轮充氧量等于曝气池混合液的需氧量。

另外，还要考虑叶轮直径与曝气筒直径的比例关系（如为方形或长方形曝气池，则应考虑轮径与池宽之比）：叶轮过大，可能损坏污泥；叶轮过小，则充氧不足。一般认为平板叶轮或伞型叶轮直径与曝气筒直径之比在 1/5～1/3 左右；而泵型叶轮以 1/7～1/4 为宜。叶轮直径与水深之比可采用 1/4～2/5，否则池深过大，将影响充氧和泥水分离。

泵型叶轮和平板叶轮的直径与充氧能力、叶轮功率之间的关系见附录5、附录6，供设计参考。根据计算出的 R_0 值和上述计算图表，能够初步选定叶轮尺寸，然后将其与池径加以复核，如不满足可作适当调整，直至符合要求。

6.1.4.4　污泥回流设备

分建式曝气池，活性污泥从二沉池回流到曝气池时需要设置污泥回流设备。污泥回流设备包括提升设备和管渠系统。

污泥回流系统的计算与设计内容包括：回流污泥量的计算；污泥提升设备的选择和设计。

1. 回流污泥量（Q_R）的计算

回流污泥量，一般按下式计算：

$$Q_R = RQ \qquad (6.30)$$

R 值可按下式确定：

$$R = \frac{X}{X_R - X} \qquad (6.31)$$

式（6.30）指出，回流比（R）取决于混合液污泥浓度（X）和回流污泥浓度（X_R），

而 X_R 又与 SVI 有关。根据式（6.22）和式（6.24），并令 $r=1.2$，则可以推算出随 SVI 值和 X 值而变化的回流污泥浓度值（X_R），并据此可以按式（6.31）确定出污泥回流比（R）值。SVI、X 和 X_R 三者之间的关系列于表 6.9。

表 6.9　　　　　　　　　　　　SVI、X 和 X_R 三者之间的关系

SVI	X_R (mg/L)	在下列 X 值（mg/L）的回流比					
		1500	2000	3000	4000	5000	6000
60	20000	0.08	0.11	0.18	0.25	0.33	0.43
80	15000	0.11	0.15	0.25	0.36	0.50	0.66
120	10000	0.18	0.25	0.43	0.67	1.00	1.50
150	8000	0.24	0.33	0.60	1.00	1.70	3.00
240	5000	0.43	0.67	1.50	4.00	—	—

在实际运行的曝气池内，SVI 值在一定的幅度内变化，而且混合液污泥浓度（X）也需要根据进水负荷的变化而加以调整。因此，在进行污泥回流系统的设计时，应按最大回流比考虑，但也应保证其能够在较小回流比条件下工作，也就是使得回流污泥量可以在一定幅度内变化。

2. **污泥提升设备的选择**

在污泥回流系统，常用的污泥提升设备主要是污泥泵、空气提升器和螺旋泵。

污泥泵的主要型式是轴流泵，运行效率较高，可用于较大规模的污水处理工程。在选择时，首先应考虑的因素是不破坏活性污泥的絮凝体，使污泥能够保持其固有的特性、运行稳定可靠。采用污泥泵时，将从二沉池流出的回流污泥集中到污泥井，从那里再用污泥泵抽送曝气池，大、中型污水厂则设回流污泥泵站。泵的台数视条件而定，一般采用 2～3 台，此外，还应考虑适当台数的备用泵。

空气提升器是利用升液管内外液体的密度差而使污泥提升的，见图 6.42，h_1 为淹没水深，h_2 为提升高度。一般 $h_1/(h_1+h_2) \geqslant 0.5$，空气最大量为最大回流量的 3～5 倍。

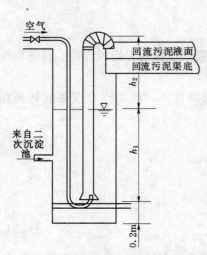

图 6.42　空气提升器构造示意图

需要在小的回流比情况下工作时，可调节进气阀门。它的结构简单，管理方便，并且所消耗的空气对补充活性污泥中的溶解氧也有好处，因此中小型鼓风曝气池可考虑采用。

空气提升器一般设在二次沉淀池的排泥井中或在曝气池进口处专设的回流井中。在每座回流井内只设一台空气提升器，而且只接受一座二沉池污泥斗的来泥，以免造成二次沉淀池排泥量的相互干扰，污泥回流量则通过调节进气阀门加以控制。

6.1.4.5　二次沉淀池（简称二沉池）

二沉池是活性污泥系统重要的组成部分，它的作用是进行泥、水分离，用以澄清混合液并浓缩和回流活性污泥。其工作效果的好坏，将直接影响活性污泥

系统的出水水质和回流污泥浓度。因为沉淀和浓缩效果不好，出水中就会增加活性污泥悬浮物，从而增加出水中的 BOD 浓度，影响处理效果；同时回流污泥浓度也会降低，从而降低曝气池中混合液浓度，影响净化效果。

在原则上，用于初次沉淀的平流式沉淀池、辐流式沉淀池和竖流式沉淀池都可以作为二沉池使用。但也有某些区别，大、中型污水处理厂多采用机械吸泥的圆形辐流式沉淀池，中型污水处理厂也有采用多斗式平流式沉淀池的，小型污水处理厂则比较普遍采用竖流式沉淀池。

1. 二沉池的特点

（1）在作用方面的特点。二沉池除了进行泥水分离外，还进行污泥浓缩，并由于水量、水质的变化，还要暂时贮存污泥。由于二沉池需要完成污泥浓缩的作用，所需要的池面积大于只进行泥水分离所需要的池面积。

（2）进入二沉池的活性污泥混合液在性质上的特点。活性污泥混合液的浓度高（2000～4000mg/L），具有絮凝性能，属于成层沉淀。它沉淀时泥水之间有清晰的界面，絮凝体结成整体共同下沉，初期泥水界面的沉速固定不变，仅与初始浓度 C 有关。

（3）二沉池内活性污泥的另一特点。质轻，易被出水带走，并容易产生二次流和异重流现象，使实际中的过水断面远远小于设计的过水断面。因此，设计平流式二沉池时，最大允许的水平流速要比初沉池的小一半；池的出流堰常设在离池末端一定距离的范围内；辐流式二沉池可采用周边进水的方式以提高沉淀效果；另外，出流堰的长度也要相对增加，使单位堰长的出流量不超过 5～8m³/（m·h）。

由于进入二沉池的混合液是泥、水、气三相混合体，因此在中心管中的下降流速不应超过 0.03m/s，以有利于气、水分离，提高澄清区的分离效果。曝气沉淀池的导流区，其下降流速还要小些（0.015m/s 左右），这是因为其气、水分离的任务更重的缘故。

由于活性污泥质轻、易腐变质等，采用静水压力排泥的二沉池，其静水头可降至 0.9m；污泥斗底坡与水平夹角不应小于 50°，以方便污泥顺利滑下和排泥通畅。

2. 二沉池的设计与计算

二沉池设计的主要内容除了池型的选择外，就是计算沉淀池（澄清区）的面积、有效水深和污泥区容积。计算方法常用表面负荷法。

（1）二沉池表面面积

$$A = \frac{Q}{q} = \frac{Q}{3.6u} \tag{6.32}$$

式中　　A——二沉池表面面积，m²；

Q——污水最大时流量，m³/h；

q——表面负荷率，m³/（m²·h）；

u——正常活性污泥成层沉淀之沉速，mm/s。

u 值随污水水质和混合液浓度而异，变化范围在 0.2～0.5mm/s 之间。生活污水中含有一定的无机物，可采用稍高的 u 值；有些工业废水溶解性有机物较多，活性污泥质轻，SVI 值较高，因此 u 值应低些。混合液污泥浓度对 u 值有较大的影响。浓度高时 u 值则偏小；反之，u 则偏大。表 6.10 所列举的是 u 值与混合液浓度之间关系的实测资料，可供设计时参考。

计算沉淀池面积时，设计流量应为污水的最大时流量，而不包括回流污泥量。这是因为一般沉淀池的污泥出口常在沉淀池的下部，混合液进池后基本上分为方向不同两路流出，一路通过澄清区从沉淀池上部的出水槽流出；另一路通过污泥区从下部排泥管流出。前一路流量相当污水流量，后一路流量相当回流污泥量和剩余污泥量，所以采用污水最大时流量作为设计流量是能够满足要求的。不过中心管（合建式的导流区）的设计则应包括回流污泥量在内。否则将会增大中心管的流速，不利于气、水分离。

表 6.10　　　　　　　　　　　　　　　　　随混合液浓度而变的 u 值

混合液污泥浓度 $MLSS$（mg/L）	上升流速 u（mm/s）	混合液污泥浓度 $MLSS$（mg/L）	上升流速 u（mm/s）
2000	≤0.5	5000	0.22
3000	0.35	6000	0.18
4000	0.28	7000	0.14

（2）二沉池的有效水深。澄清区要保持一定的水深（H），以维持水流的稳定。水深一般可按沉淀时间（t）计算：

$$H = \frac{Qt}{A} = qt \tag{6.33}$$

式中　H——二沉池的有效水深，m；

　　　t——二沉池的水力停留时间，h，一般取值 $1 \sim 1.5$h；

　　　其他符号意义同前。

（3）二沉池污泥区容积。二次沉淀池污泥区应保持一定容积，使污泥在污泥区中保持一定的浓缩时间，以提高回流污泥浓度，减少回流量；但同时污泥区的容积又不能过大，以避免污泥在污泥区中停留时间过长，因缺氧使其失去活性而腐化。因此对于分建式沉淀池，一般规定污泥区的贮泥时间为 2h。故污泥区的容积一般可采用式（6.34）计算：

$$V = \frac{2(1+R)QX}{1/2(X+X_R)} = \frac{4(1+R)QX}{(X+X_R)} \tag{6.34}$$

式中　　　　　V——污泥区的容积，m³；

$1/2(X+X_R)$——污泥区中平均污泥浓度，mg/L；

　　　　　　2——污泥区中贮泥时间，2h；

　　　　　Q——污水流量，m³/h；

　　　　　R——回流比；

　　　　　X——混合液污泥浓度，mg/L；

　　　　　X_R——回流污泥浓度，mg/L。

对于合建式的曝气沉淀池，一般无需计算污泥区的容积，因为它的污泥区容积实际上决定于池的构造设计，当池深和沉淀区的面积决定之后，污泥区的容积也就决定了。这样得出的容积一般可以满足污泥浓缩的要求；又由于曝气与沉淀合建在一起，污泥回流迅速，污泥中可保持一定的溶解氧，不会使污泥活性丧失。

6.1.4.6 剩余污泥及其处置

为了使得活性污泥系统的净化功能保持稳定，必须使系统中曝气池内的污泥浓度保持平衡，为此，每日必须从系统中排除一定数量的剩余污泥。剩余污泥量可按式（6.35）计算或按有关经验数据确定，应当说每日排除的剩余污泥，在量上等于曝气池内每日增长的污泥量。

由式（6.35）计算得到的剩余污泥量 ΔX 是以干重的形式表示的挥发性悬浮固体（VSS），在实际应用中应将其换算成湿重的总悬浮固体。

$$\Delta X = Q_S f X_R$$

$$Q_S = \frac{\Delta X}{f X_R} \tag{6.35}$$

式中　Q_S——每日从系统中排除的剩余污泥量，m^3/d；

ΔX——挥发性剩余污泥量（干重），kg/d；

f——挥发分 ［见式（6.20）中的解释］，生活污水约为 0.75，城市污水也可同此；

X_R——回流污泥浓度，mg/L。

剩余污泥含水率高达 99% 左右，数量多，脱水性能差。因此，剩余污泥的处置是比较麻烦的问题。

对于设有初沉池的小型污水处理厂，剩余污泥可考虑回流到初沉池，使其含水率降低到 96% 左右，然后同初沉池的污泥一起处置。这样做的优点是可不需增添设备，管理简单，但其带来的缺点是增加了初沉池的负荷，而且由于活性污泥与生污泥相混合，使生污泥中的有机成分得到部分分解，并进入污水中，提高了进入曝气池污水的 BOD 值，增加了曝气池的负荷。这种方法对大、中型污水处理厂并不是非常适宜的。

对于大、中型的污水处理厂，其剩余污泥传统的处置方式，是首先将其引入浓缩池进行浓缩，使其含水率由 99% 降至 96%～97% 左右，然后与由初沉池排出的污泥共同进行厌氧消化处理。

当前，在国内、外对剩余污泥的处置方式出现了另一种趋向，剩余污泥经浓缩后（或不经浓缩），与由初沉池排出的污泥相混合，然后向混合污泥中投加一定量的混凝剂，使其产生絮凝作用，此后用脱水机械（如离心机、板框压滤机等）进行脱水，混合污泥的含水率能够降至 70%～80%。这样的污泥是便于运输和利用的。

有关剩余污泥处理与处置问题，在本书第 8 章内还要作进一步详细的阐述。

6.1.4.7 曝气沉淀池各部位尺寸的确定

目前在我国广泛采用表面曝气式的圆形曝气沉淀池，这种处理构筑物的各部位尺寸必须合理确定，下面简要介绍其常用的控制数值，供设计时参考（参看图 6.43）。

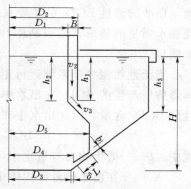

图 6.43　曝气沉淀池各部位图示

1. 池体

（1）直径（D），不宜超过 20m。国内较普遍采用的数值是 15m，最大为 17m，如直径过大，充氧、搅拌能力将会受到影响。

（2）水深（H），不宜超过 5m。如水深过大，搅拌不良时池底容易积泥，影响运行效果。

（3）沉淀区水深（h_3），不宜小于 1m，一般在 1～2m 之间，过小会影响上升水流的稳定。

（4）曝气区直壁段高度（h_2），应大于导流区的高度（h_1），一般 $h_2 - h_1 \geqslant 0.414B$（$B$ 为导流区的宽度）。

（5）曝气区应有 0.8～1.2m 的保护高度。

（6）池底斜壁与水平呈 45°角。

2. 回流窗

回流窗孔的流速应为 100～200mm/s，并以此确定回流窗的尺寸。回流窗的尺寸也可按经验确定，即回流窗的总长度为曝气区周长的 30% 左右。其调节高度为 50～150mm。

3. 导流区

导流区出口处的流速（v_3）应小于导流区的下降流速（v_2），否则会影响污泥沉淀和浓缩。导流区下降流速一般为 15mm/s 左右，并以此确定导流区的宽度 B。

4. 污泥回流缝

污泥回流缝的流速为 20～40mm/s，以此确定回流缝的宽度（b），缝的宽度一般为 150～300mm。缝处应设顺流圈，其长度（L）为 0.4～0.6m。顺流圈的直径（D_4）应大于池底直径（D_3），以利于污泥下滑、回流。

回流缝的各项尺寸的控制是为了防止气泡和混合液从回流缝窜入沉淀区，又不影响沉淀污泥回流的通畅。

曝气区、导流区的结构容积系数，即由于曝气区、导流室等墙壁厚度所增加容积的百分数，一般为 3%～5%。

6.1.4.8 出水水质

活性污泥处理系统处理后出水中的 BOD_5 值（S_e），是由残存的溶解性 BOD_5 和非溶解性 BOD_5 两者组成的。出水中溶解性 BOD_5 的主要来源是生物处理后残存的溶解性有机物，而非溶解性 BOD_5 的主要来源则是二沉池出水中带出的微生物悬浮固体。受纳水体对处理水质量的要求，应当是总 BOD_5，即溶解性 BOD_5 与非溶解性 BOD_5 之和所反应的出水质量。

当活性污泥处理系统运行正常时，出水中的悬浮固体浓度一般在 20mg/L 左右，由于其降解所产生的 BOD_5 在出水中占有较大的比重，又因理论推导的 S_e 值仅是出水中溶解性的 BOD_5 含量，因此出水中非溶解性 BOD_5 值可用式（6.36）确定：

$$BOD_5 = 5(1.42bX_aC_e) = 7.1bX_aC_e \tag{6.36}$$

式中　b——微生物自身氧化率，d^{-1}，取值范围为 0.05～0.1；

　　　X_a——在出水的悬浮固体中，有活性的微生物所占的比例（其一般取值：高负荷活性污泥处理系统取 0.8；延时曝气系统取 0.1；其他普通活性污泥处理系统可

取 0.4);

C_e——活性污泥处理系统出水中的悬浮固体浓度，mg/L；

5——BOD 的 5d 培养期；

1.42——近似表示氧化 1g 微生物体所需要的氧量。

因此，出水中的总 BOD$_5$ 含量为

$$BOD_5 = S_e + 7.1bX_aC_e \tag{6.37}$$

6.1.4.9 设计举例

【例 6.2】 某城市计划新建以活性污泥法二级处理为主体的污水处理厂，其日排污量 10000m^3，时变化系数为 1.4，进入曝气池的 BOD$_5$ 值为 300mg/L，要求处理后出水中的 BOD$_5$ 值为 25mg/L。试计算确定曝气池主要部位尺寸和设计鼓风曝气系统。

解

1. 污水处理程度的计算及曝气池的运行方式

(1) 污水处理程度的计算。计算 BOD$_5$ 的去除率，对此，首先计算处理后出水中非溶解性 BOD$_5$ 值（可按式 6.36 计算），即

$$BOD_5 = 7.1bX_aC_e$$

式中 b——微生物自身氧化率，d^{-1}，取值范围为 0.05～0.1，在此取 0.09；

X_a——在出水的悬浮固体中，有活性的微生物所占的比例，在此取 0.4；

C_e——活性污泥处理系统出水中的悬浮固体浓度，取 20mg/L。

将各个数值代入上式，可得 BOD$_5$ = 7.1×0.09×0.4×20 = 5.11≈5mg/L。那么，处理后的出水中溶解性 BOD$_5$ 值（S_e）为

$$S_e = 25 - 5 = 20mg/L$$

因此，BOD$_5$ 的去除率（η）为

$$\eta = \frac{S_a - S_e}{S_a} \times 100\% = \frac{300 - 20}{300} \times 100\% \approx 93.3\%$$

(2) 曝气池的运行方式。在本设计中应考虑曝气池运行方式的多样化和灵活性。在进水方式上设计成：既可集中从池首进水，按传统活性污泥法运行；又可沿配水槽分散成多点进水，按阶段曝气系统运行；还可以沿配水槽集中从池中部某点进水，按再生—曝气系统运行。

2. 曝气池各部位尺寸的确定

(1) BOD-污泥负荷率（N_s）的确定。由式（6.20），即 $N_s = (K_2S_ef)/\eta$，在式中：S_e=20mg/L，η=93.3%，f 取 0.75（因接近生活污水），K_2 取 0.0185。将各个数值代入，可得

$$N_s = (0.0185 \times 20 \times 0.75)/93.3\% \approx 0.3kgBOD_5/(kgMLSS \cdot d)$$

(2) 混合液污泥浓度（X）的确定。根据已确定的 N_s=0.3kgBOD$_5$/(kgMLSS·d)，查图 6.4 可得相应的 SVI 值为 100～120，取值 100。再由式（6.24）可计算确定混合液污泥浓度的值 X（在式中 r 取 1.2，R 取 50%）：

$$X = \frac{Rr10^6}{(1+R)SVI} = \frac{0.5 \times 1.2 \times 10^6}{(1+0.5) \times 100} = 4000mg/L$$

（3）曝气池容积（V）的确定。可按式（6.17）进行计算，式中的 $Q=10000\text{m}^3/\text{d}$，$S_a=300\text{mg/L}$，$X=4000\text{mg/L}$，$N_s=0.3\text{kgBOD}_5/(\text{kgMLSS}\cdot\text{d})$。将各个数值代入式中，可求得

$$V=\frac{QS_a}{N_sX}=\frac{10000\times300}{0.3\times4000}=2500\text{m}^3$$

（4）计算确定曝气池各部位尺寸。设两组曝气池，每组容积为 2500/2＝1250m³；池深（H）取 2.7m，每组曝气池的表面积 $F=1250/2.7=463\text{m}^2$；池宽（B）取 4.5m，则 $B/H=4.5/2.7=1.67$，在 1～2 之间，满足要求；池长 $L=F/B=463/4.5\approx103\text{m}$，$L/B=103/4.5=23>10$，满足要求。

设三廊道式曝气池，廊道长

$$L_1=\frac{L}{3}=\frac{103}{3}\approx35\text{m}$$

取超高 0.5m，则池总高度为

$$2.7+0.5=3.2\text{m}$$

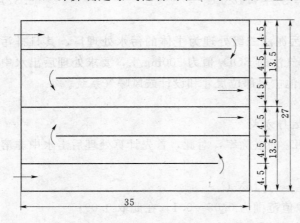

图 6.44　曝气池平面尺寸（单位：m）

该曝气池的平面尺寸见图 6.44。

3. 曝气系统的设计与计算

本设计采用的是鼓风曝气系统。

（1）平均时需氧量的计算。可按式（6.16）计算，查表 6.2，取 $a'=0.53$，$b'=0.11$。因为 $Q=10000\text{m}^3/\text{d}$，$S_r=S_a-S_e=300-20=280\text{mg/L}$，$V=2500\text{m}^3$，$X_v=fX=0.75\times4000=3000\text{mg/L}$ 代入各个数值，可得：

$$O_2=a'QS_r+b'VX_v=0.53\times10000\times\frac{280}{1000}+0.11\times2500\times\frac{3000}{1000}\approx2310\text{kg/d}$$

即平均时需氧量 $R=O_2=2310\text{kg/d}\approx96.2\text{kg/h}$，

每天去除的 $\text{BOD}_5=QS_a/1000=10000（300-20)/1000=2800\text{kg/d}$。

那么去除 1kg BOD_5 的需氧量＝2310/2800＝0.83kgO$_2$/kg BOD_5，接近于表 6.6 中所列的经验数值。

（2）最大时需氧量的计算。根据设计资料，$K=1.4$，则最大时需氧量为

$$O_{2(\text{max})}=\frac{0.53\times10000\times1.4\times(280/1000)}{24}+\frac{0.11\times2500\times(3000/1000)}{24}\approx121\text{kg/h}$$

最大需氧量与平均需氧量之比为 121/96.2＝1.26。

（3）供气量（G_s）的计算。采用穿孔管（参见表 6.7，取其氧转移效率 $E_A=0.6$），距池底 0.2m，故穿孔管的淹没深度为 2.5m。

由相关设计手册推导的关系式：$R_0=(1.33\sim1.61)R$，取 $R_0=1.58R$，那么，20℃条件下脱氧清水的充氧量：$R_0=1.58\times96.2=152\text{kg/h}$；而相应最大时需氧量的 $R_{0(\text{max})}=$

$1.58 \times 121 = 190 \text{kg/h}$。

所以，曝气池平均时供气量（G_S）为

$$G_S = \frac{R_0}{0.3E_A} \times 100 = \frac{152 \times 100}{0.3 \times 6} = 8444 \text{m}^3/\text{h}$$

去除 1kg BOD_5 的供气量 $= \frac{8444}{10000/24} = 72 \text{m}^3/\text{kg } BOD_5$

相应最大时需氧量的供气量（$G_{S(\max)}$）为

$$G_S = \frac{R_{0(\max)}}{0.3E_A} \times 100 = \frac{190 \times 100}{0.3 \times 6} = 10540 \text{m}^3/\text{h}$$

除了采用鼓风曝气外，本系统还采用空气在回流污泥井提升污泥，用于提升回流污泥的空气量按回流污泥量的 5 倍考虑，取最大回流比 $R=100\%$，故提升回流污泥所需的空气量为 $5 \times 10000/24 = 2080 \text{m}^3/\text{h}$。

所以，总供气量 $G_{ST} = 10540 + 2080 = 12620 \text{m}^3/\text{h}$。

（4）空气管系统的计算。按照图 6.44 所示尺寸，两个相邻廊道设置 1 条配气干管，共设 3 条；每条干管设 16 对竖管，共设 96 根竖管。每根竖管最大供气量为 $10540/96 = 110 \text{m}^3/\text{h}$。另外，曝气池一端的两旁各设一污泥提升井，每井的供气量为 $2080/2 = 1040 \text{m}^3/\text{h}$。为了方便计算，将上述的布置绘制成空气管路计算简图，见图 6.45。

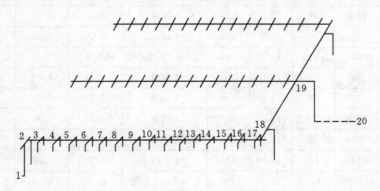

图 6.45 空气管道计算草图

空气支管和干管的管径按照所通过的空气流量和相应的经济流速，可从附录 2（a）查出，并列入空气管道计算表格（表 6.11）中的第 6 项。

空气管道的压力损失（h），由沿程阻力损失（h_1）和局部阻力损失（h_2）两部分组成的。

沿程阻力（单位摩阻）可根据附录 2（b）图表中查得，结果填入计算表格中的第 10 项；局部阻力损失，根据配件的类型按式（6.26）折算成当量长度（l_0），然后计算出管道的计算长度（$l+l_0$），并分别填入计算表格中的第 8、9 项。

第 9 项与第 10 项相乘，得到各空气管道的压力损失（h），即 h_1+h_2，填入计算表中的第 11 项。

由表可得空气管道系统的压力损失为 $\sum(h_1+h_2) = 117.69 \times 9.8 = 1.153 \text{kPa}$。

取穿孔管的压力损失为 4.9kPa，则总压力损失为 $4.9+1.153 = 6.053 \text{kPa}$，设计取

值 9.8kPa。

表 6.11

空气管道计算表

管段编号	管段长度 l(m)	空气流量		流速 v (m/s)	管径 D (mm)	配件	管道当量长度 l_0(m)	管道计算长度 $l+l_0$(m)	压力损失	
		m³/h	m³/min						9.8kPa/km	9.8Pa
1~2	3.8	110	1.9	6.0	80	1弯头, 2三通, 1闸门	9.6	13.4	0.54	7.24
2~3	2.2	220	3.7	3.6	150	1四通	7.64	9.84	0.12	1.18
3~4	2.2	440	7.4	7.0	150	1四通	1.9	4.1	0.32	1.31
4~5	2.2	660	11	10.0	150	1四通	1.9	4.1	0.53	2.17
5~6	2.2	880	15	14.0	150	1四通, 1大小头	3.34	5.54	1.2	6.65
6~7	2.2	1100	18	10.0	200	1四通	2.66	4.86	0.5	2.43
7~8	2.2	1320	22	12.0	200	1四通	2.66	4.86	0.53	2.57
8~9	2.2	1540	26	14.0	200	1四通, 1大小头	4.27	6.47	0.55	3.55
9~10	2.2	1760	30	10.0	250	1四通	3.48	5.68	0.45	2.56
10~11	2.2	1980	33	12.0	250	1四通	3.48	5.68	0.50	2.84
11~12	2.2	2200	38	13.0	250	1四通	3.48	5.68	0.53	3.01
12~13	2.2	2420	40	14.5	250	1四通	3.48	5.68	0.55	3.12
13~14	2.2	2640	44	15.0	250	1四通, 1大小头	5.6	7.8	0.56	4.45
14~15	2.2	2860	48	11.0	300	1四通	4.35	6.55	0.45	2.94
15~16	2.2	3080	52	12.0	300	1四通	4.35	6.55	0.47	3.08
16~17	2.2	3300	55	13.5	300	1四通	4.35	6.55	0.51	3.34
17~18	2.5	3520	59	14.0	300	1闸门, 1弯头	11.2	13.7	0.53	7.25
18~19	7.1	4600	76	16.0	300	1三通	4.35	11.45	1.05	12.0
19~20	23.0	12620	211	16.0	500	2弯头, 1三通	60.7	83.7	0.55	46.0

合计：117.69

（5）空压机的选择。空压机所需压力：空气扩散装置——扩散管安装在距曝气池底的 0.2m 处，因此，空压机所需压力为

$$P = (2.7 - 0.2 + 1.0) \times 9.8 = 34.3 \text{kPa}$$

空压机所需供气量：最大时为 $10540 + 2080 = 12620 \text{m}^3/\text{h}$；平均时为 $8444 + 2080 = 10530 \text{m}^3/\text{h}$。

根据所需压力及空气量，可采用下列规格的空压机：LG60 两台，该型空压机风压 35kPa，风量 $60 \text{m}^3/\text{min}$；LG80 两台，该型空压机风压 35kPa，风量 $60 \text{m}^3/\text{min}$。其中 1 台备用，高负荷时 3 台工作，低负荷时 1~2 台工作。

6.1.5 活性污泥法污水处理系统的过程与运行管理

6.1.5.1 活性污泥处理系统的投产与活性污泥的培养驯化

活性污泥处理系统在工程完工之后，对于城市污水和性质与其相类似的工业废水，投

产前首先需要进行的是培养活性污泥；对于其他工业废水，除了培养活性污泥外，还需要使活性污泥适应所处理废水的特点，对其进行驯化。当活性污泥的培养和驯化结束后，还应进行试运行工作和控制工作，以确定最佳运行条件。

1. 活性污泥的培养与驯化

活性污泥处理系统在工程完工之后和投产之前，需进行验收工作。在验收工作中，首先用清水进行试运行，对发现的问题可做最后修整；另外，还可以做一次脱氧清水的曝气设备性能测定，为运行提供资料。

在处理系统准备投产运行时，运行管理人员不仅要熟悉处理设备的构造及其功能，还应深入掌握设计内容与设计意图。对于城市污水以及性质与其相类似的工业废水，投产前首先需要进行的是活性污泥的培养，对于其他工业废水，除了培养活性污泥外，还需要使活性污泥适应所处理废水的特点，对其进行驯化。

活性污泥的培养和驯化可归纳为同步培驯法、异步培驯法和接种培驯法。同步法是指培养和驯化同时进行或交替进行；异步法即先培养后驯化；接种培驯法是指利用其他污水处理厂的剩余污泥，再进行适当培驯。

培养活性污泥需要有菌种和菌种所需要的营养物。为补充营养和排除对微生物增长有害的代谢产物，应及时换水。换水方式一般分为连续换水和间歇换水两种。

（1）生活污水或以生活污水为主的城市污水。对城市污水或生活污水，大多采用同步培驯法。因污水中的菌种和营养物都具备，所以可直接进行培养。方法是先将污水引入曝气池进行充分曝气，并开动污泥回流设备，使曝气池和二沉池接通循环；经 1～2d 曝气后，曝气池内就会出现模糊不清的絮凝体。为补充营养和排除对微生物增长有害的代谢产物，要及时换水，即从曝气池通过二沉池排出 50%～70% 的污水，同时引入新鲜污水。换水可间歇进行，也可以连续进行。连续换水适用于以生活污水为主的城市污水或纯生活污水。连续换水是指边进水、边出水、边回流的方式培养活性污泥。间歇换水一般适用于生活污水所占比重不太大的城市污水处理厂，每天换水 1～2 次。

这样一直持续到混合液 30min 沉降比达到 15%～20% 时为止。在一般的污水浓度、水温大于 15℃ 的条件下，经过 7～10d 便可大致达到上述状态。成熟的活性污泥，具有良好的凝聚沉淀性能，污泥内含有大量的菌胶团和纤毛虫原生动物，如钟虫、盖纤虫、等枝虫等，并可使 BOD 的去除率达 90% 左右。当进入的污水浓度很低时，为使培养期不致过长，可将初沉池的污泥引入曝气池或不经初沉池将污水直接引入曝气池。

（2）工业废水或以工业废水为主的城市污水。对于性质与生活污水类似的工业废水，也可按上述方法培养，不过在开始培养时，宜投入一部分作为菌种的粪便水。

对于工业废水或以工业废水为主的城市污水，由于其中缺乏专性菌种和足够的营养，因此在投产时除了用一般菌种和所需要的营养培养足够的活性污泥外，还应对所培养的活性污泥进行驯化，使活性污泥微生物群体逐渐形成具有代谢特定工业废水的酶系统（具有某种专性）。

在工业废水处理站，先可用粪便污水或生活污水培养活性污泥，因为这类污水中细菌种类繁多，本身具备的营养也很丰富，宜于细菌繁殖。当缺乏这类废水时，可用化粪池和排泥沟的污泥、初沉池或消化池的污泥等。采用粪便污水培养时，先将浓粪便污水过滤后投入曝气池，然后用自来水稀释，使 BOD 浓度控制在 500mg/L 左右，进行静态培养（闷曝气）。同样经过 1~2d 后，为了补充营养和排除代谢产物，需要及时换水。对于生产性曝气池，由于培养液量大、难以收集，一般均采用间歇换水方式，或先间歇换水，后连续换水。而间歇换水又以静态操作为宜。即当第一次加料曝气并出现模糊的絮凝体后，就可停止曝气，让混合液静沉，经过 1~1.5h 沉淀后排除上清液（其体积约占总体积的 50%~70%），然后再往曝气池内投加新的粪便水和稀释水。粪便水的投加量应根据曝气池内已有的污泥量在适当的 BOD -污泥负荷率（Ns）范围内进行调节，即随着增加污泥量而相应增加粪便水量。在每次换水时，从停止曝气、沉淀到重新曝气，总时间以不超过 2h 为宜。开始适宜每天换水一次，以后可增加到两次，以便及时补充营养。

连续换水仅适用于就地有生活污水来源的处理站。在第一次投料曝气后或经数次闷曝而间歇换水后，就不断地往曝气池投加生活污水，并不断将出水排入二沉池，再将污泥回流至曝气池。随着污泥的不断培养，应逐渐增加生活污水量，使 Ns 值在适宜的范围内。此外，污泥回流量应比设计值稍大些。

当活性污泥培养成熟后，即可在进水中加入并逐渐增加工业废水的比重，使微生物逐渐适应新的生活条件并得到驯化。开始时，工业废水可按 10%~20% 的设计流量加入，达到较好的处理效果后，再继续增加其比重。每次增加的百分比以设计流量的 10%~20% 为宜，并待其适应巩固条件后再继续增加，直至满负荷为止。在驯化过程中，能分解工业废水的微生物不断得到发展、繁殖，不能适应的微生物则逐渐被淘汰，从而使驯化过的活性污泥具有处理该种工业废水的能力。

上述先培养后驯化的方法即所谓的"异步培驯法"。为了缩短培养和驯化的时间，也可以把培养和驯化这两个阶段合并进行，即在培养开始就加入少量的工业废水，并在培养过程中逐渐增加比重，使活性污泥在增长的过程中，逐渐适应环境并具有处理工业废水的能力。这就是所谓的"同步培驯法"。这种做法的缺点是，在缺乏经验的情况下不够稳妥可靠，出现问题时难以确定是培养方面的问题还是驯化方面的问题。

在有条件的地方，可直接从附近污水处理厂引入剩余污泥，作为种泥进行曝气培养，这样能够缩短培养时间；如能从性质相同的废水处理站引入活性污泥，更能提高驯化效果，缩短时间。这就是所谓的"接种培驯法"。

工业废水中，如缺乏 N、P 等养料，在驯化过程中则应把这些物质投加入曝气池中。

实际上，培养和驯化这两个阶段不能截然分开，间歇换水与连续换水也常结合进行，具体培养驯化时应依据净化机理和实际情况灵活进行。

2. 试运行

活性污泥培驯成熟后，就开始试运行，试运行的目的就是确定最佳的运行条件。在活性污泥系统的运行中，作为变数考虑的因素有混合液污泥浓度（MLSS）、空气量、污水注入的方式等；如采用生物吸附法，则还有污泥再生时间和吸附时间的比值；采用再生－曝气系统，则需要初步确定回流污泥再生池所占的比例，这一数值在曝气池正式运行过程中还可以进一步调整；采用曝气沉淀池还要确定回流窗孔的开启高度；如果工业废水的养料不足，还应确定 N、P 的投量等。将这些变数组合成几种运行条件分阶段进行试验，观察各种条件的处理效果，并确定最佳的运行条件，这就是试运行的任务。

活性污泥法要求在曝气池内保持适宜的营养物与微生物的比值，供给所需要的氧，使微生物能够很好地和有机物相接触，并保持适当的接触时间等。如前所述，营养物与微生物的比值一般用 N_s 加以控制，其中营养物数量由流入的污水量和浓度所定，因此应通过控制活性污泥的数量来维持适宜的 N_s。不同的运行方式有不同的 N_s，运行时的混合液污泥浓度就是以其运行方式的适宜 N_s 作为基础确定的，并在试运行过程中确定最佳条件下的 N_s 值和 $MLSS$ 值。

$MLSS$ 值最好每天都能够测定，如 SVI 值较稳定时，也可用污泥沉降比暂时代替 $MLSS$ 值的测定。根据测定的 $MLSS$ 值或污泥沉降比，便可控制污泥回流量和剩余污泥量，并获得这方面的运行规律。此外，剩余污泥量也可以通过相应的污泥龄加以控制。

关于空气量，应满足供氧和搅拌两方面的要求。在供氧上应使最高负荷时混合液溶解氧（DO）含量保持在 $1\sim2\mathrm{mg/L}$ 左右。搅拌的作用是使污水与活性污泥充分混合，因此搅拌程度应通过测定曝气池表面、中间和池底各点的污泥浓度的均匀程度而定。

前已叙及，活性污泥处理系统有多种运行方式，在设计中应予以充分考虑，各种运行方式的处理效果，应通过试运行阶段加以观察、比较，并从中确定出最佳的运行方式及其各项参数。但应当说明的是，在正式运行过程中还可以对各种运行方式的效果进行验证。

6.1.5.2 活性污泥处理系统运行效果的检测

试运行确定最佳条件后，即可转入正常运行。为了经常保持良好的处理效果，积累经验，需要对其处理情况进行定期检测。检测项目有：

（1）反映处理效果的项目：进出水总的 BOD、COD 和溶解性的 BOD、COD，进出水总的 SS 和挥发性的 SS，进出水的有毒物质（对应于工业废水）。

（2）反映污泥情况的项目：污泥沉降比（$SV\%$）、$MLSS$、$MLVSS$、SVI、DO 和微生物观察等。

（3）反映污泥营养和环境条件的项目：N、P、pH、水温等。

一般 $SV\%$ 和 DO 最好 $2\sim4\mathrm{h}$ 测定一次，至少每班一次，以便及时调节回流污泥量和空气量。微生物观察最好每班一次，以预示污泥异常现象。除 N、P、$MLSS$、$MLVSS$、SVI 可定期测定外，其他各项应每天测一次。水样除测 DO 外，均取混合水样。

此外，每天要记录进水量、回流污泥量和剩余污泥量，还要记录剩余污泥的排放规律、曝气设备的工作情况以及空气量、电耗等。剩余污泥（或回流污泥）浓度也要定期测定。上述检测项目如有条件，应尽可能进行自动检测和控制。

6.1.5.3 活性污泥处理系统运行中的异常情况

活性污泥处理系统在运行过程中，有时会出现种种异常情况，处理效果降低，污泥流失。下面将对运行中可能出现的几种主要的异常现象和相应采取的措施加以简要阐述。

1. 污泥膨胀

（1）概念。正常的活性污泥沉降性能良好，含水率在 99% 左右。当污泥变质时，污泥不易沉淀，SVI 值增高，污泥的结构松散和体积膨胀，含水率上升，澄清液稀少（但较清澈），颜色也有异变，这就是"污泥膨胀"。

（2）原因。主要是丝状菌大量繁殖所引起，也有由于污泥中结合水异常增多导致的污泥膨胀。一般污水中碳水化合物较多，缺乏 N、P、Fe 等养料，DO 不足，水温高或 pH

值较低等都容易引起丝状菌大量繁殖，导致污泥膨胀。另外，超负荷、污泥龄过长或有机物浓度梯度小等，也会引起污泥膨胀。排泥不通畅则易引起结合水性污泥膨胀。

（3）措施。为防止污泥膨胀，一般可调整、加大空气量，及时排泥，在有可能时采取分段进水，以减轻二沉池的负荷等。当污泥发生膨胀后，解决的办法可针对引起膨胀的原因采取措施。如缺氧、水温高等可加大曝气量，或降低进水量以减轻负荷，或适当降低 $MLSS$ 值，使需氧量减少等；如 Ns 过高，可适当提高 $MLSS$ 值，以调整负荷，必要时还要停止进水，"闷曝"一段时间。如缺 N、P、Fe 养料，可投加硝化污泥液或 N、P 等成分；如 pH 过低，可投加石灰等调节 pH；若污泥大量流失，可投加 5～10mg/L 氯化铁，帮助凝聚，刺激菌胶团生长；也可投加漂白粉或液氯（按干污泥的 0.3%～0.6% 投加），抑制丝状菌繁殖，特别能控制结合水性污泥膨胀。也可投加石棉粉末、硅藻土、粘土等惰性物质，降低污泥指数。

2. 污泥解体

（1）概念。处理水质混浊、污泥絮凝体微细化、处理效果变坏等则是污泥解体现象。

（2）原因。运行不当或污水中混入了有毒物质。如曝气过量，会使活性污泥生物-营养的平衡遭到破坏，使微生物量减少并失去活性，吸附能力降低，絮凝体缩小质密，一部分则成为不易沉淀的羽毛状污泥，处理水质浑浊，SVI 值降低等。当污水中存在有毒物质时，微生物会受到抑制或伤害，净化功能下降或完全停止，从而使污泥失去活性。

（3）措施。一般可通过显微镜观察来判别产生的原因。当鉴别出是运行方面的问题时，应对污水量、回流污泥量、空气量、排泥状态以及 $SV\%$、$MLSS$、DO、Ns 等多项指标进行检查，并加以调整。当确定是污水中混入有毒物质时，应考虑这可能是新的工业废水混入的结果，应该查明来源，责成排放单位按国家排放标准对工业废水进行局部处理。

3. 污泥腐化

（1）概念。在二沉池有可能由于污泥长期滞留而产生厌氧发酵生成 H_2S、CH_4 等气体，从而使大块污泥上浮的现象。污泥腐化上浮与污泥脱氮上浮不同，污泥会腐败变黑，产生恶臭。此时也不是全部污泥上浮，大部分污泥都是正常地排出或回流。只有沉积在死角长期滞留的污泥才腐化上浮。

（2）原因。污泥斗设计或安装不合理，污泥难以下滑，污泥长期滞留沉积在死角而产生腐化现象。

（3）措施。安设不使污泥外溢的浮渣清除设备；消除沉淀池的死角地区；加大池底坡度或改进池底刮泥设备，不使污泥滞留于池底。

4. 污泥上浮

（1）概念。又指污泥脱氮上浮，曝气池内污泥泥龄过长，硝化进程较高（一般硝酸铵达 5mg/L 以上），在沉淀池底部产生反硝化，硝酸盐的氧被利用，氮即呈气体脱出附于污泥上，从而使污泥比重降低，整块上浮。

（2）原因。反硝化，所谓反硝化是指硝酸盐被反硝化菌还原成氨和氮的作用。反硝化作用一般在 DO 低于 0.5mg/L 时发生，并在试验室静沉 30～90min 以后发生。

（3）措施。增加污泥回流量或及时排除剩余污泥，在脱氮之前即将污泥排除；或降低混合液污泥浓度，缩短污泥龄和降低 DO 等，使之不进行到硝化阶段。

此外，如曝气池内曝气过度，使污泥搅拌过于激烈，生成大量小气泡附聚于絮凝体上，也可能引起污泥上浮。这种情况机械曝气较鼓风曝气为多。另外，当流入大量脂肪和油时，也容易产生这种现象。防止措施是将供气控制在搅拌所需要的限度内，而脂肪和油则应在进入曝气池之前加以去除。

5. 泡沫问题

(1) 泡沫。泡沫可给生产操作带来一定困难，如影响操作环境，带走大量污泥。当采用机械曝气时，还会影响叶轮的充氧能力。

(2) 原因。污水中存在大量合成洗涤剂或其他起泡物质。

(3) 措施。分段注水以提高混合液浓度；进行喷水或投加除沫剂（如机油、煤油等，投量约为 0.5～1.5mg/L）等。另外，用风机机械消泡，也是有效措施。

6.2 生 物 膜 法

6.2.1 概述

污水的生物膜处理法是污水土地处理的人工强化法，是与活性污泥法并列的一种污水好氧生物处理技术。这种处理法的实质是使细菌和菌类一类的微生物和原生动物、后生动物一类的微型动物附着在滤料或某些载体上生长繁育，并在其上形成膜状生物污泥——生物膜。污水与生物膜接触，污水中的有机污染物，作为营养物质，为生物膜上的微生物所摄取，污水得到净化，微生物自身也得到繁衍增殖。

污水的生物膜处理法既是古老的，又是发展中的污水生物处理技术。迄今为止，属于生物膜处理法的工艺有生物滤池（普通生物滤池、高负荷生物滤池、塔式生物滤池）、生物转盘、生物接触氧化设备和生物流化床等。生物滤池是早期出现、至今仍在发展中的污水生物处理技术，而后三者则是近几十年来开发的新工艺。

生物膜法作为与活性污泥法平行发展起来的生物处理工艺，在许多情况下不仅能代替活性污泥法用于城市污水的二级生物处理，而且还具有一些独特的优点，如运行稳定、抗冲击负荷、更为经济节能、无污泥膨胀问题、具有一定的硝化和反硝化功能、可实现封闭运转防止臭味等。

6.2.1.1 生物膜的构造及其对有机物的降解

污水与滤料或某种载体流动接触，在经过一段时间后，在滤料或载体的表面将会为一种膜状污泥——生物膜所覆盖，生物膜逐渐成熟，其标志是：生物膜沿水流方向的分布、生物膜上由细菌及各种微生物组成的生态系、对有机物的降解功能都达到了平衡和稳定的状态。从开始形成到成熟，生物膜要经历潜伏和生长两个阶段，一般的城市污水，在20℃左右的条件下大致需要 30d 左右的时间。

生物膜的构造见图 6.46。

生物膜是高度亲水的物质，在污水不断在其表面更新的条件下，在其外侧总是存在着一层附着水层。生物膜又是微生物高度密集的物质，在膜的表面和一定深度的内部生长繁殖着大量的各种类型的微生物和微型动物，并形成有机污染物质-细菌-原生动物（后生动

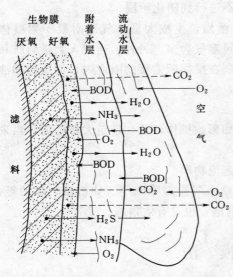

图 6.46　生物滤池滤料上生物膜的构造
（剖面图）

物）的食物链。

生物膜在其形成与成熟后，由于微生物不断繁殖增长，生物膜的厚度不断增加，在增加一定厚度后，在氧不能透入的内侧深部即转变为厌氧状态。这样，生物膜便由好氧和厌氧两层组成。生物膜的表面与污水直接接触，由于吸收营养和溶解氧比较容易，微生物生长繁殖迅速，形成了有好氧微生物和兼性微生物组成的好氧层，其厚度一般为 2mm 左右；其内部和载体接触的部分，由于营养物质和溶解氧的不足，微生物生长繁殖受到限制，从而形成了由厌氧微生物和兼性微生物组成的厌氧层。厌氧层在生物膜达到一定厚度时才出现，随着生物膜的增厚和外伸，厌氧层也随着变厚。但有机物的降解主要是在好氧层内进行的。

在生物膜的内、外，生物膜与水层之间进行着多种物质的传递过程。空气中的氧溶解于流动水层中，从那里通过附着水层传递给生物膜，供微生物用于呼吸；污水中的有机污染物则由流动水层传递给附着水层，然后进入生物膜，并通过细菌的代谢活动而被降解，使污水在其流动过程中逐步得到净化；微生物的代谢产物如 H_2O 等则通过附着水层进入流动水层，并随其排走，而 CO_2 及厌氧层的分解产物如 H_2S、NH_3 以及 CH_4 等气态代谢产物则从水层逸出进入空气中。

当厌氧层尚不厚时，它与好氧层之间保持着一定的平衡与稳定关系，好氧层能够维持正常的净化功能，但当厌氧层逐渐加厚，并达到一定厚度后，其代谢产物也逐渐增多，这些产物向外侧逸出透过好氧层时，好氧层生态系统的稳定状态遭到了破坏，从而造成这两种膜层之间平衡关系的丧失；又因气态代谢产物的不断逸出，减弱了生物膜在滤料（载体、填料）上的固着力，处于这种状态的生物膜即为老化生物膜，老化生物膜净化功能较差而且易于脱落。生物膜脱落后生成新的生物膜，新生生物膜必须在经过一段时间后才能充分发挥其净化功能。在正常运行情况下，整个反应系统中的生物膜各个部分总是交替脱落的，系统内活性生物膜数量相当稳定，净化效果良好。过厚的生物膜并不能增大底物利用速度，却可能造成堵塞，影响正常通风。因此，在废水浓度较大时，生物膜增长过快，水流的冲刷力也应加大，如依靠原废水不能保证其冲刷力时，可以采用处理出水回流，以稀释进水和加大水力负荷，从而维持良好的生物膜活性和合适的膜厚度。

6.2.1.2　生物膜处理法的主要特征

1. 微生物相方面的特征

（1）参与净化反应微生物多样化。生物膜上的微生物没有像活性污泥法中的悬浮生长微生物那样承受强烈的曝气搅拌与冲击，生物膜反应器为微生物的繁衍、增殖及生长栖息创造了安稳的环境。除大量细菌外，还出现大量真菌（丝状菌）、原生动物（钟虫）、后生动物（线虫类、轮虫类）、微型动物（寡毛虫类）和藻类（有日光照到的地方），形成复杂的、稳定的复合生态系统。

（2）食物链长。形成细菌-真菌-原生动物-后生动物-微型动物的长食物链，生物膜上能够栖息高层次水平的生物，产生的生物污泥量低于活性污泥法。

（3）能存活世代时间较长的微生物。由于呈固着态，生物固体平均停留时间长，因此在生物膜上能够生长世代时间长、增殖速度较慢的微生物，如硝化杆菌属、亚硝化单胞菌属。

（4）在每段都自然形成自己独特的优占微生物。生物膜法一般多分段处理，在每段都生长繁育与进入本段污水水质相适应的微生物，并自然地成为优占种属，这种现象对有机污染物的降解是非常有利的。

2. 工艺方面的特征

（1）对水质、水量变动有较强的适用性。生物膜处理法的各种工艺，对流入的污水水质、水量的变化都具有较强的适应性，耐冲击负荷，并能处理低浓度的污水，这种现象已为多数运行的实际设备所证实，即使有一段时间中断进水或工艺遭到破坏，对生物膜的净化功能也不会造成致命的影响，通水后能够较快地得到恢复。还有，生物膜反应器系统可处理进水 BOD 低于 $50\sim60mg/L$ 的污水，使其出水 BOD 低至 $5\sim10mg/L$，这点是活性污泥法无法比拟的。

（2）污泥沉降性能良好，宜于固液分离；剩余污泥产量少，降低污泥处理与处置费用。由生物膜上脱落下来的生物污泥，因所含动物成分较多、比重较大，而且污泥颗粒个体较大，因而具有良好的污泥沉降性能，易于固液分离。在生物膜中，因栖息着较多高层次营养水平的生物、食物链较长，因而剩余污泥量明显减少，特别是在生物膜较厚时，底部厌氧层的厌氧菌能够降解好氧过程合成的剩余污泥，从而使总的剩余污泥量大大减少，因而可减轻污泥处理与处置的费用。

（3）生物量高，处理能力大，净化功能显著提高。生物附着生长并使生物膜具有较少的含水率，生物膜单位反应器容积内的生物量可达活性污泥法的 $5\sim20$ 倍，具有较大的处理能力。又由于有世代时间较长的硝化菌生长繁殖，生物膜反应器不仅能有效去除有机污染物，而且更具有较强的硝化功能，因而其净化功能显著提高。

（4）易于运行、节能、减少污泥膨胀问题。生物膜反应器由于具有较高的生物量，一般不需要污泥回流，因而不需经常调整反应器内的污泥量和剩余污泥排放量，易于运行、维护和管理。另外，在活性污泥法中，因污泥膨胀问题而导致的固液分离困难和处理效果下降一直困扰着操作管理者，而生物膜反应器由于微生物附着生长，即使丝状菌大量繁殖，也不会导致污泥膨胀，相反还可以利用丝状菌较强的分解氧化能力，提高处理效果。

与传统的活性污泥法相比，生物膜法具有操作方便、剩余污泥少、抗冲击负荷和适用于小型污水处理厂等特点。但也存在着一定的不足，如需要较多的填料和支撑结构，在不少情况下基建投资超过活性污泥法；出水常常携带较大的脱落生物膜片，大量非活性细小悬浮物分散在水中使得处理水的澄清度降低等。

6.2.2 生物滤池

6.2.2.1 概述

生物滤池是根据土壤自净原理，在污水灌溉的实践基础上，经较原始的间歇砂滤池和接触滤池而发展起来的人工生物处理技术。

生物滤池是当代污水生物处理系统中认识得最早的处理工艺。1893年在英国试行将污水在粗滤料上喷洒进行净化的试验，取得良好的效果。1900年以后，这种工艺得到公认，命名为生物过滤法，处理构筑物则称为生物滤池，开始用于污水处理实践，并迅速地在欧洲一些国家得到应用。

污水长时间以滴状喷洒在块状滤料层的表面上，在污水流经的表面上就会形成生物膜，待生物膜成熟后，栖息在生物膜上的微生物即摄取流经污水中的有机物作为营养，从而使污水得到净化。进入生物滤池的污水，必须通过预处理，去除原污水中的悬浮物等能够堵塞滤料的污染物，并使水质均化。因此，在处理城市污水的生物滤池前往往需设初沉池。滤料上的生物膜，不断脱落更新，脱落的生物膜随处理水流出，因此，生物滤池后也应设二沉池以截留脱落的生物膜，保证出水水质。

早期出现的普通生物滤池水量负荷和BOD负荷都很低，虽净化效果好（BOD去除率可达90%～95%），但占地面积大，而且易于堵塞，在使用上受到一定的限制。在普通生物滤池的基础上，又开发了一种伴有处理水回流、水力负荷和有机负荷都较高的高负荷生物滤池。1951年德国化学工程师舒尔兹又根据气体洗涤塔原理创立了塔式生物滤池，污水、生物膜和空气三者充分接触，水流紊动剧烈，通风条件改善，氧从空气中经过污水向生物膜内传递过程得到加强，较高的负荷加快了生物膜的生长和脱落，使塔式生物滤池单位体积填料去除有机物的能力有较大的提高；另外，该滤池的问世也使生物滤池占地大的问题进一步得到解决。

6.2.2.2 普通生物滤池

普通生物滤池，是生物滤池早期出现的类型，即第一代的生物滤池。

1. 普通生物滤池的构造

普通生物滤池由池体、滤料、布水装置和排水系统等4部分所组成（见图6.47）。

（1）池体。普通生物滤池在平面上多呈方形或矩形，池壁多用砖石筑造，一般应高出滤料0.5～0.9m，具有围护滤料的作用，应当能够承受滤料压力，并防止风力对池表面均匀布水的影响。池体的底部为池底，它的作用是支撑滤料和排除处理后的污水。

（2）滤料。是生物滤池的主体，应具备质坚耐腐、比表面积高、空隙率大、抗冻耐用、适合就地取材等条件。长期以来一般多采用碎石、卵石、炉渣和焦炭等实心拳状无机滤料。滤料粒径多采用40～100mm，滤料层亦由底部的承托层（厚0.2m，无机滤料粒径70～100mm）和其上的工作层（厚1.8m，无机滤料粒径40～70mm）两层充填而成，粒径下大上小。但近年来也已广泛使用由聚氯乙烯、聚苯乙烯和聚酰胺等材料制成的呈波形板状、多孔筛状和蜂窝状等人工有机滤料，因其更具有比表面积大（100～200m²/

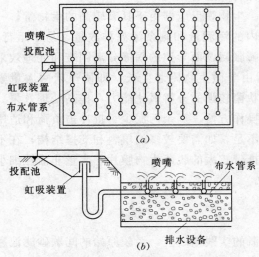

图6.47 普通生物滤池构造示意图

m³）和空隙率高（80％～95％）的优势。

（3）布水装置。首要任务是向滤池表面均匀地撒布污水。此外，还应具有适应水量的变化、不易堵塞和易于清通以及不受风、雪的影响等特征。

普通生物滤池传统的布水装置是固定喷嘴式布水装置系统，其是由投配池、布水管道和喷嘴（见图 6.48）等几部分组成。

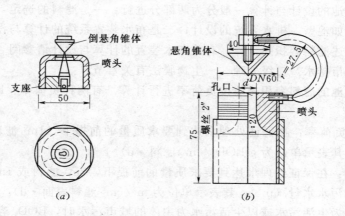

图 6.48　固定喷嘴式布水装置所使用的喷嘴（2″＝50mm）
(a) 带突出部分的喷嘴；(b) 无突出部分的喷嘴

投配池设于滤池的一端或两座滤池的中间，在投配池内设虹吸装置。布水管道敷设在滤池表面下 0.5～0.8m 处，在布水管道上装有一系列排列规矩、伸出池面 0.15～0.20m 的竖管，在竖管顶端安装喷嘴，喷嘴的作用是均匀布水。污水流入投配池内，在达到一定高度后，虹吸装置即开始作用，污水泄入布水管道，并从喷嘴喷出，被倒立圆锥体所阻，向四处分散，形成水花。当投配池内的水位降到一定位置后，虹吸被破坏，停止喷水，投配池间歇供水但是向投配池的供水是连续的。

这种布水装置的优点是运行方便、易于管理和受气候的影响较小，缺点是需要较大的水头（2.0m）。

（4）排水系统。设于滤池的底部，排水系统包括渗水装置、汇水沟和总排水沟等，其作用是排除处理后的污水和保证滤池的良好通风。渗水装置使用比较广泛的混凝土板式的渗水装置（见图 6.49）。

渗水装置的作用是支撑滤料、排出滤池处理后的污水。为了保证滤池通风良好，渗水装置上的排水孔隙的总面积不得低于滤池总表面积的 20％，与池底之间的距离不得小于 0.4m。

池底的作用是支撑滤料和排除处理后的污水，池底以 1％～2％的坡度坡向汇水沟（宽 0.15m，间距 2.5～4.0m），并以 0.5％～10％的坡度坡向总排水沟，总排水沟的坡度不应小于 0.5％，其过水断

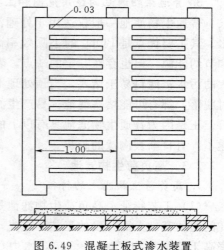

图 6.49　混凝土板式渗水装置

面积应小于其总断面的 50%，沟内流速应大于 0.7m/s，以免发生沉积和堵塞现象。在滤池底部四周设通风孔，其总面积不得小于滤池表面积的 1%。

对小型的普通生物滤池，池底可不设汇水沟，而全部作成 1% 的坡度，坡向总排水沟。

2. 普通生物滤池的设计与计算

普通生物滤池的设计与计算一般分为两部分进行：一是滤料的选定，滤料容积的计算以及滤池各部位如池壁、排水系统的设计；二是布水装置系统的计算与设计。

本书主要阐述滤料容积的计算，有关布水装置的计算与设计请参阅《给水排水设计手册》第 5 册《城市排水》二级处理——生物膜法有关章节。

普通生物滤池的滤料容积一般按负荷率进行计算。有两种负荷率：BOD_5 容积负荷率和水力负荷率。

BOD_5 容积负荷率：在保证处理水达到要求质量的前提下，$1m^3$ 滤料在 1d 内所能接受的 BOD_5 量，其表示单位为 g $BOD_5/(m^3$ 滤料·d)。

水力负荷率：在保证处理水达到要求质量的前提下，$1m^3$ 滤料或 $1m^2$ 滤池表面在 1d 内所能够接受的污水水量（m^3），其表示单位为 $m^3/(m^2$ 滤料表面·d)。

当处理对象为生活污水或以生活污水为主体的城市污水时，BOD_5 容积负荷率可按表 6.12 所列数据选用；而水力负荷值可取 $1 \sim 4m^3/(m^2$ 滤池·d)。

表 6.12 普通生物滤池 BOD-容积负荷率

年平均气温 （℃）	BOD-容积负荷率 [g $BOD_5/(m^3 \cdot d)$]	年平均气温 （℃）	BOD-容积负荷率 [g $BOD_5/(m^3 \cdot d)$]
3~6	100	>10	200
6.1~10	170		

注 1. 本表所列负荷率适用于处理生活污水或以生活污水为主体的城市污水的普通生物滤池。
　 2. 若冬季污水温度不低于 6℃，则上表所列负荷值应乘以 $T/10$（T 为污水在冬季的平均温度）。
　 3. 当处理工业废水含量较多的城市污水时，应考虑工业废水所造成的影响，适当降低上表所列举的负荷率值。

3. 普通生物滤池的适用范围和主要特点

普通生物滤池一般仅适用于处理污水量不高于 $1000m^3$ 的小城镇污水或有机性工业废水。其主要优点是 BOD_5 的去除效率高，一般可达 95% 以上；工艺运行稳定、易于管理和节约能源。但也存在一定的缺点，表现在：负荷率低，占地面积大，不适于处理水量较大的污水；滤料易于堵塞，当预处理不够充分，含悬浮物较高的污水进入滤池或生物膜同时脱落，都有可能堵塞滤池；易产生滤池蝇，恶化环境卫生；喷嘴喷洒污水，散发臭味。

正是因为普通生物滤池具有以上的缺点，它在应用中受到不利影响，近年来已很少新建了，有日渐被淘汰的趋势。

6.2.2.3 高负荷生物滤池

1. 高负荷生物滤池的特征

（1）工艺特征。高负荷生物滤池是在解决与改善普通生物滤池在净化功能和运行中存在问题的基础上而开发的工艺。首先，它大幅度地提高了滤池的负荷率，BOD_5 容积负荷率高于普通生物滤池 6~8 倍，水力负荷则高达 10 倍。这样高的负荷率是通过限制进水

BOD$_5$值和在运行上采取处理水回流等技术而达到的。处理水回流一般可以均化与稳定进水水质、降低冲刷过厚和老化的生物膜,从而使生物膜迅速更新并经常保持较高的活性,抑制滤池蝇的过度滋长,减轻散发的臭味。

回流污水量(Q_R)与污水水量(Q)的比值称为回流比R,计算式如下:

$$R = \frac{Q_R}{Q} \qquad (6.38)$$

回流比R常采用0.5~3.0,但有时也高达5~6倍。采取处理水回流措施后,进入高负荷生物滤池的污水总量Q_T和经回流水稀释后的污水有机物浓度S_a分别计算如下:

$$Q_T = Q + Q_R = Q(1 + R) \qquad (6.39)$$

$$S_a = \frac{S_0 + RS_e}{1 + R} \qquad (6.40)$$

式中 S_0——原污水的有机物(BOD 或 COD)浓度,mg/L;

S_e——滤池处理水的有机物(BOD 或 COD)浓度,mg/L;

S_a——滤池进水的有机物(BOD 或 COD)浓度,若以 BOD$_5$ 计,一般不应高于200mg/L。

(2)**典型工艺流程。**初沉池:可去除 SS50%~60%、BOD20%~30%,防堵塞,减小滤池负荷;回流水:Q 大、冲刷滤料;二沉池:脱落沉降的污泥;回流污泥:提高初沉效率,有利于生物膜的接种。

高负荷生物滤池采取处理水回流措施后,使其具有多种多样的流程系统。图 6.50 所示的便是一级高负荷滤池的典型工艺流程。流程(a)中滤池出水直接向滤池回流,并由二沉池向初沉池回流生物污泥,有助于生物膜的接种;流程(b)中处理水回流至滤池前,可避免加大初沉池的容积;流程(c)中处理水回流至初沉池,加大了滤池的水力负荷;

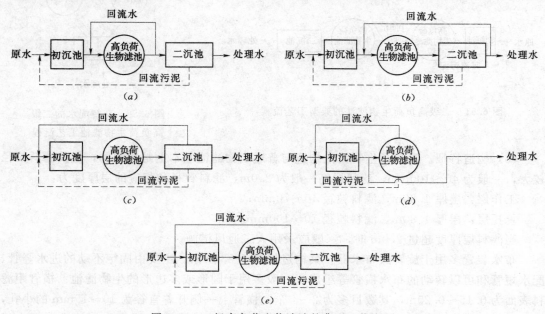

图 6.50 一级高负荷生物滤池的典型工艺流程

流程（d）中滤池出水直接回流至初沉池，初沉池的效果从而得到提高并兼做二沉池的功能；而流程（e）中滤池出水回流至初沉池前，生物污泥由二沉池回流至初沉池。在上述多种流程中，以（a）、（b）的应用最为广泛。

当原水有机物浓度较高、避免单个生物滤池的深度太大或者当处理后的污水水质要求较高时，可将2个高负荷生物滤池串联起来使用，形成二级生物滤池系统。图6.51所示的便是二级生物滤池的典型工艺流程，其中流程（d）中设置中间沉淀池的目的是为了减轻第二级滤池的负荷，避免堵塞。另外，为了解决二级式系统负荷不均和前段生物膜量大、易于堵塞的问题，可以考虑用交替配水的二级生物滤池系统，如图6.52所示。

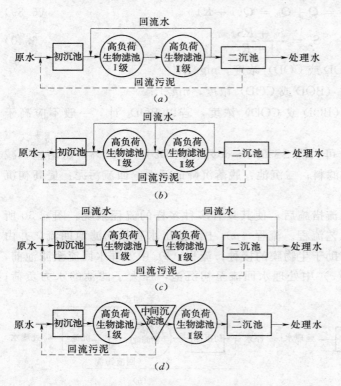

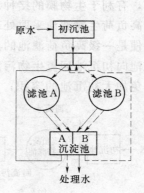

图 6.51 二级高负荷生物滤池的典型工艺流程

图 6.52 交替配水的二级
高负荷生物滤池工艺流程

（3）构造特征。高负荷生物滤池构造与普通生物滤池基本上是相同的，但其滤料粒径较大，一般为 40～100mm，滤料层高一般为 2.0m，滤料粒径和相应的层厚度为：

工作层：层厚 1.80m，滤料粒径 40～70mm；

承托层：层厚 1.80m，滤料粒径 70～100mm。

当滤料层厚度超过 2.0m 时，一般应采用人工通风措施。

布水装置多用于旋转式布水器，其构造如图 6.53 所示。主要由固定不动的进水竖管、配水短管和可以转动的布水横管等组成，一般多用于圆形或多边形的生物滤池。横管距滤料表面为 0.15～0.25m，其数目多为 2～4 个；横管上一侧开着直径为 10～15mm 的小孔，小孔间距从池中心最大向池边逐渐减小，以保证均匀布水。污水从进水竖管进入配水短管，然后分配至各布水横管后，在一定水头（0.25～0.8m）的作用下喷出小孔并产生反作用力，从而推动布水横管向水流相反的方向转动，由此保证了向滤池的连续布水。

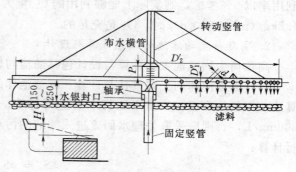

图 6.53　旋转布水器示意图

现代高负荷生物滤池已广泛采用由聚氯乙烯、聚苯乙烯和聚酰胺等材料制成的质轻、高强、耐腐蚀人工滤料，1m³ 滤料重量仅 43kg 左右，表面积 200m²，空隙率可高达 95%。

（4）高负荷生物滤池的需氧与供氧。

1）生物膜量。生物膜污泥量是难以精确计算的，除了原污水水质和负荷率等因素能影响生物膜污泥的数量外，活性生物膜（生物膜好氧层）厚度的不同和其沿滤池深度分布的不同，也给生物膜污泥数量的计算造成困难。因此，生物膜污泥量的数据，应通过实测取得，沿滤池的深度，按池上、下层分别测定，取其平均值作为设计与运行的数据。

生物膜好氧层的厚度，多数专家认为是在 2mm 左右，含水率按 98% 考虑。

据休凯莱基安（Heukelekian）的实测，处理城市污水的普通生物滤池的生物膜污泥量是 4.5～7.0kg/m³，高负荷生物滤池则是 3.5～6.5kg/m³。

2）需氧。生物滤池单位体积滤料的需氧量可按下式求定：

$$O_2 = a'BOD_r + b'P [kg/(m³ 滤料 \cdot d)] \tag{6.41}$$

式中　BOD_r——在生物滤池上所去除的 BOD_5 值，kg/（m³ 滤料 · d）；

　　　a'——1kg BOD_5 完全降解所需的氧量，kg，对城市污水，取 1.46 左右；

　　　P——1m³ 滤料上覆盖着的活性生物膜量，kg/m³ 滤料；

　　　b'——单位重量活性生物膜的需氧量，此值大致是 0.18kg/kg。

如生物滤池中 1m³ 滤料的 BOD 负荷率为 1.2kg/d，去除率为 90%，1m³ 滤料上的活性生物膜量平均值 P 为 2kg/m³，将各值代入上式，可求得：

$$O_2 = 1.46 \times (1.2 \times 0.9) + 0.18 \times 2 = 1.94kg/(m³ 滤料 \cdot d)$$

3）供氧。生物滤池的供氧是 O_2 在自然条件下通过池内外空气的流通而转移到污水中并进而扩散传递到生物膜内部而实现的。影响生物滤池通风状况的因素很多，主要有池内外温度差、风力、滤料类型及污水布置量等。

池内外温度差能决定空气在池内的流速和流向等，池内外温度差与空气流速之间的关系，可用下列经验关系式表达：

$$v = 0.075 \times \Delta T - 0.15 \tag{6.42}$$

式中　v——空气流速，m/min；

　　　ΔT——滤池内外温差，℃。

由式（6.42）可见，当 $\Delta T = 2$℃时，$v = 0$，空气停止流通。在一般情况下，$\Delta T = 6$℃，按上式可计算得 $v = 0.3$m/min $= 432$m/d，即 1m³ 滤料在 1d 内通过的空气量为 432m³。又 1m³ 空气中 O_2 的含量为 0.28kg，则向生物膜提供的 O_2 量为 120.96kg，氧的

173

利用率以 5％考虑，则实际上能够利用的 O_2 量为 6.048kg。这样，当 BOD -容积负荷率为 1.2kg/（m^3 滤料·d）时，O_2 是充足的。

2. 高负荷生物滤池的工艺计算与设计

高负荷生物滤池工艺计算与设计包括滤池与旋转布水器的设计计算。

（1）滤池池体的工艺设计与计算。滤池池体的工艺计算有多种方法，其中以负荷率计算法使用较为广泛，按日平均污水量进行计算。进入滤池的污水，其 BOD_5 值一般低于 200mg/L，否则应采取处理水回流进入滤池的污水经回流水稀释后的 BOD_5 值可由下式进行计算：

$$S_a = \alpha S_e \qquad (6.43)$$

式中 S_e、S_a——解释同前；

      α——系数，与污水冬季平均温度、年平均气温和滤料层高度有关，按表 6.13 所列数据选用。

表 6.13   系 数 α 值

污水冬季平均温度（℃）	年平均气温（℃）	滤料层高度（m）				
		2.0	2.5	3.0	3.5	4.0
8~10	<3	2.5	3.3	4.4	5.7	7.5
10~14	3~6	3.3	4.4	5.7	7.5	9.6
>14	>6	4.4	5.7	7.5	9.6	12.0

确定回流稀释倍数 n，由 S_0、S_e、S_a，对初沉池物料计算：

$$\alpha S_0 + nQ S_e = (\alpha + n\alpha) S_a \qquad (6.44)$$

可进一步计算出回流稀释倍数 n：

$$n = S_0 - S_e/(S_a - S_e) \qquad (6.45)$$

在求定经回流水稀释后 BOD_5 值与回流稀释倍数后，可按下列 3 种负荷率法进行池体的工艺计算。

1）按 BOD -容积负荷率（N_v）计算。BOD 容积负荷率（N_v）是指 $1m^3$ 滤料在 1d 内所接受的 BOD_5 量，以 g BOD_5/（m^3·d）表示，此值一般不宜高于 1200g BOD_5/（m^3·d）。由 N_v 可计算滤料容积 V 并进而计算出滤料表面积 A，计算公式分别如下：

$$V = Q(n+1)S_a/N_v \qquad (6.46)$$
$$A = V/h \qquad (6.47)$$

式中 Q——原污水日平均流量，m^3/d；

      h——滤料层高，m；

其他符号同前。

2）按 BOD -面积负荷 N_A 计算。BOD -面积负荷 N_A 是指 $1m^2$ 滤料在 1d 内所接受的 BOD_5 量，以 g BOD_5/（m^2·d）表示，此值一般介于 1100~2000g BOD_5/（m^2·d）之间。由 N_A 可计算滤池面积 A 并进而计算出滤料容积 V，计算公式分别如下：

$$A = Q(n+1)S_a/N_A \qquad (6.48)$$
$$V = Ah \qquad (6.49)$$

3）按水力负荷率 N_q 计算。水力负荷率 N_q 是指 $1m^2$ 滤池表面在 $1d$ 内所接受的污水量，以 $m^3/(m^2 \cdot d)$ 表示，此值一般介于 $10 \sim 30 m^3/(m^2 \cdot d)$。由 N_q 可计算出滤池表面积 A，计算公式如下：

$$A = Q(n+1)S_a/N_q \tag{6.50}$$

实际应用时，一般按一种方法计算，另两种方法校核。上述各负荷率计算法应属经验计算法，所提出的各项负荷率的数据一般都是由对运行数据归纳整理后而确定的，具有一定的实用意义，但是在理论探讨方面还存在一定的不足。

【例 6.3】 某城市设计人口 $N = 100000$ 人，排水标准为 $200L/(p \cdot d)$，BOD_5 按 $27g/(p \cdot d)$ 考虑。市内设有一座排水量较大的肉类加工厂，其生产废水量为 $1500m^3/d$。BOD_5 值为 $1800mg/L$。该城市年平均气温为 $10℃$，城市污水冬季水温为 $15℃$。处理水排放时，BOD_5 值应低于 $30mg/L$。拟采用高负荷生物滤池处理，试进行工艺计算与设计。

解

1. 确定该城市污水的各项参数

（1）污水量 $Q = 100000 \times 0.2 + 1500 = 21500 m^3/d$。

（2）原污水中的 BOD_5 值 $S_0 =$ （$100000 \times 27 + 1500 \times 1800$）$/21500 = 251.16 g/m^3 \approx 251mg/L$。

（3）因 $S_0 > 200mg/L$，原污水必须用处理水回流稀释，稀释后的污水达到的 BOD_5 值按式（6.43）计算：$S_e = 30mg/L$，而 α 值则按表 6.13 选用。该城市年平均气温 $> 6℃$，冬季污水平均水温为 $15℃$。池滤层深度取 $2.0m$ 可查表得 $\alpha = 4.4$，代入式中，可得：

$$S_a = \alpha S_e = 4.4 \times 30 = 132mg/L$$

（4）回流稀释倍数 n 可按式（6.45）确定，$n =$ （$251 - 132$）$/$（$132 - 30$）≈ 1.2。

2. 计算滤料容积、池表面积

（1）按 BOD-面积负荷率（N_A）计算，所得结果再用 BOD-容积负荷率（N_v）和水力负荷率加以校核。取 $N_A = 1750g\ BOD_5/(m^2 \cdot d)$，可由式（6.48）计算得：

$$A = Q(n+1)S_a/N_A = [21500 \times (1.2+1) \times 132]/1750 = 3567.7 m^2$$

（2）滤料总容积 $V = Ah = 3567.7 \times 2 = 7135.6 m^3$。

（3）校核：BOD-容积负荷率（N_v）和水力负荷率是否在适宜的范围内。

1）对 BOD-容积负荷率（N_v）进行校核，由式（6.46）：

$$N_v = Q(n+1)S_a/V = [21500 \times (1.2+1) \times 132]/7135.6 = 874 g/(m^3 \cdot d)$$

$N_v = 874 g/(m^3 \cdot d) < 1200 g/(m^3 \cdot d)$，满足要求。

2）对水力负荷（N_q）校核，由式（6.50）得：

$$N_q = Q(n+1)/A = 21500 \times (1.2+1)/3567.7 = 13.26 m^3/(m^2 \cdot d)$$

$N_q = 13.26 m^3/(m^2 \cdot d)$，介于 $10 \sim 30 m^3/(m^2 \cdot d)$，满足要求。

3. 计算确定滤池座数、每座滤池表面积和滤池直径等各项参数

（1）采用 8 座滤池。

（2）每座滤池的表面积为 $A_1 = 3567.7/8 = 445.96 \approx 446 m^2$。

（3）每座滤池直径 $D = \sqrt{\dfrac{4A_1}{\pi}} = \sqrt{\dfrac{4 \times 446}{\pi}} = 23.83m \approx 24m$。

即采用直径为 24m、高为 2.0m 的高负荷生物滤池 8 座。

4. 旋转布水器的计算与设计

（1）旋转布水器的直径 D' 取决于滤池直径 D，一般较滤池直径小 200mm，即

$$D' = D - 200 \tag{6.51}$$

（2）布水横管数及管径 D''。一般设置 2～4 根布水横管，管中污水流速 $v = 0.5 \sim 1.0$m/s。

$$D'' = q/(4\pi v) \tag{6.52}$$

式中 q——计算流量，m^3/s。

（3）横管上孔口数 m、孔口直径 d 及孔口至池中心距离 r_i。按污水从孔口流出的流速不小于 0.5m/s 和每个孔口出水喷洒面积基本相同考虑：

$$m = \frac{1}{1 - \left(1 - \dfrac{a}{D'}\right)} \tag{6.53}$$

式中 a——最末端两孔口间距的两倍，一般取 80mm。

出流孔口直径 $d = 10 \sim 15$mm。

每个出流孔口距池中心的距离

$$r_i = R \frac{i}{m} \tag{6.54}$$

式中 R——布水器半径，mm；

i——池中心算起每个孔口在横管上排列顺序。

间距在池中心处大，向池边逐渐减小，从 300mm 逐渐减小到 40mm。

（4）转速（转速/min）：

$$s = \frac{34.78 \times 10^6}{md^2 D'} \tag{6.55}$$

（5）工作水头：

$$H = h_1 + h_2 + h_3 = \frac{294D'}{K^2 \times 10^3} + \frac{256 \times 10^6}{m^2 d^4} - \frac{81 \times 10^6}{D^4} \tag{6.56}$$

式中 H——旋转布水器所需的工作水头，m；

h_1——沿程水头损失，m；

h_2——局部水头损失，m；

h_3——横管流速恢复水头，m；

q——每根布水横管流量，L/s；

K——流量系数，可查相关设计手册；

其他符号意义同前。

6.2.2.4 塔式生物滤池

塔式生物滤池属第三代生物滤池，是受到污水生物处理工程界重视和应用较广泛的一种滤池。

1. 构造与工艺特征

（1）构造。塔式生物滤池一般高达 8～24m，直径 1～3.5m，径高比介于 1∶（6～8），

呈塔状。主要由塔身、滤料、布水系统以及通风及排水装置组成，在平面上多呈圆形，其构造如图 6.54 所示。

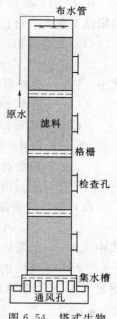

图 6.54 塔式生物
滤池示意图

1) 塔身。一般用砖、钢筋混凝土或钢板等材料制成。塔身沿高度常分数层建造，在分层处设有格栅，格栅承托在塔身上，而其本身又承托着滤料，这样可使滤料荷重分层负担，每层高度以不大于 2.0m 为宜，以免将滤料压碎。每层还应设检修孔，以便更换滤料。还应设侧温孔和观察孔，用以测量池内温度和观察塔内滤料上生物膜的生长情况和滤料表面布水的均匀程度，并取样分析。塔顶上缘应高出最上层滤料表面 0.5m 左右，以免风吹影响污水的均匀分布。

2) 滤料。一般采用质轻的人工滤料，在我国使用较多的是用环氧树脂固化的玻璃布蜂窝滤料，因为这种滤料具有比表面积大、结构比较均匀、有利于空气流通和均匀布水、流量调节幅度大、不易堵塞等优点。

3) 布水装置。一般与普通生物滤池及高负荷生物滤池的基本相同。对小型塔式生物滤池多采用固定式喷嘴布水系统，也可使用多孔管和溅水筛板等布水；对大、中型塔式生物滤池则多采用电机驱动或水流反作用力驱动的旋转布水器。

4) 通风。一般都采用自然通风，塔底设有高度为 0.4～0.6m 的空间，周围并留有通风孔，其有效面积不小于滤池面积的 7.5%～10%。因塔式生物滤池形状似塔，使得滤池内部形成了较强的拔风状态，故具有良好的通风条件。

（2）工艺特征。塔式生物滤池也属一种高负荷生物滤池，如其水力负荷可达 80～200m³／（m²·d），为一般高负荷生物滤池的 2～10 倍，BOD 容积负荷率达 1000～3000g BOD₅／（m³·d），为一般高负荷生物滤池的 2～3 倍。高额的有机负荷使其生物膜生长迅速，高额的水力负荷又使生物膜受到强烈的水力冲刷，从而使得生物膜不断地脱落与更新，并经常保持较好的活性。但生物膜如果生长过速，则易于产生滤料的堵塞现象。对此，一般将进水的 BOD₅ 值控制在 500mg/L 以下，否则需采取处理水回流稀释措施。

由于塔内微生物存在分层的特点，所以能承受较大的有机物和有毒物质的冲击负荷；占地面积小，经常运行费用较低，但基建投资较大，BOD 去除率较低，适用于处理生活污水和城市污水，也适用于处理各种有机性的工业废水，但只适宜于处理少量污水，一般不宜超过 10000m³/d。

2. 设计与计算

塔式生物滤池的设计与计算与普通的生物滤池和高负荷生物滤池相近似。目前，塔式生物滤池主要按 BOD-容积负荷率（N_v）进行计算。对生活污水和城市污水可以参考国内外的运行数据选定。

N_v 这一参数取决于对处理水的 BOD_u（一般以 BOD_{20} 计）值的要求和污水在冬季的平均温度。图 6.55 所示就是这三者之间的关系，曲线可供设计参考。

在 BOD –容积负荷率（N_v）值确定后，可根据下列公式进行计算：

（1）滤料容积：

$$V = QS_a/N_v \qquad (6.57)$$

式中　V——滤料容积，m^3；

　　　S_a——进水 BOD_5（或 BOD_u），g/m^3；

　　　Q——原污水日平均流量，m^3/d；

　　　N_v——BOD_5-容积负荷率（或 BOD_u-容积负荷率），$g\ BOD_5/（m^3 \cdot d）$ 或 $g\ BOD_u/（m^3 \cdot d）$。

（2）滤塔的表面面积：

$$A = V/H \qquad (6.58)$$

式中　A——滤塔的表面面积，m^2；

　　　H——滤塔的工作高度，m，其值可根据表 6.14 所列数据确定。

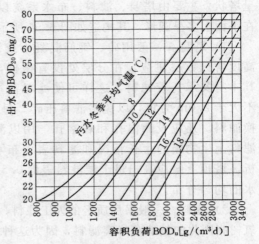

图 6.55　塔滤 BOD_u 允许负荷与处理水　　　　BOD_u 及水温的关系曲线

表 6.14　　　　进水 BOD_u 与滤塔高度的关系

进水 BOD_u (mg/L)	250	300	350	450	500
滤塔高度（m）	8	10	12	14	>16

（3）塔滤的水力负荷：

$$q = Q/A \qquad (6.59)$$

式中　q——水力负荷，$m^3/（m^2 \cdot d）$。

当有条件时，水力负荷 q 应由试验确定，并用式（6.59）进行校核，如通过试验所得到的水力负荷值 $q'=q$，说明设计是可行的；若 $q'>q$，则可考虑适当减小滤池高度；若 $q'<q$，可适当加大滤池高度，或者采用回流或多级滤池串联的运行方式。

【例 6.4】　某城镇居民 5000 人，排水量标准为 100L/（p·d），冬季水温 12℃，每人每天产生的 BOD_u 值以 40g 计，生活污水拟用塔滤处理，处理水的 BOD_u 按 35mg/L 考虑。

解　按上述数据进行塔滤的工艺设计。

1. 计算各项设计参数

（1）每日产生的污水量为：$5000 \times 100 = 500 m^3/d$。

（2）每日产生的 BOD_u 值：$5000 \times 40 = 200000g$；

$$200000/500 = 400 g/m^3 = 400 mg/L。$$

（3）选定 BOD_u 允许负荷率，按处理水 BOD_u 为 35mg/L 的要求和冬季水温为 12℃ 的条件，按图 6.55 查到 BOD_u 的允许容积负荷（N_v）为 1800g $BOD_u/（m^3 \cdot d）$。

2. 确定塔滤的各项尺寸

（1）滤料的总容积为：$200000/1800 = 111 m^3$。

（2）滤池的高度：查表 6.14，按进水 BOD$_u$ 值为 400mg/L，可将滤池高度近似地确定为 14m。

（3）塔式滤池表面积的确定：决定采用两座塔滤，每座塔滤的表面积为：$A = 111/(2 \times 14) = 4.0 m^2$。

（4）塔式滤池的直径：$D = \sqrt{\dfrac{4 \times 4.0}{3.14}} = 2.25 m$。

（5）校核塔滤的径高比（$D : H$），$D : H = 2.25 : 14 = 1 : 6.22$，满足要求，计算成立。

6.2.3 生物转盘

生物转盘技术开创于 20 世纪 50～60 年代，也是利用生物膜净化污水的一种新型的处理设备。由于生物转盘具有净化效果好和能源消耗低等优点，因而在世界范围内皆得到了广泛的研究与应用，并在近几十年来取得了很大的进展，仍属于发展中的污水处理技术。我国从 20 世纪 70 年代初开展了生物转盘技术研究，在处理城市污水和工业废水方面，均取得了良好的效果。

6.2.3.1 生物转盘的构造与净化原理

好氧生物转盘处理系统中，除核心装置——生物转盘外，还包括污水预处理设备和二沉池，二沉池的作用是去除经生物转盘处理后的污水所挟带的脱落生物膜。

1. 组成

好氧生物转盘是由盘片、接触反应槽、转轴及驱动装置等组成，如图 6.56 所示。盘片串联成组，其中心贯以转轴，转轴的两端安设在半圆形接触反应槽的支座上。转盘面积的 45% 左右浸没在槽内的污水中，转轴高出槽内水面 10～25cm。

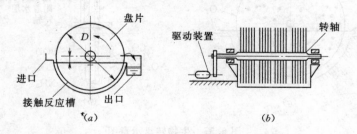

图 6.56 生物转盘示意图

（1）盘片。是生物转盘的主要部件，一般多采用圆形平板或表面呈波纹状的圆板，直径介于 2.0～3.6m 之间；若采用现场组装，直径甚至可达 5m。盘片间距主要取决于盘片直径和生物膜的最大厚度，一般为 10～30mm，污水浓度高的取上限，以免生物膜堵塞；如采用多级转盘，则前数级的盘片间距为 25～35mm，后数级为 10～20mm。盘片应具备轻质高强、耐腐蚀、耐老化、易于挂膜、不变形、比表面积大，易于就地取材、便于加工安装等特点，一般多有塑料制成，平板盘片多为聚氯乙烯塑料，而波纹板盘片多用聚酯玻璃钢。

（2）接触反应器。可用钢板制作，也可用砖或钢筋混凝土建造，水泥砂浆抹面再涂以防水耐磨层。其断面形状呈与盘片外形基本吻合的半圆形，以免产生死角。接触反应器各部位尺寸和长度，应根据转盘直径和轴长决定，盘片边缘与槽内面应留有不小于150mm的间距。槽底应考虑设有放空管，槽的两个侧面设有锯齿形溢流堰式的进、出水设备。

（3）转轴。是支承盘片并带动其旋转的重要部件。一般采用实心或无缝钢管，直径介于50～80mm，两端安装在固定于接触反应器两端的支座上。转轴的长度一般在0.5～7.0m之间，不能太长，否则往往由于同心度加工欠佳，易于产生挠曲变形，发生磨断或扭转。

（4）驱动装置。包括动力设备、减速装置及传动链条等。转盘的转速一般控制在0.8～3.0r/min、线速度为10～20m/min为宜，转速过高将有损于设备的机械强度，消耗电能，还由于在盘片上产生较大的剪切力易使生物膜过早剥离。

2. 净化原理

由电机、变速器和传动链条等部件组成的传动装置驱动转盘以较低的线速度在接触反应槽内转动。接触反应槽内充满污水，转盘交替地和空气、污水相接触，经过一段时间后，在转盘上即将附着一层栖息着大量微生物的生物膜。

当盘片缓慢转动浸没在接触反应槽内缓缓流动的污水中时，污水中的有机物将被滋生在盘片上的生物膜吸附；当盘片离开污水时，盘片表面形成的薄水膜从空气中吸氧，同时在微生物酶的作用下被吸附的有机物进行氧化分解。在转盘上附着的生物膜与污水、空气之间进行着有机物、O_2、CO_2、NH_3等的传递（见图6.57）。

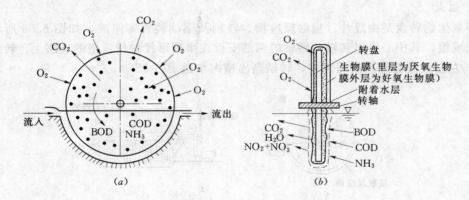

图6.57 生物转盘示意图

(a) 侧面；(b) 断面

圆盘不断地转动，污水中的有机物不断分解。当生物膜厚度增加到一定厚度以后，其内部形成厌氧层并开始老化、剥落，脱落的生物膜由二沉池沉降去除。

6.2.3.2 生物转盘的工艺流程

根据转盘和盘片的布置形式，生物转盘可分为单轴单级式、单轴多级式（见图6.58）和多轴多级式（即单轴单级式串联布置的形式），级数多少主要取决于污水水量与水质、处理水应达到的处理程度和现场条件等因素。

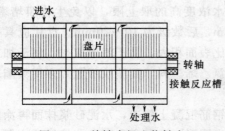

图6.58 单轴多级生物转盘

实践证明，处理同一种污水，如盘片面积不变，将转盘分为多级串联运行能显著提高处理水水质和水中溶解氧（DO）的含量。对城市污水，一般多采用4级转盘进行处理。

对处理高浓度的有机废水，可采用两段生物转盘串联的两段或多段的处理流程，见图6.59。从第一级到后续的各级中，原污水中有机物浓度逐渐降低，有时还可进行脱氮。

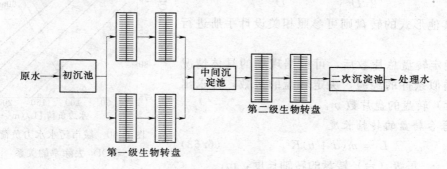

图 6.59 生物转盘两阶段处理流程

6.2.3.3 生物转盘的设计与计算

生物转盘设计与计算的主要内容包括求定所需转盘的总面积、接触氧化槽总容积、转轴长度及污水在接触反应槽内的停留时间。

生物转盘所需面积按 BOD_5 面积负荷计算，以水力负荷或停留时间校核。

1. 转盘的总面积

转盘总面积的确定通常采用负荷率法，按照平均日污水流量进行计算。生物转盘的 BOD_5-面积负荷率（N_A）是指单位盘片表面积在 1d 内所接受的并使转盘达到预期处理效果的 BOD_5 量，以 g $BOD_5/(m^2 \cdot d)$ 表示；水力负荷率 N_q 是指单位盘片表面积在 1d 内所能接受并使转盘达到预期处理效果的污水量，以 $m^3/(m^2 \cdot d)$ 表示。

一般来说，对于采用生物转盘处理城市污水时，BOD_5-面积负荷率（N_A）值应当通过试验确定。对城市污水，BOD_5-面积负荷率介于 $5\sim20g/(m^2 \cdot d)$，而首级转盘的面积负荷率一般不宜超过 $40\sim50g/(m^2 \cdot d)$。国外处理生活污水，根据处理效果所采用 BOD_5-面积负荷率见表 6.15。

表 6.15　　　　　　国外生物转盘处理生活污水所采用的 BOD_5-面积负荷率值

处理水水质	BOD_5-面积负荷率	处理水水质	BOD_5-面积负荷率
$BOD_5 \leqslant 60mg/L$	$20\sim40g/(m^2 \cdot d)$	$BOD_5 \leqslant 30mg/L$	$10\sim20g/(m^2 \cdot d)$

水力负荷 N_q 在很大程度上取决于原污水的 BOD_5 值，对于一般城市污水，此值一般多介于 $0.08\sim0.2m^3/(m^2 \cdot d)$ 之间。图 6.60 所示为在不同的原污水 BOD_5 浓度值的条件下，水力负荷率 N_q 与 BOD_5 去除率之间的关系，此图可供设计转盘时参考。

在确定了负荷率值后，转盘总面积可确定如下：

$$A = QS_a/N_A \tag{6.60}$$

$$A = Q/N_q \tag{6.61}$$

2. 转盘总片数

当所采用的转盘为圆形时，转盘的总片数按下列公式计算：

$$M = \frac{4A}{2\pi D^2} = 0.637\frac{A}{D^2} \quad (6.62)$$

对其他形式的转盘则可参照相关设计手册进行确定。

在确定转盘总片数后，可根据现场的具体情况并参照类似条件的经验，决定转盘的级数，并求出每级（台）转盘的盘片数 m。

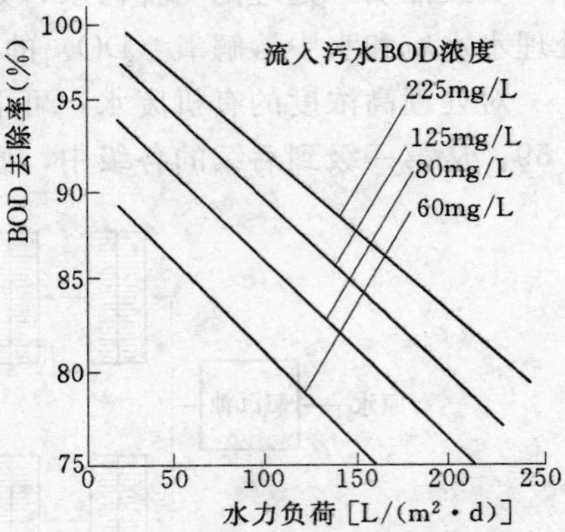

流入污水BOD浓度
225mg/L
125mg/L
80mg/L
60mg/L
BOD去除率(%)
100
95
90
85
80
75
0
50
100
150
200
250
水力负荷[L/(m²·d)]

图 6.60　城市污水水力负荷与 BOD_5 去除率的关系

3. 每台转盘的转轴长度

$$L = m(d+b)K \quad (6.63)$$

式中　L——每级（台）转盘的转轴长度，m；

m——每级（台）转盘盘片数；

d——盘片间距，m；

b——盘片厚度，与所采用的盘材有关，根据具体情况确定，一般取值为 0.001～0.013m；

K——考虑污水流动的循环沟道的系数，取值 1.2。

4. 接触反应槽容积

此值与槽的形式有关，当采用半圆形接触反应槽时，其总有效容积

$$V = (0.294 \sim 0.335)(D+2\delta)^2 l \quad (6.64)$$

而净有效容积 V' 为

$$V' = (0.294 \sim 0.335)(D+2\delta)^2(l-mb) \quad (6.65)$$

式中　δ——盘片边缘与接触反应槽内壁之间的净距；

(0.294～0.335)——当 $r/D=0.1$ 时，系数取 0.294；当 $r/D=0.06$ 时，系数取 0.335；

r——转轴中心距水面的高度，一般为 150～300mm。

5. 转盘的旋转速度

为达到混合目的转盘的最小转速公式为

$$n'_{\min} = \frac{6.37}{D}\left(0.9 - \frac{1}{N_q}\right) \quad (6.66)$$

6. 电机功率

$$N_p = \frac{3.85R^4 n'_{\min}}{d \times 10} m\alpha\beta \quad (6.67)$$

式中　R——转盘半径，cm；

m——1 根转轴上的盘片数；

α——同一电动机带动的转轴数；

β——生物膜厚度系数，参见表 6.16。

表 6.16　　　　　　　　　　　　　　　**生 物 膜 厚 度 系 数**

膜厚度（mm）	β 值	膜厚度（mm）	β 值
0～1	2	2～3	4
1～2	3		

7. 污水在接触氧化槽内的平均接触时间（停留时间）

$$t_a = V/Q \tag{6.68}$$

式中　t_a——平均接触时间，d；

　　　V——氧化槽有效容积，m^3；

　　　Q——污水流量，m^3/d。

【例 6.5】　　某住宅小区人口 5000 人，排水量标准为 100L/（p·d），经沉淀处理后的 BOD_5 值为 135mg/L，处理水的 BOD_5 值要求不得大于 15mg/L。拟用生物转盘处理，试进行生物转盘设计。

解

1. 确定设计参数

（1）平均日污水量：5000×0.1＝500m^3/d。

（2）满足处理要求时达到的 BOD_5 去除率：η＝（150－15）/150＝0.90。

（3）确定 BOD-面积负荷率（N_A）：查表 6.15，可选择 N_A＝11g BOD_5/（m^2·d）。

（4）确定水力负荷率（N_q）：查图 6.60，可得 N_q＝80L/（m^2·d）＝0.08m^3/（m^2·d）。

2. 转盘计算

（1）盘片总面积：①按 BOD-面积负荷率（N_A）进行计算：$A=QS_a/N_A$＝（500×135）/11＝6136m^2；②按水力负荷率（N_q）进行计算：$A=Q/N_q$＝500/0.08＝6250m^2。

两者所得的数值相近，为安全计，决定采用按水力负荷率计算所得的数据，即 6250m^2。

（2）求定盘片总片数，决定采用直径为 2.5m 的盘片，可计算得：

$$M = \frac{4A}{2\pi D^2} = 0.637 \frac{A}{D^2} = \frac{0.637 \times 6250}{2.5^2} = 637$$

（3）按 4 台转盘考虑，每台盘片数为 159，即 m 可按 160 片考虑。具体为：每台转盘按单轴 4 级考虑，首级转盘按 50 片，第二级按 40 片，第三、第四级则各按 35 片考虑。

（4）接触氧化槽的有效长度的计算。盘片间距 d 取 25mm，采用硬聚氯乙烯盘片，b 值为 4mm，可求得：

$$L = m(d+b)K = 160 \times (25+4) \times 1.2 = 5568mm \approx 5.6m$$

即：接触氧化槽全长为 5.6m。

（5）接触氧化槽的有效容积的计算。采用半圆形接触氧化槽，r 值取 200mm，r/D 取 0.08，系数取 0.294 与 0.335 的中间值，即 0.314，δ 值取 200mm。

$$V' = 0.314 \times (D+2\delta)^2(l-mb) = 0.314 \times (2.5+2 \times 0.2)^2 \times (5.6-160 \times 0.004)$$
$$= 13.20m^3$$

（6）转盘的最低旋转速度的确定：

$$n'_{min} = \frac{6.37}{D}\left(0.9 - \frac{1}{N_q}\right) = \frac{6.37}{2.5} \times \left(0.9 - \frac{1}{80}\right) = 2.26r/min, 满足要求。$$

（7）污水在接触氧化槽内的停留时间的确定：

$$t_a = V/Q = [(13.2 \times 4)/500] \times 24 = 2.53h$$

6.2.4　生物接触氧化法

生物接触氧化法，就是在池内设置填料，已经充氧的污水淹没全部填料，并以一定的速度流经填料。填料上长满生物膜，污水与生物膜相接触，在生物膜上微生物的作用下，污水得到净化，因此，该处理技术又称"淹没式生物滤池"。

生物接触氧化法，采用与曝气池相同的曝气方法，提供微生物所需的氧量，并起搅拌与混合作用，这样，此种技术又相当于在曝气池内充填供微生物栖息的填料，故又称"接触曝气法"。

由上述可见，生物接触氧化法是一种介于活性污泥法与生物滤池之间的生物处理技术，兼具二者的优点。近年来，该技术在国内外皆得到了广泛的研究与应用。特别是在日本、美国等国家得到了迅速的发展与应用，广泛应用于处理生活污水、城市污水和食品加工等工业废水，而且还应用于处理地表水源水的微污染。中国从 20 世纪 70 年代开始引进生物接触氧化工艺，除生活污水和城市污水外，还在石油化工、农业、纺织、印染、造纸等工业废水处理方面取得了良好的处理效果。

6.2.4.1　生物接触氧化法的构造与布置形式

1. 构造

接触氧化池主要由池体、填料、支架、曝气装置、进出水装置以及排泥管道等组成，其构造如图 6.61 所示。

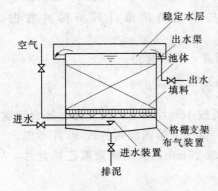

图 6.61　接触氧化池的基本构造

（1）池体。在平面上多呈圆形、矩形或方形，一般用钢板焊制或钢筋混凝土浇筑而成。各部位的尺寸为：池内填料高度为 3.0～3.5m；顶部稳定水层为 0.5～0.6m；底部布气层为 0.6～0.7m；总高度约为 4.5～5.0m。

（2）填料。是生物膜的载体和接触氧化法处理工艺的关键部位，将会直接影响处理效果塔；另外，它的费用在整个工艺系统的建设中占的比重较大。故对填料进行正确的选择是具有经济和技术意义的。

填料的选择一般要求其具备比表面积大、空隙率大、水力阻力小、性能稳定、经久耐用等特点。目前，在我国常用的填料有蜂窝状填料、波纹状填料、软性填料、半软性填料等。

2. 布置形式

生物接触氧化法的形式很多，根据水流形态可分为分流式和直流式。见图 6.62。

（1）分流式。污水充氧和同生物膜的接触是在不同的隔间内进行的，污水充氧后在池

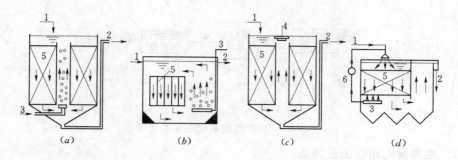

图 6.62 几种形式的接触氧化池

1—进水管；2—出水管；3—进气管；4—叶轮；5—填料；6—泵

内进行单向循环 [见图 6.62 (a)] 或双向循环 [见图 6.62 (b)]。这种结构形式能使污水在池内反复充氧，污水同生物膜接触时间长；但好气量较大，水穿过填料层的速度较小，冲刷力弱，生物膜只能自行脱落，更新速度慢，易于造成填料层堵塞，尤其处理高浓度的有机废水时。

(2) 直流式。国内一般多采用这种形式。直流式接触氧化池是直接从填料底部充氧的，填料内的水力冲刷依靠水流速度和气泡在池内碰撞、破碎形成的冲击力，只要水流及空气分布均匀，填料则不易堵塞。另外，生物膜受到气流的冲击、搅动，加速了脱落和更新，使得自身经常保持较高的活性。

6.2.4.2　生物接触氧化法的工艺特征

(1) 本工艺使用多种形式的填料，有利于溶解氧的转移，适于微生物存活、增殖。附着的生物膜生物丰富，除细菌和多种属的原生、后生动物外，同时还生长着氧化能力较强的球衣菌属丝状菌，而无污泥膨胀之虑。

(2) 填料表面被生物膜布满，形成了生物膜的主体结构，由于丝状菌的大量滋生有可能形成呈立体结构的生物网，污水在其中通过，类似"过滤"作用，能够有效地提高净化效果。

(3) 曝气作用保持生物膜活性和高浓度生物量，因此能接受较高的有机负荷率，处理效率高，有利于缩小池容和减小占地面积。

(4) 抗冲击负荷能力较强，在间歇运行的条件下，仍能够保持良好的处理效果，对排放污水不均的企业，更具有一定的实际意义。

(5) 操作简单、运行方便，勿需污泥回流，无污泥膨胀，也不产生滤池蝇和臭味现象，污泥生成量少且颗粒大，有利于沉淀。

(6) 若设计或运行不当，填料可能堵塞，造成布水和曝气不易均匀，可能在局部部位出现死角。

6.2.4.3　生物接触氧化法的基本流程

其基本流程如图 6.63 所示，也可根据处理要求设计成二段或多段式流程。

6.2.5　生物流化床

流化床是用于化工领域的一项技术。20 世纪 70 年代初，一些研究者将这一技术用于污水生物处理领域，美国和日本进行了多方面的研究工作并取得了大量较好的成果。

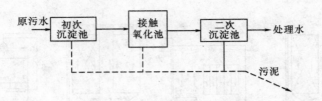

图 6.63 生物接触氧化法基本流程

6.2.5.1 生物流化床的工艺特点

好氧生物流化床是在反应器内装以砂、无烟煤、活性炭或焦炭作为载体，水流以一定的速度自下而上流动，使得载体处于悬浮流化状态。载体上生长着一层生物膜，由于载体粒径小，以砂粒为例，当粒径小于 1mm，其比表面积较普通生物滤池的填料表面积大 50倍，载体的比表面为 $2000 \sim 3000 m^2/m^3$ 床体积。生物膜含水率较低（94％～95％），加上液相中的生物污泥，悬浮的生物量可达 $10 \sim 15 g/L$，比普通活性污泥法高好几倍。因此，该工艺具有高效能、占地少、投资省等优点，是一种强化生物处理、提高微生物降解有机物能力的高效工艺。

6.2.5.2 生物流化床的类型

生物流化床，根据供氧方式的不同，主要可分为纯氧或空气生物流化床、三相生物流化床和机械搅拌流化床等。

1. 纯氧或空气生物流化床

又称两相生物流化床，其工艺如图 6.64 所示。此种流化床是以液流（污水）为动力使载体流化，在流化床反应器内只有作为污水的液相和作为生物膜载体的固相相互接触，而污水充氧在单独的充氧设备内进行。

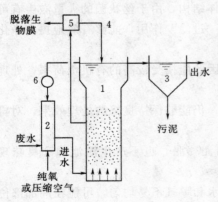

图 6.64 纯氧（空气）生物
流化床工艺流程

1—流化床；2—充氧设备；3—二次沉淀池；
4—脱膜后载体；5—脱膜机；6—回流泵

该工艺以纯氧或空气为氧源，如以纯氧为氧源，水中溶解氧浓度可高达 30mg/L 以上，使微生物获得充足的供氧，满足高速生化反应的需要；如采用压缩空气为氧源，水中溶解氧可达 9mg/L 左右，为了满足供氧需要，必须增加回流比，从而增大了动力消耗。

经过充氧后的污水与回流水的混合液，从底部通过布水装置进入生物流化床，缓慢而又均匀地沿床体横断面上升，一方面推动载体使其处于流化状态；另一方面，又广泛、连续地与载体的生物膜相接触。处理后的污水从上部流出床外，进入二沉池，分离脱落的生物膜，处理水得到澄清。

当进水浓度较高时，一次充氧并不能满足生化反应需要，同时考虑要使载体悬浮流化，所以，一般要采用处理水的回流循环。

为了及时清除载体上的老化生物膜，在流程中另设脱膜装置，脱膜装置间歇工作，脱除老化生物膜的载体再次返回流化床，脱除下来的生物膜作为剩余污泥排出系统外。

2. 三相生物流化床

其工艺如图 6.65 所示，是以气体为动力使载体流化，在流化床反应器内有作为污水的液相、作为生物膜载体的固相和作为空气或纯氧的气相三相相互接触。

空气由输送混合管的底部进入，在管内形成气、液、固混合体，空气起到空气扬水器的作用，混合液上升，气、液、固三相间产生强烈的混合与搅拌作用，载体之间也产生强烈的摩擦作用，外层生物膜脱落，输送混合管起到了脱膜作用。

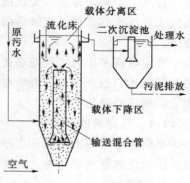

图 6.65　气流动力液化床
（三相流化床）

该工艺一般不采用处理水回流措施，但当原污水浓度较高时，可考虑采用处理水回流，稀释污水。工艺存在的问题是，脱落在处理水中的生物膜，颗粒细小，用单纯的沉淀法难以全部去除，如在其后采用混凝沉淀法或气浮法进行固液分离，则能够取得质量较高的处理水。

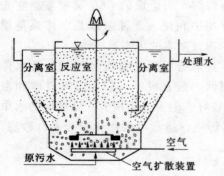

图 6.66　机械搅拌流化床处理工艺

3. 机械搅拌生物流化床

其工艺如图 6.66 所示。池内分为反应室与固液分离室两部分，池中央接近于底部安装有叶片搅动器，由安装于池面上的电动机驱动以带动载体，使其呈流化悬浮状态。充填的载体为粒径在 0.1～0.4mm 之间的砂、焦炭或活性炭，采用一般的空气扩散装置充氧。

机械搅拌流化床的降解速度快，反应室单位体积载体的比表面积大，可达 8000～9000m²/m³；并用机械搅拌的方式使载体流化，呈悬浮状，反应可保持均一性，生物膜与污水接触的效率高；另外，生物膜内的 $MLVSS$ 值比较固定，无需通过运行加以调整。

6.3　自然生物处理法

6.3.1　稳定塘

稳定塘又称氧化塘，是经过人工适当修整的土地、设围堤和防渗层的污水池塘，主要依靠自然生物净化功能使污水得到净化的一种污水处理技术。除其中个别类型的如曝气塘外，不采取实质性的人工强化措施提高其净化功能。污水在塘中的净化过程与自然水体的自净过程极其相近。有机污染物在塘中被微生物所降解，好氧微生物生理活动所需的溶解氧主要由塘内以藻类为主的光合作用及塘面的复氧作用提供。

稳定塘是一种较古老的污水处理技术。从 19 世纪末即开始使用，但是，在 20 世纪 50 年代后才得到较快的发展。据统计，当前在全世界已有几十个国家采用稳定塘处理污水。近几十年来，各国的实践证明，稳定塘能够有效地用于生活污水、城市污水和各种有机性工业废水的处理；能够适用各种气候条件，如热带、亚热带、温带甚至高纬度的寒冷地区。

稳定塘现多作为二级处理技术考虑，但它完全可以作为活性污泥法或生物膜法后的深度处理技术，也可作为一级处理技术。如将其串联起来，能够完成一级、二级以及深度处理全部系统的净化功能。

6.3.1.1　稳定塘的分类

根据稳定塘内溶解氧和在净化中起作用的微生物种类，可将其主要分为好氧塘、兼性塘、厌氧塘和曝气塘 4 种。此外，还有水生植物塘、养鱼塘等生态塘。

1. 好氧塘

塘深一般在 0.5m 左右，阳光可透过水层到达塘底。其净化功能模式见图 6.67，好氧层中生长着好氧微生物和植物性浮游微生物——藻类等。藻类利用透入水中的光能进行光合作用，向水中放出游离氧；好氧微生物则是利用这部分氧对有机物进行降解，所生成的 CO_2 又被藻类在光合作用中利用。此种菌藻共生体系是稳定塘内最基本的生态系统。

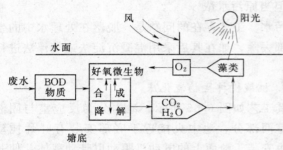

图 6.67　好氧塘净化功能模式

好氧塘承受的有机负荷低，污水停留时间一般在 0.5～3d，比厌氧塘和兼性塘的短。BOD_5 去除率可达 85%～90%，出水水质较好，但占地面积大。处理后的水中含有大量的藻细胞，排放前应去除，否则会造成二次污染，通常可采用化学凝聚、砂滤、上浮等方法。

2. 厌氧塘

塘深在 2m 以上，最深可达 6m。进水 BOD_5 负荷高，塘中仅有很薄的一层表面水呈好氧状态，好氧菌可在这层内活动，进行有机物的分解，并消耗水中的溶解氧。塘内的其余部分均呈厌氧状态，塘内几乎无藻类生长，主要靠厌氧微生物对有机物进行厌氧呼吸和发酵去除污染物。

厌氧塘可承受较高的有机负荷，常用于处理高浓度的有机废水。但由于处理水达不到排放标准，故厌氧塘常作为废水的预处理，处理之后的水经好氧塘处理后方能排放。

3. 兼性塘

其兼具好氧塘和厌氧塘二者的特点，塘深一般在 1～2.5m。其净化功能模式见图 6.68，在光线能通过的上部水层中，生长的藻类能进行光合作用，呈好氧状态。污水中的有机物在好氧水层中通过好氧微生物被氧化分解。塘底层水及底泥处于无氧状态，主要通过厌氧微生物的氧化分解作用降解有机污染物。在好氧层和厌氧层之间存在兼氧区，存在大量的兼性微生物。兼性塘的污水净化是由好氧、兼性和厌氧微生物协同完成的。

经兼性塘处理的出水中也含有藻类，虽浓度较低，但也应设法去除。目前，国内外氧化塘大部分属于兼性塘，且是城市污水处理最常用的一种稳定塘。

4. 曝气塘

塘面上装有表面曝气设备，作为主要的供氧源。塘深一般都在3～4m，最深达5m，塘内全部水层都处于好氧状态，并基本上得到完全混合，能承受较高的有机负荷；污水在塘内停留时间较短，占地面积少，但机械费用相对较高。由于塘内污水的混合和机械搅动，阻止了藻类的生长，故塘内藻类极少，光合作用不强。由于供氧充足，微生物大量繁殖，可形成活性污泥絮体，故曝气塘是介于稳定塘和活性污泥延时曝气法之间的水处理方法。

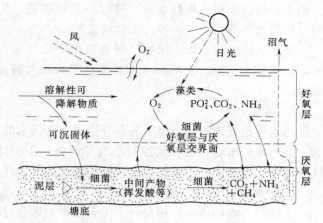

图 6.68　兼性塘净化功能模式

曝气塘 BOD_5 去除率为70％左右，出水 BOD_5 较高，主要是活性污泥絮体所致，提高出水水质的关键在于去除这些物质。

6.3.1.2　稳定塘的特点

1. 优点

（1）能够充分利用地形，工程简单、建设投资省。建设稳定塘，可以利用农业开发利用价值不高的废河道、沼泽地、峡谷等地段，故能够起到整治国土、绿化、美化环境的效益。

（2）能够实现污水资源化，使污水处理与利用相结合。稳定塘处理后的污水，一般能够达到农业灌溉的水质标准，可用于农业灌溉，充分利用污水的水肥资源。稳定塘能够形成藻菌、水生植物、浮游生物、底栖动物以及虾、鱼、水禽等多级食物链，组成复合的生态系。利用稳定塘处理污水，具有比较明显的环境效益、社会效益和经济效益。

（3）污水处理能耗少、维护方便、成本低廉。稳定塘依靠自然功能处理污水，能耗低，便于维护，且运行费用低廉。

2. 缺点

（1）占地面积大，没有空闲的余地是不宜采用的。

（2）污水净化效果，在很大程度上受季节、气温、光照等自然因素的控制，在全年范围内不够稳定。

（3）防渗处理不当，地下水可能遭到污染。

（4）易于散发臭气和滋生蚊蝇等。

6.3.2　污水的土地处理——污水灌溉

近年来，污水土地处理系统在一些国家发展迅速，根据不同的目的、方式和自然条件（土壤、气候），建设和运行一批多种形式的污水土地处理系统。

6.3.2.1　污水土地处理系统的概念、组成与净化原理

1. 概念

污水土地处理系统也属于污水自然处理范畴，即在人工控制的条件下，将污水投配在

土地上，通过土壤—植物系统，进行一系列物理、化学、物理化学和生物化学的净化过程，使污水得到净化的一种污水处理工艺。

污水土地处理系统，能够经济有效地净化污水，还能充分利用污水中的营养物质和水，以满足农作物、牧草和林木对水、肥的两大需要；并能改良土壤，建立良好的生态系统。

2. 组成

污水土地处理系统由以下各部分组成：①污水的预处理设备；②污水的调节、贮存设备；③污水的输送、配布及控制系统与设备；④土地净化田；⑤净化水的收集、利用系统。其中，土地净化田是污水土地处理系统的核心环节。

3. 净化原理

土壤对污水的净化作用是一个十分复杂的综合过程，其包括：物理过程中的过滤、吸附；化学反应与化学沉淀；土壤微生物对有机物的降解能力等。

6.3.2.2　污水土地处理系统工艺的类型

目前，在污水土地处理系统方面常用的有下列几种工艺。

1. 慢速渗滤系统

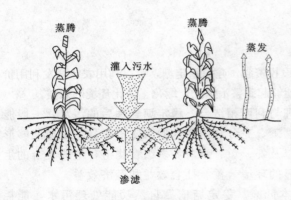

图 6.69　慢速渗滤示意图

是将污水投配到种有作物的土地表面，污水缓慢地在土地表面流动并向土壤中渗滤，一部分污水直接被作物吸收；另一部分则渗入土壤中，从而使污水得到净化的一种土地处理工艺（见图 6.69）。

本系统适用于渗水性能良好的土壤（如砂质土壤）和蒸发量小、气候润湿的地区。污水经布水后垂直向下缓慢渗滤，借土壤中微生物和农作物对污水进行净化。

慢速渗滤系统对 BOD_5 的去除率一般可达 95％，氮（N）的去除率则在 80％～90％之间。

2. 快速渗滤系统

是将污水有控制地投配到具有良好渗滤性能的土地表面，在污水向下渗滤的过程中，在过滤、沉淀、氧化、还原及生物氧化、硝化、反硝化等一系列物理、化学、生物的作用下，使污水得到净化处理的一种污水土地处理工艺。

本系统中污水是周期地向渗滤田灌水和休灌，使表层土壤分别处于淹水和干燥的状态，即处于厌氧、好氧的交替状态。在休灌期，表层土壤恢复好氧状态，在这里产生强有力的好氧降解反应，为土壤层所截留的有机物被微生物分解，休灌期土壤层脱水干化有利于下一个灌水周期水的下渗和排除。

本系统具有良好的处理效果：

(1) BOD 的去除率一般可达 95％；COD 去除率可达 91％。处理水 BOD＜10mg/L；COD＜40mg/L。

（2）有较好的脱氮除磷功能：NH_4 去除率为 85% 左右；TN 去除率为 80%；除磷率可达 65%。

（3）去除大肠菌的能力也强，去除率可达 99.9%，出水含大肠菌不超过 40 个/mL。

进入快速渗滤系统的污水应当经过适当的预处理，一般经过一级处理即可，如场地面积有限，需加大滤速或需求较高质量的出水，则应以二级处理作为预处理。

3. 地表漫流系统

是将污水有控制地投配到多年生牧草、坡度和缓、土壤渗透性差的土地上，污水以薄层方式沿土地缓慢流动，在流动中得到净化（见图 6.70）。净化出水大部分以地面径流汇集、排放或利用。

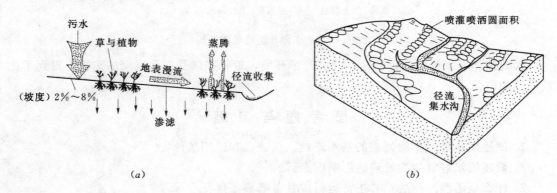

（a）　　　　　　　　　　（b）

图 6.70　地表漫流处理系统

该系统一般需经适当的预处理，如格栅、筛滤等。其 BOD 的去除率一般可达 90%，TN 去除率为 70%～80%，SS 去除率较高，一般达 90%～95%。

4. 湿地处理系统

是将污水投配到土壤经常处于水饱和状态而且有芦苇、香蒲等耐水植物的沼泽地上，污水沿一定方向流动，在流动过程中，经过耐水植物和土壤的联合作用，污水得到净化的一种土地处理系统。

湿地处理系统对污水净化的作用机理是多方面的，主要有：物理的沉降作用；植物根系的阻截作用；某些物质的化学沉淀作用；土壤及植物表面的吸附与吸收作用；微生物的代谢作用等。另外，植物根系的某些分泌物对细菌和病毒有灭活作用；细菌和病毒也可能在对其不利的环境中自然死亡。

湿地处理系统主要可分为以下两种类型：

（1）天然湿地系统（见图 6.71）。利用天然洼淀、苇塘，并另以人工修整而成，中设导流土堤，使污水沿一定方向流动，水深一般在 30～80cm 之间，净化作用与好氧塘相似，适宜作污水的深度处理。

（2）人工潜流湿地处理系统（见图 6.72）。又称人工苇床，上层为土壤，下层为易于使水流通的介质（如粒径较大的土壤或炉渣等）组

图 6.71　天然湿地处理系统示意图

成根系层，在上层土壤上种植芦苇等耐水植物。沿床宽设布水沟，内充填碎石，污水由布水管流入。在出水的另一端碎石层的底部设多孔集水管与出水管相连接，出水管设闸阀，能够调节床内水位。

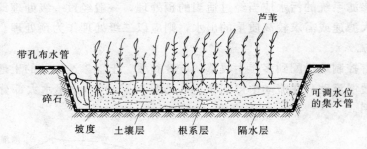

图 6.72　人工潜流湿地处理系统

湿地处理系统既能处理污水，又能改善环境，近年来颇受一些国家的重视，得到了比较广泛的应用。

思 考 题 与 习 题

1. 试述废水好氧生物处理的基本原理、优缺点和适用条件？

2. 简述废水好氧生物处理的影响因素。

3. 什么是活性污泥法？其正常运行应具备哪些条件？

4. 什么是污泥沉降比、污泥浓度、污泥指数和污泥龄？并简要回答它们在活性污泥运行中的重要意义？

5. 活性污泥法常有的运行方式有哪几种？试比较推流式曝气池和完全混合曝气池的优缺点？

6. 简述活性污泥净化废水的机理。

7. 曝气方法和曝气设备的改进对于活性污泥法的运行有什么意义？有哪几种曝气设备？各有什么特点？

8. 什么叫充氧能力？试论述氧转移的基本原理和影响氧转移的主要因素？

9. 为什么多点进水活性污泥法的处理能力比普通活性污泥法高？试分别绘制普通法和多点进水法沿池长需氧量变化曲线，并进行比较。

10. 普通活性污泥法和延时曝气法的处理效率一般高于其他活性污泥法的运行方式？试就普通曝气池中微生物生长情况来说明。

11. 普通活性污泥法、吸附再生法和完全混合曝气法各有什么特点？在一般情况下，对于有机废水 BOD_5 的去除率如何？

12. 活性污泥法为什么需要污泥回流？如何确定回流比？回流比的大小决定于什么？其对处理效果有何影响？

13. 为什么活性污泥系统要在较低的 F/M 条件下运行？试说明两个主要理由。

14. 为什么活性污泥中主要去除有机物者是细菌而不是原生动物？

15. 对于吸附-再生曝气法，一般是如何确定它的污泥负荷率？

16. 活性污泥法曝气系统中,二沉池起什么作用?在设计上有些什么要求?

17. 什么叫污泥膨胀?产生污泥膨胀的原因有哪些?

18. 试简述生物膜法净化废水的基本原理。

19. 什么条件下适宜采用活性污泥法而不宜采用生物膜法?

20. 普通生物滤池、高负荷生物滤池和塔式生物滤池各自的适用条件是什么?

21. 高负荷生物滤池在什么条件下需要采用出水回流?回流的方式有哪两种?

22. 生物转盘的处理能力比生物滤池高,你认为关键在哪里?

23. 为什么高负荷生物滤池应该采用连续布水的旋转布水器?

24. 生物接触氧化法有哪些特点?其容积负荷率高的主要原因在哪里?

25. 稳定塘有哪几种?各自的适用条件和特点分别是什么?利用稳定塘处理废水有哪些优缺点?

26. 什么叫废水的土地处理系统?采用该系统处理废水有哪些优缺点?

27. 某造纸厂采用活性污泥法处理废水,废水量为 $24000m^3/d$,曝气池容积为 $8000m^3$,经初次沉淀,废水的 BOD_5 为 $300mg/L$,经处理 BOD_5 的去除率为 90%,曝气池混合液悬浮固体浓度为 $4g/L$,其中挥发性悬浮固体占 75%。试求:F/M、每日剩余污泥量、每日需氧量和污泥龄。

28. 如果从活性污泥曝气池中取混合液 $500mL$,注入 $500mL$ 的量筒内,半小时后沉淀污泥量为 $150mL$,试求污泥沉降比。若 $MLSS$ 浓度为 $3g/L$,试求污泥指数。根据计算结果,你认为该曝气池的运行是否正常?

29. 已知曝气池的 $MLSS$ 浓度为 $2.2g/L$,混合液在 $1000mL$ 量筒中经 $30min$ 沉淀的污泥量为 $180mL$,计算污泥指数、所需的污泥回流比及回流污泥的浓度。

第7章 水的厌氧生物处理

内容概述

本章主要介绍水的厌氧生物处理的作用机理及影响因素、厌氧处理的工艺构造、设计与应用。

学习目标

(1) 了解厌氧生物处理的基本原理及主要特征。

(2) 理解并掌握厌氧接触法、厌氧滤池、UASB升流式厌氧污泥床等厌氧反应器的构造特点、净化功能、设计要点及应用。

活性污泥法与生物膜法是在有氧的条件下，由好氧微生物降解污水中的有机物，最终产物是 CO_2 和 H_2O，被作为无害化和高效的方法推广应用。高浓度的有机废水和污泥中的有机污染物一般采用厌氧处理法，即在无氧的条件下，由兼性菌及专性厌氧细菌降解有机物，最终的主要产物是 CO_2 和 CH_4 等气体。

7.1 概　述

7.1.1 废水处理工艺中的厌氧微生物

厌氧性消化是自然界中富营养的湖泊和被污染的河底所见到的一种现象。在自然界中，除细菌外，生物的种类还很多，但是消化池是以厌氧细菌为主而构成的微生物生态系统。厌氧细菌有两种：一种是只要有氧存在就不能繁殖的细菌，称为绝对厌氧菌；另一种是不论有氧存在与否都能增长的细菌，称为兼性厌氧菌（也称兼性菌）。当流入废水的BOD高，细菌在好氧状态下增长以后，由于缺氧而使各种厌氧细菌繁殖起来。一般情况下，流入的废水散发出的恶臭是由于厌氧细菌的不断增长，并进行生物作用产生了 H_2S、胺等所造成的。城市污水的进水中，1L中约有102～103个属于绝对厌氧细菌的硫酸还原菌。通常，城市污水的进水中，溶解氧（DO）为 0～1.0mg/L，初次沉淀池出水中溶解氧为 1.0～2.0mg/L，因此，在初沉池中去除的污泥是属于厌氧的。因而在沉淀污泥中绝对厌氧菌和兼性厌氧菌都有增长，如果在初沉池中，一旦厌氧发酵旺盛就会产生污泥上浮现象。活性污泥中几乎不存在绝对厌氧菌，但兼性厌氧菌相当多。正是由于这个原因，氧气越来越不足的情况下，这些细菌开始进行厌氧代谢，而成为在二沉池中出现污泥上浮等现象的原因。

由于生物膜内部处于厌氧条件，因而兼性菌和绝对厌氧菌大量存在。粪便中存在许多厌氧菌，除了大肠杆菌、肠球菌、韦氏梭菌等指标细菌以外的厌氧菌则更多。粪便从排泄到作为粪便污水得到处理为止，需要相当长的时间，所以一般认为它已经得到了相当程度的厌氧发酵。同样，污泥排出之后要经过浓缩等操作，因而在这一段时间里也处于厌氧条件。这种污泥和粪便一起加入消化池时，厌氧菌会处于充分增长的状态。

7.1.2 厌氧反应机理及影响因素

下面，简要介绍厌氧反应的机理。

厌氧反应是一个极其复杂的过程，多年来厌氧消化被概括为两阶段过程：第一阶段是酸性发酵阶段，有机物在产酸细菌的作用下，分解成脂肪酸及其他产物，并合成新细胞；第二阶段是甲烷发酵阶段，脂肪酸在专性厌氧菌——产甲烷菌的作用下转化成 CO_2 和 CH_4。但是，事实上第一阶段的最终产物不仅仅是酸，发酵所产生的气体也并不都是从第二阶段产生的，所以上述阶段不太合理。与之相比，比较合适的提法是第一阶段的不产甲烷阶段与第二阶段称为产甲烷阶段。

随着对厌氧消化微生物研究的不断深入，厌氧消化中不产甲烷细菌和产甲烷细菌之间的相互关系更加明确，伯力特（Bryant）等人根据微生物的生理种群，提出的厌氧消化三阶段理论，是当前较为公认的理论模式。第一阶段是有机物在水解和发酵细菌作用下，分解成脂肪酸及其他产物；第二阶段是在产氢产乙酸细菌的作用下，进一步转化成氢、二氧化碳和乙酸；第三阶段是甲烷发酵阶段，又称碱性发酵阶段，是通过两组不同的产甲烷菌的作用，一组把 CH_4 和 CO_2 转化成 CH_4，另一组对乙酸脱羧产生 CH_4。产酸细菌有兼性的，也有厌氧的，而甲烷细菌则是严格的厌氧菌。甲烷细菌对环境的变化，如 pH 值、重金属离子、温度等的变化，较产酸细菌敏感得多，细胞的增殖和产 CH_4 的速度都慢得多。因此，厌氧反应的控制阶段是甲烷发酵阶段，甲烷发酵阶段的反应速度和条件决定了厌氧反应的速度和条件。实质上，厌氧反应的控制条件和影响因素就是甲烷发酵阶段的控制条件和影响因素。

厌氧反应的影响因素请参见本书中污泥处理的有关章节。

7.1.3 厌氧生物处理法的工艺及其主要特征

厌氧生物处理利用厌氧微生物的代谢过程，在无需提供氧气的情况下把有机污染物转化为无机物和少量的细胞物质，这些无机物主要包括大量的生物气（沼气）和水。沼气的主要成分是约 2/3 的 CH_4 和 1/3 的 CO_2，是一种可回收的能源。

厌氧废水处理是一种低成本的、并能将废水的处理和能源的回收利用相结合的技术。包括中国在内的大多数发展中国家面临严重的环境问题、能源短缺以及经济发展与环境治理所面临的资金不足，这些国家需要既有效、简单又经济的技术，因此，厌氧技术是特别适合中国国情的一种技术。厌氧废水处理技术同时可以作为能源生产和环境保护体系的一个核心部分，其产物可以被积极利用而产生经济价值。例如，处理过的洁净水能用于鱼塘养鱼和农田灌溉；产生的沼气可作为能源；剩余污泥可作为肥料并用于土壤改良。

厌氧处理法最早用于处理城市污水处理厂的沉淀污泥，即污泥消化，后来用于处理高浓度有机废水，采用的是普通厌氧生物处理法。普通厌氧处理法的主要缺点是水力停留时间长，沉淀污泥中温消化时，一般需 20～30d。因为水力停留时间长，所以消化池的容积大，基本建设费用和运行管理费用都较高，这个缺点长期限制了厌氧生物处理法在各种有机废水处理中的应用。

20 世纪 60 年代以后，由于能源危机导致能源价格猛涨，厌氧发酵技术日益受到人们的重视，对这一技术在废水领域的应用开展了广泛、深入的科学研究工作，开发了一系列高效率的厌氧生物处理工艺，如：厌氧接触法、厌氧生物滤池、升流式厌氧污泥床、厌氧生物转盘、厌氧挡板式反应器、复合厌氧法和两相厌氧法等。这些新型高效厌氧反应器工艺与传统消化池比较有一共同的特点：延长了污泥停留时间、提高了污泥浓度、改善了反应器内的流态。

目前，厌氧生物处理技术不仅用于处理有机污泥、高浓度有机废水，而且还能够有效处理类似于城市污水这样的低浓度污水。与好氧生物处理技术相比较，这些多效厌氧生物处理技术具有以下特点。

1. 厌氧处理的优点

（1）厌氧处理技术是非常经济的技术。在废水处理成本上比好氧处理要便宜得多，特别是对中等以上浓度（COD＞1500mg/L）的废水更是如此。厌氧法成本的降低主要由于动力的大量节省、营养物添加费用和污泥脱水费用的减少。

（2）厌氧处理技术是节能的技术。厌氧处理不但能源需求很少而且能产生大量的能源。厌氧处理法耗能仅为好氧法的 1/10 左右，产生的沼气可作为能源，去除 1kgCOD 产沼气量约为 $0.35m^3$，沼气发热量为 $21\sim23MJ/m^3$。

（3）高效性。厌氧反应器容积负荷比好氧法要高得多，单位反应器容积的有机物去除量也因此要高得多，特别是使用新一代的高速厌氧反应器更是如此。因此其反应器负荷高、体积小、占地少。厌氧法可直接处理高浓度有机废水和剩余污泥。

（4）剩余污泥量少。好氧法处理污水，因为微生物繁殖速度快，剩余污泥生成率很高。而厌氧法处理污水，由于厌氧菌世代时间很长、增殖缓慢，因而处理同样数量的废水仅产生相当于好氧法 1/10～1/6 的剩余污泥，且污泥的沉降性能好。

（5）厌氧方法对营养物的需求量小。一般认为，若以可生物降解的 BOD 为计算依据，好氧方法氮和磷的需求量为 BOD：N：P＝100：5：1，而厌氧方法为（350～500）：5：1。有机废水一般已含有一定量的 N、P 及多种微量元素，可满足厌氧微生物的营养要求，因此厌氧方法可以不添加或少添加营养盐。而好氧法处理单一有机物的废水，往往还需投加其他营养物，如 N、P 等，这就增加了运行费用。

（6）易管理。厌氧方法的菌种（如厌氧颗粒污泥）可以在停止供给废水与营养的情况下保留其生物活性与良好的沉淀性能至少 1 年以上。它的这一特性为其间断的或季节性的运行提供了有利条件，厌氧颗粒污泥因此可作为新建厌氧处理厂的种泥出售。

（7）灵活性。厌氧系统规模灵活，可大可小，设备简单，易于制作，无需昂贵的设备。

（8）水温适应范围大。好氧处理一般在 20～30℃，厌氧根据产甲烷菌最适宜生存的条件可分成 3 类：低温 10～30℃；中温 30～40℃；高温 50～60℃。

2. 厌氧处理的不足

（1）厌氧微生物对有毒物质较为敏感。厌氧微生物对有毒物质较为敏感，因此，对于有毒废水的性质了解不足或操作不当，就可能导致反应器运行条件的恶化。近年来人们发现，厌氧菌经驯化后可以极大地提高自身对毒性物质的耐受力。

（2）需要后处理。厌氧方法虽然负荷高、去除有机物的绝对量与进液浓度高，但其出水 COD 浓度高于好氧处理，原则上仍需要后处理才能达到较严格的排放标准，一般在厌氧处理后串联好氧生物处理。

（3）厌氧反应器初次启动过程缓慢。因为厌氧微生物增殖较慢，所以厌氧反应器初次启动过程缓慢，一般需要 8～12 周时间。另一方面，由于厌氧污泥可以长期保存，因此新建的厌氧系统在其初次启动时可以使用现有厌氧系统的剩余污泥接种，就可解决启动慢的问题。

7.2　厌氧生物处理的工艺构造、设计及应用

7.2.1　厌氧接触法

1. 工艺流程

Schropter 在 1955 年开创了厌氧接触消化工艺。厌氧接触法以普通污泥消化为基础，受活性污泥系统启示而开发，如图 7.1 所示。其主要特点是在厌氧反应器后设沉淀池来收集污泥，并将厌氧污泥回流到消化池内，使厌氧反应器内能够维持较高的污泥浓度（达 10gVSS/L），大大降低水力停留时间，提高了消化速率，并使得反应器具有一定的耐冲击负荷能力。

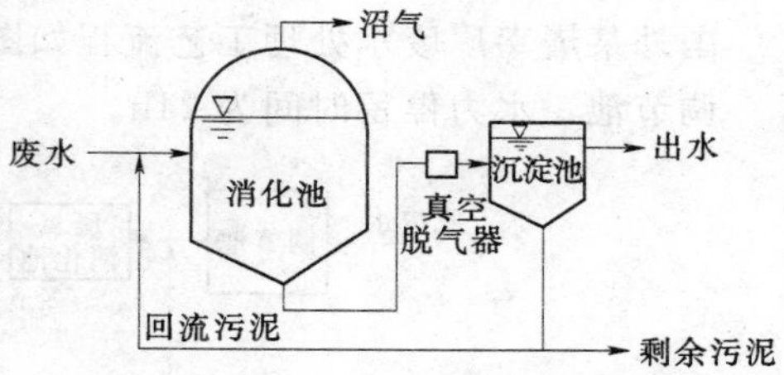

图 7.1　厌氧接触法的工艺流程

对于无污泥回流的完全混合式普通厌氧法来说，其水力停留时间长于生物固体停留时间（污泥龄），即中温污泥消化，生物固体停留时间一般为 20～30d，而普通厌氧法水力停留时间要求 20～30d 以上。

对于有污泥回流的完全混合式厌氧接触法来说，水力停留时间小于生物固体停留时间，混合液中微生物浓度越高和出水微生物浓度越小，即泥水分离越彻底，水力停留时间越短。与普通厌氧法相比较，本工艺的主要特点是提高了微生物浓度和减少出水微生物浓度，其处理效率和负荷显著提高。

厌氧接触法存在的问题是，从厌氧反应器排出的混合液中污泥由于附着大量气泡，在沉淀池中容易上浮到水面而被出水带走。此外，进入沉淀池污泥仍有产甲烷菌在活动，产生沼气，使得已下沉的污泥上翻，导致固、液分离不佳，出水中 SS、BOD 等各项指标浓度增高，回流污泥浓度下降，影响反应器内污泥浓度的提高。

对此，可采取下列措施：

（1）在反应器与沉淀池之间设冷却器（热交换器——利用出水加热进入反应器废水），抑制出水中甲烷菌的活动。

（2）在反应器与沉淀池之间设真空脱气器，可消除粘附在污泥上的气泡，改善污泥在沉淀池中的沉降性能。

（3）用超滤代替沉淀。

（4）投加混凝剂，提高沉淀效果。

197

2. 厌氧接触法的工艺设计

该法的工艺设计计算，主要是确定反应器容积 V，对此可按水力停留时间 t 进行计算：

$$V = Qt \tag{7.1}$$

式中 Q——设计废水量，m^3/d；

t——水力停留时间，d。

此外，厌氧反应器容积 V 还可以通过负荷率来求定：

$$V = \frac{QS_0}{N_v} \tag{7.2}$$

式中 S_0——原废水中的 COD 或 BOD_5 值，mg/L；

N_v——容积负荷率（通过试验确定或参考同类工厂的运行数据），$kgCOD/(m^3 \cdot d)$ 或 $kgBOD_5/(m^3 \cdot d)$。

3. 厌氧接触法在废水处理中的应用

国外某屠宰厂废水处理工艺流程如图 7.2 所示，其各处理单元运行参数如下：

调节池：水力停留时间为 24h。

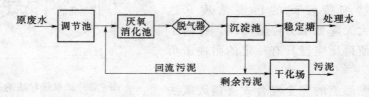

图 7.2 某屠宰厂废水处理流程

厌氧反应器：容积负荷（N_v）为 2.5 $kgBOD_5/(m^3 \cdot d)$，水力停留时间 12～13h，反应温度 27～31℃，污泥浓度为 7000～12000mg/L，生物固体平均停留时间为 3.6～6d；脱气器真空度 $666 \times 10^2 Pa$。

沉淀池：水力停留时间 1～2h，表面负荷 14.7$m^3/(m^2 \cdot d)$，回流比 3∶1。

稳定塘：水深 0.91～1.22m。

该处理系统对废水处理效果列举于表 7.1 中。

表 7.1 某屠宰厂废水厌氧接触法处理数据

指标	原废水 (mg/L)	沉淀池出水 (mg/L)	稳定塘出水 (mg/L)	厌氧反应去除率 (%)	稳定塘去除率 (%)	总去除率 (%)
BOD_5	1381	129	26	90.6	79.8	98.1
SS	688	198	23	71.8	88.4	96.7

7.2.2 厌氧生物滤池（Anaerbic Filter，简称 AF）

1891 年在英格兰建成了世界上第一座厌氧生物滤池。经过半个多世纪的研究，目前厌氧生物滤池已逐步得以改进，效率有所提高，在世界范围内已得到广泛的应用。第一个突破性的发展出现在 20 世纪 60 年代末，Young 和 McCarty 发明了高速厌氧生物滤池

（Anaerbic Filter，简称 AF）。

1. 厌氧生物滤池的构造和特点

厌氧生物滤池的构造类似于一般的生物滤池，滤料依然是生物滤池的主体部分，滤料具备的性能同好氧滤池。但其与好氧的普通生物滤池、高负荷生物滤池及塔式生物滤池的最大不同之处，是采用填充材料作为微生物载体而形成厌氧生物膜的一种高速厌氧反应器。当污水自下而上（升流式）或自上而下（降流式）通过载体时，厌氧菌在填充材料附着生长，将污水中的有机污染物吸附、分解，并产生沼气，形成厌氧生物膜。产生的沼气聚集于池顶部罩内，并从顶部引出，而处理水则由厌氧滤池旁侧流出。处理水所挟带的生物膜，一般在滤池后设沉淀池进行分离。

按水流方向，厌氧生物滤池可分为升流式和降流式两种（见图 7.3）。

升流式厌氧生物滤池中，生物量除大部分以生物膜的形式附着在滤料表面，还有少部分以厌氧活性污泥的形式存在于滤料间隙中，其生物总量比降流式的高，因此效率高，这是它的优点。但升流式

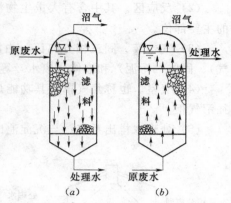

图 7.3 厌氧生物滤池
(a) 降流式厌氧生物滤池；
(b) 升流式厌氧生物滤池

的主要缺点是：底部易于堵塞，污泥浓度沿深度分布不均，而降流式堵塞则相对较轻。

厌氧生物滤池的优点是微生物浓度较高，因此能够承受较高的有机负荷或水量、水质变化较大的冲击负荷；出水 SS 较低；不需搅拌和回流污泥；设备简单，操作方便，能耗低；缺点是滤料容易堵塞。所以，它主要适用于低分子量溶解性有机废水处理，悬浮物较高的废水容易引起堵塞。

另外，还应注意，对于未酸化的废水预酸化能有利于厌氧滤池的进行。Seyfried 在用厌氧滤池处理酒厂废水和小麦、土豆淀粉废水时，发现预酸化是非常有益的；Wheatly 等人在处理含碳水化合物的糖果厂废水中，发现 COD 负荷达到 $7kgCOD/(m^3 \cdot d)$ 时，由于酸化引起反应器的恶化，影响处理效果。

2. 厌氧生物滤池的工艺设计

厌氧生物滤池的工艺设计计算主要是确定其容积 V，可采用容积负荷法，计算公式同式 7.2。

容积负荷率（N_v）可通过试验确定或参考同类工厂的运行数据。当反应温度为 $30\sim35℃$ 时，块状滤料负荷率采用 $3\sim6\ kgCOD/(m^3 \cdot d)$，塑料滤料采用 $5\sim8\ kgCOD/(m^3 \cdot d)$。

7.2.3 其他厌氧处理工艺

7.2.3.1 升流式厌氧污泥床 (Upflow Anaerobic Sludge Blanket，简称 UASB)

20 世纪 70 年代以来，荷兰农业大学环境系 Lettinga 等人发明的 UASB 反应器，取得了显著的效果，引起人们的高度地注意，相继有很多国家对 UASB 进行了广泛深入的研究。目前已成为应用最广泛的厌氧处理方法，成为高校厌氧处理废水设备之一。

1. 升流式厌氧污泥床（UASB）的构造

UASB 在构造上的特点是集生物反应、沉淀于一体，是一种结构紧凑的厌氧反应器，如图 7.4 所示。UASB 反应器主要由以下几个部分组成：

（1）进水配水系统。起着均匀布水和搅拌作用，是 UASB 反应器高效运行的关键环节。

（2）反应区。其中含有大量生物活性高且沉淀性能好的颗粒污泥，是 UASB 反应器的主要部位。

（3）气、液、固三相分离区。由沉淀区、回流缝和气缝组成，其功能是将气体（沼气）、固体（污泥）和液体（废水）等三相进行分离。

（4）气室。也称集气罩，其功能是收集反应过程中产生的沼气，并将其导出气室外送往沼气柜。

（5）处理水排出系统。与沉淀池出水堰相似。

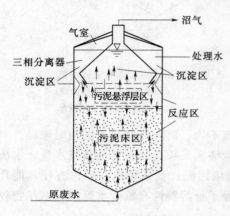

图 7.4 伸流式厌氧污泥床

此外，在 UASB 反应器根据需要还要设排泥和浮渣清除系统。在 UASB 反应器的下部是浓度很高的具有良好沉淀和絮凝性能的颗粒污泥层，形成污泥床，见图 7.4。

2. 升流式厌氧污泥床（UASB）的工作原理

废水由反应器底部经布水系统进入污泥床，并与污泥床内污泥混合。污泥中的微生物分解废水中的有机污染物，把有机物转化成沼气。沼气以微小气泡形式不断放出，并在上升过程中不断地合并，逐渐形成较大的气泡。由于废水以一定流速自下而上流动以及厌氧过程产生的大量沼气的搅拌作用，污泥床上部的污泥处于浮动状态，因而不需外加搅拌系统，就能达到废水与污泥充分混合、有机物被充分吸附分解。一般浮动高度可达 2m 左右，该层污泥浓度较低，称为污泥悬浮层。升流式厌氧污泥床反应器的反应区高度一般为 3～6.5m。在反应器上部设有气、液、固三相分离器，其上部由双层圆锥组成，下部是反射锥。当消化器中气、液、固混合液流上升时，首先受到分离器底部的反射锥阻挡，向四周散开；此时气体被分离出来进入气室，沼气由导气管排出。消化液和污泥混合液经双层圆锥夹缝进入沉淀区，由于沼气已从废水中分离，沉降区不再受沼气搅拌作用的影响，废水在平稳上升过程中，其中沉淀性能良好的颗粒污泥在沉淀区沉降下来，沿着双层圆锥壁滑落又回到污泥床中，从而保证了反应器内高的污泥浓度。上清液由溢流堰从出水管排出。

3. 升流式厌氧污泥床（UASB）的工作特点

与其他类型的厌氧反应器相比，UASB 具有如下优点：

（1）污泥床内生物量浓度高，可达 20～30g/L。

（2）容积负荷率高，中温达 $10kgCOD/(m^3 \cdot d)$，甚至高达 $15～40kgCOD/(m^3 \cdot d)$。

（3）水力停留时间短。

（4）设备简单，无需另设沉淀池和污泥回流装置，也不需设机械搅拌装置，造价相对较低。

（5）无堵塞问题。

7.2.3.2 厌氧生物转盘

1. 厌氧生物转盘的构造

厌氧生物转盘与好氧生物转盘相似，不同之处在于上部加盖密封，以收集沼气和隔绝空气。其由盘片、密封的反应槽、转轴、驱动装置等组成。盘片分为固定盘片（挡板）和转动盘片，相间排列，以防盘片间生物膜粘连堵塞，固定盘片一般设在起端，如图7.5所示。

2. 厌氧生物转盘的工作原理

厌氧生物转盘是在厌氧条件下运行，并把圆盘完全浸没在污水中。圆盘用一根水平轴串联起来，若干圆盘为一组，称为一级，一般分为4～5级，由转轴带动圆盘连续旋转。为了创造厌氧

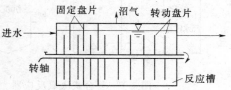

图7.5 厌氧生物转盘构造图

条件，整个生物转盘应安装在一个封闭的容器内。厌氧微生物附着在转盘表面，不断生长繁殖，形成生物膜。转盘不停地旋转，生物膜不断和污水中的有机污染物接触，在产酸菌和产甲烷菌等共同作用下，把有机污染物分解成沼气等。

3. 厌氧生物转盘的特点

（1）微生物浓度高，高负荷率，在中温发酵条件下，有机物面积负荷可达0.04kgCOD/（m² 盘体·d），COD去除率高（可达90%），具有一定的抗冲击负荷能力，处理过程的稳定性强。

（2）废水在反应器内按水平方向流动，勿需提升废水和进行回流，从这个意义上是节能的。

（3）可处理含较多悬浮固体的废水，不存在堵塞问题。

（4）由于转盘转动，不断使老化生物脱落，能保持生物膜的活性。

（5）可采用多级串联，使得各级微生物处于最佳的生存条件下，运行管理方便。

（6）厌气生物转盘主要缺点是盘片成本较高，使整个装置造价很高。

7.2.3.3 复合式厌氧反应器

复合式厌氧反应器是由哈尔滨工业大学王宝贞等人发明的一种厌氧反应器。反应器底部是UASB，其内部颗粒污泥生物量浓度平均高达20～30g/L，而上部则是厌氧生物滤池，用以进一步去除有机物，并可防止处理水中携带大量悬浮物、纤维填料等（见图7.6）。该复合式厌氧反应器，利用UASB反应器和厌氧滤池的优点，不但可增加生物量，而且提高了反应区容积利用率，反应器总高度可大于10m，从而减少了占地面积，处理能力也大有提高。

复合式厌氧反应器可有效处理啤酒废水乳品废水和垃圾渗滤液等高浓度有机废水。

7.2.3.4 两相厌氧消化工艺

有机污染物的厌氧分解，在宏观上和工程上可以简单地分为产酸阶段和产甲烷阶段。在一个反应器内同时保持这两大类微生物的存活，并保持具有旺盛的生理活动功能和协调

发展，对于这样反应器的维护管理是比较困难的。

Closh 和 Pohland 于 1971 年首次提出来两相厌氧消化的概念，即分别采用两个反应器，分别培养两类不同的细菌，通过对运行参数的控制，使得两个反应器分别保持最适合这两细菌类群生长的条件。将两个反应器——发酵产酸相和产甲烷相串联起来，即形成了两相厌氧消化工艺。

两相厌氧消化工艺所具备的特点如下：

（1）两段的反应条件分别比较容易控制在最佳条件。

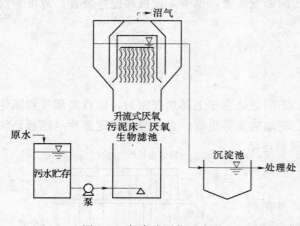

图 7.6　复合式厌氧反应器

（2）酸化反应器承担着对进水负荷的一定缓冲作用，给产甲烷阶段保持一个相对稳定的环境。

（3）负荷率高，反应器容积小，酸化阶段作为产甲烷反应器的预处理在甲烷化反应器外进行，既降低了其 COD 负荷（20%～50%左右），又减少了它的体积，一般产甲烷阶段条件控制愈严，单位容积的造价愈高。

（4）硫酸盐还原作用主要在产酸相反应器中进行，避免了硫化物对甲烷菌的毒害，且沼气中 H_2S 含量较小，便于利用。

（5）两相厌氧消化工艺既适用于含较高悬浮物和纤维废水，也适用于高 COD、低悬浮物废水。

（6）对含有毒化合物的复杂可溶性废水，如含较高浓度硝酸盐、亚硫酸盐、硫酸盐、氮等时，采用两相厌氧法是一种去除毒物并提高厌氧发酵效率的方法。

思 考 题 与 习 题

1. 厌氧生物处理的对象是什么？
2. 厌氧微生物的特点是什么？
3. 试比较厌氧生物处理法与好氧生物处理法的优缺点。
4. 试简要回答厌氧生物处理的基本原理。
5. 如何估计有机物分解后沼气的产量？沼气的成分有哪些？
6. 试指出传统消化法与高速消化法的特点。
7. 试简要讨论影响厌氧生物处理的因素。
8. 碱度的大小对厌氧生物处理有何作用？
9. 最近以来废水厌氧生物处理有哪些发展？
10. 厌氧处理装置的运行管理应注意什么问题？

第8章 污 泥 的 处 理

内容概述

本章重点介绍污泥常用的处理方法、处理工艺构筑物的特点、设计计算和运行管理。同时，从保护环境的角度对污泥的综合利用作了较系统的介绍。

学习目标

（1）了解污泥分类、性质、指标，污泥干化场和几种机械脱水设备，污泥好氧消化的原理及特点。

（2）理解污泥浓缩理论及主要方法，自然干化、脱水、干燥与焚烧的目的、方法，污泥综合利用的常用方法。

（3）掌握重力浓缩池的构造及工作原理，污泥厌氧消化机理及影响因素，厌氧消化池的构造和设计计算方法及运行管理。

8.1 污泥的分类、性质与排除

在水处理的过程中，产生一定数量的污泥，它来自于原水中的杂质和在处理中投加的物质，其成分与原水及其处理方法有关，原水中的杂质是有机的，则产生的污泥一般含有有机成分；原水中的杂质是无机的，产生的污泥一般也是无机的；物理处理法产生的污泥与原水中的杂质相同，化学及物化处理法产生的污泥一般与原水中的杂质不同。如以地下水为水源的净化处理中产生的是含铁、锰等无机污泥；以地面水为水源的净化处理中产生的主要是含铝或含铁的无机污泥；在生活污水物理处理中产生的是非生物性的有机污泥；在生活污水生物化学处理中产生的是生物性的有机污泥。

污泥中含有很多有毒有害物质，如细菌、病原微生物、寄生虫卵以及重金属离子等，如不及时地从处理系统中排出，会影响水处理系统的正常运行，难以保证水处理的效果与质量；但如不经过处理而直接排放到环境中，又会造成二次污染，故在排入自然环境前需要某种形式的处理。另外，污泥中含有大量的有用物质，通过一定的处理后并加以回收利用，可以节省宝贵资源，达到变害为利、保护环境的目的。因此，污泥的处理受到人们的重视程度越来越高。

本章着重介绍城市污水处理过程中产生的污泥的处理。

8.1.1 污泥的分类与特性

按其所含主要成分的不同，分为污泥和沉渣。

以有机物为主要成分的称污泥。污泥的特性是有机物含量高，容易腐化发臭，颗粒较细，比重较小，含水率高且不易脱水，是呈胶状结构的亲水性物质，便于用管道输送。如初沉池与二沉池排出的污泥。

以无机物为主要成分的称沉渣。沉渣的特性是颗粒较粗，比重较大，含水率较低且易于脱水，但流动性较差，不易用管道输送。如沉砂池和某些工业废水处理沉淀池所排出的污泥。

污泥按产生的来源可分为：

初次沉淀污泥：来自初次沉淀池，其性质随污水的成分，特别是随混入的工业废水性质而异。

腐殖污泥与剩余活性污泥：来自生物膜法与活性污泥法后的二次沉淀池。前者称腐殖污泥，后者称剩余活性污泥。

熟污泥：初次沉淀污泥、腐殖污泥、剩余活性污泥经消化处理后，即成为熟污泥或称消化污泥。

1. 污泥含水率 p

污泥中所含水分的重量与污泥总重之比的百分数称为含水率。污泥含水率一般都很高，密度接近于 1。不同污泥，含水率有很大差别。污泥的体积、重量、所含固体物浓度及含水率之间的关系，污泥体积与含水率之间的关系可表示为

$$\frac{V_1}{V_2} = \frac{W_1}{W_2} = \frac{100 - P_1}{100 - P_2} = \frac{C_2}{C_1} \tag{8.1}$$

式中　V_1、W_1、C_1——污泥含水率为 P_1 时的污泥体积、重量与固体物浓度；

　　　V_2、W_2、C_2——污泥含水率为 P_2 时的污泥体积、重量与固体物浓度。

污泥的含水率从 99% 降低到 96% 时，污泥体积

$$V_2 = V_1 \frac{100 - P_1}{100 - P_2} = V_1 \times \frac{100 - 99}{100 - 96} = \frac{1}{4} V_1$$

污泥体积可减少原来污泥体积的 3/4。

2. 湿污泥比重与干污泥比重

湿污泥重量等于其中所含水分重量与干固体重量之和。湿污泥的比重等于湿污泥重量与同体积水重量的比值。由于水的比重等于 1，湿污泥比重可用下式计算：

$$\gamma = \frac{p + (100 - p)}{p + \dfrac{(100 - p)}{\gamma_s}} = \frac{100\gamma_s}{p\gamma_s + (100 - p)} \tag{8.2}$$

式中　γ——湿污泥比重；

　　　p——污泥含水率，%；

　　　γ_s——污泥中干固体物质的平均比重，即干污泥比重。

干固体包括有机物（即挥发性固体）和无机物（即灰分）两种成分，其中有机物所占百分比及其比重分别用 p_v、γ_v 表示，无机物的比重用 γ_a 表示，则污泥中干固体物质的平均比重 γ_s 可用下式计算：

$$\frac{100}{\gamma_s} = \frac{p_v}{\gamma_v} + \frac{100 - p_v}{\gamma_a} \tag{8.3}$$

即

$$\gamma_s = \frac{100\gamma_a\gamma_v}{100\gamma_v + p_v(\gamma_a - \gamma_v)} \tag{8.4}$$

有机物相对密度一般等于 1，无机物相对密度约为 2.5～2.65，如以 2.5 计，则式 (8.4) 可简化为

$$\gamma_s = \frac{250}{100 + 1.5p_v} \tag{8.5}$$

湿污泥比重的最终计算式：

$$\gamma = \frac{25000}{250p + (100 - p)(100 + 1.5p_v)} \tag{8.6}$$

确定湿污泥比重和干污泥比重，对于浓缩池的设计、污泥运输及后续处理，都有很实用的价值。

3. 挥发性固体和灰分

挥发性固体（VS）能近似代表污泥中有机物含量，又称灼烧减量，灰分则表示无机物含量，又称灼烧残渣。初沉池污泥 VS 的含量约占污泥总重的 65% 左右，活性污泥和生物膜 VS 的含量约占污泥总重量的 75% 左右。

4. 污泥的肥分

污泥含有氮、磷（P_2O_5）、钾（K_2O）和植物生长所必须的其他微量元素。污泥中的有机腐殖质，是良好的土壤改良剂。

5. 污泥的细菌组成

污泥中含有大量细菌及各种寄生虫卵，为了防止在利用污泥的过程中传染疾病，因此必须进行寄生虫卵的检查与处理。

8.1.2 污泥量

1. 初次沉淀污泥量

可根据污水中悬浮物浓度、污水流量、沉淀效率及污泥的含水率用下式计算：

$$V = \frac{100C\eta Q}{10^3(100 - P)\rho} \tag{8.7}$$

式中 V——初次沉淀污泥量，m^3/d；

Q——污水流量，m^3/d；

η——沉淀效率，%；

C——污水中悬浮物浓度，mg/L；

P——污泥含水率，%；

ρ——初次沉淀污泥密度，以 $1000kg/m^3$ 计。

2. 剩余活性污泥量

取决于微生物增殖动力学及物质平衡关系：

$$Q_s = \frac{\Delta X}{f} \tag{8.8}$$

式中 Q_s——挥发性剩余活性污泥量，kg/d；

ΔX，f——见本书第 6 章中解释。

8.1.3 污泥的处理方法

污泥处理分一般方法与流程的选择，决定于当地条件、环境保护要求、投资情况、运行费用即维护管理等多种因素。可供选择的方案大致有：

（1）生污泥→浓缩→自然干化→堆肥→农肥。

（2）生污泥→浓缩→消化→自然干化→最终处置。

（3）生污泥→浓缩→机械脱水→干燥焚烧→最终处置。

（4）生污泥→浓缩→消化→机械脱水→最终处置。

（5）生污泥→浓缩→消化→最终处置。

（6）生污泥→湿污泥地→农用。

（7）生污泥→浓缩→消化→机械脱水→干燥焚烧→最终处置。

上述生污泥系指未经消化处理的污泥。

8.2　污　泥　浓　缩

初次沉淀污泥的含水率介于 95％～97％，剩余活性污泥的含水率达 99％以上。因此污泥的体积非常大，对污泥的后续处理造成很大的困难。污泥浓缩的目的在于减容。

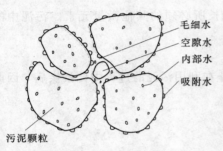

图 8.1　污泥所含水分示意图

污泥中所含水分大致分为 4 类：颗粒间的空隙水——约占污泥水分的 70％；毛细水——污泥颗粒间的毛细管水，约占 20％；颗粒的吸附水及颗粒内部水——约占 10％，见图 8.1。

浓缩脱水的对象是颗粒间的空隙水，浓缩是缩小污泥体积的第一道工序，这种方法简单、易行，不需要消耗大量的能量。浓缩的目的在于缩小污泥的体积，减少后续处理构筑物的容积及运行费用，如进行厌氧消化，则可以缩小消化池的有效容积，减少加热和保温的费用；另外，重力浓缩法在水处理和泥处理之间达到了一个"缓冲"的效果。如进行机械脱水，则可减少混凝剂投加量与脱水设备的数量。由于剩余活性污泥的含水率（99％以上）很高，一般都应进行浓缩处理。

浓缩的方法主要有 3 种，即重力浓缩、气浮浓缩和离心浓缩法。

8.2.1　重力浓缩法

利用污泥自身的重力将污泥间隙的液体挤出，从而使污泥的含水率降低的方法称为重力浓缩法。其处理构筑物为污泥浓缩池，一般常采用类似沉淀池的构造。如竖流式或辐流式污泥浓缩池。浓缩池可以连续运行，也可以间歇运行。前者用于大型污水处理厂，后者用于小型污水处理厂（站）。

图 8.2 为间歇式浓缩池，当浓缩二沉池污泥时，如停留时间过短，将达不到浓缩的目的，如停留时间过长（超过 24h）污泥容易腐败变质。

停留时间一般不超过 24h，常采用 9～12h，浓缩池的有效容积也以此确定，池数 2 个以上轮换操作。不设搅拌设备，在浓缩池不同高度设上清液排放管。当间歇式浓缩池运行时，先放掉上清液和排放浓缩污泥，然后再投入污泥。

图 8.3 为带刮泥机与搅拌装置的连续流浓

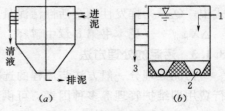

图 8.2　间歇式浓缩池

1—进泥管；2—排泥管；3—上清液排放管

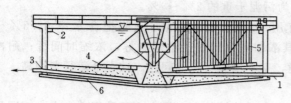

图 8.3 连续流浓缩池

1—中心进泥管；2—上清液溢流堰；3—底泥排除管；

4—刮泥机；5—搅动栅；6—钢筋混凝土

池。池底坡度一般采用 1/100～1/12，浓缩后污泥从池中心通过排泥管排出。刮泥机附设竖向栅条，随刮泥机转动，起搅动作用，可加快污泥浓缩过程。污泥分离液，含悬浮物 200～300mg/L 以上，BOD$_5$ 也较高，应回流到初沉池重新处理。

连续流污泥浓缩池污泥浓缩面积应按污泥沉淀曲线决定的固体负荷率计算。当无试验资料时，对于含水率 95%～97% 的初沉池污泥浓缩至含水率 90%～92%，一般可采用固体负荷率为 80～120kgSS/(m² · d)；对于含水率为 99.2%～99.6% 的活性污泥浓缩至含水率 97.5% 左右，一般可采用固体负荷率为 20～30kgSS/(m² · d)。浓缩池的有效水深一般采用 4.0m，当采用竖流式浓缩池时，其水深可按沉淀部分的上升流速不大于 0.1mm/s 进行核算。浓缩池容积应按污泥停留时间为 10～16h 进行核算，不宜过长。

重力浓缩法主要用于浓缩初沉污泥及初沉污泥与剩余活性污泥或初沉污泥与腐殖污泥的混合液。

初沉池污泥的介入有利于浓缩过程。因为初沉池污泥颗粒较大，较密实，这些颗粒在沉淀过程中对下层的压缩效果较亲水的生物絮凝体要好的多。

重力浓缩法的缺点是使有机污泥产生不良的气味，气味的问题可以采用在浓缩前加石灰的办法来克服。在浓缩池内加适量的石灰不影响后续处理，在实际运行过程中新鲜污泥直接脱水或在厌氧消化池启动时常常需要投加石灰。另外，将浓缩池加盖，使密闭的池内形成负压，并将抽出的污染的气体进行处理。

8.2.2 气浮浓缩法

气浮浓缩与重力浓缩法相反，通过压力溶气罐溶入过量空气，然后突然减压释放出大量的微小气泡，并附着在污泥颗粒周围，使其比重减小而强制上浮。因此气浮法适用于比重接近于 1 的活性污泥的浓缩，气浮浓缩的工艺流程（见图 8.4），基本上与污水的气浮处理相同，其中加压溶气气浮是污泥浓缩最常用的方法。

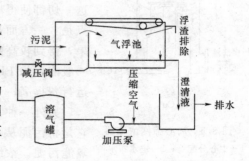

图 8.4 有回流气浮浓缩工艺流程

污泥气浮浓缩的主要设计参数为（未加化学混凝剂）：

固体负荷率：   1.8～5.0kgSS/(m² · h)

水力负荷率：   1～3.6m³/(m² · h)

气/固：   0.03～0.04kg 空气/kgSS

回流比： Q_R/Q=40%～70%

加压溶气罐压力：   0.3～0.5MPa

预先投加高分子聚合电解质时，其负荷率可提高 50%～100%，浮渣浓度可提高 1%，分离效率可提高5%，化学混凝剂的投量为污泥干重的2%～3%。

气浮一般用于浓缩活性污泥，也有用于生物膜的。该方法能把含水率98.5%～99.3%的活性污泥浓缩到94%～96%，其浓缩效果比重力浓缩法好，浓缩时间短；耐冲击负荷和温度的变化；污泥处于好氧环境，基本没有气味的问题。缺点是运行费用高。

8.2.3　离心浓缩法

污泥中的固体颗粒和水的密度不同，在高速旋转的离心机中，所受离心力大小不同从而使二者分离，污泥得到浓缩。被分离的污泥和水分别由不同的通道导出机外。用于污泥浓缩的离心机种类有转盘式离心机、篮式离心机和转鼓离心机等。各种离心浓缩的运行效果（所处理污泥为剩余活性污泥）见表8.1。

表8.1　　　　　　　　　　　　　　各种离心浓缩的运行效果

离心机	入流污泥量 （L/S）	污泥浓缩前含固率 （%）	污泥浓缩后含固率 （%）	固体回收率 （%）
转盘式	9.5	0.75～1.0	5.0～5.5	90
转盘式	3.2～5.1	0.7	5.0～7.0	93～87
篮　式	2.1～4.4	0.7	9.0～1.0	90～70
转鼓式	4.75～6.30	0.44～0.78	5～7	90～80
转鼓式	6.9～10.1	0.5～0.7	5～8	65 85（加少混凝剂）

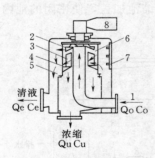

图8.5　离心筛网浓缩器
1—中心分配管；2—进水布水器；
3—排出器；4—旋转筛网笼；
5—出水集水室；6—调节
流量转向器；7—反冲洗
系统；8—电动机

离心浓缩法的优点是效率高、需时短、占地少。因为比重力大几千倍，它能在很短的时间内就完成浓缩工作，同时离心浓缩法对于轻质污泥，也能获得较好的处理效果。此外，离心浓缩工作场所卫生条件好，这一切都使得离心浓缩法的应用越来越广泛。离心浓缩法的缺点是：一方面是在浓缩剩余活性污泥时，为了取得好的浓缩效果，得到较高的出泥含固率（74%）和固体回收率（＞90%），一般需添加PFS聚合硫酸铁、PAM聚丙烯酰胺等助凝剂，使运行费提高；另一方面是电耗高。

另外一种常用的离心设备是离心筛网浓缩器（见图8.5）。它是将污泥从中心分配管输入浓缩器。在筛网笼低速旋转下，隔滤污泥。浓缩污泥由底部排出，清液由筛网从出水集水室排出。

离心筛网浓缩器可以为活性污泥法混合液的浓缩用，能减少二沉池的负荷和曝气池的体积，浓缩后的污泥回流到曝气池，分离液因固体浓度较高，应流入二沉池作沉淀处理。离心筛网浓缩器因回收率较低，出水浑浊，不能作为单独的浓缩设备。

8.2.4　污泥浓缩方法的选择

污泥浓缩方法选择要综合处理厂的规模，占地大小、周边环境的要求，污泥性质等多方面因素考虑，表8.2列出了各种浓缩方法的优缺点，供选择时参考。

表 8.2	各种浓缩方法的优缺点	
方　法	优　点	缺　点
重力浓缩法	贮存污泥的能力高，操作要求不高，运行费用高（尤其是耗电少）	占地大，且会产生臭气，对于某些污泥工作不稳定，经浓缩后的污泥非常稀薄
气浮浓缩法	比重力浓缩的泥水分离效果好，所需土地面积少，臭气问题小，污泥含水率低，可使砂砾不混于浓缩污泥中，能去除油脂	运行费用较重力法高，占地比离心法多，污泥贮存能力小
离心机浓缩法	占地少，处理能力高，没有或几乎没有臭气问题	要求专用的离心机，耗电大，对操作人员要求高

8.3　污泥的厌氧消化

8.3.1　厌氧消化的机理

有机物在厌氧条件下的消化降解过程可分为 3 个阶段，即水解酸化阶段（酸性发酵）、产氢产乙酸阶段和产甲烷阶段（碱性发酵），如图 8.6 所示。

第一阶段为水解酸化阶段。复杂的大分子、不溶性有机物先在细胞外酶的作用下水解为小分子、溶解性有机物，然后渗入细胞体内分解产生挥发性有机酸、醇、醛类等，同时产生氢气和二氧化碳。

第二阶段为产氢产乙酸阶段。在产氢产乙酸细菌的作用下，第一阶段产生的各种有机酸被分解转化成乙酸和 H_2，在降解有机酸时还形成 CO_2。

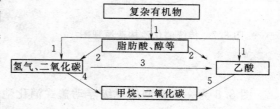

图 8.6　有机物厌氧分解产甲烷过程
1—产酸细菌；2—产氢产乙酸细菌；3—同型产乙酸细菌；4—利用 H_2 和 CO_2 产甲烷菌；5—分解乙酸的产甲烷菌

第三阶段为产甲烷阶段。产甲烷细菌将乙酸、乙酸盐、CO_2 和 H_2 等转化为 CH_4。此过程中，产甲烷细菌可以分别通过下列两种途径之一生成甲烷。

其一是在二氧化碳存在时，利用氢气生成甲烷：

$$H_2 + CO_2 \longrightarrow CH_4 + 2H_2O$$

其二是利用乙酸生成甲烷：

$$CH_3COOH \longrightarrow CH_4 + CO_2$$

据报道，在一般的厌氧发酵过程中，CH_4 的产量约 70% 由乙酸分解而来，30% 由 H_2 和 CO_2 而得到。由于含氮有机物（如蛋白质）的厌氧分解，最后的沼气中会有少量的 H_2S 和 NH_3 存在。产酸菌有兼性的，也有厌氧的；而产甲烷菌则是严格的厌氧菌。产甲烷菌的世代长，生长缓慢，对环境的变化如 pH、温度、重金属离子等较其他两种菌敏感得多。所以，在厌氧发酵过程中，以上 3 个阶段要同时进行，并保持某种程度的动态平衡。由于甲烷的形成速度较慢，对环境的要求高，所以甲烷发酵控制了整个系统的反应速

209

度，因此整个发酵过程必须维持有效的甲烷发酵条件。

8.3.2 消化工艺

1. 一级消化工艺

最早使用的消化池叫传统消化池（又称低速消化池），是一个单级过程，称为一级消化工艺，污泥的消化和浓缩均在单个池内同时完成。这种消化池内一般不设搅拌设备，因而池内污泥有分层现象，仅一部分池容积起有机物的分解作用，池底部容积主要用于贮存和浓缩熟污泥。由于微生物不能与有机物充分接触，消化速率很低，消化时间很长，一般为 30～60d，虽然池子的容积很大，但池子的有效利用率低。因此一级消化工艺仅适用于小型装置，目前已很少用，其构造原理如图 8.7 所示。

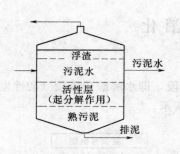

图 8.7 传统消化池构造原理图

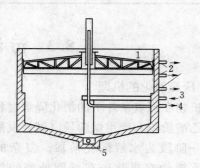

图 8.8 单级浮动盖消化池
1—浮盖；2—污泥水管；3—进泥管；
4—出气管；5—排泥管

图 8.8 为一座典型的单级浮动盖式消化池的断面图。生污泥从池的中心或集气罩内投入消化池，从集气罩内进入的污泥能打碎在消化池液面形成的浮渣层。已消化过的污泥在池底排出，通过从消化池抽出的污泥经热交换器加热后再送回消化池，进行消化池的加热。池内由于不设搅拌设备，消化池内出现了分层现象，顶部为浮渣层，消化了的熟污泥在池底浓缩，中间层包括一层清液（污泥水）和起厌氧分解的活性层。污泥水根据具体水层厚度从池子不同高度的抽出管排出。浮盖由液面承托，可以上下移动。单级浮动盖消化池的功能为：挥发性有机物的消化、熟污泥的浓缩和贮存。其特点是提供的贮存容积约等于池子体积的 1/3。

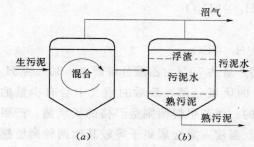

图 8.9 二级消化池系统示意图
(a) 一级消化池；(b) 二级消化池

2. 二级消化工艺

二级消化池系统示意图如图 8.9 所示，二级消化工艺为两个消化池串联运行，生污泥连续或分批投入一级消化池中并进行搅拌和加热，使池内的污泥保持完全混合状态。温度一般维持中温 34℃ 左右。由于搅拌使池内有机物浓度、微生物分布、温度、pH 值等都均匀一致，微生物得到了较稳定的生活环境，并与有机物均匀接触，因而提高了消化速率，缩短了消化时间。污泥中有机物的分解主要在一级消化池中进行，产气量占总产气量的 80%，因此该系统中的一级消化池也称之为高速消化池。一级消化池的污泥靠重力排入二级消化池中。二级消化池勿需搅拌和加热，而是利用一级消化池排出的污泥的余热继续消化，其消化温度可保持在 20~26℃。二级消化池上设有集气管和上清液排出管，产气量占总产气量的 20%。二级消化池起着污泥浓缩的作用。

二级消化工艺中第一级消化池容积通常按污泥投配率为 5% 来计算，而第一级与第二级消化池的容积比为 1:1 或 2:1 或 3:2，但最常用的是 2:1，即第二级消化池的容积按污泥投配率为 10% 来计算。

二级消化工艺比一级消化工艺总的耗热量少，并减少了搅拌的能耗，熟污泥含水率低，上清液固体含量少。

污泥消化过程中排出的上清液（污泥水）有机物有含量较多（BOD_5 浓度为 500~1000mg/L），不能任意排放，必须送回到污水生物处理构筑物内作进一步处理。

8.3.3 消化池的构造

消化池的主体是由集气罩、池盖、池体及下锥体等 4 部分组成，并附设新鲜污泥投配系统、熟污泥的排出系统、溢流系统、沼气的排出收集及贮存系统和加温及搅拌设备。

8.3.3.1 消化池的池型

消化池的基本池型有圆柱形和蛋形两种，图 8.10 为圆柱形，池径一般为 6~35m，柱体部分的高度约为直径的一半，总高度与池径之比为 0.8~1.0，池底、池盖倾角一般取 15°~20°，为检修方便，池盖上设置 1 或 2 个 ϕ0.7m 的入孔，池顶集气罩直径取 2~5m，高 1~3m；图 8.11 为蛋形，其侧壁为圆弧形，直径远小于池高，大型消化池可采用蛋形，容积可做到 10000m³ 以上，蛋形消化池在工艺与结构方面有如下优点：①搅拌充分、均匀，可以有效地防止池底积泥和泥面结壳；②因池体接近球形，在池容相等的条件下，池子总表面积比圆柱形小，散热面积小，故热量损失小，可节省能源。国内建造的大型消化池多为圆柱形。

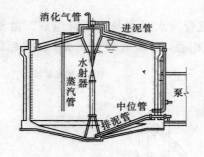

图 8.10 圆柱形消化池

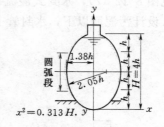

图 8.11 蛋形消化池

8.3.3.2 投配、排泥与溢流系统

1. 污泥投配

生污泥（包括初沉污泥、腐殖污泥及经过浓缩的剩余活性污泥），需先排入消化池的污泥投配池，然后用污泥泵抽送至消化池。污泥投配池一般为矩形，至少设两个，池容根据生污泥量及投配方式确定，常用 12h 的贮泥量设计。投配池应加盖、设排气管、上清液

排放管和溢流管。如果采用消化池外加热生污泥的方式，则投配池可兼作污泥加热池，一般消化池的进泥口布置在泥位上层，其进泥点及进泥口的形式应有利用搅拌均匀和破碎浮渣的需要。

2. 排泥

消化池的排泥管设在池底，出泥口布置在池底中央或在池底分散数处，排空管可与出泥管合并使用，也可单独设立。依靠消化池内的静水压力将熟污泥排至污泥的后续处理装置。

污泥的投配管和排泥管的直径一般为 150～200mm，一般排泥管与放空管合并使用。污泥管的最小直径为 150mm，为了能在最适当的高度除去上清液，可在池子的不同高度设置若干个排出口，最小管径为 75mm。

此外，还设取样管，一般取样管设置在池顶，最少为两个，一个在池子中部，一个在池边。取样管的长度最少应伸入最低泥位以下 0.5m，最小管径为 100mm。还备有清洗水或蒸汽的进口及清理污泥管道的设备。

3. 溢流装置

消化池的污泥投配过量、排泥不及时或沼气产量与用气量不平衡等情况发生时，沼气室内的沼气压缩，气压增加甚至可能压破池顶盖。因此消化池必须设置溢流装置，及时溢流，以保持沼气室压力恒定。溢流管的溢流高度，必须考虑是在池内受压状态下工作。在非溢流工作状态时或泥位下降时，溢流管仍需保持泥封状态，溢流装置必须绝对避免集气罩与大气相通，也避免消化池气室与大气连通。溢流装置常用形式有倒虹管式、大气压式及水封式等 3 种。

倒虹管式见图 8.12 (a)，倒虹管的池内端必须插入污泥面，保持淹没状，池外端插入排水槽也需保持淹没状，当池内污泥面上升，沼气受压时，污泥或上清液可从倒虹管排出。

大气压式见图 8.12 (b)，当池内沼气受压，压力超过 Δh（Δh 为 U 形管内水层厚度）时，即产生溢流。

水封式见图 8.12 (c)，水封式溢流装置由溢流管、水封管与下流管组成。溢流管从消化池盖插入设计污泥面以下，水封管上端与大气相通，下流管的上端水平轴线标高，高

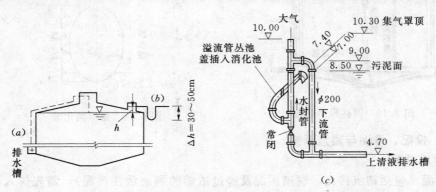

图 8.12 消化池的溢流装置

(a) 倒虹管式；(b) 大气压式；(c) 水封式

于设计污泥面、下端接入排水槽。当沼气受压时，污泥或上清液通过溢流管经水封管、下流管排入水槽。

溢流装置的管径一般不小于200mm。

排出的上清液及溢流出泥，应重新导入初次沉淀池进行处理。设计沉淀池时，应计入此项污染物。

8.3.3.3 沼气的收集与贮存设备

由于产气量与用气量常常不平衡，所以必须设贮气柜进行调节。沼气从集气罩通过沼气管输送到贮气柜。沼气管的管径按日平均产气量计算，管内流速按7～15m/s计，当消化池采用沼气循环搅拌时，则计算管径时应加入搅拌循环所需沼气量。管道坡度应与气流方向一致，其坡度为0.5%，在最低点应设置凝结水罐。并可及时排除积水。为了减少凝结水量，防止沼气管被冻裂，沼气管应该保温。另外，应采取防腐措施，一般采用防腐蚀镀锌钢管或铸铁管。在沼气输送管道的适当地点设置必要的水封罐，以便调整和稳定压力，并在消化池、贮气柜、压缩机、锅炉房等设备之间起隔绝作用，确保安全。

消化池的气室及沼气管道均应在正压下工作，通常压力为2～3kPa，消化池不允许出现负压。

沼气中由于H_2S和饱和蒸汽的存在，对消化池顶集气罩有腐蚀作用，必须对气室进行防腐处理。

贮气柜有低压浮盖式与高压球形罐两种，见图8.13。贮气柜的容积一般按平均日产气量的25%～40%，即6～10h的平均产气量计算。

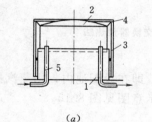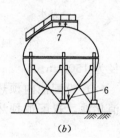

(a)   *(b)*

图 8.13 贮气柜
(a) 低压浮盖式；(b) 高压球形罐
1—水封柜；2—浮盖；3—外轨；4—滑轮；5—导气管；
6—进出气管；7—安全阀

低压浮盖式的浮盖重量决定于柜内气压，柜内气压一般为1177～1961Pa，最高可达3432～4904Pa。气压的大小可用盖顶加减铸铁块的数量进行调节。浮盖的直径与高度比一般采用1.5∶1，浮盖插入水封柜以免沼气外泄。

当需要长距离输送沼气时，可采用高压球形罐。贮气柜中的压力决定了消化池气室和输气管道的压力，此压力一般保持在2～3kPa，不宜太高。

由于沼气中含有少量H_2S，一般含量在0.005%～0.01%之间。在有水分条件下，当沼气中H_2S含量超过百万分之1.1浓度时，对沼气发动机有很强的腐蚀性。根据煤气燃烧规定，H_2S的容许含量应小于20mg/m³。如果沼气中含硫量太高，必须进行沼气脱硫。

8.3.3.4 消化池的加热方法

为了使消化池的消化温度恒定（中温或高温消化），必须对新鲜污泥进行加热和补偿消化池池体及管道系统的热损失。加热的热源可用锅炉或其他生产设备的余热。

加热方法有池内蒸汽直接加热与池外预热两种。

池内蒸汽直接加热法就是利用插在消化池内的蒸汽竖管，直接向消化池送入蒸汽，加热污泥。蒸汽在竖管中的流速一般为3～5m/s。这种加热方法比较简单，热效率高。但竖管周围的污泥易被过热，影响甲烷细菌的正常活动。由于增加了冷凝水，消化污泥的含水率稍有提高，消化池的容积需增加 5%～7%。

　　池外预热法，是把新鲜污泥预先加热后，投配到消化池中。这种方法的优点是预热的污泥，只是新鲜污泥且数量较少，易于控制，预热达到的温度较高，有利于杀灭寄生虫卵，以提高消化污泥的卫生条件，不会使消化池中的甲烷细菌受到过热的影响，因此是一种较好的加温方法。缺点是加温设备比较复杂。池外预热法，可分为热交换器预热与投配池内预热两种。

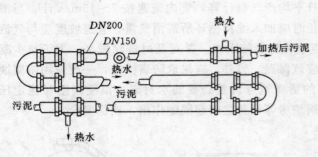

图 8.14　热交换器预热法

　　(1) 热交换器预热法。在消化池外，用热交换器将新鲜污泥预热后，送入消化池。热交换器可采用套管式，以热水为热媒。热交换器预热法见图 8.14。

　　新鲜污泥从内管通过，流速 1.5～2.0m/s，热水从套管通过，流速 1.0～1.5m/s。可用逆流或顺流交换。内管直径一般为 100mm，套管直径为 150mm。

　　(2) 投配池内预热法。即在投配池内，用蒸汽把新鲜污泥预热到所需温度后，一次投入消化池。投配池预热的示意图见图 8.15。

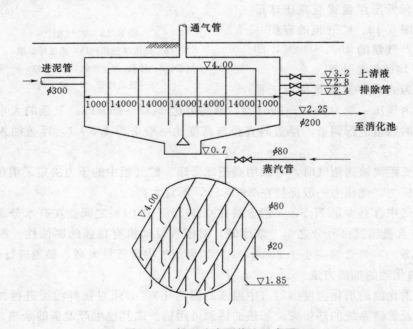

图 8.15　投配池内预热法示意图

　　此外，为减少热量损失，还应对消化池采取保温措施，常用的保温材料有：泡沫混凝土、膨胀珍珠岩、聚苯乙烯泡沫塑料和聚氨酯泡沫塑料等。

8.3.3.5 消化池的搅拌方法

新投入生污泥与原有成熟污泥的充分混合对消化池的正常运行有很大影响，因此搅拌设备也是消化池的重要组成部分，消化池的常用的搅拌方法有：泵加水射器搅拌、沼气搅拌及联合搅拌等。搅拌设备至少应在2~5h内将全池污泥搅拌一次。一般当池内各处污泥浓度变化范围不超过10%时，即可认为符合搅拌要求。

（1）泵加水射器搅拌。生污泥用污泥泵加压后，射入水射器。水射器顶端浸没在污泥面以下0.2~0.3m，污泥泵压力应大于0.2MPa，生污泥量与吸入水射器的污泥量之比为1：3~1：5。消化池池径大于10m时，可设2个或2个以上的水射器。根据需要，加压后的污泥也可从中位管压入消化池进行补充搅拌。这种方法搅拌可靠，但效率较低。

（2）联合搅拌法。联合搅拌法的特点是把生污泥加温、沼气搅拌联合在一个装置内完成，见图8.16。经经空气压缩机加压后的沼气以及经污泥泵加压后的污泥分别从热交换器（兼作生、熟污泥与沼气的混合器）的下端射入，并把消化池内的熟污泥抽吸出来，共同在热交换器中加热混合，然后从消化池的上部污泥面下喷入，完成加温搅拌过程。

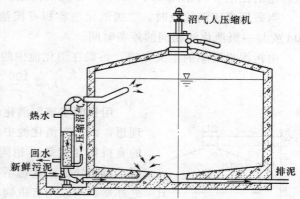

图8.16 联合搅拌示意图

加热混合器污泥管直径用150mm，外套管用250mm，加热所需接触面积可以用热交换量计算。消化池直径9m以下可用1个热交换器，直径在15m以下可用3个热交换器均匀分布在池外。

（3）沼气搅拌。沼气搅拌的优点是没有机械磨损，故障少，搅拌力大，不受液面变化的影响，并可促进厌氧分解，缩短消化时间，沼气搅拌装置见图8.17，用空压机将贮气罐中的一部分消化气抽出，经稳压罐送入消化池进行搅拌。消化气通过消化池顶盖上面的配气环管，进入每根立管，立管数量根据搅拌气量及立管内的气流速度决定。搅拌气量按每1000m³池容5~7m³/min计，气流速度按7~15m/s计。立管末端在同一平面上，距池底1~2m，或在池壁与池底连接面上。

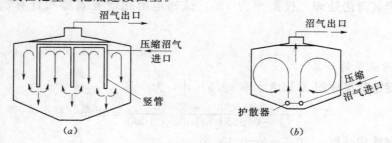

图8.17 采用沼气循环搅拌示意图

其他搅拌方法如螺旋桨式搅拌，现已不常用。

8.3.4 消化池有效容积的计算

污泥消化池有效容积的确定，我国是按每天加入的新鲜污泥量及污泥投配率进行计算的。计算式如下：

$$V = \frac{V'}{p} \times 100 \tag{8.9}$$

式中　V——消化池有效容积，m^3；

　　　V'——污泥量，m^3/d；

　　　p——污泥投配率（每日投加的新鲜污泥量占消化池有效容积的百分数）。

消化污泥的投配率，最好通过试验或调研确定。当无资料时，对于生活污水污泥，中温高速消化池 p 可采用 $5\% \sim 12\%$，传统消化池 p 可采用 $2\% \sim 3\%$。

当采用高速消化池时，二级消化池容积可按池中停留 $10 \sim 60d$ 计算，一般采用 $20 \sim 30d$ 或与一级消化池相同的停留时间。

由污泥投配率的定义知道，污泥在消化池中的停留时间 $T(d)$ 为

$$T = \frac{100}{p} \tag{8.10}$$

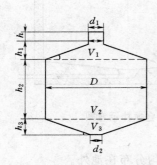

图 8.18　消化池计算草图

用投配率确定消化池的有效容积，方法虽简单，但是并不理想，因为在消化池中进行分解的只是有机物，而各种污泥中的有机物含量是不相同的，即使是同一种污泥由于含水率不同，有机物的浓度也不同，有机物愈多，消化时间就愈长，反之亦然。所以用有机物的投加量计算比较合理。美国长期以来是按污泥的挥发分计算，下列数据可供参考：

对于生活污水污泥，中温消化和传统消化的挥发性固体负荷率 p' 可采用 $0.5 \sim 1.6 kgVSS/(m^3 \cdot d)$，高速消化的负荷率 p' 可采用 $1.6 \sim 6.5 kgVSS/(m^3 \cdot d)$。

固定盖式消化池的计算草图可用图 8.18 表示。

【例 8.1】　某市污水厂污水量为 $30000m^3/d$，其中生活污水水量为 $10000m^3/d$，其余为工业废水，原污水悬浮固体（SS）浓度为 240mg/L，经初沉后 BOD_5 为 200mg/L，初沉池 SS 去除率为 40%，用普通活性污泥法处理，曝气池有效容积为 $5000m^3$，MLSS 浓度为 4g/L，VSS/SS=0.75，曝气池 BOD_5 去除率为 95%。污水厂的污泥现决定采用中温（35℃）厌氧消化处理，投配率为 7%，试确定消化池有效容积计算消化池的主要尺寸。

解

1. 新鲜污泥量的计算

初次沉淀池污泥体积（以含水率96.5%计）为

$$V_1 = \frac{240 \times 0.4 \times 30000}{(1-0.965) \times 1000 \times 1000} = 82m^3/d$$

剩余污泥体积（取 $a=0.5$，$b=0.1$）为

$$\Delta X = aQS_a - bXY$$
$$= 0.5 \times 200 \times 0.95 \times 30000/1000 - 0.1 \times 4 \times 0.75 \times 5000$$

$$= 1350 \text{kgVSS/d}$$

每日剩余污泥量为　　　　$1350/0.75 = 1800$ kgVSS/d

当浓缩至含水率为 96.5%，其体积为

$$V_2 = \frac{1800}{(1-0.965) \times 1000} = 51 \text{m}^3/\text{d}$$

污泥总体积为

$$V' = V_1 + V_2 = 82 + 51 = 133 \text{m}^3/\text{d}$$

2. 消化池有效容积的计算

已知投配率为 7%，根据式（8.1），消化池有的有效容积为

$$V = \frac{V'}{p} \times 100 = \frac{133}{7} \times 100 = 1900 \text{m}^3$$

为了考虑检修，采用 2 座消化池，则每个消化池的有效容积为 950m³。

3. 消化池主要尺寸计算

采用消化池直径近似地等于柱体部分高度 2 倍计算。消化池的直径可近似地按下式计算：

$$D = \sqrt[3]{\frac{V}{0.485}} = \sqrt[3]{\frac{950}{0.485}} = 12.5 \text{m}$$

消化池集气罩直径 d_1 采用 2m，高 h_1 采用 1m，下锥底直径 d 采用 1m。

池顶盖高：

$$h_2 = \left(\frac{D}{2} - \frac{d_1}{2}\right)\text{tg}20° = \left(\frac{12.5}{2} - \frac{2}{2}\right) \times 0.364 = 1.9 \text{m}$$

柱体高：

$$h_3 = \frac{D}{2} = 6.25 \text{m}$$

下锥体高：

$$h_4 = \left(\frac{D}{2} - \frac{d_2}{2}\right)\text{tg}30° = \left(\frac{12.5}{2} - \frac{1}{2}\right) \times 0.577 = 3.3 \text{m}$$

消化池总高：

$$H = h_1 + h_2 + h_3 + h_4 = 1 + 1.9 + 6.25 + 3.3 = 12.45 \text{m}$$

8.3.5　消化池的启动、运行与管理

8.3.5.1　消化池的启动

1. 试漏、气密性检查、气体的置换

向池内灌满清水，检查消化池和污泥管道有无漏水现象，接着对消化池和输气管路进行气密试验。把内压加到约 3432.33Pa，稳定 15min 后，测后 15min 的压力变化。当气压降小于 98Pa，可认为池体气密性符合要求；否则应采取补救措施，再按上述方法试验，直至合格为止。为防止发生爆炸事故，在投泥前应使用惰性气体（氮气）将输气管路系统中的空气置换出去，以后再投污泥，产生沼气后，再逐渐把氮气置换出去。

2. 消化污泥的培养与驯化

新建的消化池，需要培养消化污泥。培养方法有两种：

（1）逐步培养法。将每天排放的初次沉淀污泥和浓缩后的活性污泥投入消化池，然后加热，使每小时温度升高 1℃，当温度升到预定消化温度时，维持温度，然后逐日加入新鲜污泥，直至设计泥面，停止加泥，维持消化温度，使有机物水解、液化，约需 30～40d，待污泥成熟、产生沼气后，方可投入正常运行。

（2）一次培养法。在消化池中投入一定数量的接种污泥，数量应占消化池有效容积的 1/10，再投入新鲜污泥至设计泥面，然后加热，升温速度为 1℃/h，直至预定温度。并投加一定碱（或石灰），使 pH 保持 6.8～7.2 之间，稳定一段时间 3～5d，污泥成熟并产气后，便可投入试运行。如当地已有消化池，则可取消化污泥更为简便。

3. 消化池启动过程中的注意事项和遇到的问题

（1）当取池塘中的陈腐污泥、人、畜粪便或初沉池污泥作种泥时，首先要对其进行淘洗，过滤以去除无机杂物，再通过静止沉淀，去除部分上清液后，混合均匀，配制成含固体浓度为 3％～5％的污泥，投入消化池，且最小投加量应占消化池有效容积的 10％。

（2）消化池加热至预定温度（比如中温消化的 35℃）后，要维持消化池的恒温条件。

（3）消化池混合液 pH 值维持在 6.8～7.2 之间，一旦 pH 下降，立即投加石灰，直到 pH 稳定在 6.8 为止，投加量可通过简单试验即可获得。

（4）投配污泥尽可能保持有规律性，而且高速消化池中一次投配量不要超过额定负荷的 30％。

（5）污泥消化池启动过程中，经常会遇到泡沫问题，当消化过程开始时，随着 CO_2 气体的形成而出现大量的污泥泡沫，泡沫的出现有时很突然，当污泥中存在蛋白质或某些没有完全分解的表面活性剂时，这一现象会更加严重，严格地控制消化池温度条件以及严格监控生污泥的营养比，可以克服这一问题。成熟的污泥呈深灰或黑色并略带有焦油味。pH 值在 7.0～7.5 之间时，污泥易脱水和干化。

8.3.5.2 正常运行的化验指标

正常运行的化验指标有：投配污泥含水率 94％～96％，有机物含量 60％～70％，脂肪酸以醋酸计为 2000mg/L 左右，总碱度以重碳酸盐计大于 2000mg/L，氨氮 500～1000mg/L，有机物分解程度 45％～55％，产气率正常，沼气成分（CO_2 与 CH_4 所占％）正常。

8.3.5.3 正常运行的控制指标

（1）投配率。新鲜污泥投配率需严格控制。

（2）温度。消化温度需严格控制。

（3）搅拌。采用沼气循环搅拌可全日工作。采用水力提升器搅拌时，每日搅拌量应为消化池容积的两倍，间歇进行，如搅拌 0.5h，间歇 1.5～2h。

（4）排泥。有上清液排除装置时，应先排上清液再排泥。否则应采用中、低位管混合排泥或搅拌均匀后排泥，以保持消化池内污泥浓度不低于 30g/L，而且进泥和排泥必须作到有规律，否则消化很难进行。

（5）沼气气压。消化池正常工作所产生的沼气气压在 1177～1961Pa 之间，最高可达 3432～4904Pa，过高或过低都说明池组工作不正常或输气管网中有故障或操作失误。

8.3.5.4 消化池运转时的异常现象及解决办法

1. 产气量下降

产气量下降的原因与解决办法主要有：

（1）投加的污泥浓度过低，导致微生物的营养不足，应设法提高投配污泥的浓度。

（2）消化污泥排量过大，使消化池内微生物量减少，破坏微生物与营养的平衡。应减少排泥量。

（3）消化池温度降低，可能是由于投配的污泥过多或加热设备发生故障。解决办法是减少投配量与排泥量，检查加温设备，保持消化温度。

（4）采用蒸汽竖管直接加热，若搅拌配合不上，造成局部过热，使部分甲烷菌活性受到抑制，导致产气量下降，及时检查搅拌设备，保证搅拌效果。

（5）消化池的容积减少，由于池内浮渣与沉砂量增多，使消化池容积减小，应检查池内搅拌效果及沉砂池的沉砂效果，并及时排除浮渣与沉砂。

（6）有机酸积累，碱度不足，解决办法是减少投配量，继续加热，观察池内碱度的变化，如不能改善，则应投加碱度，如石灰、$CaCO_3$ 等。

2. 上清液水质恶化

上清液水质恶化表现在 BOD_5 和 SS 浓度增加，原因可能是排泥量不够，固体负荷过大，消化程度不够，搅拌过度等。解决办法是分析上列可能原因，分别加以解决。

3. 沼气的气泡异常

沼气的气泡异常有 3 种表现形式：

（1）连续喷出像啤酒开盖后出现的气泡，这是消化状态严重恶化的征兆。原因可能是排泥量过大，池内污泥量不足，或有机物负荷过高，或搅拌不充分。解决办法是减少或停止排泥，加强搅拌，减少污泥投配。

（2）大量气泡剧烈喷出，但产气量正常，池内由于浮渣层过厚，沼气在层下集聚，一旦沼气穿过浮渣层，就有大量沼气喷出，对策是破碎浮渣层充分搅拌。

（3）不起泡，可暂时减少或中止投配污泥，充分搅拌一级消化池；打碎浮渣并将其排除；排除池中堆积的泥砂。

8.3.5.5 消化池的维护与管理

（1）消化池中的浮渣与沉砂应定期清除，最长 3～5 年清除一次。

（2）由于沼气中往往带有水蒸气，在沼气输送过程中遇冷变成凝结水，为了保证沼气管道畅通，在沼气输送管道的最低点都没有凝结水罐，应及时或定期排除凝结水。

（3）沼气、污泥及蒸汽管道都采取保温措施，溢流管，防爆装置的水封在冬季应加入食盐以降低冰点，避免结冰而失灵。同时，要经常检查水封高度，保证其在要求的高度，范围内。

（4）当采用蒸汽直接加热时，污泥会充满灼热的蒸汽竖管，容易结成污泥壳而使管道堵塞，可用大于 0.4MPa 的蒸汽冲刷。

（5）消化池的所有仪表（压力表、真空表、温度表、pH 计等）应定期检查，随时保证完好。

（6）在运行中必须充分注意安全问题，因为沼气为易燃易爆气体，CH_4 在空气中的含量达到 5%～16% 时，遇明火即爆炸，故消化池、贮气罐、沼气管道等部必须绝对密闭，周围严禁明火或电气火花。检修消化池时，必须完全排除消化池内的消化气。

8.4 污泥的好氧消化

污泥的好氧消化是通过长时间的曝气使污泥固体稳定，好氧消化常用于处理来自无初沉池污水处理系统的剩余活性污泥。通过曝气使活性污泥进行自身氧化从而使污泥得到稳定。挥发性固体可去除约 40%～50%（一般认为，当污泥中的挥发性固体的量降低 40% 左右即可认为已达到污泥的稳定），延时曝气和氧化沟排出的剩余污泥已经好氧稳定，不必再进行厌氧或好氧消化。

参与污泥好氧消化的微生物是好氧菌和兼性菌。它们利用曝气鼓入的氧气，分解生物可降解有机物及细胞原生质，并从中获得能量。消化池内微生物处于内源呼吸期，污泥经氧化后，产生挥发性物质（CO_2、NH_3 等），使污泥量大大减少。如以 $C_5H_7NO_2$ 表示细菌细胞分子式，好氧消化反应为

$$C_5H_7NO_2 + 5O_2 \longrightarrow 5CO_2 + NH_3 + 2H_2O$$

污泥的好氧消化需要供给足够的氧气以保证污泥中 DO 的含量至少 1～2 mg/L，并有足够的搅拌使污泥中的颗粒保持悬浮状态。污泥含水率大于 95% 左右，否则难于将污泥搅拌起来。

污泥好氧消化池的构造与曝气池基本相同，有曝气设备，没有加温设备，池子不必加盖。当采用圆形池与矩形池时，由于好氧消化在运行过程中泡沫现象较多（尤其在启动初期较严重），所以超高应采用 0.9～1.2m。

污泥好氧消化时间最好通过试验确定，对于生活污水污泥好氧消化的一些设计参数如下：当消化温度为 15℃ 以上时，消化时间：活性污泥需 15～20d，初沉池污泥加活性污泥需 20～25d；采用鼓风曝气时，其空气用量为：活性污泥需 0.02～0.04m³/(m³·min)；初沉污泥加活性污泥需 0.06m³/(m³·min)；当污泥浓度大于 8g/L、池深大于 3.5m 时，曝气器应置于池底，以免搅不起污泥；采用机械曝气时，其所需功率为：0.03～0.04kW/103m³。

与厌氧消化处理比较，好氧消化的主要优点是：①消化温度相同时，所需消化时间较短；②出水的 BOD_5 浓度较低；③无臭气；④污泥的脱水性能较好；⑤运行较方便；⑥设备费用少。

好氧消化的缺点是：①需要供氧，动力费用一般较高；②无沼气产生；③去除寄生虫卵和病原微生物的效果较差。④冬季低温时运行效果极差。污泥好氧消化法一般仅适用于中小型污水厂，我国目前尚无污水厂的污泥处理采用此方法。

8.5 污泥的自然干化

自然干化法常采用污泥干化场（或称晒泥场），是利用天然的蒸发、渗滤、重力分离等作用，使泥水分离，达到脱水的目的，是污泥脱水中最经济的一种方法。排入污泥干化

场的城市污水厂的污泥含水率，来自初沉池的为 95%～97%，生物滤池后二沉池为 97%，曝气池后二沉池活性污泥为 99.2%～99.6%，污泥消化池消化污泥为 97%。通过自然干化，污泥的含水率可降低到 75% 左右。污泥体积大大缩小。干化后的污泥压成饼状，可以直接运输。

8.5.1　污泥干化场的构造

污泥干化场的四周筑有土围堤，中间则用围堤或木板将其分成若干块（常不小于 3 块）。为了便于起运污泥，每块干化场的宽度应不大于 10m。围堤高度可采用 0.5～1.0 m，顶宽采用 0.5～1.0m。围堤上设输泥槽，坡度取 0.01～0.03。在输泥槽上隔一定距离设放泥口，以便往干化场上均匀分布污泥，输泥槽和放泥口一般可用木板或钢筋混凝土制成。

干化场应设人工排水层。人工排水层的填料可分为两层，层厚各为 0.2m，上层用细矿碴或砂等，下层用粗矿碴、砾石或碎石。排水层下可设不透水层，不透水层宜用 0.2～0.4m 厚的粘土做成。在不透水层上敷设排水管，如果污泥干化场需要设置顶盖，还需要支柱和透明顶盖，若采用混凝土做成时，其厚度取 0.10～0.15m 或用三七灰土夯实而成厚 0.15～0.30m，应当有 0.01～0.02 的坡度倾向排水设施。

图 8.19 为污泥干化场，排水管可采用不上釉的陶土管，直径 100～

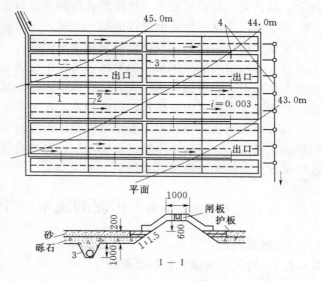

图 8.19　污泥干化场

1—输泥槽；2—隔墙；3—排水管；4—排水管线

150mm，为了接纳下渗的污泥水，各节管子相连处不打口，相邻两管的间距取决于土壤的排水能力，一般可采用 4～10m，坡度采用 0.002～0.005，排水管最小埋深为 1～1.2m。收集污泥水的排水管干管，也可采用不上釉的陶土管，其坡度采用 0.008。从排水管排出的污泥水，卫生情况不好，应送至污水厂再次进行处理。

8.5.2　干化场脱水的影响因素

影响污泥在干化场上脱水的因素有：

（1）气候条件。由于污泥中占很大比例的水分是靠自然蒸发而干化的，因此气候条件，包括降雨量、蒸发量、相对湿度、风速及年冰冻期对干化场的脱水有很大的影响。研究证明，水分从污泥中蒸发的数量约等于从清水中直接蒸发量的 75%，降雨量的 57% 左右要被污泥所吸收，因此，在干化场的蒸发量中必须加以考虑。由于我国幅员广大，上述有关数据不能作为定论，必须根据各地条件，加以调整或通过试验决定。

（2）污泥性质。污泥性质对干化效果的影响很大。例如消化污泥在消化池中，承受着比大气压高的压力，并含有很多消化气泡，排到干化场后，压力降低，体积膨胀，气体迅速释出，把固体颗粒挟带到泥层表面，降低水的渗透阻力，提高了渗透性能。对脱水性能差的污泥，水分不易从稠密的污泥层中渗透过去，往往会形成沉淀，分离出上清液，这种污泥主要依靠蒸发进行脱水，并可在围堤或围墙的一定高度上开设撇水窗，撇除上清液，以加速脱水过程，对雨量多的地区，也可利用撇水窗，撇除污泥面上的雨水。

8.5.3　污泥干化场面积的确定

干化场所需的面积随污泥性质，地区的平均降雨量及空气湿度等不同而异。一般来说，对生活污水的消化污泥而言，每 $1.5\sim2.5$ 人应设置 $0.4m^2$，当未消化的污泥不得不在干化场上干化时，则需比消化污泥提供更大的面积。一次送来的污泥集中放在一块干化场上，其所需的面积可根据一次排放在污泥量按每次放泥厚度 $30\sim50cm$ 计算。

近年来，出现一种由沥青或混凝土浇筑，不用滤水层的干化场，这种干化场特别适用于蒸发量大的地区，其主要优点是泥饼容易铲除。

对于降雨量大或冰冻期长的地区，可在干化场上加盖。加盖后的干化场，能够提高污泥的干化效率。盖可做成活动式的，在雨季或冰冻期盖上，而在温暖季节、蒸发量大时不盖。加盖式干化场卫生条件好，但造价高，在实际工程中使用的较少。

污泥干化场占地面积大，卫生条件差，大型污水处理厂不宜采用。但污泥自然干化比机械脱水经济，在一些中小型污水处理厂，尤其是气候比较干燥、有废弃土地可资利用以及环境卫生允许的地区可以采用。

8.6　污泥的脱水、干燥与焚烧

8.6.1　污泥脱水

8.6.1.1　污泥机械脱水的基本原理

污泥机械脱水是以过滤介质（如滤布）两面的压力差为推动力，使污泥中的水被强制地通过过滤介质，称为过滤液，而固体则被截留在介质上，称为滤饼，从而使污泥达到脱水的目的。机械脱水的推动力可以是在过滤介质的一面形成负压（如真空过滤机），或在过滤介质的一面加压污泥把水压过过滤介质（如压滤）或造成离心力（如离心脱水）等。

机械脱水的基本过程为：过滤刚开始时，滤液仅需克服过滤介质（滤布）的阻力。当滤饼层形成后，滤液要通过不仅要克服过滤介质的阻力而且要克服滤饼的阻力，这时的过滤层包括了滤饼层与过滤介质。过滤过程的示意图如图 8.20 所示。

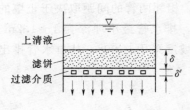

图 8.20　过滤过程示意图

8.6.1.2　污泥脱水前的预处理

机械脱水前的预处理，也称污泥调质。其目的是改善污泥的脱水性能，提高脱水设备的生产能力。预处理的方法有化学混凝法、淘洗法、热处理法及冷冻法等，其中加药絮凝法功能可靠，设备简单，操作方便，被长期广泛采用。

1. 化学混凝法

化学混凝法是通过向污泥中投加混凝剂，助凝剂等使污泥凝聚和絮凝（参阅第 3 章），提高污泥的脱水性能实现的。

混凝剂有两大类：一类是无机混凝剂，包括铝盐和铁盐两大类；另一类是高分子聚合电解质，包括有机高分子聚合电解质（如聚丙烯酰胺PAM），无机高分子混凝剂（如聚合氯化铝PAC）。一般情况下，无机药剂更适合于真空过滤和压滤，而有机药剂则适合于离心脱水或带式压滤。

（1）无机混凝剂。最有效、最便宜的无机混凝剂是铁盐；氯化铁（$FeCl_3 \cdot 6H_2O$）、硫酸铁（$Fe_2(SO_4)_3 \cdot 9H_2O$）、硫酸亚铁（$FeSO_4 \cdot 7H_2O$）等；另外，比较次要的是各种铝盐；三氯化铝（$AlCl_3$）、碱式氯化铝（$Al(OH)_2Cl$）等。实践证明，铁盐（主要是三价铁盐）和石灰（以5%～10%的石灰乳形成）联合使用，往往会取得很好的絮凝效果。在这里，加入石灰的作用是获得合适的絮凝pH值、形成多种钙盐沉淀、降低亲水污泥的结合水，相当于加入了稠密的无机填料使胶态介质得以稀释。

混凝剂的投加量以占污泥干固体重量的百分数计，就亲水的氢氧化物污泥，单加石灰就可以，加量约为干固体重量的50%；对亲水性的有机污泥，石灰和铁盐结合使用，一般情况下$FeCl_3$为3%～12%，CaO为6%～30%，具体数值取决于污泥的性质。

氯化铁是使用最广泛的药剂，但有时可根据具体情况及为了节省运转费用，有时可能采用硫酸亚铁，Fe^{2+}投量为Fe^{3+}投量的1倍，同时对有机物浓度高和较亲水的污泥，效率有限，但是这种药剂费用低，因为它是钢铁酸洗副产品。

（2）高分子聚合电解质。有机高分子调理剂种类很多，按聚合度分为低聚合度和高聚合度两种；按离子型分有阳离子型、阴离子型、非离子型、阴阳离子型等。用于污泥调理的主要是高聚合度的聚丙烯酰胺系列的絮凝剂，该药剂调理效果好，但价格昂贵。同济大学研究开发的阴离子聚丙烯酰胺-石灰法，是一种经济有效的联用调理剂，有时也有其他结合方式，其投加量一般在1%以下。

影响调理效果的因素，通过严密的试验，选择合适的调理药剂及其投加量是很重要的，除此之外，药剂配制条件和药剂与污泥的混合方式也很重要。比如，污泥调理在10℃以上进行效果更好。药剂的配制浓度影响调理效果，对有机高分子絮凝剂更应注意这一点，一般来说，配制浓度越低，药剂用量则越少，调理效果越好。无机絮凝剂则很少受配制浓度影响，实践证明，有机高分子絮凝剂配制浓度在0.05%～0.1%范围内较合适，也有的研究报告提出$FeCl_3$配制浓度10%为最佳，铝盐配制浓度在4%～5%较适宜。药剂与污泥必须完全充分混合，而且为了避免破坏形成的絮体，应限于在短距离内通过重力作用来输送絮凝后的污泥，或者在必要时，可用慢速活塞泵或用间歇气压来输送絮凝污泥。

2. 淘洗——化学混凝法

化学混凝法所消耗的混凝剂是消耗在污泥的固相组分与液相组分上的。以投加铁盐为例，污泥中的重碳酸盐作用，产生氢氧化铁絮凝体而下沉：

$$FeCl_3 + 3(NH_4)_2CO_3 \longrightarrow Fe(OH)_3 \downarrow + 3NH_4Cl + 3CO_2 \uparrow$$

$$2FeCl_3 + 3Ca(HCO_3)_2 \longrightarrow 2Fe(OH)_3 \downarrow + 3CaCl_2 + 6CO_2 \uparrow$$

由反应式可知，污泥中的重碳酸盐碱度越高，由此消耗的混凝剂也越多。所谓淘洗法，就是用河水或处理水洗涤污泥，降低污泥中的碱度，以节省混凝剂用量，一般可节省

50%～80%。所以淘洗调节法，一般仅适用于消化污泥。

但由于淘洗法需增设淘洗池等构筑物，造价的增加值与节约的混凝剂费用，两者差不多抵消，故陶洗法在实际中已被淘汰。

8.6.1.3　机械脱水设备

1. 过滤法脱水设备

(1) 真空过滤机。真空过滤是目前使用较为广泛的一种污泥脱水机械方法，使用的机械是真空转鼓过滤机，也称转鼓式真空滤机。其国内使用较多的是 GP 型，转鼓真空过滤机，其构造如图 8.21 所示。其主要部件是空心转鼓 1 和下部污泥贮槽 2。

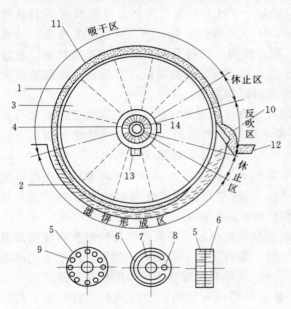

图 8.21　转鼓式真空过滤机

在空心转鼓 1 的表面上覆盖有过滤介质，并浸在污泥贮槽 2 内。转鼓用径向隔板分隔成许多扇形间格 3。每格有单独的连通管，管端与分配头 4 相接。分配头由两片紧靠在一起的转动部件 5 和固定部件 6 组成。固定部件有缝 7 与真空管路 13 相通。孔 8 与压缩空气管路 14 相通。转动部件有一系列小孔 9，每孔通过连通管与各扇形间格相连。转鼓旋转时，由于真空的作用，将污泥吸附在过滤介质上，液体通过过滤介质沿管 13 流到气水分离罐。吸附在转鼓上的滤饼转出污泥槽的污泥面后，若扇形间格的连通管 9 在固定部件的缝 7 范围内，则处于滤饼形成区与吸干区 11，继续吸干水分。当管孔 9 与固定部件的缝 8 相通时，便进入反吹区 10，与压缩空气相通，滤饼被反吹松动，并进行剥落。剥落的滤饼用皮带输送器 12 运走。

转鼓每旋转 1 周，依次经过滤饼形成区、吸干区 11、反吹区 10 和休止区。

GP 型转鼓真空滤机的缺点是滤布紧包在转鼓上，再生与清洗不充分，容易堵塞。滤饼的卸除采用刮刀，滤饼不能太薄，至少要 3～6mm。图 8.22 所示为链带式真空过滤机。这种真空过滤机主要是把滤布从转鼓上引申过来，通过冲洗槽进行清洗，这样就可以避免滤布堵塞，滤饼的卸除靠小直径的排除辊的曲率变化，易于剥离，滤饼厚度 1～2mm 时也可排出。这样就可减少混凝剂的用量。

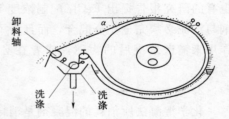

图 8.22　链带式转鼓真空过滤

真空过滤机目前主要用于初次沉淀污泥和消化污泥的脱水。其特点是能够连续操作，运行平稳，可以自动控制。缺点是过滤介质紧包在转鼓上，再生与清洗不充分，容易堵塞，影响生产效率，附属设备多，工序复杂，运行费用高。

（2）板框压滤机。压滤脱水使用的机械叫板框压滤机，板框压滤机的基本构造如图 8.23 所示，由滤板和滤框（见图 8.24）相间排列而成。在滤板的两面覆有滤布（见图 8.25），滤框是接纳污泥的部件。滤板的两侧面覆上凸条和凹槽相间，凸条承托滤布，凹槽接纳滤液。凹槽与水平方向的底槽相连，把滤液引向出口。滤布目前多采用合成纤维织布，有多种规格。

在过滤时，先将滤框和滤板相间放在压滤机上，并在它们之间放置滤布，然后开动电机，通过压滤机上的压紧装置，把板、框、布压紧，这样，在板与板之间构成压滤室。在板与框的上端相同部位开有小孔。压紧后，各孔连成一条通道，待脱水的污泥经加压后由通道进入压滤室。滤液在压力作用下，通过滤布背面的凹槽收集，并由经过各块板的通道排走，达到脱水的目的，排出的水回到初沉池进行处理。

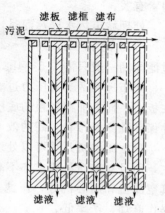

8.23　滤框、滤板和滤布组合后的工作状况示意图

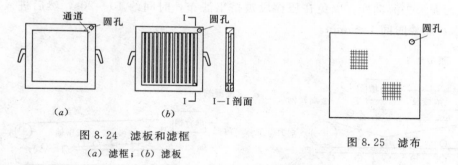

图 8.24　滤板和滤框
（a）滤框；（b）滤板

图 8.25　滤布

压滤机可分为人工板框压滤机与自动板框压滤机（见图 8.26）两种。

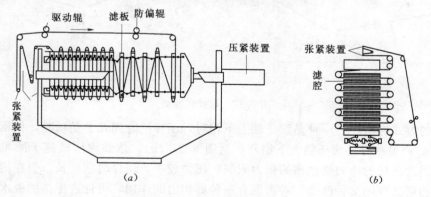

图 8.26　自动板框机压滤机

人工板框压滤机，需一块一块地卸下，剥离泥饼并清洗滤布后，再逐块装上。劳动强度大、效率低。自动板框压滤机，上述过程都是自动的，效率较高，劳动强度低，是一种有前途的脱水机械。自动板框压滤机有水平式与垂直式两种。

板框压滤机的过滤能力与污泥性质、泥饼厚度、过滤压力、过滤时间和滤布的种类等

225

因素有关。

处理城市污水厂污泥时，过滤能力一般为 $2\sim10kg$ 干泥/（ $m^2\cdot h$ ）。当消化污泥投加 $4\%\sim7\%$ 的 $FeCl_3$ ， $11\%\sim22.5\%$ 的 CaO 时，过滤能力一般为 $2\sim4kg$ 干泥/（ $m^2\cdot h$ ）。过滤周期一般只需 $1.5\sim4h$ 。

滤布选得适当对压力过滤装置的运行有显著的影响。在某些情况下，滤布不是直接装在板上，而是加在较粗的底层滤布上，以改善整个过滤表面的压力分配，便于排除滤液，并保证洗涤滤布有较高的效率。

板框压滤机几乎可以处理各种性质的污泥，对预处理的混凝剂以简单的无机絮凝剂为主，而且对其质量要求亦不高。由于它使用了较高的压力和较长的加压时间，脱水效果比真空滤机和离心机好，压滤过的污泥含水率可降至 $50\%\sim70\%$ 。缺点是不能连续运行，操作麻烦，产率低。

（3）带式压滤机。滚压脱水使用的机械是带式压滤机，其构造如图 8.27 所示，滚压带式过滤机由滚压轴及滤布带组成。带式压滤机的特点是：把压力施加在滤布上，用滤布的压力或张力使污泥脱水，而不需要真空或加压设备。污泥先经过浓缩段（主要依靠重力过滤），使污泥失去流动性，以免在压榨段被挤出滤布，时间约 $10\sim20s$ ，然后进入压榨段压榨脱水，压榨时间 $1\sim5min$ 。

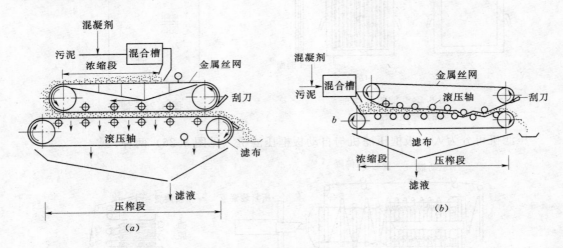

图 8.27　带式压滤机

滚压的方式有两种：一种是滚压轴上下相对，压榨的时间几乎是瞬时，但压力大，见图 8.27（a）；另一种是滚压轴上下错开，见图 8.27（b），依靠滚压轴施于滤布的张力压榨污泥，因此压榨的压力受滤布的张力限制，压力较小，压榨时间较长，但在滚压的过程中，滤饼的弯曲度的交替改变，对污泥有一种剪切力的作用，可促进泥饼的脱水。

带式压滤机的成功开发是滤带的开发和合成有机高分子絮凝剂发展的结果，带式压滤机的滤带是以高粘度聚酯切片生产的高强度低弹性单丝原料，经过纺织，热定型，接头加工而成。它具有抗拉强度大、耐折性好、耐酸碱、耐高温、滤水性好、质量轻等优点。预处理用药剂效果最好的是高分子有机絮凝剂聚丙烯酰胺。就城市污水厂污泥的调理，采用阳离子型聚丙烯酰胺效果最好，也可以采用石灰和阴离子聚丙烯酰胺或无机混凝剂和聚丙烯酰胺联合使用。无机混凝剂很少被单独使用，只有污泥中含有很多纤维物质时才采用。

对于初沉池的生污泥（含水率 90%～95%），有机高分子絮凝剂的投量为污泥干重的 0.09%～0.2%，生产能力为 250～400kg 干泥/（m² · h），泥饼含水率为 65%～75%；初沉污泥与二沉活性污泥混合生污泥（含水率 92%～96.5%），有机高分子絮凝剂的投量为污泥干重的 0.15%～0.5%，其生产能力为 130～300kg 干泥/（m² · h），泥饼含水率为 70%～80%。

另外，滤带行走速度（简称带速）和压榨压力都会影响带式压滤机的生产能力和泥饼的含水率。对不同的污泥有不同的最佳带速。带速过快，则压榨时间短，滤饼含水率高；带速过慢，又会降低滤饼产率。因此，必须选择合适的速度，带速一般为 1～2.5m/min；压榨压力直接影响滤饼的含水率，在实际运行中，为了与污泥的流动性相适应，压榨段的压力是逐渐增大的。特别是在压榨开始时，如压力过大，污泥就要被挤出，同时滤饼变薄，剥离也困难；如压力过小，滤饼的含水率会增加。

带式压滤机不能用于处理含油污泥，因为含油污泥易使滤布"防水"作用，而且容易使滤饼从设备侧面被挤出。

2. 污泥的离心脱水设备

离心脱水设备主要是离心机，离心机的种类很多，适用于污泥脱水的一般为卧式螺旋卸料离心脱水机。离心机是根据泥粒与水的比重不同而进行分离脱水。常速离心机是污泥脱水常用的设备，其转筒转速约为 1000～2000r/min。近年来，对于活性污泥，也有认为采用较高转速（5000～6000r/min）的离心机更好。

卧式螺旋离心机的构造如图 8.28 所示。它主要由转筒、螺旋输送器及空心轴所组成。螺旋输送器与转筒由驱动装置传动，向同一个方向转动，但两者之间有一个小的速差，依靠这个速差的作用，使输送器能够缓缓地输送浓缩的泥饼。

离心脱水可以连续生产，操作方便，可自动控制，卫生条件好，占地面积小，但污泥预处理的要求较高，必须使用高分子聚合电解质作絮凝剂，投加量一般为污泥干重的 0.1%～0.5%。通过离心机脱水

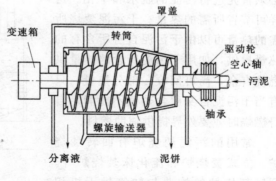

图 8.28　转筒式离心机

后的泥渣含水率为 70%～85%，离心机动力约为 1.7W/（m³ · h）。

8.6.2　污泥的热处理（干燥与焚烧）

1. 干燥

脱水后的污泥，仍含有大量水分。其重量与体积仍较大，并仍可能继续腐化（根据污泥的性质而定）。如用加热烘干法进一步处理，则污泥含水率可降至 10% 左右，这时污泥的体积很小，包装运输也很方便。加热至 300～400℃ 时，可杀死残留的病原菌如寄生虫卵，用这种方法，污泥肥分损失会很少。

图 8.29 为一转筒式烘干机，又称回转炉，它由火室、干燥室、加泥室、卸料室和抽

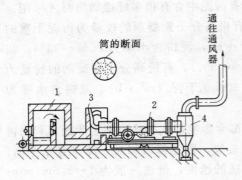

图 8.29 转筒式烘干机
1—火室；2—干燥室；3—加泥室；4—卸料室

气管等组成。

火室位于加泥室的进口一侧，以便热烟气能从加泥室向卸料室移动。加泥室位于干燥室的起端，干燥室呈圆筒形，外面有轮箍，用齿轮带动干燥室转动，转动速度为 0.5～4r/min，干燥室倾斜放置，起端高，末端低。当污泥被加热时，它由始端移至末端，最后出卸料室。

污泥烘干，加热所用的燃料可以是煤、干污泥或污泥消化过程中产生的沼气，烟气用过后用抽气机抽出。总之，污泥烘干要消耗大量能源，费用很高，只有当干污泥作为肥料、所回收的价值能补偿烘干处理运行费用或有特殊要求时，才有可能考虑此法。

2. 焚烧

当污泥含有大量的有害污染物质，如含有大量重金属或有毒有机物，不能作为农肥利用，而任意堆放或填埋均可对自然环境造成很大的危害，这时往往考虑采用焚烧法处理。焚烧后，含水率可降至 0，体积更小，可用于填地或充作筑路材料使用。污泥焚烧前凡是能够进行脱水干化的，必须首先进行污泥的脱水和干化。这样可节省所需的热量。干污泥焚烧所需的热量可以由干污泥自身所含有的热量提供，如用干污泥所含的热量供燃烧有余，尚可回收一部分热量，只有当干污泥自身所含热值不能满足自身燃烧时才要外界提供辅助燃料。

常用的污泥焚烧炉有回转焚烧炉、立式焚烧炉和流化床焚烧炉等。回转焚烧炉的构造与转筒烘干机相似，图 8.30 为常用的立式多段焚烧炉。污泥由炉子顶部（如上两层内）进一步干化，而中间部分进行焚烧，炉灰则在底层用空气冷却，焚烧产生的气体应引入气体净化器，以免大气受到污染。

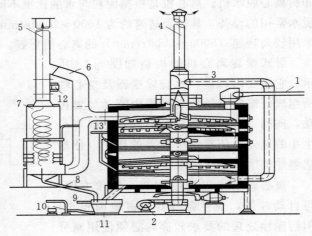

图 8.30 立式多段焚烧炉

1—泥饼；2—冷却空气鼓风机；3—浮动风门；4—废冷却气；
5—清洁气体；6—无水时旁通风道；7—旋风喷射洗涤器；
8—灰浆；9—分离水；10—砂浆；11—灰桶；
12—感应鼓风架；13—轻油

8.7 污泥的最终处置与综合利用

污泥经过消化、干化和脱水后，还存在最终处置问题。其方法决定于污泥的性质及当地条件。目前，在利用方面污泥主要用于充作农业肥料和生产建筑材料。

1. 充作农业肥料

污泥的肥分及有机物含量大致如表 8.3 所列。由此可见，污泥是可以作为肥料的，但必须满足卫生要求，即不得含有致病微生物和寄生虫卵；有毒物质含量也必须在限量以内，应满足作为农业用的有关规定。有毒物质包括有机成分（如油脂、烷基苯磺酸钠 ABS 及酚等）与无机成分（如重金属离子）等。

表 8.3   污泥的肥分

污泥种类		总 氮（%）	磷（P_2O_5）（%）	钾（%）	有机物（%）	脂肪酸（以乙酸计，mg/L）
初次沉淀污泥		2.0	1.0～3.0	0.1～0.3	50～60	960～1200
消化污泥	初次沉淀污泥 消化后腐殖污泥	1.6～3.14 2.8～3.14	0.55～0.77 1.03～1.98	0.24 0.11～0.79	25～30 50～60	240～300
活性污泥	城市污水的 印染废水的	3.51～7.15 5.9	3.3～4.97 1.8	0.22～0.44 0.13	50～60 50～60	

污泥肥料与化学肥料比较，其中氮、磷、钾含量虽较低，但有机物含量高，肥效持续时间长，可以改善土壤结构，所以以污泥作为肥料应该受到充分的重视。

未经消化处理的脱水泥饼用作农田绿地施肥时，由于所含有机物较多，易于腐化，又由于含水率仍较高（约为 70%～80%），难于进行施肥操作，一般应在野外作长期堆放，再进行施肥。

2. 生产建筑材料

污泥的建筑材料利用主要有制砖、生化纤维板材等。

污泥制生化纤维板，主要是利用活性污泥中所含粗蛋白与球蛋白酶，可溶解于水、稀酸、稀碱及中性盐溶液。在碱性条件下，加热、干燥、加压后，会发生一系列的物理、化学性质的改变，称为蛋白质的变性作用，从而制成活性污泥树脂（又称蛋白胶），使与经漂白、脱脂处理的废纤维（主要使棉、毛纺厂的下脚料）压制成板材，即生化纤维板。

污泥制砖的方法有两种：一种是用干污泥直接制砖；另一种是用污泥焚烧灰制砖。用干污泥直接制砖时，应对污泥的成分作适当调整，使其成分与制砖用粘土的化学成分相当；利用污泥焚烧灰制砖时，焚烧灰的化学成分与制砖粘土的化学成分应是比较接近的，制坯时应加入适量的粘土与硅砂。污泥砖的一般物理性能见表 8.4。

表 8.4   污泥砖的一般物理性能

污泥：粘土（重量比）	平均抗拉强度（kg/cm²）	抗折强度（kg/cm²）	成品率（%）	鉴定标号
0.5：10	82	21	83	75
1：10	106	45	90	75

思考题与习题

1. 污泥如何进行分类？表示污泥性质的指标有哪些？

2. 为什么要进行污泥处理？

3. 污泥浓缩的方法和原理？

4. 厌氧消化和好氧消化各有什么特点？

5. 简述污泥干化场的类型与构造。

6. 污泥机械脱水的基本原理。常用的污泥机械脱水方法有哪些？

7. 污泥为什么要进行稳定处理？

8. 影响污泥厌氧消化的因素有哪些？

9. 污泥含水率从 98% 降至 95%，计算其体积的变化。

10. 某城市的城市污水为 $60000m^3/d$，污水中悬浮物浓度为 235mg/L，拟采用以活性污泥法为主体的两级处理。经一级沉淀处理后悬浮物去除率为 35%，出水 BOD_5 约为 200mg/L；曝气池容积为 $10000m^3$，$MLSS$ 为 4.5g/L，$MLVSS$ 为 3 g/L，BOD_5 去除率为 90%，试确定消化池的尺寸。

第9章 水处理的其他方法

内容概述

在水处理中，除了一般常见的物理、生物处理方法外，还有对于一些特殊水质处理的方法，如化学法和物理化学方法等。本章主要介绍气浮、化学沉淀等特殊水处理方法。

学习目标

(1) 了解化学沉淀与中和的基本原理、方法及应用，离子交换的基本原理。

(2) 理解气浮的基本理论和加压溶气气浮的方法及工艺流程，氧化还原原理、方法及去除对象，活性炭吸附法在水处理中的应用。

(3) 掌握固定床的构造、设计计算方法、基本运行方式及离子交换法在水处理工程中的应用。

9.1 气 浮

9.1.1 气浮和气浮的基本原理

1. 气浮

气浮是通过一定的设备向水中通入空气（有时还需加入浮选剂或混凝剂）或通过电解的方法产生大量气泡，使水中密度与水接近的固体或液体微粒粘附在气泡上，形成密度小于水的气浮体，在浮力的作用下上浮到水面形成浮渣，从而使水中杂质得到去除。气浮在工业废水处理中应用较多，也可以用于污泥的浓缩。

2. 气浮的基本原理

气浮的基本原理就是利用微细颗粒可以与通入水中的气泡粘附，形成密度小于水的结合物上浮水面，从而使颗粒杂质去除，净化水质。气浮的必要条件是被去除物质能够粘附在气泡上，水中的杂质能否与气泡粘附，取决于该物质的润湿性，即该物质能够被水润湿的程度。易被水润湿的物质称为亲水性物质，否则称为疏水性物质。

根据实验，一般规律是疏水性颗粒易与气泡粘附，而亲水性颗粒难以与气泡粘附。在水处理中，对于亲水性颗粒，必须进行处理，使颗粒表面变为疏水性，并能与气泡粘附才能用气浮的方法进行去除。疏水性处理一般利用浮选剂进行，同时浮选剂还有促进起泡作用，可以使水中空气形成小气泡，有利于气浮进行。

浮选剂种类很多，常用的浮选剂有松香、甲醛等。分离洗煤废水中煤粉时所采用的浮选剂为脱酚轻油、中油、柴油、煤油或松油等。

9.1.2 气浮方法

按水中气泡产生方法不同分为：散气气浮、溶气气浮和电解气浮等3类。

9.1.2.1 溶气气浮

溶气气浮是使空气在一定压力作用下，溶解于水中，并达到饱和状态，然后再突然使污水减到常压，这时溶解的空气便以微小气泡的形式从水中逸出，以进行气浮过程的方法。溶气气浮形成的气泡粒度很小，其初粒度在 $80\mu m$ 左右，气泡与水接触时间可以人为控制，因此溶气气浮的效果较好。在废水处理领域，特别是对含油废水的处理，具有较好的效果。

根据气泡在水中析出时压力的不同，溶气气浮又分为加压溶气气浮和溶气真空气浮两种类型。前者是在加压条件下空气溶入水中，在常压下析出；后者是空气在常压或加压条件下溶入水中，而在负压条件下析出。其中加压溶气气浮最为常用。

1. 加压溶气气浮

加压溶气气浮装置如图9.1所示。

废水由水泵加压提升，一般加压到 $20\sim40kPa$，同时通入一定量的空气，水气混合体在溶气罐内压力条件下停留一段时间，进行空气溶解，然后通过减压阀进入常压气浮池，溶解在水中的空气析出形成微小气泡进行气浮。

水泵的作用，一方面是提升废水，另一方面是使介质——水、气受到压力作用，受压空气按照亨利定律提高了在水中的溶解度。

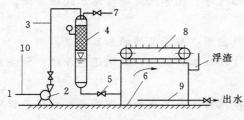

图9.1 加压溶气气浮工艺流程

1—原水；2—加压泵；3—空气；4—压力溶气罐；
5—减压阀；6—气浮池；7—放气阀；8—刮渣机；
9—集水系统；10—化学药剂

加压溶气气浮处理的流程除前述的基本流程（全加压）外，还有部分加压和部分回流加压系统，如图9.2、图9.3所示。

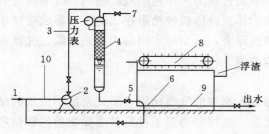

图9.2 部分加压溶气气浮工艺流程

1—原水；2—加压泵；3—空气；4—压力溶气罐；
5—减压阀；6—气浮池；7—放气阀；8—刮渣机；
9—集水系统；10—化学药剂

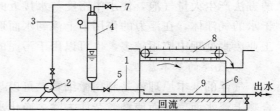

图9.3 部分回流加压溶气气浮工艺流程

1—原水；2—加压泵；3—空气；4—压力溶气罐；5—减压阀；6—气浮池；7—放气阀；8—刮泥机；9—集水系统

一般来说，部分加压和部分回流加压优于全加压流程。在这种流程中，用于加压水量只占总处理水量的 $30\%\sim50\%$，可以节省电能，并使在水中形成的微细小气泡得到充分利用。此外，在混凝气浮时，能够充分利用混凝剂，少投药，并可使絮体不遭受破坏。

加压溶气气浮常采用的构筑物是气浮池，气浮池采用平流式或竖流式。平流式气浮池容积可以按停留时间或表面负荷计算。废水在气浮池的停留时间一般为 $10\sim20min$，池中水深为 $1.5\sim2.0m$，长宽比一般为 $1\sim1:1.5$。池底可不设刮泥设备。当进行混凝气浮时，池前端增加 $10min$ 流量的反应室容积。采用负荷计算时，负荷值可取 $5\sim10m^3/(m^2\cdot h)$。

2. 溶气真空气浮

溶气真空气浮的主要特点是气浮池是在负压（真空）状态下运行的（见图9.4）。至于空气的溶解，可在常压下进行，也可以在加压下进行。

由于是负压（真空）条件下运行，因此，溶解在水中的空气易于呈现过饱和状态，从而大量的以气泡形式从水中析出，进行气浮。至于析出的空气数量，取决于水中的溶解空气量和真空度。

溶气真空气浮的优点是空气溶解所需压力比压力溶气低，动力设备和电能消耗较少，它的最大缺点就是气浮在负压条件下运行，一切设备部件，如除泡沫的设备，都要密封在气浮池内，这就使气浮池的构造复杂，给维护运行和维修带来很大困难。此外，这种方法只适用于处理污染物浓度不高的废水（不高于300mg/L），因此在生产中使用不多。

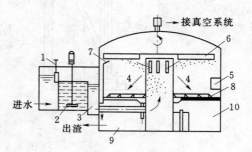

图 9.4　溶气真空气浮工艺

1—入流调节器；2—曝气器；3—消气井；
4—分离区；5—出水槽；6—刮渣板；
7—集渣槽；8—池底刮泥板；
9—出渣室；10—操作室

溶气真空气浮池，平面多为圆形，池面压力多取 29.9～39.9kPa，废水在池内的停留时间为 5～20min。

9.1.2.2　散气气浮

散气气浮是利用机械剪切力，将通入水中的空气粉碎成细小的气泡，并分散以进行气浮的方法。按粉碎气泡方法不同，布气气浮又分为：水泵吸水管吸气气浮、射流气浮、扩散板曝气气浮和叶轮气浮4种，应用较多的有扩散板曝气气浮和叶轮气浮。

散气气浮的优点是设备简单、易于实现；主要缺点是空气气泡被粉碎的不够充分，形成的气泡粒度较大，根据实验测定，一般不小于 1000μm，使得在供气量一定的条件下，气泡的表面积小，而且由于气泡直径大，运动速度快，气泡与被去除物质的接触时间短促，导致去除率不高。

扩散板曝气气浮是使压缩空气通过具有微细空隙的扩散板或微孔管，使空气以细小气泡的形式进入水中，进行气浮过程。这种方法简单易行，但空气扩散装置的微孔容易堵塞，气泡较大，效率不高。

叶轮气浮设备如图9.5所示。在气浮池的底部装置由叶轮叶片，由转轴与池上部的电动机相连接，并由后者驱动叶轮转动，在叶轮的上部装有导向叶片的固定盖板，叶片与直径成60°角，盖板与叶轮间有10mm的间距，导向叶片与叶轮之间有5～8mm的间距，在盖板上开有孔径为20～30mm的空洞12～18个，盖板外侧的底部空间装设有整流板。叶轮在电机的驱动下高速旋转，在盖板下形成负压，从空气管吸入空气，废水由盖板上的小孔进入，在叶轮的驱动搅动下，空气被粉碎成细小的气泡，并与水充分混合为水气混合体甩出导向叶片外面，导向叶片使水流阻力减小，经过整流板稳流后，在池内平稳垂直上升，进行气浮，形成的泡沫不断被缓慢旋转的刮板刮出槽外。

叶轮气浮设备不易堵塞，适用于处理水量不大、污染物质浓度高的污水，缺点是产生

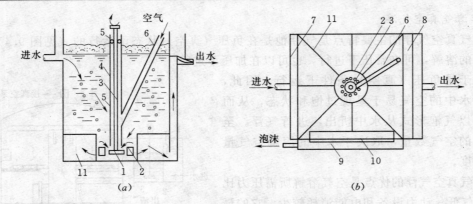

图 9.5　叶轮气浮装置

1—叶轮；2—盖板；3—转轴；4—轴套；5—轴承；6—进气管；7—进水槽；
8—出水槽；9—泡沫槽；10—刮沫板；11—整流板

的气泡较大，气浮效率较低。例如用于从洗煤废水中回收煤渣粉以及含油废水除油，除油率可达到 80％ 左右。

9.1.2.3　电解气浮

电解气浮是将含有电解质的废水作为可电解的介质，通过正负电极导以电流进行电解。产生氢和氧的微细气泡进行气浮。

这种方法设备简单、管理方便、运行条件易于控制、装置紧凑、效果良好，对水中一些金属离子和某些溶解的有机物也具有净化效果。

9.2　中　和

9.2.1　中和的作用及其在废水处理中的应用

1. 酸碱废水及其危害

工业生产中，很多工厂生产废水都属于酸碱废水，如化工厂、化纤厂、电镀厂、煤加工厂以及金属酸洗车间等都排出酸性废水。有的废水含有无机酸如硫酸、盐酸等；有的则含有蚁酸、醋酸等有机酸；有的则兼而有之。废水含酸浓度差别很大，从小于 1％ 至 10％ 以上。

酸具有强腐蚀性，能够腐蚀钢管、混凝土、纺织品、烧灼皮肤，还能改变环境介质的 pH 值；碱所造成的危害程度较小。将酸和碱随意排放不仅会造成污染、腐蚀管道、毁坏农作物，危害渔业生产，破坏生物处理系统的正常运行，而且也是极大的浪费。因此，对酸、碱废水首先应当考虑回收和综合利用。当酸、碱废水的浓度高时，例如达 3％～5％ 以上，应考虑回用和综合利用的可能性，当浓度不高（例如小于 3％），回收或综合利用经济意义不大时，才考虑中和处理。当必须排放时，需要进行无害化处理。

2. 中和

用化学法去除废水中过量的酸或碱，使其 pH 值达到中性左右的过程称为中和。处理含酸废水以碱为中和剂，而处理碱性废水则以酸作中和剂。被处理的酸与碱主要是无机酸或无机碱。对于中和处理，首先应当考虑以废治废的原则，例如将酸性废水与碱性废水互相中和，或者利用废碱渣（电石渣、碳酸钙碱渣等）中和酸性废水。在没有这些条件时，才采用药剂（中和剂）中和处理法。

在工业废水处理中，中和处理常常用在废水排入水体之前、排入城市排水管道之前和在化学或生物处理之前进行。

9.2.2 中和剂

1. 酸性废水处理

酸性废水中和处理采用的中和剂有石灰、石灰石、白云石、苏打、苛性钠等。碱性废水中和处理则通常采用盐酸和硫酸。

苏打（Na_2CO_3）和苛性钠（$NaOH$）具有组成均匀、易于贮存和投加、反应迅速、易溶于水而且溶解度较高的优点，但是由于价格较贵，通常很少采用。

石灰来源广泛，价格便宜，所以使用较广。但是它具有较多的缺点，如石灰粉末极易飘扬，劳动卫生条件差；成分不纯，含杂质较多；沉渣量较多，不易脱水等。

石灰石、白云石（$MgCO_3$、$CaCO_3$）系开采的石料，在产地使用是便宜的。除了劳动卫生条件比石灰较好外，其他情况和石灰相同。

石灰的投加方法有干投和湿投两种。干投法系将石灰直接投入废水中。此法设备简单，但反应不易彻底，而且较慢，因此投量比理论值要多加 40%～50%，一般在处理水量少时采用。湿投法是将石灰消解并配制成一定浓度的溶液（通常是 5%～10%）后，经过投配器投加到废水中。此法设备较多，但是反应迅速，投量较少，为理论值的 1.01～1.05 倍。

2. 碱性废水处理

中和碱性废水所需的酸性中和剂的单位消耗量列于表 9.1 中。用硫酸作中和剂常常会生成不溶解的反应产物。使用盐酸虽然没有这个问题，但是由于反应产物易于溶解，会使废水中的溶解固体超过标准。用 CO_2 中和碱性废水的方法不经常使用，因为费用较贵。然而烟道气中含有一定体积的 CO_2（高者可达 14%），可以用来中和碱性废水，其缺点是杂质太多。

表 9.1   酸性中和剂的单位消耗量   单位：g

碱 的 名 称	中 和 1g 碱 需 要 的 酸 的 克 数					
	H_2SO_4		HCl		HNO_3	
	100%	98%	100%	36%	100%	65%
NaOH	1.22	1.24	0.91	2.53	1.37	2.42
KOH	0.88	0.90	0.65	1.8	1.13	1.74
$Ca(OH)_2$	1.32	1.34	0.99	2.74	1.70	2.62
NH_3	2.88	2.93	2.12	5.9	3.71	5.7

9.2.3 中和法的类别

9.2.3.1 酸性废水的中和法

可分为 3 种：酸性废水与碱性废水混合、药剂中和和过滤中和。利用水流的缓冲能力也能够中和酸、碱废水。

1. 酸碱性废水中和法

这种中和方法是将酸性废水和碱性废水共同引入中和池中，并在池中进行混合搅拌。中和结果，应该使废水呈中性或弱碱性反应。

当酸、碱废水的流量和浓度经常变化，而且波动很大时，应该设调节池加以调节，中和反应则在中和池进行，其容积应按 1.52～2.0h 的废水量考虑。

2. 药剂中和法

以石灰作中和剂能够处理任何浓度的酸性废水。最常采用石灰乳法。氢氧化钙对废水杂质具有凝聚作用，因此它也适用于含杂质多的酸性废水。用石灰中和酸的反应：

$$H_2SO_4 + Ca(OH)_2 \longrightarrow CaSO_4 + 2H_2O$$

$$2HNO_3 + Ca(OH)_2 \longrightarrow Ca(NO_3)_2 + 2H_2O$$

$$2HCl + Ca(OH)_2 \longrightarrow CaCl_2 + 2H_2O$$

当废水中含有其他金属盐类例如铁、铅、锌、铜、镍等时，也能生成沉淀：

$$FeCl_2 + Ca(OH)_2 \longrightarrow Fe(OH)_2 + CaCl_2$$

$$PbCl_2 + Ca(OH)_2 \longrightarrow Pb(OH)_2 + CaCl_2$$

药剂法中和酸性废水在混合反应池中进行，其后设沉淀池并设有污泥干化床。在混合反应池中应进行搅拌，以防止石灰渣沉淀。废水在混合反应池中的停留时间一般不大于 5min，在沉淀池中的停留时间一般为 1～2h，产生的污泥容积大约是废水容积的 10%～15%，含水率一般为 90%～95%。

当废水流量和浓度在一天内呈剧烈变动时，设调节池或采用自动调节投加药量的设备，一般都是以废水的 pH 值作为调节参数，连续调节药量以保证中和池出水的 pH 值处于一定范围内。pH 值与水中酸、碱浓度之间不一定是线性关系，对于一定的废水应通过试验确定，因为影响因素很多，理论计算只能作为参考。

3. 过滤中和法

这种方法适用于含硫酸浓度不大于 2～3g/L、生成易溶性盐的各种酸性废水的中和处理。

使废水通过具有中和能力的滤料，例如石灰石、白云石、大理石等，即产生中和反应。例如石灰石与酸的反应：

$$2HCl + CaCO_3 \longrightarrow CaCl_2 + H_2O + CO_2 \uparrow$$

$$H_2SO_4 + CaCO_3 \longrightarrow CaSO_4 + H_2O + CO_2 \uparrow$$

$$2HNO_3 + CaCO_3 \longrightarrow Ca(NO_3)_2 + H_2O + CO_2 \uparrow$$

白云石与硫酸的反应：

$$2H_2SO_4 + CaCO_3 + MgCO_3 \longrightarrow CaCO_4 + MgSO_4 + 2H_2O + 2CO_2 \uparrow$$

白云石含有碳酸镁，生成溶解度较大的 $MgSO_4$ 不致造成中和上的困难，产生的 $CaSO_4$ 量仅为石灰石反应的一半，影响较小，所以可以提高进水的硫酸浓度，但是白云石的反应速度较石灰石为小。

中和滤池有两种类型：普通滤池和升流膨胀滤池。普通滤池为重力式，由于滤速低

（小于 1.4mm/s），滤料粒径在（3～8cm），当进水硫酸浓度较大时，极易在滤料表面结垢而且不易冲掉，阻碍中和反应进程。实践表明这种滤池的中和效果较差，目前已很少采用。升流膨胀式滤池采用高流速（8.3～19.4mm/s）、小粒径（0.5～3mm，平均约 1.5mm），水流由下向上流动，加上产生的 CO_2 气体的作用，使滤料互相碰撞摩擦，表面不断更新，所以效果良好。这种滤池的构造见图 9.6，滤池分为 4 部分：底部为进水装置，可采用大阻力或小阻力进水系统；滤料层下部为卵石垫层，上部为石灰石滤料，滤层厚 1.0～1.2m；其上设高为 0.5m 的清水区，使水和滤料分离，在此区内流速度逐渐减慢。

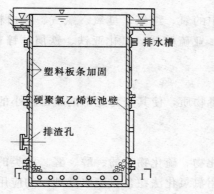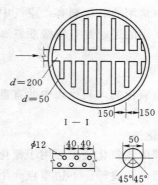

图 9.6　恒速式升流膨胀滤池

如果将装填滤料部分的筒体做成圆锥状，则成为变速膨胀式中和滤池，其构造见图 9.7 所示。这种池子底部滤速较大，上部滤速较小。具有等断面的筒体称为等速膨胀式中和滤池。与等速滤池相比，变速滤池具有滤料反应更完全、能防止小滤料被水挟走，滤料表面不易结垢等优点。这种变速滤池目前已有工厂定型生产，处理流量 1.5～45mm³/h，滤池最大外径为 550～1500mm，最大高度可达 3.5mm，滤料为石灰石。

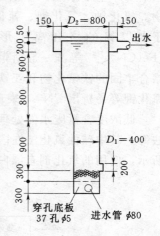

图 9.7　变速升流膨胀滤池

滤池出水中的 CO_2 应该加以排除，因为含有 CO_2 的废水呈酸性，具有腐蚀性，对混凝土构筑物和生物处理都会产生不利影响，去除 CO_2 的方法通常采用吹脱法。

酸性废水具有腐蚀性，因此处理构筑物都应该采取相应的防腐措施。

过滤中和法的优点是操作简单，出水 pH 值较稳定，不影响环境卫生，沉渣少，只有废水的 0.1% 左右。缺点是进入的硫酸浓度受到限制；需要定期倒床，劳动量较大等。

9.2.3.2　碱性废水的中和处理

碱性废水的中和处理法有用酸性废水中和、投酸中和和烟道气中和等 3 种。由于成本高，投酸中和法使用得很少。

9.3 氧化还原

9.3.1 氧化还原

投加某些化学物质和溶解于水中的有毒有害物质发生氧化还原反应，使这些有毒有害物质转化为无毒无害的物质，这种方法称为水的氧化还原处理法。

在水的氧化还原处理中，若水中有毒有害物质失去电子，投加的物质得到了电子，则称氧化法，投加的物质称氧化剂；相反，水中有毒有害物质得到电子，投加的物质失去电子，则称还原法，投加的物质称还原剂。

在水处理中常用的氧化剂有：空气中的氧、纯氧、臭氧、氯气、漂白粉、次氯酸钠、三氯化铁等；常用的还原剂有硫酸亚铁、亚硫酸盐、氯化亚铁、铁屑、锌粉、二氧化硫、硼氢化钠等。

9.3.2 氧化法

向水中投加氧化剂，氧化水中的有毒物质，使其变为无毒的或毒性小的新物质的方法称为氧化法。

9.3.2.1 氯氧化法

在废水处理中氯氧化法主要用于氰化物、硫化物、酚、醇、醛、油类的氧化去除及脱色、脱臭、杀菌、防腐等。下边重点介绍氯氧化法在含氰废水处理中的应用。

1. 碱性氯氧化法处理含氰废水

(1) 基本原理。含氰废水多来源于电镀车间和某些化工厂，废水中含有氰基的氰化物。氰化钠、氰化钾、氰化铵等简单氰盐易溶于水，离解为氰离子 CN^-。氰的络盐溶于水以氰的络合离子形式存在，如 $[Zn(CN)_4]^{2-}$、$[Ag(CN)_2]^-$、$[Fe(CN)_6]^{4-}$、$[Fe(CN)_6]^{3-}$ 等。一般所谓的游离氰是指 CN^- 而言，氰化物的毒性与氰基的形态有关。络合牢固的铁氰化物和亚铁氰化物，由于不易析出 CN^-，所以表现为低毒性；而氰化钠、氰化钾等易析出 CN^-，表现为剧毒性。

低浓度含氰废水的处理方法有硫酸亚铁石灰法、电解法、吹脱法、生化法、碱性氯化法等。其中碱性氯化法在国内外已有较成熟的经验，采用的比较广，其工艺流程如图 9.8 所示，使用的氧化剂有漂白粉、液氯（加氢氧化钠或氧化钙）等。

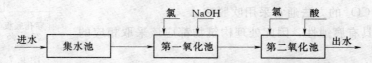

氯
NaOH
氯
酸
进水
集水池
第一氧化池
第二氧化池
出水
pH 为 10～11 时的停留时间：10min 以上；pH 在 8～9 时的停留时间：30min 以上

图 9.8 含氰电镀废水碱性氯化法处理流程

如使用液氯为氧化剂，在碱性条件下，把液氯投加在废水中，氰化物的氧化过程可分为两个阶段。

第一阶段，向含氰废水投加液氯和氢氧化钠后，发生的化学反应如下：

$$NaCN + Cl_2 \longrightarrow CNCl + NaCl$$

$$CNCl + 2NaOH \longrightarrow NaCNO + NaCl + H_2O$$

上述的第一个反应的速度很快，而与 pH 值无关，但第二个反应则不同，pH 值越高，反应速度也越快。因此，第一阶段的 pH 值，一般都控制在 10～11 之间。第一阶段总反应式为：

$$NaCN + 2NaOH + Cl_2 \longrightarrow NaCNO + 2NaCl + H_2O$$

在第二阶段，加氯使第一阶段生成的氰酸盐进一步氧化为无毒的氮和二氧化碳，反应如下：

$$2NaCNO + 4NaOH + 3Cl_2 \longrightarrow 6NaCl + 2CO_2 + N_2 + 2H_2O$$

第二阶段，pH 值在 8～9 范围内，反应速度最快。

第一阶段所需氯和碱的理论用量（以重量计）CN∶Cl∶NaOH 为 1∶2.73∶3.10，处理到第二阶段为 1∶6.83∶6.20。因为废水中含有其他耗氯物质，所以实际用量比理论用量为高。

（2）处理方法及处理流程。一般采用两种处理方法：一种是间歇式处理法；另一种是连续处理法。

2. 氯化法除硫和脱色

（1）除硫。用氯化法处理含硫废水时，由于投药量和 pH 值不同，而有不同的反应，如：

$$H_2S + Cl_2 \longrightarrow S + 2HCl$$
$$H_2S + 3Cl_2 + 2H_2O \longrightarrow SO_2 + 6HCl$$
$$S + 3HClO + H_2O \longrightarrow H_2SO_4 + 3HCl$$

（2）脱色。氯可以氧化破坏发色官能团，能去除有机物引起的色度。

氯脱色效果与 pH 值有关，一般发色有机物在碱性条件下易被破坏，因此碱性脱色效果好。pH 值相同时，用次氯酸钠比氯更为有效。

9.3.2.2 空气氧化法处理含硫废水

含硫废水多来源于石油炼厂和某些工厂。含硫废水浓度高时应回收利用，低浓度的含硫废水可用空气氧化法处理。

所谓空气氧化法就是以空气中的氧做氧化剂来氧化分解废水中有毒有害物质的一种方法。石油炼厂含硫废水中的硫化物，一般以钠盐（NaHS、Na_2S）或铵盐 [NH_4HS、$(NH_4)_2S$] 的形式存在。废水中的硫化物与空气中的氧发生的氧化反应如下：

$$2HS^- + 2O_2 \longrightarrow S_2O_3^{2-} + H_2O$$
$$2S^{2+} + 2O_2 + H_2O \longrightarrow S_2O_3^{2-} + 2OH^-$$
$$S_2O_3^{2-} + 2O_2 + 2OH^- \longrightarrow 2SO_4^{2-} + H_2O$$

从上述反应可知，在处理过程中，废水中有毒的硫化物和硫氢化物被氧化为无毒的硫代硫酸盐和硫酸盐。

空气氧化脱硫设备多采用脱硫塔，脱硫的工艺流程如图 9.9 所示。废水、空气及蒸气经射流混合器混合后，送至空气氧化脱硫塔，通蒸气是为了提高温度，加快反应速度。脱硫塔用拱板分为数段，拱板上安装喷嘴。当废水和空气以较高的速度冲出喷嘴时，空气被粉碎为细小的气泡，增大气液两相的接触面积，使氧化速度加快。在气液并流上升的过程

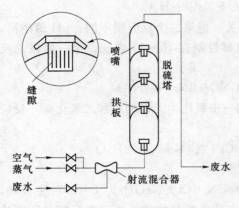

图 9.9 空气氧化脱硫

中，气泡的上升速度较快，并不断产生破裂与合并，当气泡上升到段顶拱板时，就会产生气液分离现象。喷嘴底部缝隙的作用就是使气体能够再度均匀地分布在废水中，然后经过喷嘴进一步混合，这样就消除了气阻现象，使塔内压力稳定。

9.3.2.3 臭氧氧化法

臭氧（O_3）在常温下为气体，是一种强氧化剂，易溶于水。臭氧在水中分解为氧的速度主要与水温和 pH 值有关，一般在碱性条件下分解很快，在酸性条件下则比较稳定。在常温常压下，纯水中臭氧的半衰期约 $20\sim30$min。空气中臭氧的浓度为 0.1mg/L 时，鼻喉会感到刺激；$1\sim$ 10mg/L 时，会感到头痛；浓度过高则能够危害人的生命。一般从事臭氧处理工作人员所在的环境中，臭氧的最高允许浓度不得超过 0.1mg/L。

臭氧的制备有多种方法，在水处理中多采用无声放电法。无声放电法制备臭氧的原理是（见图 9.10）：在一对高压交流电极之间隔以介电体（又称诱电体，一般用玻璃制成），通电后就发生无声放电。当空气或氧气通过无声放电间隙时，发生如下的化学反应。

$$3O_2 = 2O_3 - 288.9kJ（或 144.4kJ/mol）$$

在反应过程中，氧分子被分解为氧原子，然后 3 个氧原子或 1 个氧原子与 1 个氧分子碰撞时均可产生臭氧。通过放电区的空气只有一小部分变为臭氧，一般仅占 $1\%\sim2\%$（以重量计）。我们把这种含有少量臭氧的气体称为臭氧化（空）气。因为所谓臭氧处理，实际上是指用含一定浓度臭氧的臭氧化气进行处理。利用无声放电法制备臭氧时，电能的有效利用率比较低，只有百分之几的电能用来产生臭氧，而 90% 以上

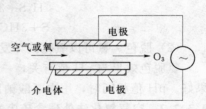

图 9.10 无声放电法制备臭氧原理图

的电能转化为热量，结果电极温度逐渐增高。为了保证臭氧发生器的正常工作，常用水冷却。

臭氧是一种强氧化剂。它的氧化能力在天然元素中仅次于氟。臭氧在水处理中可用于除臭、脱色、杀菌、除铁、除氰化物、除有机物等。

很多有机物都易于与臭氧发生反应。例如蛋白质、氨基酸、有机胺、链式不饱和化合物、芳香族和杂环化合物、木质素、腐殖质等都易与臭氧发生反应。

臭氧不仅能够氧化有机物，也可用来氧化废水中的无机物。例如：氰与臭氧发生的化学反应为：

$$2KCN + 2O_3 \longrightarrow 2KCNO + 2O_2 \uparrow$$
$$2KCNO + H_2O + 3O_3 \longrightarrow 2KHCO_3 + N_2 + 3O_2 \uparrow$$

9.3.2.4 光氧化法

光氧化法是一种化学氧化法，它是利用光和氧化剂产生很强的氧化作用来氧化分解废

水中的有机物和无机物。氧化剂有臭氧、氯、次氯酸盐、过氧化氢气及空气加催化剂等。其中常用的为氯气。在一般情况下，光源多用紫外光，但它对不同的污染物有一定的差异，有时某些特定波长的光对某些物质最有效。光对氧化剂的分解和污染物的氧化分解起着催化剂的作用。下边介绍以氯为氧化的反应过程。

氯和水作用生成的次氯酸吸收紫外光后，被分解产生初生态氧 [O]，这种初生态氧很不稳定且具有很强的氧化能力。初生态氧在光的照射下，能把含碳有机物氧化成二氧化碳和水。简化后反应过程如下：

$$Cl_2 + H_2O \longrightarrow HOCl + HCl$$
$$HOCl \longrightarrow HCl + [O]$$
$$[H \cdot C] + [O] \longrightarrow H_2O + CO_2$$

式中 [H·C] 代表含碳有机物。

实践证明，光氧化的氧化能力比只用氯氧化高 10 倍以上，处理过程一般不产生沉淀物，不仅可处理有机物，也可以处理能被氧化的无机物。此法用于废水深度处理中，COD、BOD 可处理到接近于零。光氧化法除对分散染料的一小部分外，其脱色率可达 90% 以上。对含有表面活性剂的废水具有很强的分解能力。如对含有阴离子系的代表性洗涤剂十二苯磺酸钠（DBS）等废水均有效。光氧化法还可用于除微量油、水的消毒和除嗅味等。

9.3.3 还原法

向水中投加还原剂，还原水中的有毒物质，使其变为无毒的或毒性小的新物质的方法称为还原法。还原法目前主要用于含铬、汞等废水的处理。

9.3.3.1 还原法处理含铬废法

含铬废水是指含六价铬和三价铬的废水。电镀工业排出的含铬废水主要含有以铬酸根离子（CrO_4^{2-}）和重铬酸根离子（$Cr_2O_7^{2-}$）形式存在的六价铬和以重金属离子（Cr^{3+}）形式存在的三价铬。重铬酸根与铬酸根含量的比例与废水的 pH 值有关。pH 值高时，铬酸根占优势；pH 值低时，重铬酸根占优势，平衡关系如下：

$$2CrO_4^{2-} + 2H^+ \Longrightarrow Cr_2O_7^{2-} + H_2O$$
$$Cr_2O_7^{2-} + 2OH^- \Longrightarrow 2CrO_4^{2-} + H_2O$$

含铬废水多采用还原法处理。根据使用的还原剂不同，含铬废水还原处理法可分为硫酸亚铁石灰法、亚硫酸氢钠法、焦亚硫酸盐法、二氧化硫法、铁屑法等。

1. 硫酸亚铁石灰法

用此法处理含铬废水时，介质要求酸性（pH 值不大于 4），此时废水中的六价铬均以重铬酸根离子状态存在。重铬酸根离子具有很强的氧化能力，向酸性废水中投加硫酸亚铁便发生氧化还原反应，结果六价铬被还原成三价铬的同时，亚铁离子被氧化为三价铁离子。反应如下：

$$H_2Cr_2O_7 + 6H_2SO_4 + 6FeSO_4 \longrightarrow 3Fe_2(SO_4)_3 + Cr_2(SO_4)_3 + 7H_2O$$

然后再向废水中投加石灰，调整 pH 值，因氢氧化铬在水中的溶解度与 pH 值有关，当 pH 值在 7.5～9.0 之间时，结果生成难溶于水的氢氧化铬沉淀。其反应如下：

$$Cr_2(SO_4)_3 + 3Fe_2(SO_4)_3 + 12Ca(OH)_2 \longrightarrow 2Cr(OH)_3 \downarrow + 6Fe(OH)_3 + 12CaSO_4$$

2. 亚硫酸氢钠法

在酸性条件下，向废水中投加亚硫酸氢钠，将废水中的六价铬还原为三价铬后，投加石灰或氢氧化钠，生成氢氧化铬沉淀物。将此沉淀物从废水中分离出去，即可达到除铬的处理目的。其化学反应如下：

$$2H_2Cr_2O_7 + 6NaHSO_3 + 3H_2SO_4 \longrightarrow 2Cr_2(SO_4)_3 + 3Na_2SO_4 + 8H_2O$$

$$2Cr_2(SO_4)_3 + 3Ca(OH)_2 \longrightarrow 2Cr(OH)_3 + 3CaSO_4$$

$$2Cr_2(SO_4)_3 + 6NaOH \longrightarrow 2Cr(OH)_3 + 3Na_2SO_4$$

重铬酸的还原反应，在 pH 值小于 3 时，反应速度很快，但是为了生成氢氧化铬沉淀，pH 值应控制在 7.5～9.0 之间。

9.3.3.2　金属还原法处理含汞废水

汞和汞的化合物都有毒，含汞废水的处理方法有化学还原法和活性炭吸附法等。化学还原法又可分为硼氢化钠法、金属还原法等。本节只简单介绍金属还原法。

使废水与金属还原剂相接触，废水中的汞离子还原为金属汞而析出，金属本身被氧化为离子而进入水中。可用于还原汞的金属有铁、锌、铋、锡、锰、镁、铜、锑等。今以铁屑为例，发生的化学反应如下：

$$Fe + Hg^{2+} \longrightarrow Fe^{2+} + Hg\downarrow$$

$$2Fe + 3Hg^{2+} \longrightarrow 2Fe^{3+} + 3Hg\downarrow$$

铁屑还原的效果主要是与废水的 pH 值有关。当 pH 值低时，由于铁的电极电位比氢的低，所以废水中的氢离子也被还原为氢而逸出。其反应如下：

$$Fe + 2H^+ \longrightarrow Fe^{2+} + H_2\uparrow$$

反应结果使铁屑耗量增大，另外，由于有氢析出，它会包围在铁屑表面而影响反应的进行。因此，当废水的 pH 值较低时，应先调整 pH 值后再进行处理，反应温度一般控制在 20～30℃ 的范围内。

铁屑还原法除汞的处理装置如图 9.11 所示。池中填以铁屑，废水以一定的速度自下而上通过铁屑滤池，经一定的接触时间后从滤池流出，铁屑还原产生的铁汞渣可定期排放，铁汞渣可用溶烧炉加热回收金属汞。

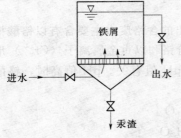

图 9.11　铁屑过滤池

9.4　化　学　沉　淀

9.4.1　化学沉淀

向水中投加化学物质，使它和水中某些溶解物质产生反应，生成难溶性盐沉淀下来，这种方法称为化学沉淀法。在给水中一般用于去除水中钙、镁离子，降低水的硬度；在废水处理中一般用以去除金属离子。

水中的难溶性盐服从溶度积原则，即在一定温度下，在含有难溶盐 MmNn（固体）的饱和溶液中，各种离子浓度的乘积为一常数，称为溶度积常数，记为 L_{MmNn}：

$$MmNn = mM^{n+} + nN^{m-}$$

$$L_{MmNn} = [M^{n+}]^m [N^{m-}]^n \tag{9.1}$$

式中　M^{n+}——金属阳离子；

　　　N^{m-}——阴离子；

　　　[]——摩尔浓度，mol/L。

式（9.1）对各种难溶性盐都是成立的。而当 $[M^{n+}]^m [N^{m-}]^n > L_{MmNn}$ 时，溶液过饱和，超过饱和那部分将析出沉淀，直到符合式（9.1）时为止。如果 $[M^{n+}]^m [N^{m-}]^n < L_{MmNn}$，溶液不饱和，难溶盐将溶解，也直到符合式（9.1）时为止。

这是简化了理想情况，实际上由于许多因素的影响，情况要复杂得多，但它仍然有实际的指导意义。

根据这种原理，用它来去除废水中的重金属离子 M^{n+}。为了去除废水中的 M^{n+} 离子，向其中投加具有 N^{m-} 离子的某种化合物，使 $[M^{n+}]^m [N^{m-}]^n > L_{MmNn}$，形成 $MmNn$ 沉淀，从而降低废水中的 M^{n+} 离子的浓度。通常称具有这种作用的化学物质为沉淀剂。

从式（9.1）可以看出，为了最大限度地使 $[M^{n+}]$ 值降低，也就是使 M^{n+} 离子更完全地被去除，可以考虑增大 $[N^{m-}]^n$ 值，也就是增大沉淀剂的用量，但是沉淀剂的用量也不宜加的过多，否则会导致相反的作用，一般不超过理论用量的 20%～50%。

根据使用的沉淀剂的不同，化学沉淀法可分为石灰法或氢氧化物法、硫化物法、钡盐法等。

9.4.2　氢氧化物沉淀法

废水中的许多重金属离子可以生成氢氧化物沉淀而得以去除。另外，有些金属氢氧化物沉淀（例如 Zn、Cr、Sn、Al 等的氢氧化物）具有两性，即它们既具有酸性，又具有碱性；既能和酸作用，又能和碱作用。以 Zn 为例，在 pH 值等于 9 时，Zn 几乎全部以 $Zn(OH)_2$ 的形式沉淀。但是当碱加到某一数量，使 pH 值大于 11 时，生成的 $Zn(OH)_2$ 又能和碱起作用，溶于碱中，生成 $Zn(OH)_4^{2-}$ 或 ZnO_2^{2-} 离子，反应如下：

$$Zn(OH)_2 \downarrow + 2OH^- \longrightarrow Zn(OH)_4^{2-}$$

或

$$Zn(OH)_2 \downarrow + 2OH^- \longrightarrow H_2ZnO_2$$

$$H_2ZnO_2 + 2OH^- \longrightarrow ZnO_2^{2-} + 2H_2O$$

因此，利用该方法时一定要控制好 pH 值。

9.4.3　硫化物沉淀法

许多重金属能形成硫化物沉淀。由于大多数金属硫化物的溶解度一般比其氢氧化物的要小得多，采用硫化物可使重金属得到更完全地去除。

各种金属硫化物的溶度积 L_{MS} 见表 9.2。

硫化物沉淀法常用的沉淀剂有硫化氢、硫化钠、硫化钾等。

以硫化氢为沉淀剂时，硫化氢在水中分两步离解：

表 9.2　　　　　　　　　　　　　金属硫化物的溶度积

离　子	电离反应	pL_{MS}	离　子	电离反应	pL_{MS}
Mn^{2+}	$MnS \longrightarrow Mn^{2+} + S^{2-}$	16	Cd^{2+}	$CdS \longrightarrow Cd^{2+} + S^{2-}$	28
Fe^{2+}	$FeS \longrightarrow Fe^{2+} + S^{2-}$	18.8	Cu^{2+}	$CuS \longrightarrow Cu^{2+} + S^{2-}$	36.3
Ni^{2+}	$NiS \longrightarrow Ni^{2+} + S^{2-}$	21	Hg^{2+}	$Hg_2S \longrightarrow 2Hg^{2+} + S^{2-}$	45
Zn^{2+}	$ZnS \longrightarrow Zn^{2+} + S^{2-}$	24	Hg^{2+}	$HgS \longrightarrow Hg^{2+} + S^{2-}$	52.6
Pb^{2+}	$PbS \longrightarrow Pb^{2+} + S^{2-}$	27.8	Ag^{2+}	$Ag_2S \longrightarrow 2Ag^{2+} + S^{2-}$	49

$$M_2S \longrightarrow M^+ + HS^-$$
$$HS^- \longrightarrow H^+ + S^{2-}$$

　　硫化物法比氢氧化物能更完全地去除重金属离子，但是由于它的处理费用较高，硫化物沉淀困难，常常需要投加凝聚剂以加强去除效果。因此，采用并不广泛，有时作为氢氧化物沉淀法的补充法。

9.4.4　钡盐沉淀法

　　这种方法主要用于处理含六价铬的废水，采用的沉淀剂有碳酸钡、氯化钡、硝酸钡、氢氧化钡等。以碳酸钡为例，它为废水中的铬酸根进行反应，生成难溶盐——铬酸钡沉淀：

$$BaCO_3 \downarrow + CrO_4^{2-} \longrightarrow BaCrO_4 \downarrow + CO_3^{2-}$$

　　碳酸钡也是一种难溶盐，它的溶度积（$L_{BaCO_3} = 8.0 \times 10^{-9}$）比铬酸钡的溶度积要大。在碳酸钡的饱和溶液中，钡离子的浓度比铬酸钡饱和溶液中钡离子的浓度大约 6 倍。这就是说，对于 $BaCO_3$ 为饱和溶液的钡离子浓度对于 $BaCrO_4$ 溶液已成为饱和了。因此，向含有 CrO_4^{2-} 离子的废水中投加 $BaCO_3$，Ba^{2+} 就会和 CrO_4^{2-} 生成 $BaCrO_4$ 沉淀，从而使 $[Ba^{2+}]$ 和 $[CrO_4^{2-}]$ 下降，$BaCO_3$ 溶液未被饱和，$BaCO_3$ 就会逐渐溶解，这样直到 CrO_4^{2-} 离子完全沉淀。这种由一种沉淀转化为另一种沉淀的过程称为沉淀的转化。

　　为了提高除铬效果，应投加过量的碳酸钡，反应时间应保持 25～30min。投加过量的碳酸钡会使出水中含有一定数量的残钡。在把这种水回用前，需要去除其中的残钡。残钡可用石膏法去除：

$$CaSO_4 \downarrow + Ba^{2+} \longrightarrow BaSO_4 + Ca^{2+}$$

9.5　吸　　附

9.5.1　吸附的类型

9.5.1.1　吸附

　　一种物质附着在另外物质表面的现象称为吸附。吸附作用可发生在固体、液体、气体之间的两相界面上，在水处理中，主要利用固体物质表面对水中物质的吸附作用。

　　吸附法就是利用多孔性的固体物质，使水中的一种或多种物质被吸附在固体表面而去除的方法。具有吸附能力的多孔性固体物质称为吸附剂，被吸附的物质则称为吸附质。

9.5.1.2　吸附的类型

　　根据固体表面吸附力的不同，吸附可分为物理吸附和化学吸附两种类型。

1. 物理吸附

吸附剂和吸附质之间通过分子间力产生的吸附称为物理吸附，物理吸附是一种常见的吸附现象。由于吸附是分子力引起的，所以吸附热较小，一般在41.9kJ/mol以内，物理吸附因不发生化学作用，所以低温就能进行。被吸附的分子由于热运动还会离开吸附剂的表面，这种现象称为解吸，它是吸附的逆过程。物理吸附可形成单分子吸附层或多分子吸附层，由于分子间力是普遍存在的，所以一种吸附剂可吸附多种吸附质。但由于吸附剂和吸附质的极性强弱不同，某一种吸附剂对各种吸附质的吸附量是不同的。

2. 化学吸附

化学吸附是吸附剂和吸附质之间发生的化学作用，是由于化学键力引起的。化学吸附一般在较高温度下进行，吸附热较大，相当于化学反应热，一般为83.7～418.7kJ/mol。一种吸附剂只能对某种或几种吸附质发生化学吸附，因此化学吸附具有选择性。由于化学吸附是靠吸附剂和吸附质之间的化学键力进行的，所以吸附只能形成单分子吸附层。当化学键力大时，化学吸附是不可逆的。

物理吸附和化学吸附并不是一定各自独立存在，往往相伴发生。在水处理中，大多数吸附是几种吸附综合作用的结果。由于吸附质、吸附剂及其他因素的影响，在处理中可能是某种吸附起主导作用，如有的吸附在高温时主要是化学吸附，在低温时主要是物理吸附。

9.5.2 吸附剂

从广义而言，一切固体表面都有吸附作用，但实际上，只有多孔物质或磨得很细的物质，由于具有很大的表面积，所以才有明显的吸附能力。废水处理中常用的吸附剂有活性炭、磺化煤、氟石、活性白土、硅藻土、腐殖质酸、焦炭、木炭、木屑等。本节着重介绍在水处理中应用较广的活性炭。

1. 活性炭的构造和分布

活性炭是用含炭为主的物质（如木材、煤）作原料，经高温炭化和活化而制成的疏水性吸附剂，外观呈黑色。

活性炭在制造的过程中，晶格间生成的空隙形成各种形状和大小的细孔，吸附作用主要发生在细孔的表面上。每克吸附剂所具有的表面积称为比表面积，活性炭的比表面积可达500～1700m²/g。其吸附量并不一定相同，因为吸附量不仅与比表面积有关，而且还与细孔的构造和细孔的分布情况有关。

活性炭的细孔构造主要和活化方法及活化条件有关。活性炭的细孔有效半径一般为1～10000nm，小孔半径在2nm以下，过渡孔半径为2～100nm，大孔半径为100～10000nm。活性炭的小孔容积一般为0.15～0.90mL/g，表面积占比表面积的95%以上；过渡孔容积一般为0.02～0.10mL/g，其表面积占比表面积的5%以下。用特殊的方法，例如延长活化时间，减慢加温速度或用药剂活化时，可得到过渡孔特别发达的活性炭；大孔容积一般为0.2～0.5mL/g，表面积只有0.5～2m²/g。

细孔大小不同，它在吸附过程中所引起的主要作用也就不同。对液相吸附来说，吸附质虽可被吸附在大孔表面，但由于活性炭大孔表面积所占的比例较小，故对吸附量影响不大。它主要为吸附质的扩散提供通道，使吸附质通过此通道扩散到过渡孔和小孔中去，因此吸附质的扩散速度受大孔影响。活性炭过渡孔除了为吸附质的扩散提供通道，使吸附质通过它扩散到小孔中而影响吸附质的扩散速度外，当吸附质的分子直径较大时，这时小孔几乎不起作用、活性炭对吸附质的吸附主要靠过渡孔来完成。活性炭小孔的表面积占比表面积 95％ 以上，所以吸附量主要受小孔支配。由于活性炭的原料和制造方法不同，细孔的分布情况相差很大，所以应根据吸附质的直径和活性炭的细孔分布情况选择合适的活性炭。

2. 活性炭的表面化学性质

活性炭的吸附特性不仅与细孔的构造和分布情况有关，而且还与活性炭的表面化学性质有关。吸附量是选择吸附剂和设计吸附设备的重要数据，吸附量的大小，决定吸附剂再生周期的长短，吸附量越大，再生周期就越长，从而再生剂的用量及再生费用就越小。

市场上供应的吸附剂，在产品样本中附有各种吸附量的指标，如对碘、亚甲蓝、糖蜜液、苯、酚等的吸附量。这些指标虽然表示吸附剂对该吸附质的吸附能力，但这些指标与对废水中的吸附质的吸附能力不一定相符，因此应通过试验确定吸附量和选择合适的吸附剂。

9.5.3　吸附速度

吸附剂对吸附质的吸附效果，一般用吸附（容）量和吸附速度来衡量。所谓吸附速度是指单位重的吸附剂在单位时间所吸附的物质量。吸附速度决定了废水和吸附剂的接触时间。吸附速度越快，接触时间就越短，所需的吸附设备的容积也就越小。吸附速度决定于吸附剂对吸附质的吸附过程。水中多孔的吸附剂对吸附质的吸附过程可分为 3 个阶段。

第一阶段称为颗粒外部扩散（又称膜扩散）阶段。在吸附剂颗粒周围存在着一层固定的溶剂薄膜，当溶液与吸附剂作相对运动时，这层溶剂薄膜不随溶液一同移动，吸附质首先通过这个薄膜才能到达吸附剂的外表面，所以吸附速度与液膜扩散速度有关。

第二阶段称为颗粒内部扩散阶段。经液膜扩散到吸附剂表面的吸附质向细孔深处扩散。

第三阶段称为吸附反应阶段。在此阶段，吸附质被吸在细孔内表面上。

吸附速度与上述 3 个阶段进行的快慢有关，在一般情况下，由于第三阶段进行的吸附反应速度非常快，因此，吸附速度主要由液膜扩散速度和颗粒内部扩散速度来控制。

根据实验得知，颗粒外部扩散速度与溶液浓度、吸附剂的外表面积成正比，溶液浓度越高、颗粒直径越小、搅动程度越大，吸附速度越快，扩散速度就越大。颗粒内部扩散速度与吸附剂细孔的大小、构造、吸附剂颗粒大小、构造等因素有关。

9.5.4　影响吸附的因素

了解影响吸附因素的目的为了选择合适的吸附剂和控制合适的操作条件。影响吸附的因素很多，其中主要有吸附剂的性质、吸附质的性质和吸附过程的操作条件等。

1. 吸附剂的性质

主要有比表面积、种类、极性、颗粒大小、细孔的构造和分布情况及表面化学性质等。比表面积愈大、颗粒愈小，吸附能力就愈高；一般是极性分子型（或离子型）的吸附剂易吸附极性分子（或离子）的吸附质，反之亦然。

2. 吸附质的性质

主要有溶解度、表面自由能、极性、吸附质分子大小和不饱和度、吸附质的浓度等。一般溶解度愈低、能使液体表面自由能降低愈多的吸附质，则愈易被吸附；极性的吸附剂易于吸附极性的吸附质，非极性的吸附剂则易于吸附非极性的吸附质；吸附质分子大小和不饱和度因吸附剂的不同，吸附效果也不同，如活性炭易吸附分子直径较大的饱和化合物，而氟石则相反；提高吸附质浓度会增加吸附量，但浓度提高到一定程度后，如再提高，则吸附速度即行减慢直至吸附量不再增加。

3. 吸附过程的操作条件

主要包括水的 pH 值、共存物质、温度、接触时间等。因 pH 值对吸附质在水中存在的状态（分子、离子、络合物等）及溶解度的影响而影响吸附效果，由于水质和吸附剂的多样性，因此操作的最佳 pH 值应通过试验确定；由于物理吸附的选择性差，因此有共存物质时吸附剂对某种吸附质的吸附能力比只含这种吸附质时的吸附能力差；温度升高虽不利于物理吸附，但有利于化学吸附；接触时间与吸附速度有关，吸附速度愈大，接触时间就愈短。

9.5.5 吸附操作方式

在废水处理中，吸附操作分静态吸附和动态吸附两种。

在水不流动的条件下，进行的吸附操作称为静态吸附操作。静态吸附操作的工艺过程是，把一定数量的吸附剂投加入欲处理的废水中，不断地进行搅拌，达到吸附平衡后，再用沉淀或过滤的方法使废水和吸附剂分开。如一次吸附后，出水的水质达不到要求时，往往采取多次静态吸附操作。多次吸附由于操作麻烦，所以在废水处理中采用较少。

动态吸附是在水流动条件下进行的吸附操作。水处理中采用的动态吸附设备有固定床、移动床和流化床 3 种方式。

1. 固定床

这是水处理工艺中最常用的一种方式。当废水连续地通过填充吸附剂的吸附设备（吸附塔或吸附池）时，废水中的吸附质便被吸附剂吸附。若吸附剂数量足够时，从吸附设备流出的废水中吸附质的浓度可以降低到零。吸附剂使用一段时间后，出水中的吸附质的浓度逐渐增加，当增加到某一数值时，应停止通水，将吸附剂进行再生，吸附和再生可在同一设备内交替进行，也可将失效的吸附剂卸出，送到再生设备的进行再生。因这种动态吸附设备中吸附剂在操作中是固定的，所以叫固定床。

固定床根据水流方向又分升流式和降流式两种形式。降流式固定床的出水水质较好，但经过吸附层的水头损失较大，特别是处理含悬浮物较高的废水时，为了防止悬浮物堵塞吸附层，需定期进行反冲洗。在升流式固定床中，当发现水头损失增大，可适当提高水流流速，使填充层稍有膨胀（上、下层不能互相混合）就可以达到自清的目的。这种方式的特点是层内水头损失增加较慢，所以运行时间长，但水流出口处的吸附层难于冲洗，且易因操作失误而使吸附剂流失。

固定床根据处理水量、原水的水质和处理要求可分为单床式、多床串联式和多床并联式 3 种（见图 9.12）。

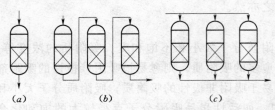

图 9.12 固定床操作吸附示意

(a) 单床式；(b) 多床串联式；(c) 多床并联式

2. 移动床

移动床的运行操作方式如下（见图 9.13）：原水从吸附塔底部流入和吸附剂进行逆流接触，处理后的水从塔顶流出，再生后的吸附剂从塔顶加入，接近吸附饱和吸附剂从塔底间歇地排出。

这种方式较固定床式能够充分利用吸附剂的吸附容量、水头损失小。由于采用升流式，废水从塔底流入，从塔顶流出，被截留的悬浮物随饱和的吸附剂间歇地从塔底排出，所以不需要反冲洗设备。但这种操作方式要求塔内吸附剂上下层不能互相混合，操作管理要求高。

3. 流化床

这种操作方式不同于固定床和移动床的地方主要在于吸附剂在塔内处于膨胀状态。

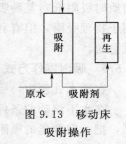

图 9.13 移动床吸附操作

9.5.6 活性炭吸附法在水处理中的应用

利用活性炭作为吸附剂，吸附法在水处理领域中得到了非常广泛的应用，如饮用水深度处理；废水深度处理；工业废水处理；软化、脱盐和制备纯水的预处理等。

1. 饮用水深度处理中的应用

由于饮用水水源的污染，经过常规的给水处理后，水中仍含有天然的、合成的及加氯后产生的有机污染物，给人的身心健康带来一定的威胁。而去除水中的臭味和有机污染物，活性炭吸附是有效的方法。

活性炭吸附是建立在常规给水处理基础上，一般设置在砂过滤之后，也可与砂滤料组成双层滤料过滤或以活性炭代替砂过滤。处理水量较大时设计成活性炭过滤池，否则设计成活性炭过滤柱，设计参数应依据设计确定；如缺乏试验资料时，可参照如下数据：滤速 $8\sim20m/h$，炭床厚度 $1.5\sim2.0m$，接触时间 $8\sim20min$，反冲洗强度 $8\sim9L/(s\cdot m^2)$，冲洗时间 $4\sim10min$。

生物活性炭吸附进行饮用水深度处理过程中，发现在活性炭滤料上生长有大量的微生物，使出水水质提高且活性炭再生延长，于是发展一种经济有效的去除水中的微污染物质的生物活性炭处理工艺，其工艺流程如下：

$$\text{混凝剂} \qquad\qquad O_3$$
$$\downarrow \qquad\qquad\qquad \downarrow$$
$$\text{原水}\rightarrow\text{澄清}\rightarrow\text{过滤}\rightarrow\text{活性炭吸附}\rightarrow\text{消毒}\rightarrow\text{出水}$$

生物活性炭法的特点是：完全靠生化作用将 NH_4^-—N 转化为 NO_3^-；将溶解有机物进行生物氧化，可去除 mg/L 级浓度的溶解有机碳和三卤甲烷的形成潜力，以及 ng/L 到 μg/L 级有机物；可通过部分再生来延长再生周期。

生物活性炭工艺的设计参数应根据试验确定，也可参照有关运行良好的工程设计。

2. 废水深度处理中的应用

废水中的一些有机物是不易为微生物或一般氧化法所分解的，例如：酚、苯、石油及其产品、杀虫剂、洗涤剂、合成染料，胺类化合物以及许多人工合成有机物等。经生化处理后很难达到对排放要求较高的水体排放标准，也严重影响了废水的回用，因此需进行深度处理。

由于活性炭对有机物的吸附能力较大，所以在废水深度处理中得到广泛的应用。它具有以下的特点：

（1）处理程度高，据有关资料介绍，城市污水用活性炭进行深度处理后，BOD 可减少 99%，TOC 可降到 $1\sim3\text{mg/L}$。

（2）适应性强，对水量及有机物负荷的变化具有较强的适应性能，可得到稳定的处理效果。

（3）应用范围广，对废水中绝大多数有机物都有效，包括微生物难于降解的有机物。

（4）粒状炭可进行再生重复使用，被吸附的有机物在再生过程中被烧掉，不产生污泥。

（5）可回收有用物质，例如用活性炭处理含酚废水，用碱再生吸附饱和的活性炭，可以回收酚钠盐。

（6）设备紧凑、管理方便。

9.6 离 子 交 换

9.6.1 离子交换法

离子交换法是一种借助于离子交换剂上的离子和水中的离子进行交换反应去除水中有害离子的方法。离子交换法是工业用水处理中重要的方法，用于软化水或制造纯水，在工业废水处理中主要用于回收贵重金属离子，也用于放射性废水和有机废水的处理。

离子交换法具有去处率高、可浓缩回收有用物质，以及设备简单、操作控制容易等优点。

早在古希腊时期人们就会用特定的黏土净化海水，算是比较早的离子交换法。这些黏土主要成分是氟石。

9.6.2 离子交换基本原理

9.6.2.1 离子交换剂

水处理用的离子交换剂分为离子交换树脂和磺化煤两类。离子交换树脂的种类很多，按结构特征，分为：凝胶型、大孔型、等孔型；根据其单体种类，分为：苯乙烯系、酚醛系和丙烯酸系等；根据其活性基团（也称交换基或官能团）性质，又分为：强酸性、弱酸性、强碱性和弱碱性，前两种带有酸性活性基团，称为阳离子交换树脂，后两种带有碱性活性基团称为阴离子交换树脂。磺化煤为兼有强酸性和弱酸性两种活性基团的阳离子交换树脂。阳离子交换树脂或磺化煤可用于水的软化或脱碱软化，阴、阳离子交换树脂配合用于水的除盐。

在第二次世界大战中，美国获得了化学与物理性能较缩聚型离子交换树脂稳定而且经济的苯乙烯系和丙烯酸系加聚型离子交换树脂合成的专利。它开创了当今离子交换树脂制造方法的基础。

我国在 1950 年以后开始离子交换树脂的研究，1958 年，离子交换树脂在国内正式投入工业化生产。

9.6.2.2　离子交换树脂

离子交换树脂由空间网状骨架（母体）与附属在骨架上的许多活性基团构成的不溶性高分子化合物。活性基团遇水电离，分成两个部分：1）固定部分，仍与骨架牢固结合，不能自由移动，称为固定离子；2）活动部分，能在一定空间内自由移动，并与其周围溶液中的其他同性离子进行交换反应，称为可交换离子或反离子。如强酸性阳离子交换树脂可写成 $R-SO_3^- H^+$，其中 R 代表树脂母体即网状结构部分，$-SO_3^-$ 为活性基团的固定离子，H^+ 为活性基团的可交换离子。有时简写成 $R-H^+$，此时 R^- 表示树脂母体及牢固结合在其上面的固定离子。

离子交换的实质是不溶性的电解质（树脂）与溶液中的另一种电解质进行的化学反应。这种化学反应可以是中和反应、中性盐分解反应或复分解反应：

$$R-SO_3H + NaOH \longrightarrow R-SO_3Na + H_2O \text{（中和反应）}$$
$$R-SO_3H + NaCl \longrightarrow R-SO_3Na + HCl \text{（中性盐分解反应）}$$
$$2R-SO_3Na + CaCl_2 \longrightarrow (R-SO_3)_2Ca + 2NaCl \text{（复分解反应）}$$

水处理用的离子交换树脂的种类很多，按其结构特征，可分为凝胶型、大孔型、等孔型；按其单体种类，可分为苯乙烯系、酚醛系和丙烯酸系；根据它的活性基团（也称官能团或交换基）性质，又可分为强酸性、弱酸性、强碱性、弱碱性 4 种，前两种带有酸性活性基团，称为阳离子交换树脂，后两种带有碱性活性基团，称为阳离子交换树脂。

9.6.2.3　离子交换树脂的基本性能

1. 外观

离子交换树脂外观呈现不透明或半透明球状颗粒，颜色有乳白、淡黄或棕褐色等数种，在水处理中，随着反应的进行，颜色将发生变化，用以指示树脂的污染程度。树脂粒径一般为 0.3～1.2mm。

2. 交联度

树脂结构骨架的交联度由制造过程确定。工业上常用的凝胶型树脂含有 2%～12% 的二乙烯苯作为苯乙烯的交联药。苯乙烯系树脂的交联度指二乙烯苯的质量占苯乙烯和二乙烯苯总量的百分率。交联度对树脂的许多性能具有决定性的影响。交联度的改变将引起树脂交换容量、含水率、溶胀度、机械强度等性能的改变。水处理用的离子交换树脂，交联度 7%～10% 为宜。此时，树脂网架中的平均孔隙亦即孔道宽度约为 2～4nm。

3. 含水率

树脂含水率一般以每克湿树脂（在水中充分膨胀）所含水分的百分比表示（约 50%），并且相应地反映了树脂网架中的孔隙率。树脂交换度越小，孔隙率越大，含水率也越大。

4. 密度

通常所谓树脂真密度和视密度系指湿真密度和湿视密度。湿真密度指树脂溶胀后的质量与其本身所占体积（不包括树脂颗粒之间的空隙）之比，苯乙烯系强酸树脂湿真密度约为 1.3g/mL，强碱树脂约为 1.1g/mL。湿视密度指树脂溶胀后的质量与其堆积体积（包括树脂颗粒之间的空隙）之比，亦称为堆密度。该值一般为 0.60～0.85g/mL。

上述两项指标在生产上均有实用意义。树脂的湿真密度与树脂层的反洗强度、膨胀率以及混合床和双层床的树脂分层有关。而树脂的湿视密度则用来计算离子交换器所需装填湿树脂的数量。

5. 溶胀性

干树脂浸泡水中时，体积胀大，成为湿树脂。湿树脂转型时，例如阳树脂由钠型转换为氢型，体积也变化，这种体积变化的现象称为溶胀。溶胀是由于活性基团因遇水而电离出的离子起水合作用生成水合离子，从而使交联网孔胀大所致；又由于水合离子半径随不同离子而异，因而溶胀后体积亦随之不同。树脂交联度越小或活性基团越易电离或水合离子半径越大，则溶胀度越大。例如强酸性阳离子交换树脂由 Na 型转换成 H 型，强碱性阴离子交换树脂由 CL 型转换成 OH 型，相对溶胀度变化约为 +5%，因而其湿真密度亦相应减小。

6. 交换容量

交换容量是树脂最重要的性能，它定量地表示树脂交换能力的大小。交换容量又可区分为全交换容量与工作交换容量。前者指一定量树脂所具有的活性基团或可交换离子的总数量，后者指树脂在给定工作条件下实际上可利用的交换能力。

树脂全交换容量可由滴定法测定。在理论上亦可从树脂单元结构式加以计算。以强酸性苯乙烯系阳离子交换树脂为例，其单元结构式（未标明交联）分子量等于 184.2，亦即每 184.2g 树脂中含有 1g 可交换离子 H^+，亦相当于 1mol H^+ 的质量。扣去交联剂所占分量（按 8% 计），强酸树脂全交换容量应为该数值与实测数据相当吻合。

树脂工作交换容量与实际运行条件有关，诸如再生方式、原水含盐量及其组成、树脂层高度、水流速度、再生剂用量等等均对之有所影响。在其他条件一定的情况下，选择逆流（对流）再生方式，一般可获得较高的工作交换容量。在实际中，树脂工作交换容量可由模拟试验确定，亦可参考有关数据选用。

7. 有效 pH 值范围

由于树脂活性基团分为强酸、强碱、弱碱、弱碱性，水的 pH 值势必对其交换容量产生影响。强酸、强酸树脂的活性基团电离能力强，其交换容量基本上与 pH 值无关。弱酸树脂在水的 pH 值时不电离或仅部分电离，因而只能在碱性溶液中才会有较高的交换能力。弱碱树脂则相反，在水的 pH 值高时不电离或仅部分电离，只是在酸性溶液中才会有较高的能力。各种类型树脂的使用有效 pH 值范围见表 9.3。

此外，树脂还应具有一定的耐磨性、耐热性以及抗氧化性能。

表 9.3　　　　　　　　　　　　各种类型树脂有效 pH 值范围

树脂类型	强酸性	弱酸性	强碱性	弱碱性
有效 pH 值范围	1～14	5～14	1～12	0～7

8. 选择性

离子交换树脂对水中某种离子优先交换的性能称为离子交换选择性。离子交换树脂的选择性除与树脂类型有关外，还与水中离子浓度和温度有关。在常温、低浓度水溶液中，各种离子交换树脂对水中常见的离子选择顺序为

(1) 强酸阳离子树脂的选择性顺序为

$$Fe^{3+}>Al^{3+}>Ca^{2+}>Mg^{2+}>K^+>NH_4^+>Na^+>H^+>Li^+$$

(2) 弱酸阳离子树脂的选择性顺序为

$$H^+>Fe^{3+}>Cr^{3+}>Al^{3+}>Ca^{2+}>Mg^{2+}>K^+>NH_4^+>Na^+>Li^+$$

(3) 强碱阴离子树脂的选择性顺序为

$$SO_4^{2-}>NO_3^->Cl^->OH^->F^->HCO_3^->HSiO_3^-$$

(4) 弱碱阴离子树脂的选择性顺序为

$$OH^->SO_4^{2-}>NO_3^->Cl^->F^->HCO_3^->HSiO_3^-$$

上面介绍的有关阳离子交换树脂基本性能，对磺化煤也是适用的。磺化煤价格较便宜，但交换容量低、机械强度差，且性能随着煤质不同而变化，现已逐渐为树脂所替代。

9.6.2.4　离子交换树脂的特性

1. H 型强酸型阳离子交换树脂

其几乎能够与水中所有阳离子进行交换反应，经此树脂处理的水为酸性，用于水的除盐及与 Na 型强酸型阳离子交换树脂联合脱碱软化处理。

2. Na 型强酸型阳离子交换树脂

其几乎能够与水中除 H^+ 外所有阳离子进行交换反应，经此树脂处理的水为中性，用于水的软化及与 Na 型强酸型阳离子交换树脂联合软化处理。

3. 弱酸性阳离子交换树脂

其与水中碳酸盐硬度进行交换反应，因为在反应过程中产生 H_2CO_3，只有极少量离解为 H^+，且易分解逸出 CO_2。如与中性盐发生交换反应，其产物 H^+ 将抑制反应进行，因此不能与中性盐进行交换反应。改树脂还具有再生容易、再生比耗低、抗污染能力强、交换容量大的特点。

弱酸树脂与 Na 型强酸树脂联合使用，用于水的脱碱软化；与 H 型强酸树脂联合使用，用于水的除盐。

4. 强碱型阴离子交换树脂

其主要用于水的除盐处理，其处理设备阴床设在阳床之后，可与水中所有阴离子进行交换反应。

5. 弱碱性阴离子交换树脂

其不具有分解中性盐的能力，在酸性条件下只能与强酸阴离子起交换反应，而不能吸附弱酸阴离子。弱酸树脂还具有再生容易、再生比耗低、交换容量大的特点，弱碱树脂抗有机污染物污染的能力较强。

因此，在除盐系统中，弱碱阴床往往设置在强酸阳床之后，强碱阴床之前既能发挥弱

碱树脂交换能力，又可减轻强碱树脂的负荷，保护其不受有机物的污染。

9.6.2.5 离子交换树脂的再生

树脂失效后，必须再生才能再使用。通过树脂再生，一方面可恢复树脂的交换能力，另一方面可回收有用物质。

化学再生是交换的逆过程。根据离子交换平衡式：

$$RA+B \Longrightarrow RB+A$$

如果显著增加 A 离子浓度，在浓差作用下，大量 A 离子向树脂内扩散，而树脂内的 B 则向溶液扩散，反应向左进行，从而达到树脂再生的目的。

固定床再生操作包括反洗、再生和正洗 3 个过程。反洗是逆交换水流方向流方向通入冲洗水和空气，以松动树脂层，清除杂物和破碎的树脂。经反洗后，将再生剂以一定流速（4～8m/h）通过树脂层，再生一定时间（不小于 30min），当再生液中浓度低于某个规定值后，停止再生，通水正洗，正洗时水流方向与交换时水流方向相同。有时再生后还需要对树脂做转型处理。

9.6.3 离子交换装置

离子交换装置由离子交换器和附属设备组成，离子交换器一般为能承受 0.4～0.6MPa 压力的钢罐。根据运行方式的不同，可分为固定床和连续床两大类，固定床是离子交换装置中最基本的一种型式，其特点是交换与再生两个过程均在交换器中进行；连续床是在固定床的基础上发展起来的，包括移动床和流动床两种型式，其特点是再生不是在交换器内进行的。

目前使用最广泛的是固定床，其根据交换器内装填树脂种类既交换时树脂在交换器中位置的不同分为单层床、多层床和混合床。

单层床是在离子交换器中只装填一种树脂，如果装填的是阳树脂，称为阳床；如果装填的是阴树脂，称为阴床。

双层床是离子交换器中按一定的比例装填强、弱两种同性树脂，由于强、弱两种树脂密度的不同，密度小的弱型树脂在上，密度大的强型树脂在下，在交换器内形成上、下两层。

混合床则是在交换器内均匀混杂的装填阴、阳两种树脂，一般混合床采用强酸性阳树脂和强碱性阴树脂，其阴、阳树脂的混合比是 1：（1～2）。由于混合床阴、阳树脂混杂，因此原水流经树脂层时，阴、阳两种离子同时被树脂所吸附，其产物 H^+ 和 OH^- 又因反应生成水而得以降低，有利于交换反应进行得彻底，使得出水水质大大提高。混合床的主要缺点是再生时阴、阳树脂很难彻底分层。其特点是，当有部分阳树脂混杂在阴树脂层时，经碱液再生，这一部分阳树脂转为 Na 型，造成运行后泄漏，即所谓交叉污染。为了克服交叉污染所引起的泄漏，近年来曾发展了 3 层混床新技术。此法即在普通混合床中另装填一层惰性树脂，其密度介于阴、阳树脂之间，其颗粒大小能保证在反洗时将阴、阳树脂分隔开来。实践证明，3 层混合床水质优于普通混合床。

9.6.3.1 固定床离子交换器

固定床离子交换器包括筒体、进水装置、排水装置、再生液分布装置及体外有关管道和阀门，如图 9.14 所示。

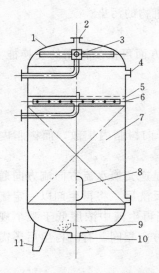

图 9.14　逆流再生固定床结构

1—壳体；2—排气管；3—上布水装置；
4—交换剂装卸；5—压脂层；6—中
排液管；7—离子交换剂层；8—视
镜；9—下上布水装置；10—出
水管；11—底脚

1. 筒体

固定床一般是一立式圆柱形压力容器，大多用金属制成，内壁需配防腐材料，如衬胶。小直径的交换器也可用塑料或有机玻璃制造。筒体上的附件有进水管、出水管、排气管、树脂装卸口、视镜、人孔等，均根据工艺操作的需要布置。

2. 进水装置

进水装置的作用是分配进水和收集反洗排水。常用的形式有漏斗型、喷头型、十字穿孔管型和多孔板水帽型。

3. 底部排水装置

其作用是收集出水和分配反洗水，应保证水流分布均匀和不漏树脂。常用的有多孔板排水帽式和石英砂垫层式两种。前者均匀性好，但结构复杂，一般用于中、小型交换器。后者要求石英砂中 SiO_2 含量在 99% 以上，使用前用 10%～20% HCl 浸泡 12～14h，以免在运行中释放杂质。砂的级配和层高根据交换器直径有一定要求，达到既能均匀集水也不会在反洗时浮动的目的。

4. 再生液分布装置

在较大内径的顺流再生固定床中，树脂层面上 150～200mm 处设有再生液分布装置，常用的有辐射型、圆环型、母管支管型等几种。对小直径固定床，再生液通过上部进水装置分布，不另设再生液分布装置。

在逆流再生固定床中，再生液自底部排水装置进入，不需设再生液分布装置，但需在树脂层面一中排液装置，用来排放再生液，在小反洗时兼作反洗水进水分配管。中排装置的设计应保证再生液分配均匀，树脂层不扰动，不流失。

9.6.3.2　移动床、流动床离子交换器

固定床离子交换器内树脂不能边饱和边再生，而且树脂层厚度比交换区厚度大得多，故树脂和容器利用率都很低；树脂层的交换能力使用不当，上层饱和程度高，下层饱和程度低，而且生产不连续，再生和冲洗时必须停止交换。为了克服上述缺陷，发展了连续式离子交换设备，包括移动床和流动床。

图 9.15 为三塔式移动床系统，由交换塔、再生塔和清洗塔组成。运行时，原水由交换塔下部配水系统流入塔内，向上快速流动，把整个树脂层承托起来，并与之交换离子。经过一段时间以后，当出水离子开始穿透时，立即停止进水，并由塔下排水。排水时树脂层下降（称为落床），由塔底排出部分已饱和的树脂，同时浮球阀自动打开，放入等量已再生好的树

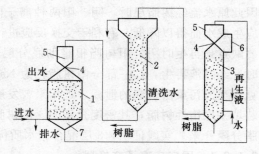

图 9.15　三塔式移动床

1—交换塔；2—清洗塔；3—再生塔；4—浮球；
5—贮树脂斗；6—连通管；7—排树脂部分

脂。每次落床时间很短（约 2min），之后重新进水，托起树脂层，关闭浮球阀。失效树脂由水流输送至再生塔。再生塔的结构及运行与交换塔大体相同。

经验表明，移动床的树脂用量比固定床少，在产水量相同时约为后者的 1/3～1/2，但树脂磨损率大；能连续产水，出水水质也较好，但对进水变化的适应性较差；设备小，投资省，但自动化程度要求高。

移动床操作有一段落床时间，并不是完全的连续过程。若让饱和树脂连续流出交换塔，由塔顶连续补充再生好的树脂，同时连续产水，则构成流动床处理系统。

流动床内树脂和水流方向与移动床相同，树脂循环可用压力输送或重力债券。为了防止交换塔内树脂混层，通常设置 2～3 块多孔隔板，将流化树脂层分成几个区，也起均匀配水作用。

流动床是一种较为先进的床型，树脂层的理论厚度等于交换区厚度，因此树脂用量少，设备小，生产能力大，而且对原水预处理要求低。但由于操作复杂，目前运用不多。

9.6.4 离子交换法在水处理中的应用

9.6.4.1 水的软化处理

1.Na 离子交换软化法

Na 离子交换是最简单的一种软化方法，反应如下：

对于碳酸盐硬度，如

$$2RNa + Ca(HCO_3)_2 \longrightarrow R_2Ca + 2NaHCO_3$$

对于非碳酸盐硬度，如

$$2RNa + CaCl_2 \longrightarrow R_2Ca + 2NaCl$$

从反应看，经处理后硬度被去除，碱度不变。该法一般用于原水碱度低，只须进行软化的场合，可用作低压锅炉的给水处理系统。该系统的局限性在于：当原水硬度高、碱度较大的情况下，单靠这种软化处理难以满足要求。其主要优点是：工艺简单，再生剂为食盐，在软化过程中不产生酸性水，设备和管道防腐设施简单。

2.H 离子交换软化法

（1）强酸性 H^+ 交换树脂的软化。其反应如下：

对于碳酸盐硬度，如

$$2RH + Ca(HCO_3)_2 \longrightarrow R_2Ca + 2CO_2 + 2H_2O$$

对于非碳酸盐硬度，如

$$2RH + CaCl_2 \longrightarrow R_2Ca + 2HCl$$

从反应看，经处理后硬度、碱度均被去除，但软化水却是酸性。因此，该法一般不能单独组成软化系统，总是与 H^+ 交换软化法联合使用，组成 H－Na 并联离子交换系统和 Na－H 串联离子交换系统。

H－Na 并联离子交换系统见图 9.16。原水一部分流经 Na 离子交换器，出水呈碱性；另一部分流经 H 离子交换器，出水呈酸性，这两股出水混合反应后进入 CO_2 器去除。

$$2NaHCO_3 + H_2SO_4 \longrightarrow Na_2SO_4 + 2CO_2 + 2H_2O$$

$$NaHCO_3 + HCl \longrightarrow NaCl + CO_2 + H_2O$$

串联离子交换系统见图 9.17。原水一部分流经 H 离子交换器，出水与另一部分原水混合反应，然后经除 CO_2 器脱气流入中间水箱，再由泵打入 Na 离子交换器。

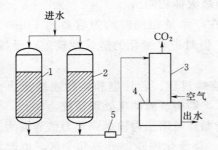

图 9.16　H—Na 并联离子交换系统

1—H 离子交换器；2—Na 离子交换器；

3—除 CO_2 器；4—水箱；5—混合器

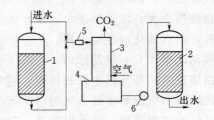

图 9.17　H—Na 串联离子交换系统

1—H 离子交换器；2—Na 离子交换器；3—除

CO_2 器；4—中间水箱；5—混合器；6—水泵

由上述可知，并联系统与串联系统的不同点在于，前者只是一部分流量经过 Na 离子交换器，而后者则是全部流量经过 Na 离子交换器。因此就设备而言，并联系统比较紧凑，投资省，但从运行看，串联系统比较安全可靠，更适合于处理高硬度水。

（2）弱酸性 H^+ 交换树脂的软化。其反应如下：

$$2RCOOH + Ca(HCO_3)_2 \longrightarrow (RCOO)_2Ca + 2CO_2 + 2H_2O$$

由于弱酸性树脂的特性，使其主要与水中碳酸盐硬度起交换反应，而基本上不能与强酸根组成的盐类进行交换反应，因此可单独组成软化系统。该系统适用于原水碳酸盐硬度很高而非碳酸盐硬度较低的场合。其优点是交换设备体积小，再生容易且耗酸低。若需深度脱碱软化时，可与 Na 型强酸树脂联合使用组成 H—Na 串联系统和 H—Na 双层床系统。

9.6.4.2　水的除盐

1. 复床除盐

复床是指阳、阴离子交换器串联使用以达到水的除盐目的。复床除盐系统最常用的有：

（1）强酸—脱气—强碱系统。该系统是一级复床除盐中最基本的系统，由强酸阳床、除 CO_2 器和强碱阴床组成，见图 9.18。如果水量很小或进水碱度较低的小型除盐装置可省去脱气装置。该系统适用于制取脱盐水。含盐量不大于 500mg/L 的原水经处理后，出水电阻率可达 $0.1 \times 10^6 \Omega \cdot cm$ 以上，硅含量在 0.1mg/L 以下。在运行中，有时出水的电导率偏高，这往往是由于阳床泄漏过量所致。为提高出水水质，可采用逆流再生。另外，强碱阴床采用热碱液再生，有利于除硅。

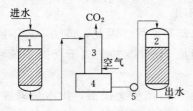

图 9.18　强酸—脱气—强碱系统

1—强酸阳床；2—强碱阴床；

3—除 CO_2 器；4—中间

水箱；5—水泵

（2）强酸—弱碱—脱气系统。该系统适用于无除硅要求的场合，其流程如图 9.19 所示。由于弱碱树脂的应用，不仅交换容量有所提高，而且再生比耗显著降低。弱碱树脂用 Na_2CO_3 或 $NaHCO_3$ 再生时，由于经弱碱阴床后，水中会增加大量的 H_2CO_3，因此脱气应在最后进

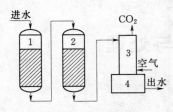

图 9.19 强酸—弱碱—脱气系统

1—强酸阳床；2—弱碱阴床；

3—除 CO_2 器；4—中间水箱

行。该系统正常运行时，出水的 pH 值为 6～6.5，电阻率在 $5×10^4 \Omega \cdot cm$ 左右。

（3）强酸—脱气—弱碱—强碱系统。该系统适用于原水有机物含量较高、强酸阴离子含量较大的场合，其流程如图 9.20 所示。再生采用串联再生方式，全部再生液先用来再生强碱树脂，然后再生弱碱树脂。再生剂得到充分利用，再生比耗降低。该系统的出水水质与强酸—脱气—强碱系统大致相同，但运行费用略低。

2. 混合床除盐

混合床除盐系统具有水质稳定、间断允许影响小、失效终点分明等特点。一般用来制备纯水以至超纯水，其电阻率可达 $0.1×10^6 \Omega \cdot cm$。混合床还有一个特点，对有机物污染很敏感。在运转初期虽能制取电阻率达标的纯水，但经反复使用，出水电阻率又会逐步下降，其原因主要是阴树脂的变质与污染所致。因此，在原水进入混合床之前，应进行必要的预处理。

9.6.4.3 废水处理

离子交换法在废水处理领域中的应用主要是回收废水中的有用物质，已成功地用于含 Cr、含 Zn、含 CN、含 Ni 等废水的回收处理。由于废水的种类多、水质成分复杂，对树脂的影响也较前面介绍的

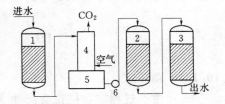

图 9.20 强酸—脱气—弱碱—

强碱系统

1—强酸阳床；2—弱碱阴床；3—强碱阴床；

4—除 CO_2 器；5—中间水箱；6—水泵

天然水软化、除盐等复杂得多。因此，在废水处理过程中，在树脂的选择、进水的预处理、运行条件、再生等方面，都应根据废水的具体特点来确定，这里就不进行详细叙述。

思 考 题 与 习 题

1. 气浮和上浮有什么区别？气浮有哪几种类型？
2. 部分加压和部分回流加压为什么优于全加压？
3. 为什么要处理酸碱废水？中和法有哪几种类型？
4. 氧化还原法原理？氧化法常用的有哪几种？
5. 化学沉淀原理？化学沉淀法去除含金属离子废水有何优缺点？
6. 吸附有哪几种类型？影响吸附的因素有哪些？
7. 试简述活性炭吸附在水处理中的应用。
8. 活性炭再生有哪些方法？
9. 离子交换树脂有哪些类型？如何选择？

第 10 章　循环水的冷却与处理

内容概述

在工业用水中，大量轻微污染的生产废水简单处理后可循环利用，以节省用水量，降低生产成本。本章主要讲述工业用水中循环水的冷却和处理的基本知识。

学习目标

(1) 了解循环水冷却的基本理论。

(2) 了解构筑物的类型、工艺构造及应用范围。

(3) 掌握循环冷却水处理的基本概念及阻垢和缓蚀方法。

10.1　循环水冷却原理

10.1.1　循环水

工业生产过程中，往往会产生大量热量，使生产设备或产品温度升高，必须及时冷却，以免影响生产的正常进行和产品质量。水是吸收和传递热量的良好介质，常用来冷却生产设备和产品。工业冷却水的供水系统一般可分为直流式、循环式和混合式 3 种。为了重复利用吸热后的水以节约资源，常采用循环冷却水系统，一般流程见图 10.1。降低水温的设备称为冷却构筑物。

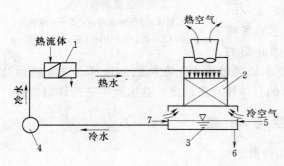

图 10.1　敞开式循环冷却系统

1—换热器；2—冷却塔；3—集水池；4—循环水泵；
5—补充水；6—排污水；7—投加药剂处理

循环利用的冷却水称为循环水。循环水在使用过程中，少量水在冷却构筑物中蒸发损失掉，常见的浓缩而形成盐垢或称结垢，常见的是碳酸钙结垢。水中悬浮物也发生浓缩，此外，循环水可能受到渗漏工艺物料的污染，还有杂质如有机物、微生物、藻类等进入系统，这些都使循环水系统经常出现垢、污垢、腐蚀和淤塞问题。

因此，为了保证循环冷却水系统的可靠运行，必须解决两个问题：①降低水温，即水的冷却；②控制结垢、污垢和腐蚀，即循环水处理。

10.1.2　循环水冷却原理

当热水表面直接与未被水蒸气所饱和的空气接触时，热水表面的水分子将不断化为水蒸气，在此过程中，将从热水中吸收热量，达到冷却的效果。

水的表面蒸发是由分子热运动引起的，由于分子运动的不规则性，各个分子的运动变化幅度很大。当液体表面的某些水分子的动能足以克服液体内部对它的内聚力时，这些水分子即从液面逸出，进入空气中。由于水中动能逸出，因而使剩下来的其他水分子的平均动能减小，水的温度随之降低。这些逸出的水分子之间以及与空气分子互相碰撞中，又有可能重新进入液面。若单位时间内逸出的分子多于返回水面的分子，不断蒸发，水温不断降低。反之，若返回水面的分子多于逸出的分子，则将产生水蒸气凝结；当逸出的与返回的水分子数的平均值恰好相等时，则蒸气和水处于动平衡状态，此时空气中的水蒸气是饱和的。

水的表面蒸发，在自然界中大部分是在水温低于沸点时发生的。一般认为空气和水接触的界面上有一层极薄的饱和空气层，称为水面饱和气层。水首先蒸发到水面饱和气层中，再扩散到空气中。如图 10.2 所示，水面饱和气层的温度 t' 被认为和水面温度 t_f 相同，水滴越小或水膜越薄，t' 与 t_f 愈接近。设水面饱和气层的饱和水蒸气分压为 P'_q，而远离水面的空气中，温度为 $0℃$ 时的水蒸气分压 P_q，则分压差 $\Delta P_q = P'_q - P_q$，乃是水分子向空气中蒸发扩散的推动力。只要 $P'_q > P_q$，水的表面就会蒸发，而与水面温度 t_f 高于还是低于水面以上空气温度 θ 无关。因此，蒸发所消耗的热量 H_β 总是由水流向空气。

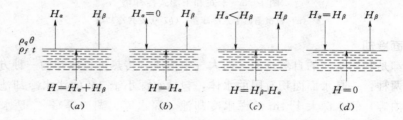

图 10.2　不同温度下的蒸发传热和传导传热
(a) $t_f > \theta$；(b) $t_f = \theta$；(c) $t_f < \theta$；(d) $t_f = T < \theta$

为了加快水的蒸发速度，可采取下列措施：①增加热水与空气之间的接触面积；②提高水面空气流动的速度，使逸出的水蒸气分子迅速向空气中扩散。

除蒸发传热外，当热水水面和空气直接接触时，如水的温度与空气的温度不一致，将会产生接触传热过程。因此，水的冷却过程是通过蒸发传热和接触传热实现的，而水温的变化则是两者作用的结果。

在冷却过程中，虽然蒸发传热和接触传热一般同时存在，但随季节而不同。冬季气温很低，$(t_f - \theta)$ 值很大，所以接触传热量可占 50%，严冬时甚至达 70% 左右。夏季气温较高，$(t_f - \theta)$ 值很小，甚至为负值，接触传热量甚小，蒸发传热量约占 80%～90%。

10.2　冷却构筑物

冷却构筑物分以下 3 大类：水面冷却池、喷水冷却池、冷却塔。冷却塔分湿式（敞开式）、干式（密闭式）和干湿式（混合式）3 种。其中类型最多的又是湿式冷却塔。湿式冷却塔是指热水和空气直接接触，传热和传质同时进行的敞开式循环冷却系统，其冷却极限为空气的湿球温度；干式冷却塔［见图 10.3（a）］是指水和空气不直接接触，冷却介质为空气。空气冷却是在空气冷却器中实现的，以空气的对流方式带走热量，故只单纯传热，其冷却极限为空气的干球温度。干湿式冷却塔是热水和空气进行干式冷却后再进行湿式冷却的构筑物［见图 10.3（b）］。常见的是湿式冷却塔。

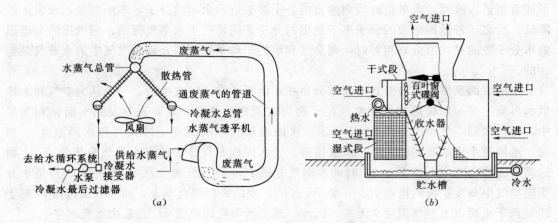

图 10.3　干式和干湿式冷却塔

（a）机械通风干式冷却器；（b）干湿式冷却塔

10.2.1　水面冷却

水面冷却是利用水体的自然水面，向大气中传质、传热进行冷却的一种方式。水体水面一般分为两种：一是水面面积有限的水体，包括水深小于 3m 的浅水冷却池（池塘、浅水库、浅湖泊等）和水深大于 4m 的深水冷却池（深水库、湖泊等）；二是水面面积很大的水体或水面面积相对于冷却水量很大的水体，包括河道、大型湖泊、海湾等。

在冷却池中（见图 10.4），高温水（水温 t_1）由排水口排入湖内，在缓慢流向下游取水口（水温 t_2）的过程中，由于水面和空气接触，借自然对流蒸发作用使水冷却。湖中水流可分为主流区、回流区和死水区。冷却效果以主流区最佳，死水区最差。因此，为了提高冷却效果，应扩大主流区，减小回流区，消灭死水区。

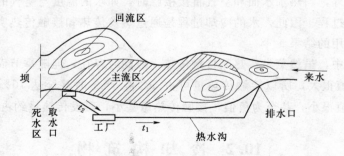

图 10.4　冷却池水流分布

冷却池一般最小水深为 1.5m。水愈深，冷热水分层愈好（形成完好的温差异重流），有利于热水在表面散热，同时也便于取到底层冷水回用。取、排水口在平面、断面的布置、形式和尺寸以及水流行程历时应根据原地实测地形进行模型试验，以决定是否设置导流构筑物（导流堤、挡热墙、潜水堰等）或疏浚设施。

在冷却池中，水面的综合散热系数是蒸发、对流和水面辐射 3 种水面散热系数的综合，是计算水面冷却能力的基本参数，指在单位时间内，水面温度变化1℃时，水体通过单位表面散失的热量变化量，以 W/(m² · ℃) 表示，此值应通过试验确定。在近似估算冷却池表面积时可参考水力负荷为 0.01～0.1m³/(m² · h) 确定所需表面积。

10.2.2　喷水池

喷水冷却池是利用喷嘴喷水进行冷却的敞开式水池（见图10.5），在池上布置配水管系统，管上装有喷嘴。压力水经喷嘴（喷嘴前压力 49～69kPa）向上喷出，喷散成均匀散开的小水滴，使水和空气的接触面积增大；同时使小滴在以高速（流速 6～12m/s）向上喷射。喷水水池冷却效果的影响因素是：喷嘴形式和布置方式、水压、风速、走向、气象条件等。

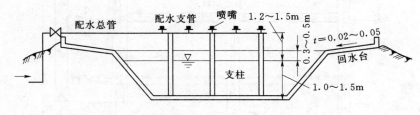

图 10.5　喷水冷却

喷水池配水管间距为 3.0～3.5m，同一支管上喷嘴间距为 1.5～2.2m，池中水深 1.0～1.5m，保护高度 0.3～0.5m，估算面积时水力负荷为 0.7～1.2 m³/(m² · h)。

10.2.3　湿式冷却塔

在冷却塔内，热水从上向下喷散成水滴或水膜，空气由下而上或水平方向在塔内流动，在流动过程中，不与空气间进行传热和传质，水温随之下降。温式冷却塔类型见图10.6。

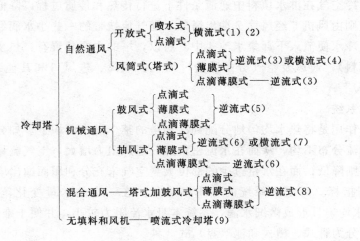

图 10.6　湿式冷却塔分类

10.2.4　冷却塔的组成部分及其作用

抽风式逆流冷却塔的工艺构造如图10.7所示。

热水经进水管 10 流入塔内，先流进配水管系 1，再经支管上的喷嘴均匀地喷洒到下

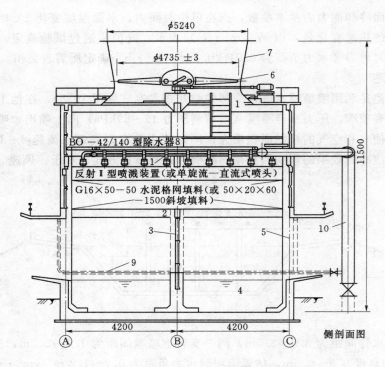

图 10.7　抽风式逆流冷却塔工艺构造

1—配水系统；2—淋水填料；3—挡风墙；4—集水池；5—进风口；
6—风机；7—风筒；8—除水器；9—化冰管；10—进水管

部的淋水填料 2 上，水在这里以水滴或水膜的形式向下运动。冷空气从下部经进风口 5 进入塔内，热水与冷空气在淋水填料中逆流条件下进行传热和传质过程以降低水温，吸收了热量的湿热空气则由风机 6 经风筒 7 抽出塔外，随气流挟带的一些小水滴经除水器 8 分离后回流到塔内，冷水便流入下部集水池 4 中。所以，塔的主要装置有：热水分配装置（配水系统、淋水填料），通风及空气分配装置［风机、风筒、进风口和其他装置（集水池、除水器、塔体等)]。

10.2.4.1　配水系统

配水系统的作用是将热水均匀地分配到冷却塔的整个淋水面积上。如分配不均，会使淋水装置内部水流分布不均，从而在水流密集部分通风阻力增大，空气流量减少，热负荷集中，冷却效果则降低；而在水量过少的部位大量空气未充分利用而逸出塔外，降低了冷却塔的运行经济指标。对配水系统的基本要求是：在一定的水量变化范围内（80%～110%）保证配水均匀且形成微细水滴，系统本身水流阻力较小，并便于维修管理。

配水系统可分为管式、槽式和池（盘）式 3 种。

1. 管式配水系统

（1）固定管式配水系统。该系统由配水干管、支管及支管上接出短管安装喷嘴组成。配水均匀的关键是喷嘴的形式和布置。喷嘴应具有喷水角度大、水滴细小、布水压力低、不易堵塞等要求。

262

常用喷嘴分为两类：一类是离心式，是在水压的作用下，使水流在喷嘴内形成强烈的旋转而后喷出水花；另一类是冲击式喷嘴，是利用水头的作用冲击溅水盘，将水溅散成细小水滴。

管式配水系统可布置成环状或树枝状（见图10.8）。该系统施工安装简便，在大、中型冷却塔中广泛采用。配水干管流速1～1.5m/s，喷头间距0.65～1.1m。

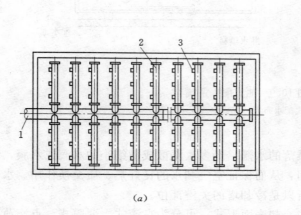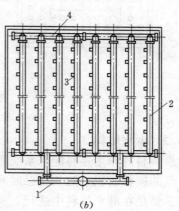

图 10.8 配水管系统

(a) 树枝状布置；(b) 环状布置

1—配水干管；2—配水支管；3—喷嘴；4—环形管

（2）旋转管式配水系统。该系统由旋转布水器组成，由给水管、旋转体和配水管组成。给水管用法兰固定相接，并通过轴承与旋转体相连，有密封止水设施。旋转体用以承受布水器的全部重量，并使布水器转动。在旋转体四周沿辐射方向等距离接出若干根配水管，水流通过配水管上的小孔（圆孔、条缝、扁形喷嘴等）喷出，推动配水管在与出水相反的方向旋转，从而热水均匀洒在淋水填料上。配水管转速一般为10～25r/min，开孔总面积为配水管截面的0.5～0.6倍，管嘴孔径为15～25mm，管嘴长20mm，间距为150～500mm。进水管水压20～50kPa。该系统由于是转动的，所以对于每单位面积的淋水填料是间歇配水，更有利于热量的交换和空气的对流、气流阻力的减小及配水效果的提高。一般多用在小型玻璃钢逆流冷却塔。

2. 槽式配水系统

它是一种重力水系统，热水经总、支槽，再经反射型喷嘴溅散成分散小水滴，均匀地洒在填料上。配水槽内水深不小于管嘴直径的6倍，并有0.1m以上的保护高。主槽起始断面流速0.8～1.2m/s，支槽0.5～0.8m/s，槽断面净宽大于0.12m。配水槽面积与通风面积之比小于25%～30%。槽式配水系统主要用于大型塔式水质较差或供水余压较低的系统。

该系统维护管理方便，缺点是槽断面大，通风能力增大，槽内易沉积污物。近年来发展了槽、管式结合的配水系统。

3. 池式配水系统（见图10.9）

热水经流量控制阀由进水管经消能箱分布于配水池中，池底开小孔或装管嘴，管嘴顶

部以上宜大于 $100\sim150mm$。该系统的优点是配水均匀，供水压力低、维护方便，缺点是受太阳辐射，易生藻类。其一般适用于横流塔。

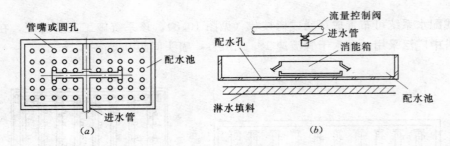

图 10.9 池式配水系统
(a) 池式配水布置；(b) 池式配水布置

10.2.4.2 淋水填料

淋水填料的作用是将配水系统溅落的水滴，经多次溅散成微细小的水滴或水膜，增大水和空气的接触面积，延长接触时间，从而保证空气和水的良好热、质交换作用。水的冷却过程主要是在淋水填料中进行，所以是冷却塔的关键部位。

淋水填料按照其中水被淋洒成的冷却表面形式，可分为点滴式、薄膜式、点滴薄膜式3 种类型。无论采用哪种形式，都应满足下列基本要求：①具有较高的冷却能力，即水和空气的接触表面积较大、接触时间较长；②亲水性强，容易被水湿润和附着；③通风阻力小，以节省动力；④材料易得而又加工方便的结构形式；⑤价廉、施工维修方便，质轻、耐久。

1. 点滴式淋水填料

点滴式淋水填料主要依靠水在填料上溅落过程中形成的小水滴进行散热。

2. 薄膜式淋水填料

其特点是：利用间隔很小的格网，或凹凸倾斜交错板，或弯曲波纹板所组成的多层空心体，使水沿着其表面自上而下形成薄膜状的缓慢水流，有些沿水流方向还刻有阶梯型横向微细印痕，从而具有较大的接触面积和较长的接触时间。冷空气经多层空心体间的空隙自下而上（或从侧面）流动与水膜接触，吸收水所散发的热量。

薄膜式淋水填料中，水的散热主要依靠：①表面水膜散热，约占 70%；②板隙中的水滴表面散热，占 20%；③水从上层流到下层溅散而成的水滴散热，占 10%，如图 10.10 (a) 所示。因此，增加水膜表面积是提高这种填料冷效的主要途径。所以，提高填料的比表面积是关键。理想的填料应该是厚度薄、材质轻，且能满足结构强度要求；孔隙较小，比表面积大，但阻力又不大。

薄膜式淋水填料有多种类型，常用的有斜交错（斜坡）形、梯形、波形和塑料折波形等几种，如图 10.10 所示。

3. 点滴薄膜式淋水填料

点滴薄膜式淋水填料常用的有水泥格网和蜂窝淋水填料，如图 10.11 所示。

4. 各种淋水填料的比较

淋水填料是冷却塔的核心，应根据热力、阻力特性、塔型、负荷、材料性能、水质、

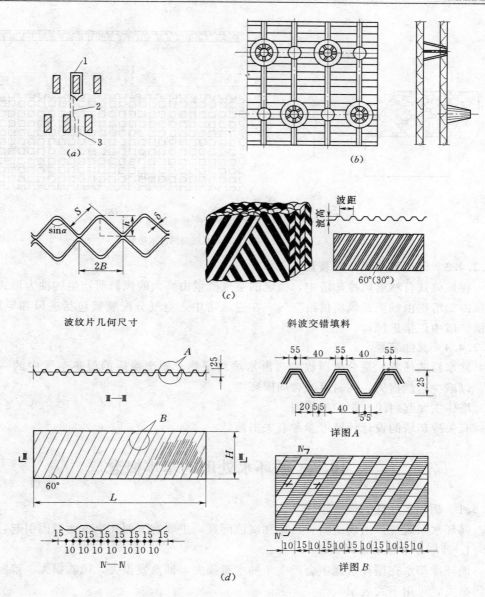

图 10.10 薄膜式淋水填料

(a) 薄膜式淋水装置散热的情况；(b) 折波填料；(c) 斜交错（斜波）
淋水填料；(d) 梯形波填料

1—水膜；2—上层落到下层水滴；3—板隙水滴

造价、施工检修等因素综合评价、正确选择。60°大中斜波、折波、梯形波填料在大、中型逆流式自然或机械通风塔中应用较广，但要防止堵塞和结垢。水泥格网填料自重大，施工较复杂，但优点是造价便宜、强度高、耐久、不易堵塞，适应较差水质，在大、中型逆流钢筋混凝土塔中应用较多。大中型横流塔多采用30°斜波、弧形波或折波等填料；小型冷却塔普遍采用中波斜交错或折波填料。

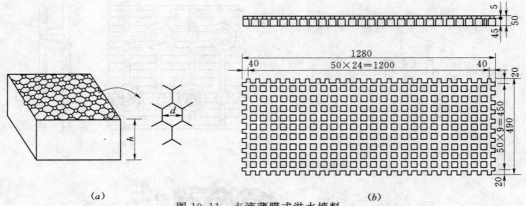

图 10.11　点滴薄膜式淋水填料

(a) 蜂窝淋水填料；(b) 水泥格网淋水填料

10.2.4.3　通风及空气分配装置

在风筒式自然通风冷却塔中，稳定的空气流量由高大的风筒所产生的抽力形式。机械通风冷却塔则由轴流式风机供给空气。在逆流塔中，空气分配装置包括进风和导风装置；在横流塔中仅指进风口。

10.2.4.4　其他装置

除水器的任务，是分离回收经过淋水填料层热、质交换后的湿热空气中的一部分水分，以减少水量损失，同时可改善周围环境。

塔体主要起封闭和围护的作用。

有关冷却塔的设计计算可参考有关书籍。

10.3　循环水处理的基本概念

10.3.1　循环水处理的根本原因

循环水系统经常出现结垢、污垢和腐蚀问题，主要有下面几个方面原因引起：

1. 循环冷却水的浓缩作用

循环冷却水在循环过程中会产生 4 种水量损失，即蒸发损失，风吹损失、渗漏损失和排污损失，可用下式表示：

$$P = P_1 + P_2 + P_3 + P_4 \qquad (10.1)$$

式中　P_1、P_2、P_3、P_4 及 P——分别为蒸发损失、风吹损失、渗漏损失、排污损失及总损失，均以循环水流量的百分数计。

循环冷却水在蒸发时，水分损失了，但盐分仍留在水中。

风吹、渗漏与排污所带走的盐量为

$$S(P_2 + P_3 + P_4) \qquad (10.2)$$

补充水带进系统盐量为

$$S_B P = S_B(P_1 + P_2 + P_3 + P_4) \qquad (10.3)$$

式中　S——循环水含盐量；

S_B——补充水含盐量。

当系统刚投入运行时，系统中的水质为新鲜补充水水质，即 $S=S_1=S_B$，因此可写成：

$$S_B(P_1+P_2+P_3+P_4) > S_1(P_2+P_3+P_4) \tag{10.4}$$

式中 S_1——刚投入运行时，循环冷却水中的含盐量；

其余符号同前。

初期进入系统的盐量大于从系统排出的盐量。随着系统的运行，循环冷却水盐量逐渐提高，引起浓缩作用。当 S 由初期的 S_1 增加到某一数值 S_2 时，从系统排出的盐量即接近于进入系统的盐量，此时达到浓缩平衡，即：

$$S_B(P_1+P_2+P_3+P_4) \approx S_2(P_2+P_3+P_4) \tag{10.5}$$

这时由于进、出盐量基本达到平衡，可以保持循环水中含盐量为某一稳定值，如以 S_P 表示，则 $S=S_2=S_P$，继续运行其值不再升高。

$$S_B(P_1+P_2+P_3+P_4) = S_P(P_2+P_3+P_4) \tag{10.6}$$

令 S_P 与补充水 S_B 之比为 K

$$K = 1+\frac{P_1}{P_2+P_3+P_4} = 1+\frac{P_1}{P-P_1} \tag{10.7}$$

K 称为浓缩倍数，由于蒸发水量损失 P_1 的存在，$K>1$，即循环冷却水中含盐量 S 总是大于补充新鲜水的含盐量 S_B。

由于水的蒸发浓缩，水中含盐浓度增加，从而一方面增加了水的导电性使循环冷却系统腐蚀过程加快，另一方面使某些盐类由于超过饱和浓度而沉积出来，使循环冷却系统产生结垢。

2. 循环冷却水中 CO_2 的散失

天然水中均含有一定数量的重碳酸盐和游离 CO_2，存在以下平衡关系：

$$Ca(HCO_3)_2 \longrightarrow CaCO_3 \downarrow + CO_2 \uparrow + H_2O$$

当它们的浓度符合上述平衡条件时，水质呈稳定状态，大气中游离的 CO_2 含量很少，其分压力低。循环水冷却时，CO_2 向空气中散失，破坏了上述平衡，加重了水中 $CaCO_3$ 沉淀。

3. 循环冷却水的水质污染

循环冷却水中的污染物来源是多方面的，包括：

(1) 大气中的多种杂质（如尘埃、悬浮固体及溶解气体 SO_2、H_2S 和 NH_3 等）会通过冷却塔敞开部分不断进入冷却系统中。

(2) 冷却塔风机漏油，塔体、填料、水池及其他结构材料的腐蚀、剥落物会进入冷却水中。

(3) 在冷却水处理过程中加入药剂后所产生的沉淀物。

(4) 系统内微生物繁殖及其分泌物形成的粘性污垢等。

以上各种杂质中，由微生物繁殖所形成的粘性污物称为粘垢；由于无机盐因其浓度超过饱和浓度而沉积出来的称结垢；由悬浮物、腐蚀剥落物及其他各种杂质所形成的称污垢。粘垢、污垢和结垢统称沉积物。实际的垢往往是以其中一种或两种垢为主的混合垢。

这几个名词的划分目的是为了便于讨论，特别是便于将沉积物与产生 $CaCO_3$ 等结垢后区别开来。

4. 电化学和微生物腐蚀

沉积物和微生物会引起腐蚀，腐蚀又会产生沉积物并助长微生物繁殖。因此，沉积物、微生物和腐蚀三者是相互影响、相互转化的。此外，水中溶解气体 O_2 及 H_2S、SO_2 等会助长水的腐蚀性。

5. 循环冷却水的水温变化

循环冷却水在换热设备中是升温过程。水温升高时，除了降低钙、镁盐类的溶解度及部分 CO_2 逸出外，还提高了平衡 CO_2 的需要量。即使原水中的 CO_2 没有损失，但当水温升高后，由于平衡 CO_2 需要量升高，也会使水失去稳定性而具有产生结垢性质。反之，循环水在冷却构筑物中是降温过程。当水温降低时，水中平衡 CO_2 需要量也降低，如果低于水中的 CO_2 含量，则此时水中的 CO_2 具有腐蚀性。

因此在冷却水流程中所产生的温度差比较大的循环冷却水系统中，有可能同时产生腐蚀和结垢，即在换热设备的冷水进口端（低水温区）产生腐蚀，而在热水出口端（高水温区）产生结垢。

10.3.2　循环冷却水的基本水质要求

像其他水处理一样，进行循环冷却水处理同样也需要有一个水质标准。通常将循环冷却水水质按腐蚀和沉积物控制要求作为基本水质指标。实际上是一种反映循环冷却水水质要求的间接指标。微生物繁殖所造成的影响，间接反映在腐蚀率和污垢热阻中，见表 10.1。

表 10.1　　　　　　　　　　　　敞开式循环冷却系统冷却水主要水质指标

项　　目		要　求　条　件	允许值
浊度（度）	Ⅰ	1. 年污垢热阻 $<9.5\times10^{-5}$ $(m^2\cdot h\cdot ℃)$ /kJ； 2. 有油类黏性污染物时，年污垢热阻 $<1.4\times10^{-4}$ $(m^2\cdot h\cdot ℃)$ /kJ； 3. 腐蚀率 $<0.125mm/a$	<20
	Ⅱ	1. 年污垢热阻 $<1.4\times10^{-4}$ $(m^2\cdot h\cdot ℃)$ /kJ； 2. 腐蚀率 $<0.2mm/a$	<50
	Ⅲ	1. 年污垢热阻 $<1.4\times10^{-4}$ $(m^2\cdot h\cdot ℃)$ /kJ； 2. 腐蚀率 $<0.2mm/a$	<100
电导率（$\mu s/cm$）		采用缓蚀剂处理	<3000
总碱度（mmol/L）		采用阻垢剂处理	<7
pH 值			$6.5\sim9.0$

1. 腐蚀率

腐蚀率一般以金属每年平均腐蚀深度表示，单位为 mm/a。腐蚀率一般可用失重法测定，即将金属材料试件挂于热交换器冷却水中的一定部位，经过一定时间，由试验前、后试片重量差计算出年平均腐蚀深度，即腐蚀率

$$C_L = 8.76 \frac{P_0 - P}{\rho g F t} \tag{10.8}$$

式中　C_L——腐蚀率，mm/a；

　　　P_0——腐蚀前金属重，g；

　　　P——腐蚀后金属重，g；

　　　ρ——金属密度，g/cm^3；

　　　F——金属与水接触面积，cm^2；

　　　t——腐蚀作用时间，h；

　　　g——重力加速度，m/s^2。

对于局部腐蚀，如点蚀（或坑蚀），通常以"点蚀系数"反映点蚀的危害程度。点蚀系数是金属最大腐蚀深度与平均腐蚀深度之比。点蚀系数愈大，对金属危害愈大。

经水质处理后使腐蚀率降低的效果称缓蚀率，以 η 表示

$$\eta = \frac{C_0 - C_L}{C_0} \times 100\% \tag{10.9}$$

式中　C_0——循环冷却水未处理时腐蚀率；

　　　C_L——循环冷却水经处理后的腐蚀率。

2. 污垢热阻

热阻为传热系数的倒数。热交换器传热面由于结垢及污垢沉积使传热系数下降，从而使热阻增加的量称为污垢热阻。

热交换器的热阻在不同时刻由于垢层不同而有不同的污垢热阻值。一般在某一时刻测得的称为即时污垢热阻，此值为经 t 小时后的传热系数的倒数和开始时（热交换器表面未沉积垢物时）的传热系数的倒数之差。

以上污垢热阻 R_t 是在积垢 t 时间后的污垢热阻，不同时间 t 有不同的 R_t 值，应作出 R_t 对时间 t 的变化曲线，推算出年污垢热阻作为控制指标。

10.4　循　环　水　的　处　理

为了保证循冷却水所要求的水质指标，必须对腐蚀、沉积物和微生物进行控制。由于腐蚀、沉积物和微生物三者相互影响，必须采取综合处理方法。为便于说明，先分别进行讨论。实际上，采用药剂处理时，某些药剂往往同时兼具防腐蚀和防垢的双重作用。

10.4.1　腐蚀控制

防止循环冷却水系统腐蚀的方法主要是投加某些药剂——缓蚀剂，使在金属表面形成一层薄膜将金属表面覆盖起来，从而与腐蚀介质隔绝，防止金属腐蚀。缓蚀剂所形成的膜有氧化物膜、沉淀物膜和吸附膜 3 种类型。在阳极形成保护膜的缓蚀剂称阳极缓蚀剂；在阴极形成保护膜的称阴极缓蚀剂。

1. 氧化膜型缓蚀剂

这类缓蚀剂直接或间接产生金属的氧化物或氢氧化物，在金属表面形成保护膜，如铬酸盐等即属此类缓蚀剂。它们所形成的防蚀膜薄而致密，与基体金属的粘附性强，能阻碍

溶解氧扩散，使腐蚀反应速度降低。当保护膜到达一定厚度时，膜的增长就几乎自动停止，不再加厚。因此氧化膜型缓蚀剂的防腐效果良好，而且有过剩的缓蚀剂也不致产生结垢。

亚硝酸盐借助于水中溶解氧在金属表面形成氧化膜而成为阳极型缓蚀剂，具有代表性的是亚硝酸钠和亚硝酸铵。这种缓蚀剂在含有氧化剂的水中使用时，防腐效果会减弱，因此不能与氧化性杀菌剂如氯等同时使用。亚硝酸盐缓蚀剂的主要缺点是，在长期使用后，系统内硝化细菌繁殖，氧化亚硝酸盐变为硝酸盐，防腐效果降低。

2. 水中离子沉淀膜型缓蚀剂

此类缓蚀剂与溶解于水中的离子生成难溶盐或络合物，在金属表面上析出沉淀，形成防蚀薄膜。所形成的多孔、较厚、比较松散，多与基体金属的密合性较差。同时，药剂投量过多，垢层加厚，影响传热。

此类缓蚀剂有聚磷酸盐和锌盐。聚磷酸盐是微生物的营养成分，所以会促进微生物的繁殖，必须采取措施控制微生物；锌盐在循环水中溶解度很低，容易沉淀而消耗掉，另外对环境的污染也很严重，这就限制了锌盐的作用。

3. 金属离子沉淀膜型缓蚀剂

这种缓蚀剂是使金属活化溶解，并在金属离子浓度高的部位与缓蚀剂形成沉积，产生致密的薄膜，缓蚀效果良好。在防蚀膜形成之后，即使在缓蚀剂过剩时，薄膜也停止增厚。这种缓蚀剂如巯基苯并噻唑（简称 MBT）是铜的很好的阳极缓蚀剂。剂量仅为 $1\sim$ $2mg/L$。因为它在铜的表面进行螯合反应，形成一层沉淀薄膜，抑制腐蚀。这类缓蚀剂还有其他杂环硫醇。巯基苯并噻唑与聚磷酸盐共同使用，对防止金属的点蚀有良好的效果。

4. 吸附膜型缓蚀剂

这种有机缓蚀剂的分子具有亲水性基和疏水性基。亲水基即极性基能有效地吸附在洁净的金属表面上，而将疏水基团朝向水侧，阻碍水和溶解氧向金属扩散，以抑制腐蚀。防蚀效果与金属表面的洁净程度有关。这种缓蚀剂主要有胺类化合物及其他表面活性剂类有机化合物。这种缓蚀剂的缺点在于分析方法比较复杂，因而难于控制浓度；价格较贵，在大量用水的冷却系统中使用还有困难，但有发展前途。

10.4.2　沉积物控制

沉积物控制包括结垢控制和污垢控制，而粘垢控制往往与微生物控制分不开。结垢控制和污垢控制所采用的方法和药剂往往是不同的。

1. 结垢控制

控制结垢的方法有以下几种：

（1）去除水中产生结垢的部分。此法包括水的软化和除盐等，只有在补充水水质很差或必须提高浓缩倍数情况下采用。

（2）采用酸化法将碳酸盐硬度转变成溶解较高的非碳酸盐硬度也是控制结垢的方法之一。化学反应如下：

$$Ca(HCO_3)_2 + H_2SO_4 \longrightarrow CaSO_4 + 2CO_2 \uparrow + 2H_2O$$

$$Ca(HCO_3)_2 + 2HCl \longrightarrow CaCl_2 + 2CO_2 \uparrow + 2H_2O$$

$CaSO_4$ 和 $CaCl_2$ 的溶解度远大于 $CaCO_3$，故加酸处理有助于防垢。加酸以后，碳酸

盐硬度降至 H'_B，非碳酸盐硬度升高。要求经加酸处理后满足下列条件

$$KH'_B \leqslant H' \tag{10.10}$$

式中　　H'_B——酸化后的补充水碳酸盐硬度；

　　　　H'——循环水碳酸盐硬度。

酸化法适用于补充水的碳酸盐硬度较大的情况。采用酸化法时，应注意设备及管道的防腐。

（3）向水中投加阻垢剂。循环冷却水水质处理的主要方法之一，是向循环冷却水中加入"阻垢剂"。

以往阻垢剂多半是天然成分的物质，如单宁、木质素等经过适当加工后的产品。后来产品广泛采用聚磷酸盐。近年来多采用人工合成的阻垢剂，如磷酸盐、聚丙烯酸盐等。

在循环冷却水中所采用的聚磷酸盐有六偏磷酸钠和三聚磷酸钠，它们既有阻垢作用，又有缓蚀作用，这里只讨论阻垢作用。它们可与 Ca^{2+}、Mg^{2+} 络合，将之它们生成碳酸盐或非碳酸盐垢，从而提高了水中允许的极限碳酸盐硬度。另外，磷酸盐也是一种分散剂，具有表面活性，可以吸附在 $CaCO_3$ 微小晶坯的表面上，使碳酸盐以晶坯形式存在于水中，从而防治产生结垢。

聚丙烯酸钠是阳离子型分散剂，它可增大 $Ca_3(PO_4)_2$ 的溶解度，并且使 $CaCO_3$ 形成微小结晶核形式絮状物，容易被冷却水带走。

有机磷酸盐有良好的热稳定性，有抗氧化性；在较高 pH 值时（7～8.5），仍有阻垢作用，而且有缓蚀作用。

2. 污垢控制

污垢成分比较复杂。油类污染物可采用表面活性控制；悬浮物（包括有机和无机物）可用絮凝沉淀或过滤方法去除。设旁滤也是防止悬浮物在循环冷却水中积累的有效方法。循环冷却水的一部分连续以旁滤池过滤后返回循环系统。旁滤池的设置方式：一种是与工艺冷却装置并联；另一种是和工艺冷却装置串联。

旁滤池的构造与常用的滤池相同，为了简化流程，可采用压力滤池。

10.4.3　微生物控制

微生物可引起粘垢，粘垢会引起循环水系统中微生物的大量繁殖，又会使换热器传热效率降低并增加水头损失。另外，微生物又与腐蚀有关，故控制微生物的意义更加深远。这里主要介绍杀灭微生物及抑制微生物繁殖的化学药剂处理法。

化学处理所用的药剂，可以分为氧化型杀菌剂、非氧化型杀菌剂及表面活性剂杀菌剂等。

1. 氧化型杀菌剂

目前循环冷却水中采用的氧化型杀菌剂，主要为液氯、二氧化氯及次氯酸钙、次氯酸钠等。因为氯在冷却塔中易于损失，不能起持续的杀菌作用，故可用氯与非氧化型杀菌剂联合使用。另外应注意，有机及其他还原性水处理剂与氧化型杀菌剂不能同时使用。

2. 非氧化型杀菌剂

常用的有硫酸铜和氯酚。

硫酸铜广泛用作控制藻尖的药剂，但一般不单独使用硫酸铜，有以下原因：一方面为

了防止铜离子沉淀在铁质表面，形成以铁为阳极的腐蚀电池，所以往往同时投加铜的螯合剂如 EDTA 等；另一方面为了使铜离子渗进附着在塔体上的藻类内部，往往同时投加表面活性剂。

氯酚杀菌剂，特别是五氯酚钠 C_6Cl_5ONa 广泛地应用于工业冷却水处理。氯酚杀菌剂的使用量一般都比较高，约为几十毫克每升。利用不同药剂对不同菌种杀菌效率不同的特点，可以把数种氯酚化合物组成复方杀菌剂，发挥增效作用，从而可降低杀菌剂的用量。常用氯酚和铜盐混合控制藻类，间歇投药，可以得到满意的效果。

3. 表面活性杀菌剂

表面活性杀菌剂可以季铵盐类化合物为代表。季铵盐带正电荷，而构成生物性粘泥的细菌、真菌及藻类带负电荷，因此可被微生物选择性吸附，并聚积在微生物的体表上，改变原形质膜的物理化学性质，使细胞活动异常；它的疏水基能溶解微生物体表的脂肪壁，从而杀死微生物；一部分季铵化合物透过细胞壁，进入菌体内，与构成菌体的蛋白质反应，使微生物代谢异常，从而杀死微生物。作为表面活性剂的季铵盐，由于具有渗透的性质，所以往往和其他杀菌剂同时使用，以加强效果。使用季铵盐类的缺点是剂量比较高，常引起发泡现象，但发泡能使被吸着在构件表面的生物性粘泥剥离下来，随水流经旁滤池除去。

在可能条件下，用两种或两种以上药剂配合使用，可达到药剂间相互增效的作用。为了防止微生物逐渐适应杀菌剂而产生抗药性，应该选用几种药剂，轮换使用。

10.4.4　循环冷却水的综合处理

1. 循环水系统的预处理——清洁和预膜

为防止换热器受循环水损害，应在换热器管壁上预先形成完整的保护膜的基础上，再进行运行过程中腐蚀、沉积物和微生物控制。预处理就是要形成保护膜，简称预膜。为了有效预膜，必须对金属表面进行清洁处理。

循环水系统的预处理包括：化学清洗剂清洗→清洗干净→预膜。然后转入正常运行。

常用的化学清洗剂有很多，根据所清除的污垢成分选用：以粘垢为主的污垢应选用以杀菌剂为主的清垢剂；以泥垢为主的污垢应选用混凝剂或分散剂为主的清垢剂；以结构为主的应选用螯合剂、渗透剂、分散剂为主的清垢剂；以腐蚀产物为主的应采用渗透剂、分散剂等表面活性剂。

预膜的好坏往往决定缓蚀效果的好坏。预膜在循环水系统运行之前，每次大修、小修之后，设备酸洗之后，系统发生特低 pH 值之后等情况必须进行。预处理可以采用缓蚀剂配方，也可用专门的预膜剂配方。

2. 综合处理与复方稳定剂

在循环冷却水处理中，一般都不采用单一的方法或单一的药剂。即不仅是对某种处理提出多种方法或复方药剂的要求，而且要对腐蚀、水垢及污垢等各方面同时进行综合处理，以保证高质量的循环冷却水，使得系统运行可靠、高效。

近年来，我国采用复合腐蚀缓蚀剂的配方主要有以下成分：

（1）聚磷酸盐，主要有六偏磷酸钠或三聚磷酸钠。

（2）有机磷酸盐，主要有 EDTMP 或 HEDP。

（3）聚羧酸盐，如聚丙烯酸钠。

此外，有的还添加硫基苯并噻唑（简称 MBT）。

根据近年来的实践表明，这种配方具有较好的效果，其腐蚀率一般小于 $0.05mm/a$，连续运行 3 个月没有发现点蚀，污垢热阻系数小于 $0.2 \times 10^{-4}(m^2 \cdot h \cdot K)/kJ$，最大垢层厚度小于 $500\mu m$。

常用缓蚀阻垢剂的复合配方可参考表 10.2。

表 10.2　　　　　　　　　　　缓蚀阻垢剂的复合配方

序号	配　方	加药量 (mg/L)	pH 值控制范围	备　　注
1	铬酸盐＋聚磷酸盐	40～60	7.1～7.5	对不同水质适应性强；缓蚀效果好；对钢铜及其合金、铝都有缓蚀效果；排出水不符合排放要求
2	铬酸盐＋聚磷酸盐＋锌盐	10～15	6.0～7.0	对不同水质适用性强；保护膜形成快；缓蚀效果好；排出水不符合排放要求
3	聚磷酸盐＋锌盐		7.0～7.5	成膜快，且较牢固；一般锌占 20%
4	三聚磷酸钠＋EDT-MP＋聚丙烯酸钠		7.0～7.5	使用效果稳定；操作方便
5	HEDP＋聚马来酸		不调节	缓蚀阻垢效果好；加药量少，成本低；药剂稳定，药剂停留时间长；没有因药剂引起的菌剂藻问题
6	钼酸盐＋葡萄糖酸盐＋锌盐＋聚丙烯酸盐		8.0～8.5	对不同水质适应性强；有较好的缓蚀阻垢效果；耐热性好；克服了因聚磷酸盐存在而促进藻类繁殖的缺点；要求 $Cl^- + SO_4^{2-} < 400mg/L$
7	钼酸盐＋聚磷酸盐＋聚丙烯酸盐＋BZT	10～15	不调节	对不同水质适用性强；操作简单；价格便宜

思 考 题 与 习 题

1. 循环水冷却原理？冷却构筑物有哪些形式？

2. 循环冷却水系统中，结垢、污垢和粘垢有什么不同？

3. 什么叫缓蚀剂？常用有哪几种缓蚀剂？各种缓蚀剂的防蚀原理和特点？

4. 阻垢剂常用有哪几种？各自的特点？

5. 微生物控制有什么作用？常用化学药剂有哪几种？

第 11 章　水处理厂的规划与设计

内容概述

本章重点介绍水处理厂工艺流程的选择、平面布置和高程布置的原则及计算要求。同时对水处理厂的基建工作程序等知识作了概要介绍。

学习目标

(1) 了解水处理厂的基建工作程序，水处理中配水、计量及自控等基本知识。

(2) 理解水处理厂厂址选择的原则。

(3) 掌握给水处理与污水处理工艺流程的选择，水处理厂平面布置、高程布置的原则，并掌握处理厂的平面布置及高程布置计算要求。

11.1　原　始　资　料

作为水处理工程的基本设施，在进行水处理厂的工程设计时，应遵循一定的设计程序。水处理厂设计阶段，技术复杂、处理规模大，重要的项目的设计一般包括初步设计和施工图设计，技术程度、处理规模、重要性均小的项目一般只包括施工图设计。

在水处理系统及处理厂规划、设计开始前，必须明确任务，进行充分的调查研究，收集所需的原始资料。在采用新的处理工艺时，应进行小型和中型的试验，取得可靠的设计参数后，才能使规划、设计建立在适用、经济、可靠资料的基础上。

11.1.1　设计前期的工作

设计前的准备工作十分重要。它要求设计人员必须明确任务，收集所需的所有原始资料、数据，并通过对这些数据、资料的分析、归纳，得出切合实际的结论。

1. 有关设计任务的资料

(1) 设计范围和设计题目。

(2) 城镇（或工业企业）现状和总体发展规划的资料，如人口、建筑居住标准、道路、河流、输电网、工业分布与生成规模、农业和渔业等。

(3) 近、远期的处理规模与处理标准。因为城镇或工业的发展需要一个过程，投资也有一定的限制，故设计时应考虑近、远期的分期建设，随着经济的发展，远期可适当提高处理规模及处理标准。

2. 有关水量、水质的资料

(1) 设计给水厂时，首先应确定采用何种水源，其水量和水质应有保证。

(2) 设计废水处理厂时，应着重调查工业污染源，了解企业的性质、规模、生产工艺、原料、产品及排出的废水量、水质、水温等情况及其变化规律。

3. 有关自然条件的资料

(1) 气象资料。包括历年来最热月与最冷月的平均气温、多年土壤最大冰冻深度、多年平均风向玫瑰图和雨量资料等。

（2）水文资料。包括当地河流百年一遇的最大洪水量、洪水位，枯水期 95％保证率的月平均最小流量和最低水位，水体水质及污染情况，水体在城镇给水、灌溉、景观、渔业等方面的用水资料等。

（3）水文地质资料。包括地下水的最高水位、最低水位、流动方向、运动状态及综合利用资料等；在喀斯特发育地区，特别应注意地下水和地面水的相互补给情况和地下水综合利用情况。

（4）地质资料。包括处理厂区的地基承载力、有无流砂、地震等级等；

（5）地形资料。处理厂区附近 1∶5000 的地形图，厂址和废水排放或取水口附近的 1∶200 或 1∶500 的地形图。

4. 有关编制预算和施工图方面的资料

（1）关于当地建筑材料、设备的供应情况和价格。

（2）关于施工力量（技术、设备、劳动力）的资料。

（3）关于编制概算、预算的定额资料，包括地区差价、间接费用定额、运输费等。

（4）租地、买地、征税、补偿等规章和费用。

11.1.2 初步设计

初步设计的主要目的如下：提供审批依据，进一步论证工程方案的技术先进性、可靠性和经济合理性；投资控制，提供工程概算表，其总概算值是控制投资的主要依据，预算和决算都不能超过此概算值；技术设计，包括工艺、建筑、变配电系统、仪表及自动化控制等方面的总体设计及部分主要单体设计，各专业所采用的新技术论证及设计；提供施工准备工作，如拆迁、征地并与有关部门签订合同；提供主要设备材料订货要求，即设备与主材招标合同的技术规格书的依据，包括电气与自控、化验等方面设备与主材的工艺要求、性能、技术规格、数量。

初步设计的任务包括确定工程规模、建设目的、投资效益，设计原则和标准、各专业各体设计及主要工艺构筑物设计、工程概算、拆迁征地范围和数量、施工图设计中可能涉及的问题及建议。

初步设计的文件应包括设计（计算）说明书、工程量、主要设备与材料、初步设计图纸、工程总概算表。初步设计文件应能满足审批、投资控制、施工图设计、施工准备、设备订购等方面工作依据的要求。

11.1.2.1 设计说明书

1. 设计依据

说明设计任务书（计划任务书），设计委托书及选厂报告等批准机关、文号、日期、批准的主要内容，设计委托单位的主要要求。

（1）主要设计资料。资料名称、来源、编制单位及日期（除有关资料外），一般包括用水、用电协议，环保部门的批准同意书，流域或区域环境治理的可行研究报告书等。

（2）城市（或区域）概况及自然条件。建设现状、总体规划、分期修建计划及有关情况，概述地表、地貌、水文地质、地下水位、气象等有关情况。

（3）现有给排水工程概况。有关现有城镇供水现状和污水处理等现状，包括处理厂的水量、位置、处理工艺、设施的利用情况，水体及环境污染情况，以及存在问题。

2. 工程设计

（1）设计水处理的水质水量。在分析原来给排水系统中处理水的平均流量、高峰流量、现状流量、预期流量等水量资料基础上，并结合工程近、远期处理能力要求及工程是否采用分期建设，确定水处理厂设计规模。

（2）厂址选择说明。结合城市现状和总体规划，具体说明厂址选择的原则和理由，并说明已选厂址的地形、地质、用地面积及外围条件（三通一平）。

（3）工艺流程的选择说明。主要说明所选工艺方案的技术先进性、合理性，尤其要说明所采用新技术的优越性（技术经济方面）和可靠性（技术方面）。

（4）工艺设计说明。说明所选工艺方案初步设计的总体设计（平面和高程布置）原则，并说明主要工艺构筑物的设计（技术特征、设计数据、结构形式、尺寸）。

（5）主要处理设备说明。说明主要设备的性能构造、材料及主要尺寸，尤其是新技术设备的技术特征、构造形式、原理、施工及维护使用注意事项等。

（6）处理厂内辅助建筑（办公、化验、控制、变配电、药库、机修等）和公用工程（供水、排水、道路、绿化）的设计说明。

（7）处理厂自动控制和监测设计说明。

（8）存在的问题及对策建议。

11.1.2.2　工程量

列出本工程各项构筑物及厂区总图所涉及的混凝土量、挖土方量、回填土方量、钢筋混凝土土量、建筑面积等。

11.1.2.3　设备和主要材料量

列出本工程的设备和主要材料清单（名称、规格、材料、数量）。

11.1.2.4　工程概算书

说明概算书编制依据、设备和主要建筑材料市场供应价格、其他间接费情况等；列出总概算表和各单元概算表；说明工程总概算投资及其构成。

11.1.2.5　设计图纸

各专业（工艺、建筑、电气与自控）总体设计图（总平面图、系统图），比例尺（1∶200～1∶1000）；主要工艺构筑物设计图（平面、竖向），比例尺（1∶100～1∶200）。

11.1.3　施工图设计

施工图设计是在初步设计的基础上作进一步的补充和深化，施工图设计在初步设计或方案设计批准之后进行，其任务是以初步设计的说明书和图作为依据，根据土建施工、设备安装、组（构）件加工及管道（线）安装所需的程度将初步设计精确具体化，除水处理厂总平面布置图与高程布置、各处理构筑物的平面和竖向设计之外，所有构筑物的各个节点构造、尺寸都用图纸表达出来，每张图均应按一定比例与标准图例精确绘制。施工图设计的深度，应满足土建施工、设备与管道安装、构件加工、施工预算编制的要求。施工图设计文件以图纸为主，还包括说明书、主要设备材料表。

11.1.3.1　设计说明书

（1）设计依据。初步设计或方案设计批准文件，设计进出水水质。

（2）设计方案。扼要说明水处理的设计方案，与原初步设计比较有何变更，并说明其理由，设计处理效果。

（3）图纸目录、引用标准图目录。

（4）主要设备材料表。

（5）施工安装注意事项及质量、验收要求和主要工程施工方法设计。

11.1.3.2 设计图纸

1. 总体设计

（1）水处理厂总平面图。比例尺 1：100～1：500，包括风向玫瑰图、坐标轴线、构筑物与建筑物、围墙、道路、连接绿地等的平面位置，注明厂界四角坐标及构（建）筑物对角坐标或相对距离，并附构（建）筑物一览表、总平面设计用地指标表、图例。

（2）工艺流程图。又称水处理系统高程布置图，反映出工艺处理过程及构（建）筑物的高程关系，应反映出各处理单元的构造及各种管线方向，应反映出各构（建）筑物的水面、池底或地面标高、池顶或屋顶标高，应较准确地表达构（建）筑物进出管渠的连接形式及标高。绘制高程图应有准确度横向比例，竖向比例可不统一。高程图应反映原地形、设计地坪、设计路面、建筑物室内地面之间的关系。

（3）水处理厂综合关系平面布置图。应表示出管线的平面布置和高程布置，即各种管线的平面位置、长度及相关尺寸、管线埋深及管径（断面）、坡度、管材、节点布置（必要时做详图）、管件及附属构筑物（闸门井、检查井）。必要时可分别绘制管线平面布置图和纵断面图，图中应附管道（渠）、管件及辅助构筑物一览表。

2. 单体构（建）筑物设计图

各专业（工艺、建筑、电气）总体设计之外，单体构（建）筑物设计图也应由工艺、建筑、结构（土建与钢）电气与自控、非标机械设备、公用工程（供水、排水、采暖）等施工详图组成。

（1）工艺。比例尺 1：50～1：100，表示出工艺构造与尺寸、设备与管道安装位置与尺寸、高程。通过平面图、剖面图、局部详图或节点构造详图、构件大样图等表达，应附设备、管道及附件一览表，必要时对主要技术参数、尺寸标准、施工要求、标准图引用等作说明。

（2）建筑图。比例尺 1：50～1：100，表示出水平面、立面、剖面的尺寸、相对高程，表明内、外装修材料，并有各种分构造详图、节点大样、门窗表及必要的设计说明。

（3）结构图。比例尺 1：50～1：100，表达构（建）筑物整体及构件的结构构造、地基处理、基础尺寸及节点构造等，结构单元和汇总工程量表，主要材料表，钢筋表及必要的设计说明，要有综合埋件及预留洞详图。钢结构设计图应有整体装配、构件构造与尺寸、节点详图，应表达设备性能，加工及安装技术要求，应有设备及材料表。

（4）主要建筑物给水排水，采暖通风、照明及配电安装图。

3. 电气与自控设计图

（1）厂（站）区高低压变配电系统图和一、二次回路连线原理图。

（2）各种控制和保护原理图与接线图，包括系统布置原理图。

（3）各构筑物平、剖面图，包括变电所、配电间、操作控制间电气设备位置、供电控制线路铺设、接地装置、设备材料明细表和施工说明及注意事项。

（4）电气设备安装图，包括材料明细表、制作或安装说明。

（5）厂（站）区室外线路照明平面图，包括系统布置、安装位置及尺寸、控制电缆线路和设备材料明细表以及安装调试说明。

（6）非标准配件加工详图。

（7）仪表自动化控制安装图，包括系统布置、安装位置及尺寸、控制电缆线路和设备材料明细表，以及安装调试说明。

4．辅助设备设计图

辅助与附属建筑物建筑、结构、设备安装及公用工程，如办公、仓库、机修、食堂、宿舍、车库等施工设计图。

5．非标设备设计图

某些简单金属构件的设计详图可附于工艺设计图中。但有几种不同形式的零配件、构件组成的成套设备，又没有现成的设备可使用，其功能较独立，构造较复杂，加工不简单的设备或大型钢结构处理装置，应视为非标设备，专门进行施工（制作、安装）图设计。

11.2　厂　址　选　择

在进行处理厂设计时，选择厂址是非常重要的环节，应充分重视。处理厂厂址的选择应结合城镇或工厂的总体规划、地形、管网布置、环保要求等综合因素，进行多方案的经济技术比较，选择出适用可靠、工程造价低、管道及总输水费用省、施工及管理条件好的厂址。

在厂址的选择中一般应考虑下面几个因素：

（1）少占农田和尽可能不占良田。

（2）厂址应选择在工程地质条件较好的地方，在有抗震要求的地区还应考虑地震、地质条件。目的是减少基础处理和排水费用，降低工程造价并有利于施工。一般应选在地下水位较低，地基承载力较大，岩石无断裂带，以及对工程抗震有利的地段。

（3）考虑周围环境卫生条件，给水厂应布置在城镇上游，并满足《生活饮用水水质标准》中的卫生防护要求；污水厂尽可能设在夏季主导风向的下方，并要求与生活区有一定宽度的绿化隔离带，污水厂应布置在城镇给水水源的下游，距城镇或生活区 300m 以上，并考虑处理后的污水用于农田灌溉的可能性。

（4）应使管网的基建费用最低。当取水地点离配水管网较近时，厂址多选在取水地点附近或连在一起；当距用水区较远时，给水厂选址应能通过经济技术比较后确定；对于高浊度的原水，常需进行预处理，通常是将预处理设施设在取水地点附近或与取水构筑物建在一起，而给水厂则设在配水管网附近。

污水厂如果为几个区服务，则厂址应结合管网布置进行优化设计，力争总投资最省。

（5）要充分利用地形，应选择有适当坡度的地区，以满足水处理构筑物高程布置的需要，减少土方工程量。

（6）厂址应尽量选在交通方便的地方，以有利于施工运输和运行管理。

（7）厂址应尽量选在靠近供电电源的地方，以利安全运行和降低输电线路费用。

（8）应考虑有发展扩建的余地。

处理厂占地面积大小与处理方法、水量的关系，列于表 11.1 中供选址时参考。

表 11.1　　　　　给水厂及污水厂占地面积（亩/$10^4 m^3$）

给水厂		污水厂			
规模 （$10^4 m^3/d$）	占地 （亩/$10^4 m^3$）	规模 （$10^4 m^3/d$）	一级处理	二级处理	
				生物滤池	曝气池或高负荷滤池
>100	1.2	0.5	15～20	60～90	30～37
>50	1.5	1	12～18	60～90	22～30
>30	2.5	2	9～13	60～90	17～23
>20	3.5	5	8～12	60～90	15～22
>10	4.5	7.5	7.5～10	60～90	15～20
>5	5	10	7.5～10	60～90	15～19

11.3　处理工艺流程选择

水处理工艺流程和方法的选择应根据原水水质、用水水质要求（或污水排放要求）等因素，通过调查研究及技术经济比较后确定。

11.3.1　给水厂工艺流程选择

给水厂处理工艺流程的选择指对给水处理所采用的一系列处理单元的组合方式。

水质随不同的水源而变化，因此当确定取用某一水源后，必须十分清楚该水源的水质情况。根据用水要求达到的水质标准，分析研究原水水质中哪些项目是必须进行处理的，哪些项目通过净水厂解决，哪些项目需要单独处理解决。根据需要处理的内容，选择净化工艺流程。

选择净水工艺流程时最好根据同一水源或参照水源水质条件相似的已建净水厂运行经验来确定。有条件时并辅以模拟试验加以验证；当无经验可参考，或拟采用某一新工艺时，则应通过试验，经试验证明能达到预期效果后，方可采用。

但在确定工艺流程过程中，常常会遇到同时有两个或几个方案都能达到净化处理的目的，此时除需进行技术经济比较外，还应考虑施工、管理、维护及其他方面的条件，加以综合比较，择优确定工艺流程。

混凝、沉淀、过滤等过程主要是通过其相应的净化构筑物来完成的。同一过程有着不同型式的净水构筑物，而且都具有各自的特点，包括它的工艺系统、构造形式、适应性能、设备材料要求、运行方式、管理和维护要求等。同时，其建造费用和运行费用也是有差异的。因此，当确定净水工艺流程后，应进行净水构筑物型式的选择，并通过技术经济比较确定。

给水厂的设计规模往往受到投资等各种因素的限制，而忽略了生产挖潜的需要，在选型及其工艺设计参数的选用上，没有考虑留有适当的余地。实际上，城镇或工业用水量是随着国民经济的不断发展，人民生活水平的不断提高而增长的。由于上述原因，不少给水厂刚建成不久，生产能力与所需供应的水量就不相适应，很快需要进行扩建或考虑新建给水厂。因此，在给水厂构筑物的选型及其工艺参数的选用上，应考虑适当留有生产挖潜的余地。

11.3.2 污水厂工艺流程选择

污水处理工艺流程的选择指对污水处理所采用的一系列处理单元的组合形式。它的选择一般应与污水处理厂厂址的选择同时考虑，其最主要的选择依据是原污水的水质、处理应达到的程度与其他自然条件等。一般来说，废水处理工艺流程的选择应当主要考虑以下几个方面的问题。

1. 原污水水质

一般的生活污水水质相对比较固定，处理的主要目标是降低污水的生化需氧量（BOD）和悬浮固体，常用的处理方法包括拦截、沉淀、生物处理、消毒等，有典型流程可供参考。而工业废水水质复杂，无论是污水中的污染物种类还是浓度，差异都很大，因此，目前没有特别典型的流程可供参考。

在选择城市或区域性污水处理流程时，必须首先确定工业废水与生活污水是一并处理还是单独处理。通常的做法是：除水量较大的重点企业采用独立的污水处理系统外，大多数分散的中小型企业的一般污水，排入城市下水道，与生活污水一起送到城市污水处理厂统一处理。某些特殊工业废水，含有毒、有害物质，则要求在厂内经过处理，达到规定的标准后方能排到城市污水处理厂。

处理单元的排列顺序原则是先易后难，易于去除的悬浮物处理构筑物（如沉砂池、沉淀池等）排列在流程的前面，而以去除溶解性有机物为目的的生物处理构筑物（如曝气池或生物滤池等）则排列在流程的后面，消毒去除病原体的处理设施则排列在最后。如果二级出水用于回用，则在二级生物处理之后，再加一级混凝沉淀和过滤，进一步去除悬浮物、溶解性有机物，使其达到回用的目的。以去除悬浮颗粒为主的系统为一级处理，而以去除溶解性有机物为主的系统称为二级处理或生物处理，以回用为目的进一步降低悬浮物及溶解性有机物的系统称为深度处理。

工业废水种类繁多，需去除的污染对象庞杂，可以采用的处理工艺繁多，应根据不同的去除对象采用不同的处理工艺。

2. 污水的处理深度

这是污水处理工艺流程选择的重要因素之一。污水处理的深度主要取决于污水的污染状况、处理后水的去向、受纳水体的功能和污水所流入的水体的自净能力。

污水的污染状况，表现为污水中所含污染物的种类、形态、浓度及水量，它直接影响污水处理程度及工艺流程。

处理后水的去向，往往在某种程度上决定某一污水治理工程的处理深度，若处理水的出路是农田灌溉，则应使污水经两级生化处理后才能排放；如污水经处理后必须回用于工业生产，则处理深度和要求根据回用的目的不同而异。一般有以下2种类型：①处理后污水不再另经净化处理直接加以回用，例如用作循环冷却水；②处理后污水再经净化、深度处理后继续回用，例如直接回用于生产过程之中，这样对污水处理要求较高，使处理流程复杂化。

严格来说，设计人员应把水体自净能力作为确定污水处理工艺流程的根据之一，既能较充分地利用水体自净能力，使污水处理工程承受的处理负荷相对减轻，又能防止水体遭受新的污染，不破坏水体正常的使用价值。不考虑水体所具有的自净能力，任意采用较高的处理深度是不经济的。

3. 工程造价与运行费用

考虑工程造价与运行费用时，应以处理污水达到水质排放标准为前提条件。在此前提下，工程建设及运行费用低的工艺流程应得到重视。此外，减少占地面积也是降低建设费用的重要措施。

4. 当地的自然和社会条件

当地的地形、气候、水资源等自然条件也对污水处理流程的选择具有一定影响。如当地有废弃的旧河渠、池塘、洼地、河塘、沼泽地与山谷等地域，可优先考虑采用工程造价低廉的稳定塘自然净化技术。在寒冷地区，则应采取适当的技术措施，保证在低温季节也能够正常运行。

当地的社会条件如原材料、水资源与电力供应等也是流程选择应当考虑的因素。

5. 污水的水量及其变化动态

除污水水质外，污水水量变化的幅度也是工艺选择时应考虑的问题。对于水量、水质变化大的污水，应选用耐冲击负荷能力强的工艺，或考虑设立调节池等缓冲设备以尽量减少不利影响。

6. 运行管理与施工

运行管理所需要的技术条件与施工的难易程度也是在选择工艺流程时应考虑的问题，如采用技术密集、运行管理复杂的处理工艺，就需要有素质高、技术水平强的人员。因此在选择运行管理复杂的工艺时应在充分的可行性研究的基础上决定。工程施工的难易程度也是选择工艺流程的影响因素之一，如地下水位高，地质条件差的地方，就不适宜选用深度大、施工难度高的处理构筑物。

7. 处理过程是否产生新的矛盾

污水处理过程中应注意是否会造成二次污染问题。例如化肥厂造气污水在采用沉淀、冷却后循环利用过程中，在冷却塔尾气中会含有氰化物，对大气造成污染。农药厂乐果污水处理中，以碱化法降解乐果，如采用石灰做碱化剂产生的污泥会造成二次污染。

应当注意，在工艺设计计算时，应考虑到平面布置的要求，如发现不妥，可根据情况重新调工艺设计。

总之，在工艺设计时，除应满足工艺设计上的要求外，还必须符合施工及运行上的要求。对于大、中型处理厂，还应作多方案比较，以便找出最佳方案。

11.4 处理厂平面及高程布置

11.4.1 给水处理厂的平面布置

给水厂平面布置原则上应该做到按功能分区，配置得当；功能明确，布置紧凑；顺流排列，流程简捷；充分利用地形；力求重力排水；还要适当留有余地，考虑扩建和施工的可能；建筑物布置还应该注意朝向和风向。

经过设计计算，当各构筑物和建筑物的型式、平面图形、平面尺寸、平面面积、个数等确定之后，就可以根据工艺流程特点、构筑物和建筑物的功能要求，结合水厂所选厂址的地形和地质条件，开始进行水厂平面布置。

（1）首先对生产构筑物和建筑物进行组合安排，在位置、操作条件、走向、面积等方面统盘考虑。安排时应注意高程、距离、管线和道路等。

一般来说，反应池和沉淀池应设在地形较高处，滤池与沉淀池应尽量靠近。清水池的标高对水厂高程设计来说是很关键的因素。从平面上看，清水池应尽量靠近滤池，特别应与二级泵站靠近。从高程上考虑，清水池有地下式、半地下式、地面式 3 种类型，一般都按深入地下 3～4m 左右考虑，并置于地形的最低处。如果分期建造，应考虑到以后的施工对结构的影响，同时应预留一定的间距。

二级泵站应与清水池接近，其位置应考虑到出水管布置方便。高压变电所应在二级泵站附近，使进出线方便，低压变电所则应靠近滤池冲洗水泵。

构筑物间的净距离，按它们中间的道路宽度和铺设管线所需要的宽度，或者按其他特殊要求确定，一般可取 10～20m，最小净距不得小于 5m。

加药间应设置在加药点附近，如果水厂分期建设，加药间只建一座即可，加药管道应能接到几处加药地点，加药间尽量与药剂仓库靠近。

为了便于管理和节省用地，避免平面上的分散和零乱，往往可以考虑把几个构筑物、建筑物在平面上或高程上组合起来，形成组合体布置。构筑物的组合原则如下：①对工艺过程有利或者无害，同时从结构、施工角度看也是允许的构筑物，可以组合，如隔板反应池与沉淀池可连在一起；②从生产上看，关系密切的构筑物，可组合成一座构筑物，如变电室与二泵站建造在一起，加药间与药剂仓库可以组合，消毒间、快滤室、冲洗设备及化验室等也可以进行组合；③为了集中管理和控制，有时对于小型水厂还可以进一步扩大组合范围，如把处理构筑物、加药间、消毒间、冲洗泵房、化验室、控制室及办公室等全部组合成一个整体建筑物，称为滤站。

另外，上海市某些水厂把清水池设在快滤池的底下，南京某些水厂把清水池设在沉淀池的底下，东北地区如长春、哈尔滨、旅大等水厂，把清水池设在二级泵站底下。南京有些水厂把冲洗水塔的底部空间分为 3 层，二、三层作化验室，底层作泵房和小仓库。

布置水厂管线时，管线之间及与其他构（建）筑物之间，应留出适当的距离。给水管或排水管距离构（建）筑物不小于 3m；给水管与排水管的水平距离，当 $d \leqslant 200mm$ 时不得小于 15m，当 $d > 200mm$ 时不得小于 3m；当给排水管线交叉时，给水管应在上面，排水管在下面，其最小垂直净距离不应小于 0.5m。

（2）生产辅助建筑物的布置。修理间和材料库可放在一起、位置靠近二级泵站，堆砂和翻砂场应靠近滤池，车库、值班室宜放在厂前区。

（3）预留面积的考虑。主要指生产设施的扩建用地。

（4）生活辅助建筑物的布置。宜放在厂前区内，如办公楼尽量结合有关建筑物，位置应在水厂进门处，便于联系工作，化验室一般设在二楼上；水厂内的厕所应远离水池等生产构筑物，按护防带距离规定应不小于 10m；等等。

（5）道路、围墙及绿化带的布置。通向一般构（建）筑物应设置人行道，宽度 1.5～

2.0m；通向仓库、检修车间、堆砂场、堆煤场、泵房、变电所等时应设车行道，其路面宽为3～4m，转弯半径为6m，纵坡一般不大于3％，且应有回车的可能。水厂应设围墙，墙高一般为2.5m。水厂布置除应保证生产安全和整洁卫生外，还应注意美观、充分绿化，在构筑物的建筑处理上，应因地制宜，与周围情况相称，在色调上做到活泼、明朗和清洁。

11.4.2 给水处理厂高程布置

水厂的高程布置主要解决净化构筑物和建筑物的高程设计问题，其成果集中反映在高程（或工艺流程）布置图上，它是沿净水工艺流程线的纵断面图，图中表示主要控制点的标高。高程布置图的范围，一般从水源到清水池（或二级泵站）。构（建）筑物之间的连接管长度可不按实际长度绘出，仅为示意。高程图上的垂直向和水平向比例尺也可不同，一般垂直向比例尺可取大些（1：10），而水平向比例尺可取小些（1：500），使图纸显得醒目。

在进行高程布置时，所依据的主要技术参数是构筑物高度和水头损失。

1. 水头损失的确定

在净水流程中，相邻净化构筑物的相对高差，决定于这两个构筑物之间的水面高差，这个水面高差的数值就是流程中的水头损失，它主要由3部分组成，即构筑物本身的、连接管道的以及计量设备的水头损失等。所以在高程布置时，应首先计算这些水头损失，而且计算所得的数值应考虑一些安全因素，以便留有余地。处理构筑物中的水头损失，与构筑物的种类、型式和构造有关，估算时可采用表11.2数据。

表11.2　　　　　　　　　　　　处理构筑物中的水头损失

构筑物名称	水头损失（m）	构筑物名称	水头损失（m）
进水井格网	0.2～0.3	无阀滤池、虹吸滤池	1.5～2.0
絮凝池	0.4～0.5	移动罩滤池	1.2～1.8
沉淀池	0.2～0.3	直接过滤滤池	2.0～2.5
澄清池	0.6～0.8	压力滤池	5～6
普通快滤池	2.0～2.5	—	—

另外，在选用某些连接管（渠）的允许流速时，应考虑水厂的地形情况，即当地形有适当坡度可以利用时，可选用较大流速，以减小管（渠）及相应配件和阀门的尺寸；当地形平坦时，为避免增加填、挖土方量和构筑物造价，宜采用较小的流速。同时，在选定管（渠）内流速时，还应适当考虑留有水量发展的余地。

计量设备的水头损失。关于文氏管流量计、孔板式流量计、流量记录仪表等计量设备水头损失的计算公式及图表，可参见《给水排水设计手册》。一般水厂进、出水管上计量仪表中的水头损失可按0.2m计算，流量指示器中的水头损失可按0.1～0.2m计算。

2. 高程布置时应注意的问题

当各项水头损失确定后，就可以进行构筑物的高程布置。进行高程布置，要注意处理好下列问题：①原水只需经过一次提升就应靠重力通过各净化构筑物，而中间不应再次加压提升；②沉淀池（澄清池）的排泥和放空，滤池冲洗水的排除均应靠重力进行；③应使水厂土方的填挖量趋于平衡。

所以构筑物高程布置与厂区的地形、地质条件及所采用的构筑物型式有密切关系。当地形有自然坡度时，就有利于高程布置、当地形比较平坦时，既要避免清水池埋入地下过深，又应避免反应池、沉淀池在地面上架得过高，这样就会导致构筑物造价的增加，尤其是地质条件较差、地下水位较高时。例如当采用普通快滤池时，其出水管在底部，故主要考虑清水池的地下埋深。当采用无阀滤池时，其出水管在上面，故应考虑前处理构筑物是否会在地面上架高。另外，高程设计时最后应定出每个构筑物的绝对标高。

11.4.3 给水处理厂布置示例

图 11.1 和图 11.2 为典型的地表水给水处理厂平面布置示例。

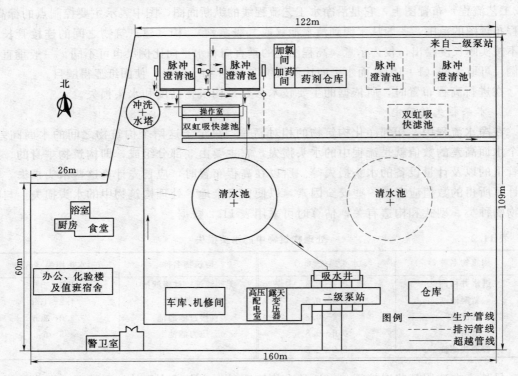

图 11.1　水厂平面布置

图 11.3 为平流沉淀池加普通快滤池给水处理厂高程布置图示例。

11.4.4 污水处理厂的平面布置

污水处理厂的建筑组成包括生产性处理构筑物、辅助建筑物和连接各建筑物的管渠，对其进行平面规划布置时，应考虑的原则有如下几条：

（1）应尽量紧凑，以减少处理厂占地面积和连接管线的长度。

（2）生产性处理构筑物作为处理厂的主体建筑物，在作平面布置时，必须考虑各构筑物的功能要求和水力要求，结合地形和地质条件，合理布局，以减少投资并使运行方便。

（3）各单元处理构筑物的座（池）数，根据处理厂的规模、处理厂的平面尺寸、各处理设施的相对位置与关系、池型等因素来确定，同时考虑运行、管理机动灵活，在维护检修时不影响正常运行。每个单元处理构筑物不得少于两座（池），而且联系各处理构筑物的管渠布置应是各处理系统自成体系，以保证各处理单元能够独立运行，并设置必要的超越管线，当某一处理构筑物因故停止运行时，不至于影响其他单元构筑物的正常工作，以

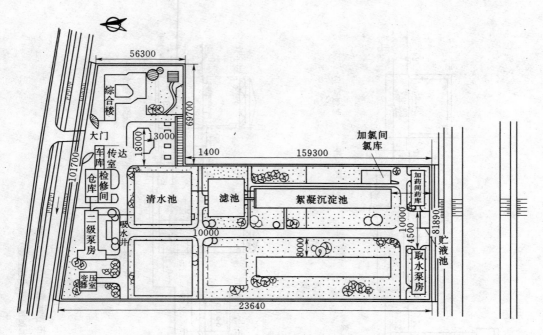

图 11.2 水厂平面布置

便发生事故或进行检修时，污水能越过该处理构筑物。

（4）对于辅助建筑物，应根据安全、方便等原则布置。如泵房、鼓风机房应尽量靠近处理构筑物，变电所应尽量靠近最大用电户，以节省动力与管道；办公室、分析化验室等均应与处理构筑物保持一定距离，并处于它们的上风向，以保证良好的工作条件；贮气罐、贮油罐等易燃易爆建筑的布置应符合防爆、防火规程；污水处理厂内的道路应方便运输等等。

（5）在设计处理厂平面布置时，应考虑设置厂内各池的泄空管，此管可与场内污水管合一，将排出的污水和厂内污水一同回流至泵前水池回流处理。

（6）厂区内给水管、空气管、蒸汽管以及输电线路的布置，应避免相互干扰，既要便于施工和维护管理，又要占地紧凑。当很难敷设在地上时，也可敷设在地下或架空敷设。

（7）要考虑扩建的可能，留有适当的扩建余地，并考虑施工方便。

（8）厂区应设置连通各构筑物和建筑物的道路；应有一定的绿化面积，其比例不小于全场总面积的 30%。

（9）构筑物的布置应注意风向和朝向。将排放异味、有害气体的构筑物布置在居住与办公场所的下风向；为保证良好的自然通风条件，建筑物布置应考虑主导风向。

11.4.5 污水处理厂的高程布置

1. 污水处理厂高程布置的任务

处理厂高程布置的任务是：确定各处理构筑物和泵房的标高及水平标高；各种连接管渠的尺寸及标准，使水能按处理流程在处理构筑物之间靠重力自流，以减少运行费用。为此必须计算各处理构筑物之间水头损失，定出构筑物之间的水面相对高差。水头损失包括：水流经过的各处理构筑物的损失，构筑物间的连接管渠中的沿程损失和局部损失，以

285

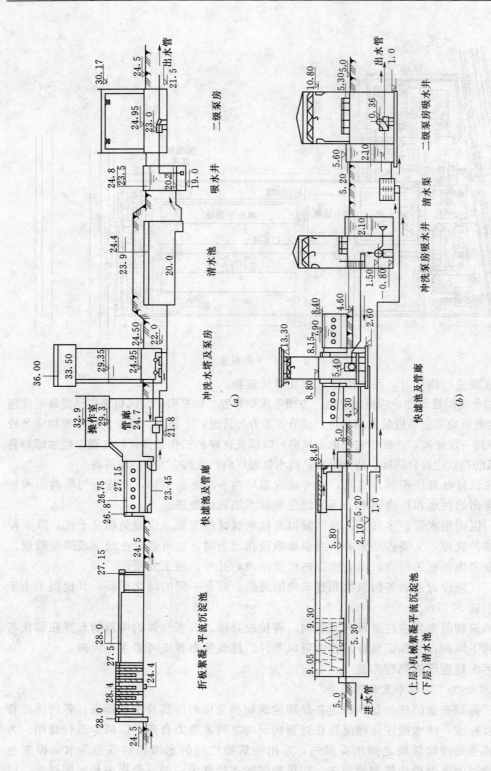

图 11.3　水厂高程布置示意

(a) 水塔冲洗；(b) 水泵冲洗（沉淀池和清水池叠建）

及水流经过计量设备等的水头损失等。各种处理构筑物的水头损失值（包括进、出水渠道的水头损失）可参见表11.3估算。

表 11.3　　　　　　　　　　污水流经处理构筑物的水头损失

构筑物名称	水头损失（m）	构筑物名称	水头损失（m）
格栅	0.1～0.25	普通快滤池	2～2.5
沉砂池	0.1～0.25	压力池	5～6
平流沉淀池	0.2～0.4	通气滤池（工作高度为4m）	6.5～6.75
竖流沉淀池	0.4～0.5	生物滤池 1. 装有旋转布水器； 2. 装有固定喷洒布水器	2.7～2.8 4.50～4.75
辐流沉淀池	0.5～0.6	曝气池 1. 污水潜流入池； 2. 污水跌流入池	0.25～0.5 0.5～1
反应池	0.4～0.5	混合接触池	0.1～0.3

2. 污水处理厂高程布置的一般原则

（1）水力计算时，应选择一条距离最长、水头损失最大的流程进行计算，并适当留有余地，以防止淤积时水头不够而造成壅水现象，影响处理系统的正常运行。

（2）计算水头损失原则上应以最大设计流量计算（按远期最大流量考虑），对达到中型规模的处理厂，按设计的平均流量计算，按远期的最大流量来核算，留有充分的池面超高（最大流量时的水位不至于溢出池子）。同时作为各构筑物之间的连接管渠应按最大流量设计，当某座构筑物停运时，与其并联运行的构筑物与有关的连接管渠能通过全部流量。

（3）高程计算时，常以受纳水体的最高水位或下游用水的水位要求作为起点，由下游倒推向上游计算，以使处理后的污水在洪水季节也能自流排出，使污水处理厂的总提升泵房的扬程最小。如果下游水位较高，应抬高全处理厂的运行水位，使水泵扬程加大或在末端排出口设置泵站提升排水。当排水水位不受限制时，应以处理构筑物埋深限制来确定标高（应结合全厂的土方平衡）。高程的布置应进行充分的经济技术比较确定。

（4）在高程布置与平面布置时，都应注意污水处理流程与污泥流程的相互协调，应尽量减少提升的污泥量，并考虑污泥处理设施排出的污水能自流进泵站前池。

（5）为了确定处理厂的高程布置，绘制总的平面图的同时，必须绘制工艺流程的纵断面图。纵断面图上应该绘出构筑物和管渠的水面高程、尺寸和各节点底部高程，原地面和设计地面高程。纵断面图的比例尺一般采用纵向1∶50～1∶100，甚至1∶10；横向1∶500～1∶1000，最好与总平面图比例尺相同。

11.4.6　污水处理厂的布置示例

图11.4所示为某城市污水处理厂总平面图。图中构筑物以坐标定位，这是平面布置设计中常用的一种定位方法。

图11.5和图11.6分别是污水处理厂平面图和污泥处理高程布置图。

天津市纪庄子污水处理厂是我国目前已建成、运行规模较大的污水处理厂之一，日处理污水量$26×10^4 m^3/d$。图11.7与图11.8分别为其处理工艺流程图和总平面布置图。

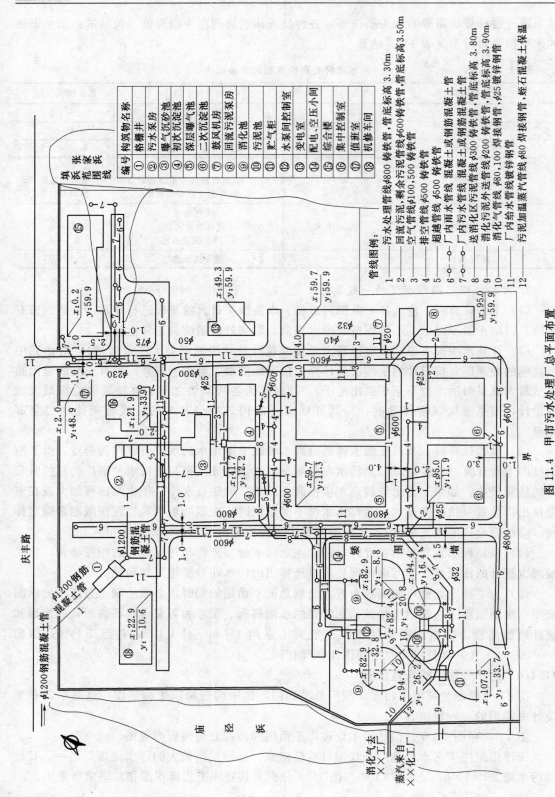

图 11.4　甲市污水处理厂总平面布置

编号	构筑物名称
①	格栅井
②	污水泵房
③	曝气沉砂池
④	初次沉淀池
⑤	深层曝气池
⑥	二次沉淀池
⑦	鼓风污泥泵房
⑧	回流污泥机房
⑨	消化池
⑩	污泥池
⑪	贮气柜
⑫	水泵间、空压小间
⑬	变电室
⑭	配电、空压控制室
⑮	综合楼
⑯	集中控制室
⑰	值班室
⑱	机修车间

管线图例：

1	污水处理管线φ800 铸铁管 φ管底标高 3.30m
2	回流污泥、剩余污泥管φ600铸铁管、管底标高3.50m
3	空气管φ100、500 铸铁管
4	排空管φ500 铸铁管
5	超越管φ500 铸铁管
6	厂内雨水管线 混凝土或钢筋混凝土管
7	厂内污水管线 混凝土或钢筋混凝土管
8	送消化区污泥管线φ300 铸铁管、管底标高 3.80m
9	消化污泥外送管φ200 铸铁管、管底标高 3.90m
10	消化气管线φ80、100 焊接钢管、φ25镀锌钢管
11	厂内给水管线φ80 焊接钢管、蛭石混凝土保温
12	污泥加温蒸汽管线φ80 焊接钢管

庆丰路

张家埭范围线

填埭范围线

⑱ x:22.9　y:−10.6

x:2.0　y:48.9

x:21.9　y:33.9

x:41.7　y:12.2

x:49.3　y:59.9

x:59.7　y:59.9

x:95.0　y:59.9

x:59.7　y:11.3

x:95.0　y:11.9

x:82.9　y:−8.8

x:94.4　y:16.4

x:82.4　y:20.8

x:82.9　y:−32.8

x:94.4　y:−26.2

x:107.9　y:−33.2

界

墙

消化气去 ××工厂

蒸汽来自 ××化工厂

φ1200钢筋混凝土管

钢筋混凝土管

φ1200

φ230

φ300

φ600

φ800

φ75

φ50

φ40

φ32

φ25

φ20

288

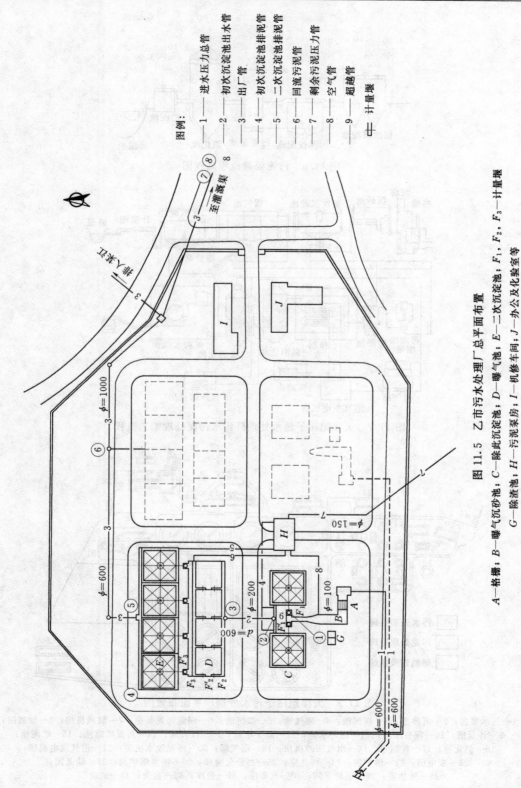

图 11.5 乙市污水处理厂总平面布置

A—格栅;B—曝气沉砂池;C—除此沉淀池;D—曝气池;E—二次沉淀池;F_1、F_2、F_3—计量堰
G—除渣池;H—污泥泵房;I—机修车间;J—办公及化验室等

图例:
1 —— 进水压力总管
2 —— 初次沉淀池出水管
3 —— 出厂管
4 —— 初次沉淀池排泥管
5 —— 二次沉淀池排泥管
6 —— 回流污泥管
7 —— 剩余污泥压力管
8 —— 空气管
9 —— 超越管
中 计量堰

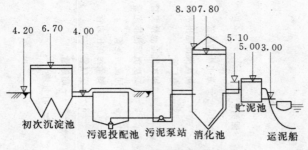

图 11.6　污泥处理流程高程图

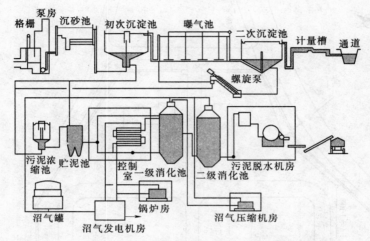

图 11.7　天津纪庄子污水处理厂污水污泥处理工艺流程

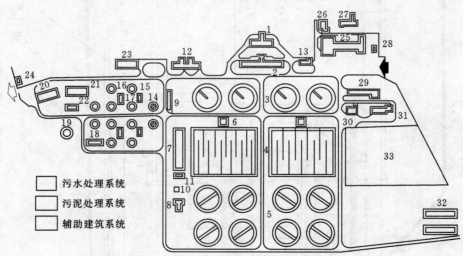

图 11.8　天津纪庄子污水处理厂平面布置图

1—污水泵房；2—沉砂池；3—初沉池；4—曝气池；5—二沉池；6—回流污泥泵房；7—鼓风机房；8—加氯间；
9—计量槽；10—深井泵房；11—循环水池；12—总变电站；13—仪表间；14—污泥浓缩池；15—贮泥池；
16—消化池；17—控制室；18—沼气压缩机房；19—沼气罐；20—污泥脱水机房；21—沼气发电机房；
22—变电所；23—锅炉房；24—传达室；25—办公化验楼；26—浴室锅炉房；27—幼儿园；
28—传达室；29—机修车间；30—汽车库；31—仓库；32—宿舍；33—试验厂

11.5 配 水、量 水 设 备

11.5.1 构筑物连接管渠的设计

水处理构筑物之间的连接管渠，大多采用砖砌或由钢筋混凝土制成的矩形明渠，为了便于维修和清洗；也有采用钢筋混凝土管、铸铁管或 PVC 管。为防止悬浮物在管渠中沉淀，明渠中必须保持一定的流速。在最大流量时，流速可为 $1.0 \sim 1.5 \text{m/s}$，在最小流量时应不小于 $0.4 \sim 0.6 \text{m/s}$，在暗管中流速应比明渠中的流速略大，应尽可能大于 1m/s，以防止在暗管中发生沉淀，增加维修工作量。

11.5.2 配水量水设备

水处理厂中，同类型、同尺寸的处理构筑物一般都有两个或两个以上，向它们均匀配水是水处理厂设计的重要内容之一。若配水不均匀，各池负荷不一样，一些构筑物可能出现超负荷，而另一些构筑物则又没有充分发挥效益。为了实现均匀配水，要设置合适的配水设备。图 11.9 为各种类型的配水设备，可按具体条件选用。

图 11.9 中（a）为中管式配水井；图 11.9（b）为倒虹管式配水井，它们常用于 2 个或 4 个为一组的圆形处理构筑物的配水，因为对称性好，配水效果较好；图 11.9（c）为挡板式配水槽，可服务于更多同类型的处理构筑物；图 11.9（d）为一简单型式的配水槽，易修建，造价低，但配水效果较差；图 11.9（e）是图 11.9（d）的改进型式，用于同类型构筑物较多的情况，配水效果较好，但构造复杂。

准确地掌握水处理厂的处理水量，并对水量资料和其他运行资料进行分析研究，对提高水厂的运行管理水平是十分重要的。为此，应设置计量设备。对计量设备的要求是水头损失小，精度高，操作简单，不易沉积杂物。常用的计量设备有计量槽、电磁流量计等。

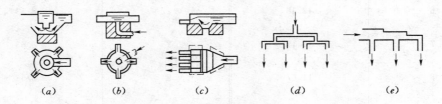

图 11.9 各种类型的配水设备

思 考 题 与 习 题

1. 工程设计一般分几个阶段？每个阶段的主要任务是什么？
2. 城市给水或污水处理厂规划设计时需要哪些基础资料？对确定设计方案有何影响？
3. 水处理厂厂址的选定应考虑哪些因素？
4. 水处理厂平面布置的原则有哪些？
5. 水处理厂高程布置的原则有哪些？其高程布置与平面布置有何关系？
6. 配水设备的功能是什么？有何种形式？特点如何？
7. 工业废水与城市污水是分散处理还是联合处理较好？各有何利弊？正确的方针是什么？

附　　录

附录 1　氧在蒸馏水中的溶解度

氧在蒸馏水中的溶解度（饱和度）

水　温 T（℃）	溶解度 （mg/L）	水　温 T（℃）	溶解度 （mg/L）
0	14.62	16	9.95
1	14.23	17	9.74
2	13.84	18	9.54
3	13.48	19	9.35
4	13.13	20	9.17
5	12.80	21	8.99
6	12.48	22	8.83
7	12.17	23	8.63
8	11.87	24	8.53
9	11.59	25	8.38
10	11.33	26	8.22
11	11.08	27	8.07
12	10.83	28	7.92
13	10.60	29	7.77
14	10.37	30	7.63
15	10.15		

附录 2 空气管计算图 (a)

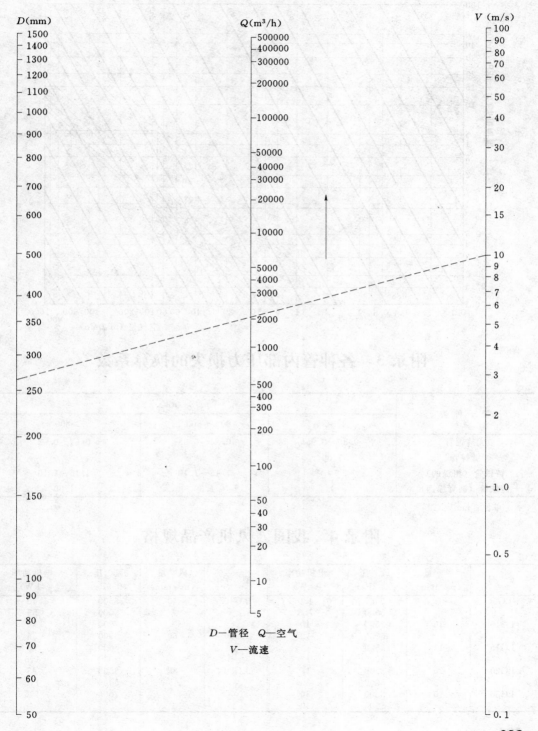

D—管径 Q—空气

V—流速

附录2　空气管计算图 (b)

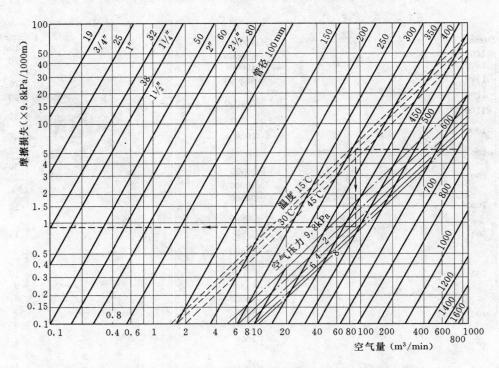

附录3　各种管内部压力损失的换算系数

管子种类	管　　　径		
	3/4″～2½″	80*～800*	＞800*
无缝钢管	0.80～0.95	0.84～0.93	0.82～0.92
镀锌管	1.00		
铸铁管（粗糙的）		1.18～1.10	1.16～1.10
铸铁管（沥青涂面）		1.00	1.00

*　单位：mm

附录4　我国鼓风机产品规格

型　号	风量 (m³/min)	风压 (9.8Pa)	电机功率 (kW)	型　号	风量 (m³/min)	风压 (9.8Pa)	电机功率 (kW)
LG5	5	3500	4.0	LG40	40	3500	40
		5000	7.5			5000	55
LG10	10	3500	10			7000	75
		5000	13	LG60	60	3500	55
LG15	15	3500	13			5000	75
		5000	17			7000	115
LG20	20	3500	17	LG80	80	3500	75
		5000	30			5000	115
LG30	30	3500	30			7000	155
		5000	40				

附录 5　泵型曝气叶轮的技术规格

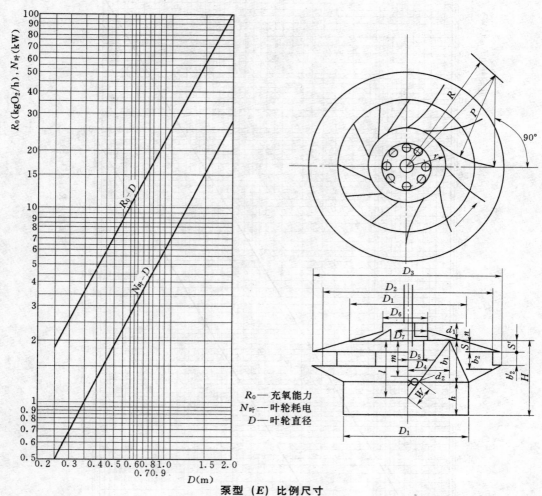

R_0——充氧能力
$N_叶$——叶轮耗电
D——叶轮直径

泵型（E）比例尺寸

代　号	尺　寸	代　号	尺　寸	代　号	尺　寸
D_2	D_2	b'_2	$(0.0497D_2)$	d_1	$0.0005 \times \left[\dfrac{\pi}{4}D_1^2\right]$ 面积
D_1	$(0.729D_2)$	S	$0.0243D_2$	d_2	$0.0004 \times \left[\dfrac{\pi}{4}D_1^2\right]$ 面积
D_3	$1.110D_2$	S'	$(0.0343D_2)$		
D_4	$0.412D_2$	h	$0.219D_2$	R	$0.70955D_2$
D_5	$0.1875D_2$	H	$(0.3958D_2)$	r	$0.2085D_2$
D_6	$0.2440D_2$	l	$0.299D_2$	P	$0.503D_2$
D_7	$0.1390D_2$	m	$0.171D_2$	叶片数 Z	12 片
b_1	$0.1770D_2$	n	$0.104D_2$	进水角 B_1	$71°20'$
b_2	$0.0680D_2$	W	$0.139D_2$	出水角 B_2	$90°$

注　1. 浸没度：$0.0345D_2$（mm）；线速：$4.7\sim5.5$（m/s）。

　　2. 圆形曝气池池壁水面不可装置挡流板，以破坏旋涡，防止叶轮脱水。方形、长方形则不需装置挡流板。

附录6　平板叶轮计算图 (a)

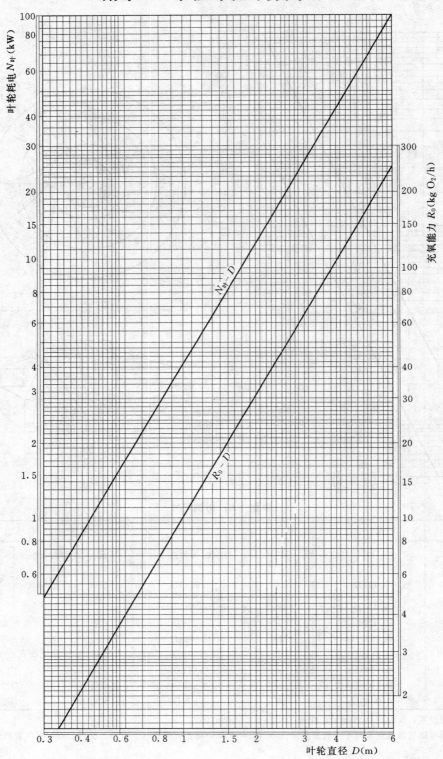

附录6 平板叶轮计算图（b）

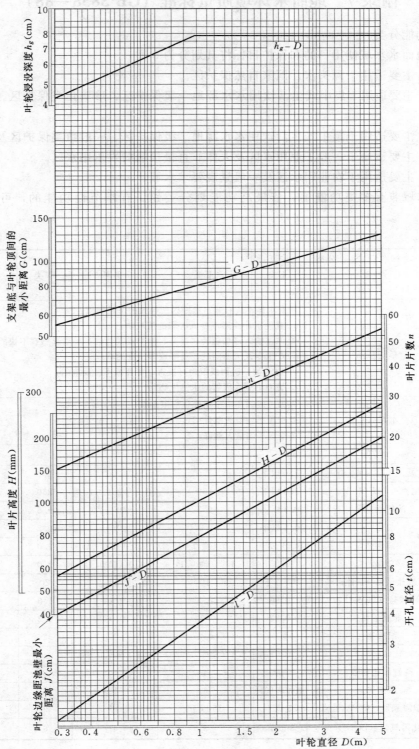

附录7　地面水环境质量标准（GB 3838—88）

水域功能分类：

依据地面水水域使用目的和保护目标将其划分为5类：

Ⅰ类　主要适用于源头水、国家自然保护区。

Ⅱ类　主要适用于集中式生活饮用水水源地一级保护区、珍贵鱼类保护区、鱼虾产卵场等。

Ⅲ类　主要适用于集中式生活饮用水水源地二级保护区、一般鱼类保护区及游泳区。

Ⅳ类　主要适用于一般工业用水区及人体非直接接触的娱乐用水区。

Ⅴ类　主要适用于农业用水区及一般景观要求水域。

同一水域兼有多类功能的，依最高功能划分类别。有季节性功能的，可分季划分类别。

单位：mg/L

序号	标准值　分类 参数	Ⅰ类	Ⅱ类	Ⅲ类	Ⅳ类	Ⅴ类
	基本要求	所有水体不应有非自然原因所导致的下述物质： *a.* 凡能沉淀而形成令人厌恶的沉积物； *b.* 漂浮物，诸如碎片、浮渣、油类或其他一些引起感官不快的物质； *c.* 产生令人厌恶的色、臭味或浑浊度的； *d.* 对人类、动物或植物有损害、毒性或不良反应的； *e.* 易滋生令人厌恶的水生生物的。				
1	水温（℃）	人为造成的环境水温变化应限制在： 夏季周平均最大温升＜1 冬季周平均最大温降＜2				
2	pH 值	6.5～8.5				6～9
3	硫酸盐[①]（以 SO_4^{2-} 计）＜	250 以下	250	250	250	250
4	氯化物[①]（以 Cl^- 计）＜	250 以下	250	250	250	250
5	溶解性铁[①]＜	0.3 以下	0.3	0.5	0.5	1.0
6	总锰[①]＜	0.1 以下	0.1	0.1	0.5	1.0
7	总铜[①]＜	0.01 以下	1.0（渔 0.01）	1.0（渔 0.01）	1.0	1.0
8	总锌[①]＜	0.05	1.0（渔 0.1）	1.0（渔 0.1）	2.0	2.0
9	硝酸盐（以 N 计）＜	10 以下	10	20	20	25
10	亚硝酸盐（以 N 计）＜	0.06	0.1	0.15	1.0	1.0
11	非离子氨＜	0.02	0.02	0.02	0.2	0.2
12	凯氏氮＜	0.5	0.5	1	2	2
13	总磷（以 P 计）＜	0.02	0.1（湖库 0.025）	0.1（湖库 0.05）	0.2	0.2
14	高锰酸盐指数＜	2	4	6	8	10
15	溶解氧＞	饱和率90%	6	5	3	2
16	化学需氧量（COD_{Cr}）＜	15 以下	15 以下	15	20	25
17	生化需氧量（BOD_5）＜	3 以下	3	4	6	10

续表

序号	参数	Ⅰ类	Ⅱ类	Ⅲ类	Ⅳ类	Ⅴ类
18	氟化物（以 F⁻ 计）<	1.0 以下	1.0	1.0	1.5	1.5
19	硒（四价）<	0.01 以下	0.01	0.01	0.02	0.02
20	总砷<	0.05	0.05	0.05	0.1	0.1
21	总汞②<	0.00005	0.00005	0.0001	0.001	0.001
22	总镉③<	0.001	0.005	0.005	0.005	0.01
23	铬（六价）<	0.01	0.05	0.05	0.05	0.1
24	总铅②<	0.01	0.05	0.05	0.05	0.1
25	总氰化物<	0.005	0.05（渔 0.005）	0.2（渔 0.005）	0.2	0.2
26	挥发酚②<	0.002	0.002	0.005	0.01	0.1
27	石油类②（石油醚萃取）<	0.05	0.05	0.05	0.5	1.0
28	阳离子表面活性剂<	0.2 以下	0.2	0.2	0.3	0.3
29	总大肠菌群③（个/L）<			10000		
30	苯并（a）芘③（μg/L）<	0.0025	0.0025	0.0025		

①允许根据地方水域背景值特征做适当调整的项目。

②规定分析检测方法的最低检出限，达不到基准要求。

③试行标准。

国家环境保护局 1988—04—05 批准。1988—06—01 实施。

附录 8　污水综合排放标准（GB 8978—1996）

表1　　　　　　第一类污染物最高允许排放浓度　　　　　　单位：mg/L

序　号	污染物	最高允许排放浓度	序　号	污染物	最高允许排放浓度
1	总汞	0.05	8	总镍	1.0
2	烷基汞	不得检出	9	苯并（a）芘	0.00003
3	总镉	0.1	10	总铍	0.005
4	总铬	1.5	11	总银	0.5
5	六价铬	0.5	12	总 α 放射性	1Bq/L
6	总砷	0.5	13	总 β 放射性	10Bq/L
7	总铅	1.0			

表 2 　　　　　　　　　　　**第二类污染物最高允许排放浓度（2）**

（1997 年 12 月 31 日之前建设的单位）　　　　　　　单位：mg/L

序号	污染物	适用范围	一级标准	二级标准	三级标准
1	pH	一切排污单位	6～9	6～9	6～9
2	色度（稀释倍数）	染料工业	50	180	—
		其他排污单位	50	80	—
3	悬浮物（SS）	采矿、选矿、选煤工业	100	300	—
		脉金选矿	100	500	—
		边远地区砂金选矿	100	800	—
		城镇二级污水处理厂	20	30	—
		其他排污单位	70	200	400
4	五日生化需氧量（BOD$_5$）	甘蔗制糖、苎麻脱胶、湿法纤维板工业	30	100	600
		甜菜制糖、酒精、味精、皮革、化纤浆粕工业	30	150	600
		城镇二级污水处理厂	20	30	—
		其他排污单位	30	60	300
5	化学需氧量（COD）	甜菜制糖、焦化、合成脂肪酸、湿法纤维板、染料、洗毛、有机磷农药工业	100	200	1000
		味精、酒精、医药原料药、生物制药、苎麻脱胶、皮革、化纤浆粕工业	100	300	1000
		石油化工工业（包括石油炼制）	100	150	500
		城镇二级污水处理厂	60	120	—
		其他排污单位	100	150	500
6	石油类	一切排污单位	10	10	30
7	动植物油	一切排污单位	20	20	100
8	挥发酚	一切排污单位	0.5	0.5	2.0
9	总氰化合物	电影洗片（铁氰化合物）	0.5	5.0	5.0
		其他排污单位	0.5	0.5	1.0
10	硫化物	一切排污单位	1.0	1.0	2.0
11	氨氮	医药原料药、染料、石油化工工业	15	50	—
		其他排污单位	15	25	—
12	氟化物	黄磷工业	10	20	20
		低氟地区（水体含氟量<0.5mg/L）	10	20	30
		其他排污单位	10	10	20
13	磷酸盐（以 P 计）	一切排污单位	0.5	1.0	—
14	甲醛	一切排污单位	1.0	2.0	5.0
15	苯胺类	一切排污单位	1.0	2.0	5.0
16	硝基苯类	一切排污单位	2.0	3.0	5.0

续表

序号	污 染 物	适 用 范 围	一级标准	二级标准	三级标准
17	阴离子表面活性剂（LAS）	合成洗涤剂工业	5.0	15	20
		其他排污单位	5.0	10	20
18	总铜	一切排污单位	0.5	1.0	2.0
19	总锌	一切排污单位	2.0	5.0	5.0
20	总锰	合成脂肪酸工业	2.0	5.0	5.0
		其他排污单位	2.0	2.0	5.0
21	彩色显影剂	电影洗片	2.0	3.0	5.0
22	显影剂及氧化物总量	电影洗片	3.0	6.0	6.0
23	元素磷	一切排污单位	0.1	0.3	0.3
24	有机磷农药（以 P 计）	一切排污单位	不得检出	0.5	0.5
25	粪大肠菌群数	医院①、兽医院及医疗机构含病原体污水	500 个/L	1000 个/L	5000 个/L
		传染病、结核病医院污水	100 个/L	500 个/L	1000 个/L
26	总余氯（采用氯化消毒的医院污水）	医院①、兽医院及医疗机构含病原体污水	<0.5②	≥3（接触时间≥1h）	>2（接触时间≥1h）
		传染病、结核病医院污水	<0.5②	>6.5（接触时间≥1.5h）	>5（接触时间≥1.5h）

① 指 50 个床位以上的医院
② 加氯消毒后须进行脱氯处理，达到本标准。

表 3　　　　　　　　**第二类污染物最高允许排放浓度（1）**

（1998 年 1 月 1 日后建设的单位）　　　　　　　　单位：mg/L

序号	污 染 物	适 用 范 围	一级标准	二级标准	三级标准
1	pH	一切排污单位	6～9	6～9	6～9
2	色度（稀释倍数）	一切排污单位	50	80	—
3	悬浮物（SS）	采矿、选矿、选煤工业	70	300	—
		脉金选矿	70	400	—
		边远地区砂金选矿	70	800	—
		城镇二级污水处理厂	20	30	—
		其他排污单位	70	150	400
4	五日生化需氧量（BOD$_5$）	甘蔗制糖、芒麻脱胶、湿法纤维板、染料、洗毛工业	20	60	600
		甜菜制糖、酒精、味精、皮革、化纤浆粕工业	20	100	600
		城镇二级污水处理厂	20	30	—
		其他排污单位	20	30	300

续表

序号	污染物	适用范围	一级标准	二级标准	三级标准
5	化学需氧量（COD）	甜菜制糖、合成脂肪酸、湿法纤维板、染料、洗毛、有机磷农药工业	100	200	1000
		味精、酒精、医药原料药、生物化工、苎麻脱胶、皮革、化纤浆粕工业	100	300	1000
		石油化工工业（包括石油炼制）	60	120	500
		城镇二级污水处理厂	60	120	—
		其他排污单位	100	150	500
6	石油类	一切排污单位	5	10	20
7	动植物油	一切排污单位	10	15	100
8	挥发酚	一切排污单位	0.5	0.5	2.0
9	总氰化合物	一切排污单位	0.5	0.5	1.0
10	硫化物	一切排污单位	1.0	1.0	1.0
11	氨氮	医药原料药、染料、石油化工工业	15	50	—
		其他排污单位	15	25	—
12	氟化物	黄磷工业	10	15	20
		低氟地区（水体含氟量<0.5mg/L）	10	20	30
		其他排污单位	10	10	20
13	磷酸盐（以P计）	一切排污单位	0.5	1.0	—
14	甲醛	一切排污单位	1.0	2.0	5.0
15	苯胺类	一切排污单位	1.0	2.0	5.0
16	硝基苯类	一切排污单位	2.0	3.0	5.0
17	阴离子表面活性剂（LAS）	一切排污单位	5.0	10	20
18	总铜	一切排污单位	0.5	1.0	2.0
19	总锌	一切排污单位	2.0	5.0	5.0
20	总锰	合成脂肪酸工业	2.0	5.0	5.0
		其他排污单位	2.0	5.0	5.0
21	彩色显影剂	电影洗片	1.0	2.0	3.0
22	显影剂及氧化物总量	电影洗片	3	3	6
23	元素磷	一切排污单位	0.1	0.1	0.3
24	有机磷农药（以P计）	一切排污单位	不得检出	0.5	0.5
25	乐果	一切排污单位	不得检出	1.0	2.0
26	对硫磷	一切排污单位	不得检出	1.0	2.0
27	甲基对硫磷	一切排污单位	不得检出	1.0	2.0
28	马拉硫磷	一切排污单位	不得检出	5.0	10

续表

序号	污　染　物	适　用　范　围	一级标准	二级标准	三级标准
29	五氯酚及五氯酚钠（以五氯酚计）	一切排污单位	5.0	8.0	10
30	可吸附有机卤化物（AOX）（以 Cl 计）	一切排污单位	1.0	5.0	8.0
31	三氯甲烷	一切排污单位	0.3	0.6	1.0
32	四氯化碳	一切排污单位	0.03	0.06	0.5
33	三氯乙烯	一切排污单位	0.3	0.6	1.0
34	四氯乙烯	一切排污单位	0.1	0.2	0.5
35	苯	一切排污单位	0.1	0.2	0.5
36	甲苯	一切排污单位	0.1	0.2	0.5
37	乙苯	一切排污单位	0.4	0.6	1.0
38	邻—二甲苯	一切排污单位	0.4	0.6	1.0
39	对—二甲苯	一切排污单位	0.4	0.6	1.0
40	间—二甲苯	一切排污单位	0.4	0.6	1.0
41	氯苯	一切排污单位	0.2	0.4	1.0
42	邻二氯苯	一切排污单位	0.4	0.6	1.0
43	对二氯苯	一切排污单位	0.4	0.6	1.0
44	对硝基氯苯	一切排污单位	0.5	1.0	5.0
45	2，4—二硝基氯苯	一切排污单位	0.5	1.0	5.0
46	苯酚	一切排污单位	0.3	0.4	1.0
47	间—甲酚	一切排污单位	0.1	0.2	0.5
48	2，4—二氯酚	一切排污单位	0.6	0.8	1.0
49	2，4，6—三氯酚	一切排污单位	0.6	0.8	1.0
50	邻苯二甲酸二丁脂	一切排污单位	0.2	0.4	2.0
51	邻苯二甲酸二辛脂	一切排污单位	0.3	0.6	2.0
52	丙烯腈	一切排污单位	2.0	5.0	5.0
53	总硒	一切排污单位	0.1	0.2	0.5
54	粪大肠菌群数	医院*、兽医院及医疗机构含病原体污水	500 个/L	1000 个/L	5000 个/L
		传染病、结核病医院污水	100 个/L	500 个/L	1000 个/L
55	总余氯（采用氯化消毒的医院污水）	医院*、兽医院及医疗机构含病原体污水	<0.5**	>3（接触时间≥1h）	>2（接触时间≥1h）
		传染病、结核病医院污水	<0.5**	>6.5（接触时间≥1.5h）	>5（接触时间≥1.5h）

续表

序号	污　染　物	适　用　范　围	一级标准	二级标准	三级标准
56	总有机碳（TOC）	合成脂肪酸工业	20	40	—
		苎麻脱胶工业	20	60	—
		其他排污单位	20	30	—

*　指 50 个床位以上的医院；

**　加氯消毒后须进行脱氯处理，达到本标准。

注　其他排污单位：指除在该控制项目中所列行业以外的一切排污单位。

附录 9　农田灌溉水质标准（mg/L）（GB 5084—92）

序　号	项目　　标准值　作物分类	水　作	旱　作	蔬　菜
1	生化需氧量（BOD₅）≤	80	150	80
2	化学需氧量（CODcr）≤	200	300	150
3	悬浮物≤	150	200	100
4	阴离子表面活性剂（LAS）≤	5.0	8.0	5.0
5	凯氏氮≤	12	30	30
6	总磷（以 P 计）≤	5.0	10	10
7	水温（℃）≤	35		
8	pH 值≤	5.5～8.5		
9	全盐量≤	1000（非盐碱土地区）2000（盐碱土地区）有条件的地区可以适当放宽		
10	氯化物≤	250		
11	硫化物≤	1.0		
12	总汞≤	0.001		
13	总镉≤	0.005		
14	总砷≤	0.05	0.1	0.05
15	铬（六价）≤	0.1		
16	总铅≤	0.1		
17	总铜≤	1.0		
18	总锌≤	2.0		
19	总硒≤	0.02		
20	氟化物≤	2.0（高氟区）3.0（一般地区）		
21	氰化物≤	0.5		
22	石油类≤	5.0	10	1.0
23	挥发酚≤	1.0		
24	苯≤	2.5		

续表

序　号	标准值　作物分类　项目	水　作	旱　作	蔬　菜
25	三氯乙醛≤	1.0	0.5	0.5
26	丙烯醛≤	0.5		
27	硼≤	1.0（对硼敏感作物，如：马铃薯、笋瓜、韭菜、洋葱、柑橘等） 2.0（对棚耐受性较强的作物，如小麦、玉米、青椒、小白菜、葱等） 3.0（对硼耐受性强的作物，如：水稻、萝卜、油菜、甘兰等）		
28	粪大肠菌群数（个/L）≤	10000		
29	蛔虫卵数（个/L）≤	2		

附录 10　污水排入城市下水道水质标准（CJ 18—86）

序号	指　　标	最　高 允许浓度	序号	指　　标	最　高 允许浓度
1	pH 值	6～9	16	氟化物（mg/L）	15
2	悬浮物（mg/L）	400	17	汞及其无机化合物（mg/L）	0.05
3	易沉固体（mg/L）	10（15）	18	镉及其无机化合物（mg/L）	0.1
4	油脂（mg/L）	100	19	铅及其无机化合物（mg/L）	1.0
5	矿物油（mg/L）	20	20	铜及其无机化合物（mg/L）	1.0
6	苯系物质（mg/L）	2.5	21	锌及其无机化合物（mg/L）	5.0
7	氰化物（mg/L）	0.5	22	镍及其无机化合物（mg/L）	2.0
8	挥发性酚（mg/L）	1.0	23	锰及其无机化合物（mg/L）	2.0
9	硫化物（mg/L）	1.0	24	铁及其无机化合物（mg/L）	10.0
10	温度（℃）	35	25	锑及其无机化合物（mg/L）	1.0
11	BOD_5（mg/L）	100（300）	26	铬（六价）及其无机化合物（mg/L）	0.5
12	COD_{Cr}（mg/L）	150（500）	27	铬（三价）及其无机化合物（mg/L）	3.0
13	溶解性固体（mg/L）	2000	28	硼及其无机化合物（mg/L）	1.0
14	有机磷（mg/L）	0.5	29	硒及其无机化合物（mg/L）	2.0
15	苯胺（mg/L）	3.0	30	砷及其无机化合物（mg/L）	0.5

注　括号内的数据适用于拥有城市污水处理厂的城市排水系统。

附录 11　城市污水处理厂污水排放标准（CJ 3025—93）

1. 进入城市污水处理厂的水质，其值不得超过 CJ 18—86 标准的规定。

2. 城市污水处理厂，按处理工艺与处理程度的不同，分为一级处理和二级处理。

3. 经城市污水处理厂处理的水质排放标准，应符合下表的规定。

城市污水处理厂污水水质排放标准

单位：mg/L

序号	项目	一级处理		二级处理
	处理分级 标准值	最高允许排放浓度	处理效率（%）	最高允许排放浓度
1	pH 值	6.5～8.5		6.5～8.5
2	悬浮物	＜120	不低于 40	＜30
3	生化需氧量（5d，20℃）	＜150	不低于 30	＜30
4	化学需氧量（重铬酸钾法）	＜250	不低于 30	＜120
5	色度（稀释倍数）	—	—	＜80
6	油类	—	—	＜60
7	挥发酚	—	—	＜1
8	氰化物	—	—	＜0.5
9	硫化物	—	—	＜1
10	氟化物	—	—	＜15
11	苯胺	—	—	＜3
12	铜	—	—	＜1
13	锌	—	—	＜5
14	总汞	—	—	＜0.05
15	总铅	—	—	＜1
16	总铬	—	—	＜1.5
17	六价铬	—	—	＜0.5
18	总镍	—	—	＜1
19	总镉	—	—	＜0.1
20	总砷	—	—	＜0.5

注　1. pH、悬浮物、生化需氧量和化学需氧量的标准值系指 24h 定时均量混合水样的检测值；其它项目的标准值
　　　为季均值。

　　2. 当城市污水处理厂进水悬浮物、生化需氧量或化学需氧量处于 CJ 18 中的高浓度范围，且一级处理后的出水
　　　浓度大于表 1 中一级处理的标准值时，可只按表 1 中一级处理的处理效率考核。

　　3. 现有城市二级污水处理厂，根据超负荷情况与当地环保部门协商，标准值可适当放宽。

　　4. 城市污水处理厂处理后和污水应排入 GB 3838 标准规定的Ⅳ、Ⅴ类地面水水域。

附录 12　景观娱乐用水水质标准（GB 12941—91）

序号	项目	A 类	B 类	C 类
	标准值　分类			
1	色	颜色无异常变化		不超过 25 色度单位
2	嗅	不得含有任何异嗅		无明显异嗅
3	漂浮物	不得含有漂浮的浮膜、油斑和聚集的其他物质		

续表

序号	项　目　　标准值　分类	A　类	B　类	C　类
4	透明度（m）≥	1.2		0.5
5	水温（℃）	不高于近十年当月平均水温2℃②		不高于近十年当月平均水温4℃
6	pH 值	6.5～8.5		
7	溶解氧（DO）（mg/L）≥	5	4	3
8	高锰酸盐指数（mg/L）≤	6	6	10
9	生化需氧量（BOD₅）（mg/L）≤	4	4	8
10	氨氮①（mg/L）≤	0.5	0.5	0.5
11	非离子氨（mg/L）≤	0.02	0.02	0.2
12	亚硝酸盐氮（mg/L）≤	0.15	0.15	1.0
13	总铁（mg/L）≤	0.3	0.5	1.0
14	总铜（mg/L）≤	0.01（浴场 0.1）	0.01（海水 0.1）	0.1
15	总锌（mg/L）≤	0.1（浴场 1.0）	0.1（海水 1.0）	1.0
16	总镍（mg/L）≤	0.05	0.05	0.1
17	总磷，（以 P 计）（mg/L）≤	0.02	0.02	0.05
18	挥发酚（mg/L）≤	0.005	0.01	0.1
19	阴离子表面活性剂（mg/L）≤	0.2	0.2	0.3
20	总大肠菌群（个/L）≤	10000		
21	粪大肠菌群（个/L）≤	2000		

① 氨氮和非离子氨在水中存在化学平衡关系，在水温高于20℃、pH＞8 时，必须用非离子氨作为控制水质的指标。

② 浴场水温各地区可根据当地的具体情况自行规定。

参 考 文 献

1 严煦世，范瑾初等编．给水工程．第四版．北京：中国建筑工业出版社，1999
2 严煦世主编．给水排水工程快速设计手册．给水工程．第四版．北京：中国建筑工业出版社，1995
3 符九龙主编．水处理工程．第一版．北京：中国建筑工业出版社，2000
4 吕宏德主编．水处理工程技术．第一版．北京：中国建筑工业出版社，2005
5 北京市市政工程设计研究总院主编．给水排水设计手册（第5册）．第二版．北京：中国建筑工业出版社，2004
6 尹士君，李亚峰等编著．水处理构筑物设计与计算．第一版．北京：化学工业出版社，2004
7 张林生主编．水的深度处理与回用技术．北京：化学工业出版社，2004
8 张自杰主编．排水工程（下册）．北京：中国建筑工业出版社，2000
9 丁恒如等编．工业用水处理工程．北京：清华大学出版社，2005
10 王金梅等编．水污染控制技术．北京：化学工业出版社，2004
11 许保玖主编．给水处理原理．北京：中国建筑工业出版社，2000
12 王燕飞主编．水污染控制技术．北京：化学工业出版社，2001
13 王宝贞，王琳主编．水污染治理新技术．北京：科学出版社，2004
14 李海，孙瑞征，陈振选等编．城市污水处理技术及工程实例．北京：化学工业出版社，2002
15 张自杰主编．废水处理理论与设计．北京：中国建筑工业出版社，2003
16 丁忠浩编著．有机废水处理技术及应用．北京：化学工业出版社，2002
17 郭茂新主编．水污染控制工程学．北京：中国环境科学出版社，2005
18 北京水环境技术与设备研究中心等三家单位合编．三废处理工程技术手册（废水卷）．北京：化学工业出版社，2000
19 GB50013—2006 室外给水设计规范
20 GB50014—2006 室外排水设计规范